ドイツ陸軍階級早見表

士官（Offizier）

階級章（肩章）	原語	対応する日本語
	Generalfeldmarschall	元帥
	Generaloberst	上級大将
	General	大将
	Generalleutnant	中将
	Generalmajor	少将
	Oberst	大佐
	Oberstleutnant	中佐
	Major	少佐
	Hauptmann	大尉
	Oberleutnant	中尉
	Leutnant	少尉

上級下士官（Unteroffiziere Portepee）

階級章（肩章）	原語	対応する日本語
	Oberfeldwebel	上級曹長
	Feldwebel	曹長

下士官（Unteroffizier ohne Portepee）

階級章（肩章）	原語	対応する日本語
	Sergeant	軍曹
	Unteroffizier	上級伍長

兵卒（Mannschaften）

階級章（肩章）	原語	対応する日本語
	Obergefreiter	伍長
	Gefreiter	兵長
	Schütze	兵卒

ドイツ海軍階級早見表

士官（Offizier）

階級章（袖章）	階級章（肩章）	原語	対応する日本語
		Großadmiral	元帥
		Admiral	大将
		Vizeamiral	中将
		Konteramiral	少将
		Kapitän z.S.	大佐
		FregattenKapitän	中佐
		KorvettenKapitän	少佐
		Kapitänleutnant	大尉
		Oberleutnant zur See	中尉
		Leutnant zur See	少尉

准下士官（Deckoffizire）

階級章（肩章）	階級名称				対応する日本語
	運用科（Bootsman）	航海科（Steuer）	通信科（Signal）	機関科（Maschinisten）	
	Oberbootsman	Obersteuermann	Obersiganalmestr	Obemaschinist	上級准尉
	Bootsman	Steuermann	Siganalmestr	Maschinist	准尉

海軍下士官（Unteroffizier ohne Portepee）

階級章（腕章）	階級名称				対応する日本語
	運用科	航海科	通信科	機関科	
	Oberbootsmannsmaat	Obersteuermannsmaat	Obersiganalmaat	Obermaschinistenmaat	上等兵曹
	Bootsmannsmaat	Steuermannsmaat	Siganalmaat	Maschinisttenmaat	兵曹

海軍兵卒（Manschaften）

階級章（腕章）	階級名称				対応する日本語
	運用科	航海科	通信科	機関科	
	Obermatrose	—	Obersigalanwärter	Obermaschinistenanwärter	上等水兵
	Matrose	—	Signalanwäter	Maschinistenanwärter	水兵

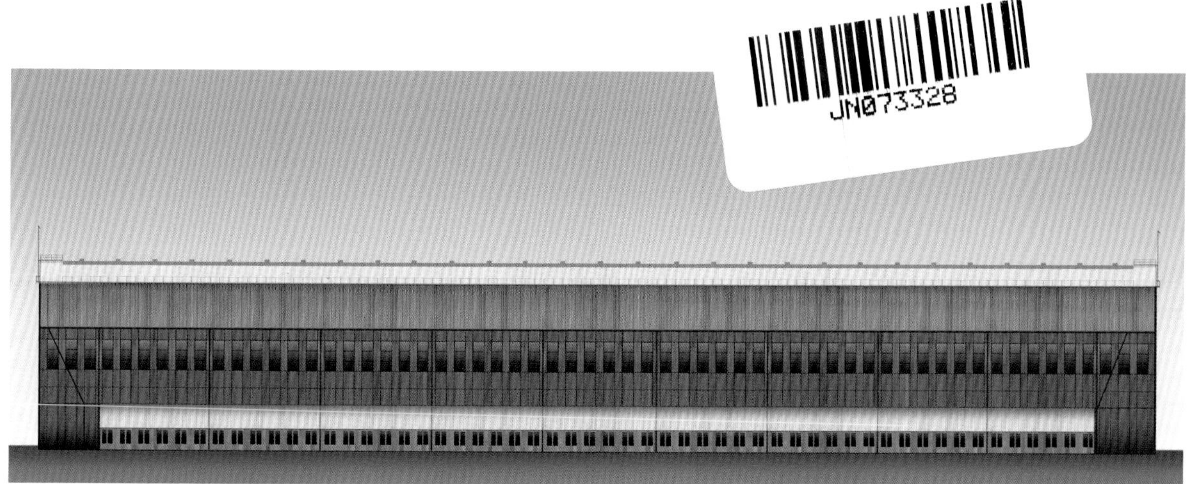

大型の飛行船格納庫（94ページ参照）

ドイツ海軍飛行船搭乗員

（71ページ参照）

飛行服を着用した搭乗員

（77ページ参照）

ロンドン南部を爆撃中のL 31 （155ページからを参照）

英軍のB.E.2c戦闘機に撃墜されるL 31 （159ページからを参照）

軽巡「シドニー」から高角砲で攻撃されるL 43（189ページからを参照）

L 43から爆撃を受ける軽巡「シドニー」(189ページからを参照)

当時のイラストなど

1914年、ワルシャワを爆撃するシュッテ=ランツ型のSL Ⅱ飛行船

アントワープを爆撃するドイツ陸軍の飛行船

1915年9月8日、ロンドンを空襲したL 13をピカデリー・サーカス広場から見たイラスト

フェリックス・シュワームシュタットによって描かれた
P級ツェッペリンLZ 38の司令ゴンドラの内部

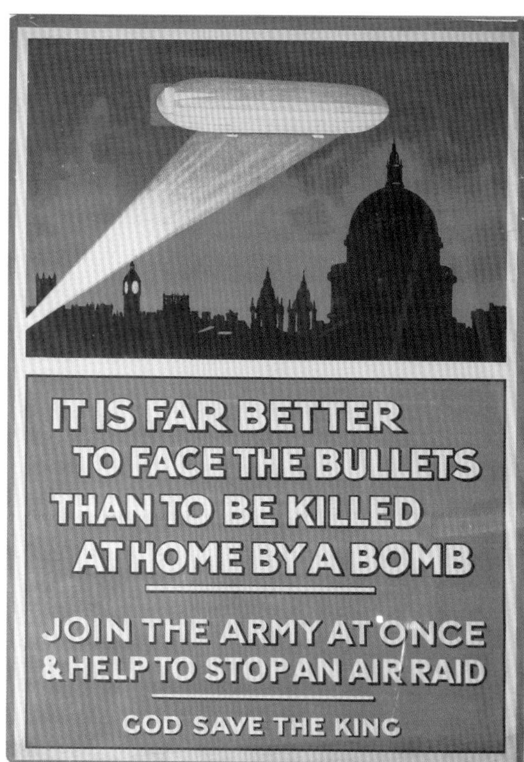

「座して死すよりも、軍隊に参加して空襲を阻止しよう」と民衆に訴えかける
イギリスのポスター

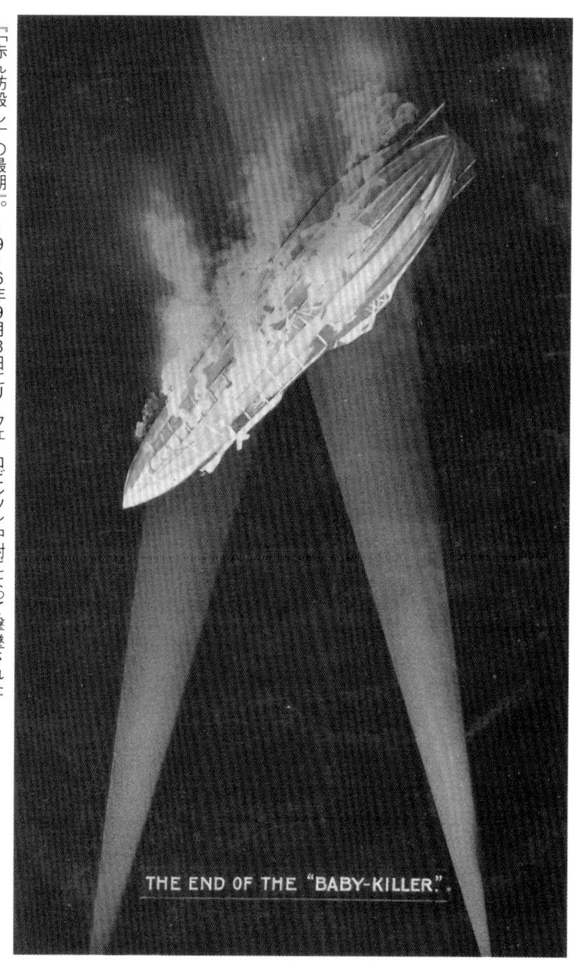

『「赤ん坊殺し」の最期』。1916年9月3日にリーフェ・ロビンソン中尉によって撃墜された
シュッテ=ランツ型SL 11の断末魔を描いている（149ページ参照）

19世紀末（1892年）のドイツ帝国

戦う飛行船

第一次世界大戦ドイツ軍用飛行船入門

本城宏樹
森田隆寛
會澤孝優

イラスト
ジェントリ吉田

イカロス出版

序文

イカロスとダイダロスの神話に見る如く、人類は遠い昔から、自由に空を飛ぶことを夢に見続けてきた。しかし、その第一歩が記されるには、遥かな後年である18世紀のモンゴルフィエ兄弟による熱気球発明を待たねばならない。水素と言う空気より軽い気体の発見は、人々に希望を与えたが、空を“思いのままに”飛行するための道のりは、気球が普及した19世紀半ばに至っても、なお遠く、険しかった。

蒸気機関の発展は、気球に推進力を付与し、空中での自由な操縦を実現するかに見えた。事実、フランスの技術者アンリ・ジファールは1852年、空気抵抗の少ない葉巻型の水素気嚢と小型蒸気エンジンを備えた飛行船でパリの上空を飛ぶ。世界史上初の動力飛行である。しかし、蒸気機関はその重量に比して非力であり、かつ排煙に含まれる火花が水素を誘爆させる危険性を抱えるなど、飛行船には不向きであるのは明白であった。

ブレイクスルーをもたらしたのは、19世紀末に開発された内燃機関である。軽量かつ高出力の新式エンジンの登場は、各国で飛行機や飛行船の開発を活発化させた。そして、20世紀初頭。帝政ドイツで一人の不屈の老人が、高い実用性を備える飛行機械の開発に初めて成功する。

彼こそは、巨大な硬式飛行船の生みの親たるフェルディナント・フォン・ツェッペリン伯爵その人である。南ドイツに位置するウェルテンブルク王国の騎兵中将であった彼は、1872年の統一国家発足後に軍の実権を掌握したプロイセン系将官グループと対立し、キャリアの半ばで引退を余儀なくされる。深い挫折を味わったツェッペリンは、自らの名誉を回復せんとする潜在的欲求と、行き場を失った愛国的使命感——あるいはドイツを欧州の覇権国家たらしめんとする軍事的野望——を飛行船に注ぎ込み、開発に没頭した。

航空機のアマチュアながら、類稀な先見性に恵まれた伯爵の飛行船は、幾たびも襲い来る困難を乗り越え、遂に劇的成功を収めるに至る。それは、ドイツ国民を熱狂させた。彼らは、当時まさに上り坂にあった祖国の技術的先進性の象徴として、あるいはゲルマン人の民族的優秀性の証として、ツェッペリンの飛行船を受け入れたのである。

自由に空を飛ぶという人類の悲願の実現は、硬式飛行船をナショナルシンボルの地位に押し上げ、ドイツ帝国千年の宿痾であった地方間の分断——かつて伯爵を打ちのめしたものだ——を止揚するかに見えた。事実、伯爵の飛行船たちは第一次世界大戦前に国内各地の大都市を結ぶ史上初の民間航空網を構築し、その過程で巨大な社会的ムーブメントを巻き起こす。

そして、彼女らが軍によって大規模に用いられた暁には、大空の徹底的な征服と、空からの敵国の制圧が可能になると、政府や軍の高官、在郷軍人、民衆、そして当時ドイツ帝国の主たる仮想敵だった大英帝国さえもが考えたのである。飛行船こそは、ドイツを本来あるべき「世界の高み」へ復帰させるはずだった。

だが、それは夢想と消えた。ドイツは敗北し、国力を傾けて建設された空中艦隊は熾烈な戦禍に直面し、潰え去った。そして今日、我々が空を見上げれば、飛行機やヘリコプターは空を切り割いて飛んでいるものの、飛行船を見ることは非常に稀だ。過去の記憶は薄れ、多くの人にとっては、気球との区別すら曖昧だ。

どうしてこうなったのだろう。当世風に言えば、「新しい領域でゲーム・チェンジャーになる」筈だった飛行船は、何故このような結果を迎えたのか。異なる帰結に至る可能性はあったのか？あるいは、将来において飛行船が蘇る可能性はあるのだろうか？

本書が取り扱うテーマは、大別して次の3つである。

一つ目は、本邦では本格的に紹介されてこなかった、第一次世界大戦という現代戦の原点における、航空戦の実相を伝える事。飛行船は、情報収集（偵察・哨戒）、対地・対艦攻撃、そして戦略爆撃（都市・工業地帯の焦土化）に用いられ、近代的空軍の基礎を築いたから、この重要性はどんなに強調しても、しすぎることは無いだろう。わが国では、第二次大戦の陰に隠れてマイナーな分野であるが、欧米では連綿と研究が受け継がれ、新たなアプローチが試みられ続けている。日本での研究をリードしてきた偉大な先達が相次いで引退しつつある今、内外の情報格差を少しでも埋められるならば、著者としてこれ以上ない喜びである。

二つ目は、飛行船という航空機の軍事的利用を通じて、技術が戦いのあり方に留まらず政治や社会にどのように影響し、変化が起きたかをまとめ、考察する事。テクノロジーは、飽くまで「人」が生み出すものであり、自立的・自己完結的に存在・発展するものでは無い。その時代を生きた人々の夢や願望、あるいは敵意や恐怖、憎悪を養分として方向づけられ、成長し、悲劇と喜劇を引き起こすものだ。人類とその文明の本質を知るうえで、これ以上ない題材であろう。

そして三つめは、飛行船の闘いの様相を踏まえ、飛行船の将来的な利用の可能性、あるいは復権の可能性を探求していく事。現代社会は、まさに曲がり角を迎えつつあると言われる。今日では情報、生産、運輸、消費の様々な面において革新が進み、社会的価値観も大きく変容しつつある。そのような時代の只中にあって、過去を顧み、未来を見通さんとする営為は、ますます必要とされるだろう。

また、敢えて言及するならば、本書で描かれているのは、急速に勃興する大陸国家が、覇権を握る海洋国家に対して正攻法では叶わぬとなった際に、自らが有する技術的優位を恃んで新たな領域で戦いを挑み、最終的に敗北したという一つの事例である。あるいは、戦略的劣勢に陥った軍事国家が、テクノロジーに救済者の役割を背負わせて前方への逃避を試み、それ故必然的に破綻を招来した事実とも言えよう。かかる出来事を少しでも知っておくことは、来るべき未来においても役立つかもしれない。

飛行船衰退の理由は、通俗的には、大きすぎて良い的だったから、とか、水素が燃えて危ないから、と言った形で説明されることが多い。だが、本書をお読み頂ければ、そのような単純化が適切でない事をご理解頂けるだろう。

読者諸賢にとって、この拙い書物が、あり得たかも知れないオルタナティブに思いを馳せ、そして、飛行船がこれからも空を飛び続ける可能性を考えて頂く一助となれば、著者としては無上の幸いである。

2022年8月22日
著者一同

目次

第1章

飛行船の技術と発展

第1節　飛行船に関する基本事項

1 飛行船の定義

飛行船(英：Airship 独：Luftschiff)とは、空気より軽い気体を用いて浮力を得る軽航空機の内、何らかの推進装置を有して、操縦することができるものの事である。

もし、イメージがわかないならば、風船の後ろにプロペラを付け、それによって前に進む姿を思い浮かべればよいだろう。空気より軽い気体の力で空に浮き、そして、動力をもって、進行方向を自由に定められる、飛行船とはそのような乗り物の事を指すのである。

なお、軽航空機には大別して2つの種類があり、推進装置を有していないものは気球と呼ぶ。

これらに対し、翼と大気の流れによって揚力を発生させる航空機を重航空機と呼称し、一般的な飛行機や、ヘリコプターがこの分類に入る。

ところで、飛行船という名称と混同しやすい言葉に、「飛空船(または飛空艇)」と言う単語があり、創作の世界では度々登場するが、これは現実に存在する如何なる航空機も指すことはない。

ただし、旧日本海軍は、飛行船を指して、航空船と言う用語を使っていた時期もある。

2 飛行船の種類

飛行船の内、浮揚ガスの入った気嚢(きのう)が一つしかなく、それがそのまま外形をなす種類のものを軟式飛行船、表皮の内側に骨組みを有し、その中に複数の気嚢が収まっているものを硬式飛行船、気嚢(きのう)がそのまま外観と一致するが、船体下部に気嚢を補強するための部分的な骨組みを有しているものを、半硬式飛行船と呼ぶ。

ドイツ軍が使用した飛行船の内、ツェッペリン型とシュッテ＝ランツ型は硬式飛行船、パーセヴァル型は軟式飛行船、グロス・バセナッハ型は半硬式飛行船に分類される。

飛行船の各部名称

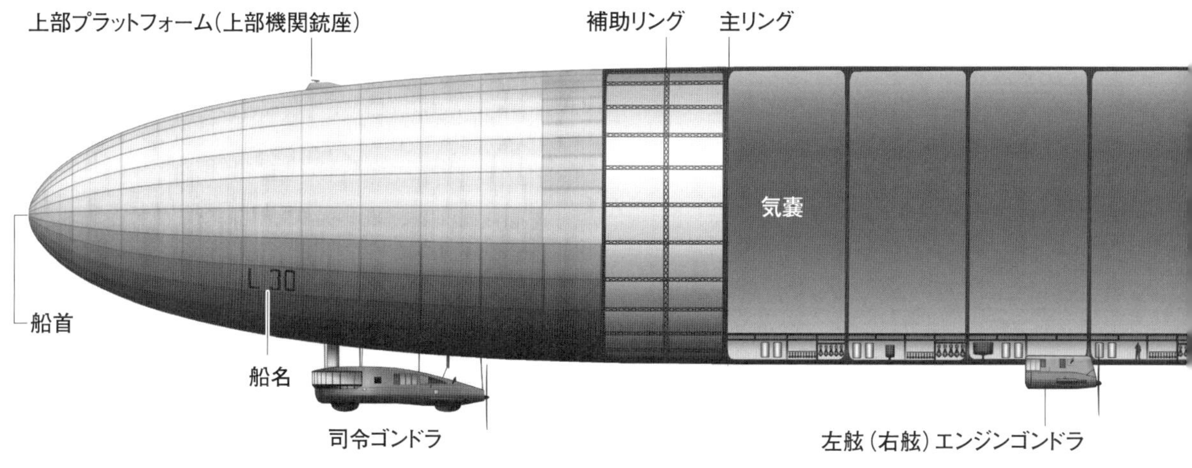

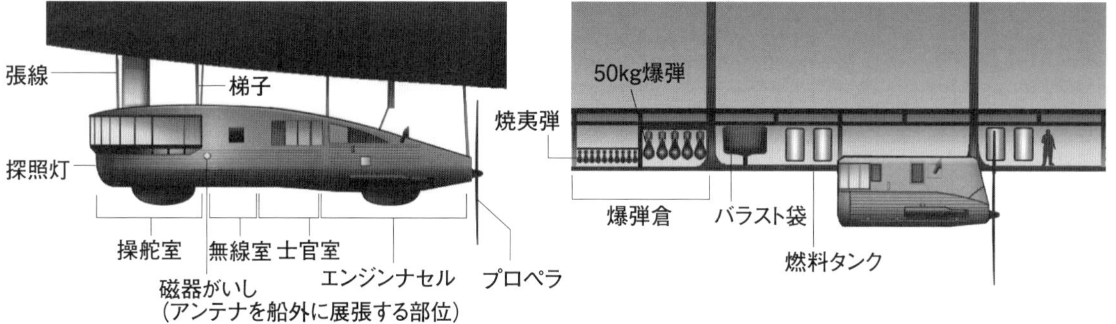

3 飛行船の基本的構造

この項では、第一次大戦中大規模に運用された硬式飛行船の内、最も代表的な船級である、ツェッペリン型のR級をベースに、飛行船の基本的な構造及び各部の名称について説明していく。

飛行船の外観の内、大部分を占めるのは、気嚢を収めた船体部分である。これに、人やエンジンを載せるためのゴンドラがぶら下がっている、というのが、飛行船の基本的な形状だ。

SFやファンタジー作品においては、船体上部に居住区や各種装備等を設ける場合も多く、過去実際に検討されたこともあるが、見張り台や機関銃座を除けば、現実には存在しない。上部に重量物を載せると、飛行船全体のバランスを崩してしまうからである。基本的に、人が乗るための区画や設備は、全て気嚢（船体）の下部に設けられている。

細部の名称については、下の図を参照のこと。

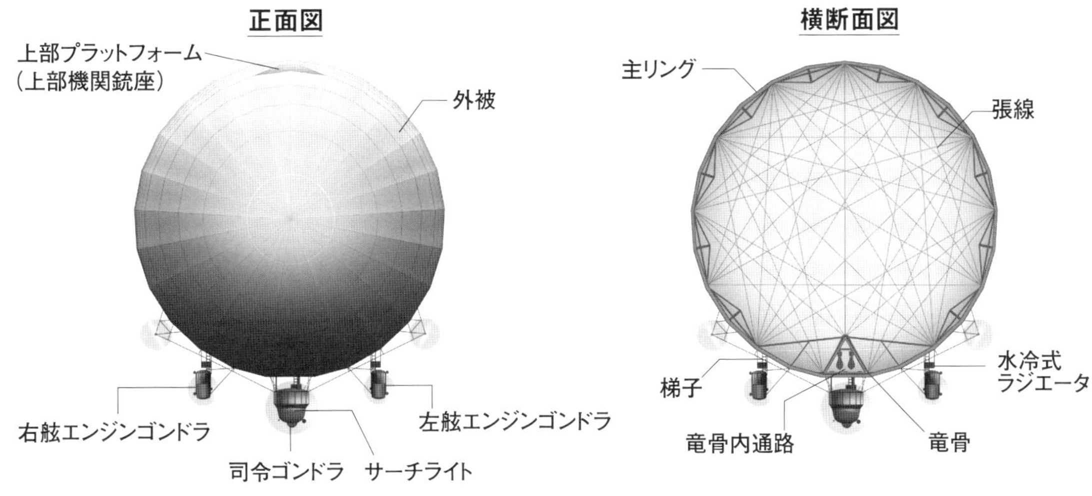

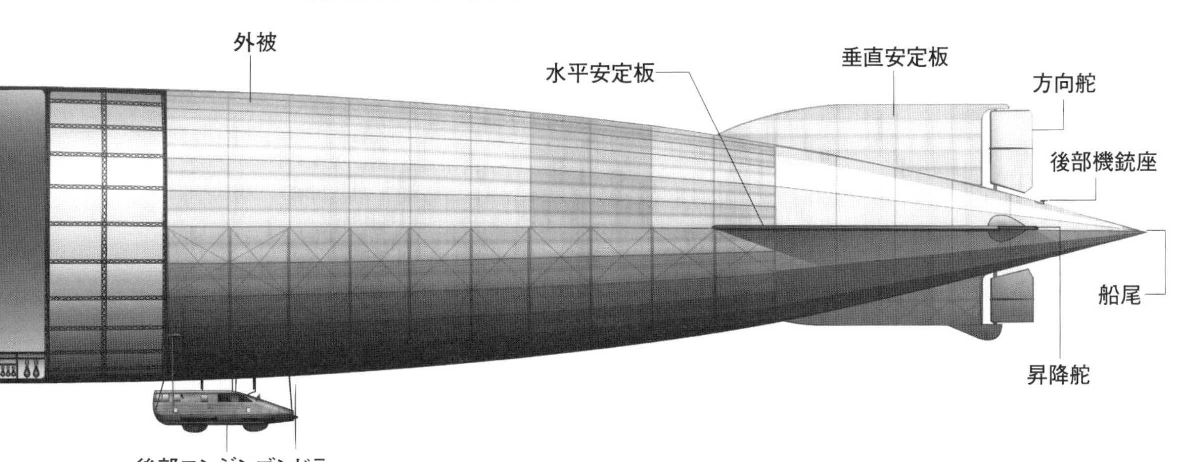

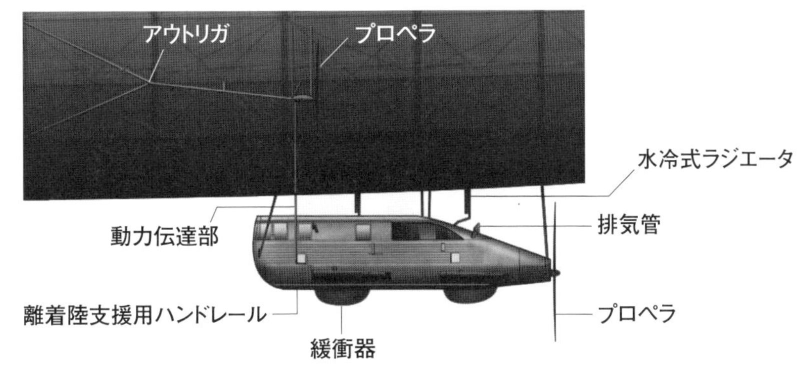

第2節　飛行船が飛ぶ原理

1 浮力

飛行船が飛ぶための浮力には、静的浮力と動的浮力の2種類がある。

静的浮力とは、空気より軽い浮揚ガスによって得られるものだ。アルキメデスの原理に基づき、潜水艦が水と空気を利用して浮上・潜水するように、浮揚ガスが空気を押しのけ上昇していく力で船を持ち上げ、また、船体重量と釣り合った時に、その高度に留まる事を可能にするのである。

静的浮力は、主要な浮力であり、飛行船が半永久的に空中に浮いていられる理由の一つであるが、同時に、これを用いるがゆえに、船体の大型化が必然となる。なぜなら、搭載能力や上昇限度の向上、燃料の追加による航続距離延長等、あらゆる性能改善のためには、浮揚ガスの容積を増やす必要があるからだ。それ故、大戦中の代表的ツェッペリン型飛行船・R級の全長は、超弩級戦艦と同等の198mに達した。同級の浮揚ガスの容積は55,200㎥で、ペイロードは32.5tである。同時期の飛行機が、積み荷や爆弾を数百キロしか積めなかったのに比べると、まさに桁違いである。戦間期の旅客用飛行船であるヒンデンブルク号は更に大きくなり、容積は200,000㎥、ペイロードは60トンを誇る。なお、両者を比較した際、ガス容積増加量とペイロードが比例していないのは、後者は客船であるために、快適さを追求した船内設備の分、船体重量が増加しているためである。

静的浮力はまた、優れた上昇能力をもたらした。1912年の試験では、飛行機が高度500mまで昇るのに5分必要と判定されたが、ツェッペリン型H級はより短い時間で1,000メートルに到達したのだ。大戦下でも、戦闘機の追跡を上昇で引き離し、生還した事例が複数存在する。

動的浮力は、飛行機が翼と空気の抵抗によって発生させる揚力と同じであり、エンジンを用いた推進等により、船体と空気との間に相対速度の差が出来るともたらされる。飛行船の浮力としては補助的なものであるが、浮揚ガスと違い、後述するような自然の影響を受けにくいことから、飛行船を制御するには重要であった。

2 自然の影響

飛行船は、空気よりも軽いガスを使って浮く乗り物である以上、どうしても飛行している空間の自然条件から大きく影響を受け、時にはそれが障害となる。具体的には、以下のようなものがある。

①　ガスの体積と船体の巨大さが生む空気抵抗
②　空気より軽いという性質が持つ、強い風への脆弱性
③　気温、日光、そして気圧が浮揚ガスに与える影響
④　その他自然現象

①　ガスの体積と船体の巨大さが生む空気抵抗

前述したように、飛行船の性能向上に伴い船体は大型化するが、大型化すればするほど、空気抵抗も大きくなり、それに抗(あらが)うには、より大出力のエンジンを必要とする。もちろん、体積の膨張が空気抵抗を大きくするのは飛行機も同様ではあるが、飛行機の場合、性能の向上は必ずしも機体の大型化を意味しないため、飛行船の方が相対的に大きな影響を受ける。

②　空気より軽いという性質が持つ、強い風への脆弱性

この特性は、飛行船の操縦性に影響するとともに、地上での取り扱いを困難なものにする。当然ながら、巨大化に伴い、この問題もまた深刻になる。空気よりも軽い飛行船は、飛行機と比べて横風に弱く、飛行の際には、すぐに偏流の影響を受ける。確かに、現代の飛行機であっても、操縦士たちは、空の上でそれらと戦う必要はある。しかし、飛行船の場合は、地上における発着作業にすら、風が大きく影響するのだ。

特に問題となったのは格納庫からの搬出入であり、運用上最も危険の大きい事項の一つであった。扉を開けた際に格納庫へと吹き込む風、そして、格納庫に対し垂直に吹く風（飛行船にとっての横風）は、船体を翻弄し、しばしば格納庫への接触による損傷を引き起こした。

また、うまく飛行船を引き出したとしても、一瞬、突風が吹くだけで、飛行船は舞い上がり、下手をすれば、飛行船の係留索を掴んでいる地上要員もろとも、空中に舞い上がってしまう。これに起因する映画のような光景が、実際に何度も生じている。

③　気温、日光そして気圧が浮揚ガスに与える影響

気体である水素は、気温の変化により敏感に体積を変化させる。それは、熱気球が浮かぶ原理と同じで、周囲の気温の上昇により、浮揚ガスの体積は膨張し、浮力を増大させる。逆に、気温が低下した場合は、体積が収縮し、浮力は減少する。

標準大気では、1,000m上昇するごとに気温が6.5℃下がるため、体積は2.2%収縮する。このように高度を上げるに従い、浮揚ガスはその影響を受ける。

また、船体に当たる直射日光は、気嚢内の水素の温度を上昇させ、浮力に影響を及ぼす。膨張して浮力が増大すれば、飛行にとって良い事のようにも思えるが、度が過ぎれば、気嚢の損傷を防止すべく、ガスを放出せねばならない。そして飛行が夜間にまで及んだ場合、気温の低下に伴って、ガスの体積は収縮し、浮力が低下、飛行性能を直接脅かす。

一方で、地表と高空での気温差を利用して、飛行船の飛行性能を上げることができた。ガスの温度を地表と同じに保ったまま、より気温の低い上空へと急上昇することで、温度差による浮揚ガスと空気の体積差がもたらす浮力を使うのである。

また、気圧の変化は最も大きな影響力を持つ。標準大気中の気圧は1013hPa（ヘクトパスカル）。地上においては、気嚢内外ともに同じである。しかし、上昇していくに従い、気嚢外部の気圧は下がっていくが、内部は変化しないため、気嚢は膨らんでいく。登山をした際、ポテトチップスの袋が膨張するのと同様の現象が、飛行船の気嚢にも起こるのだ。

当時の飛行船は、浮揚ガスの膨張による気嚢の破損を防ぐ為、上昇するに従い、自動的に水素が放出されるよう自動弁が取り付けられていた。

この様に、自然条件は、飛行船の浮力に直接的に影響を与えるため、飛行船の運用には死活問題であった。戦中、戦後を問わず、船の喪失につながるような事故の多くは、このような自然の影響による、極端な浮力の増減によって生じている。

④　その他の自然現象

脅威となる自然現象としては、第一に雷が挙げられる。直撃を受けて墜落した飛行船もあれば、何度も直撃を被りながら、うまく電気を逃して無事に生還した例もある。

また、雨や雪は、気温の変化のみならず、空気中の水分の増大によって、船体に水分が溜まり、天然の（望まれざる）バラストとなって、浮力を低下させた。特に雪は、上空で解けずに溜まるという性質上、非常に大きな影響を及ぼし、そのために不時着を余儀なくされた飛行船も存在するくらいである。

第一次世界大戦中、ドイツ軍が行った飛行船による攻撃や、偵察のための出撃は、春季から秋季に集中しているのだが、それらは冬季の気象条件悪化により、相対的に出撃数が少なかったからである。

3 操縦

離陸

飛行船は、浮揚ガスの浮力が、船の重量を上回れば浮かび上がる。そして、ある一定の高度で双方が釣り合うよう、重量（バラストや積み荷）とガスの浮力を調整する。この作業は、英語ではweigh off、ドイツ語ではAbwiegenと言うが、本書では、バランスをとるという意味で「平衡をとる」あるいは、「平衡計量作業」と訳している。硬式飛行船の場合、この作業は、格納庫から搬出後、屋外においても行われ、その度に、浮揚ガスやバラスト水等が船外に排出される。

飛行船は、飛行機と違って上昇するために動力を使う必要が無いので、当初はガスの浮力のみで離陸し、ある程度上昇した所でプロペラを回し、前進する。

上昇・下降・旋回

前進している飛行船を上昇させるためには、動的浮力と静的浮力の両方が使用できる。静的浮力を使う場合、バラスト袋に入った水などのバラストを放出し、飛行船を軽くすればよい。動的浮力を使用する場合は、前進している状態で昇降舵を上に向けることで船首を上げれば上昇する。

下降する際はその逆で、バラストの代わりに浮揚ガスを放出して、浮力を減じてやれば良い。動的浮力を使う場合は、昇降舵を下に向けることで船首を下げ、下降する。また、動的浮力ではないが、船内の積み荷の位置や搭乗員の配置を前後させることでトリムを変えて船首を上下させ、上昇、または下降させることも可能だった。

針路を変更する際は、方向舵を左右に向ければ、行きたい方向へと旋回する。

着陸

着陸の際は、地面に衝突しない程度に浮揚している必要があるため、着陸の直前でエンジンを停止し、改めて平衡をとらねばならなかった。

この時、船首から係留索を下ろし、着陸する地上要員にそれを掌握させ、引かせることにより降下するが、これに合わせてガスを抜く、あるいは、バランスをとるため、再度バラスト水を放出することがあった。

ここで書かれた内容は、後に第2章第3節で、当時の手順として詳述する。また、バラストを使用しない軟式飛行船は、バロネットで船体形状とガスの体積を調整するため、一部の手順が異なることに留意する必要がある。

4 まとめ

繰り返すが、飛行船は、飛行する環境、特に気象条件にかなり影響を受ける。

戦間期に大型硬式飛行船を自由に運用できたのがドイツに限られたのは、同国だけが気象等の影響から飛行船を守るための、人材(練度の高い搭乗員と地上要員)やノウハウを蓄積していたからだ。これは、戦時に飛行船を大量に運用した経験からもたらされたものであった。

方や、その他の列国は、戦後ドイツの技術を導入したが、飛行機に比してハードルが高いこともあり、十分に習熟できないまま事故が続発。飛行船は喪われ、運用は放棄された。

飛行船運用の第一人者であったフーゴー・エッケナーは、このような言葉を残している。

“You don’t fly in an airship. You are voyaging.
(飛行船で飛ぶのではない。空を航るのだ)”

ヨットマンでもあった彼は、飛行船を自在に操るために飛行船指揮官に必要とされた技量として、天気を読む能力を挙げている。エッケナーは、空気を切り裂いて飛ぶ飛行機と異なり、飛行船は、気圧の谷や気温変化による風の変化を予想し、それに乗っていく、いわば、帆船の様な存在であると捉えていたのであろうし、このような認識こそが、彼をして、戦間期の巨大旅客飛行船黄金期に世界一周を実現させ、多数の国際フライトを無事故で成功せしめた所以だと思われる。

一方、気象条件から大きな制約を受けるという特性は、軍事利用には極めて大きなマイナスであった。特に、これらに対応するための多大な設備投資や飛行の制限は、大々的な運用を阻む要素の一つであった。それ故、第一次大戦における飛行船のソフト・ハード両面にわたる技術的発達は、彼女らが抱える弱点を克服するための、挑戦と試行錯誤の過程そのものとなったのだ。

人物列伝▶フェルディナント・フォン・ツェッペリン伯爵 ―硬式飛行船の父―

近代航空の曙に燦然と輝く足跡を遺した巨人の物語は、1838年、民族意識が沸騰するドイツで幕を上げる。国土の西南に位置するヴュルテンベルク王国領コンスタンツ湖畔に生を受けた彼は、古の騎士の血を引き、その祖先は13世紀まで遡るという名家の出身であった。ナポレオン戦争に従軍し戦勲を挙げた祖父の代には、伯爵の称号を得ている。

フェルディナント・アドルフ・ハインリヒ・アウグスト・フォン・ツェッペリン伯爵
(1838年7月8日～ 1917年3月8日)

そして、若き日のツェッペリンもまた、一族の伝統に則り軍務に就くことを志す。当時の貴族階級に属する男子の常として、彼は十代で将校となった。封建的エリートとしての古風な矜持や自負心、青年時代の胸中に燃え上がった激しいナショナリズムは、終生彼の尽きせぬ情熱の源となるであろう。

前半生において、彼の脳裏にはドイツ人としての意識とヴュルテンベルク人としての意識が混在していた。また、北方に覇を唱えんとするプロイセンに対する感情は、不信感がその多くを占めていたようだ。故郷ヴュルテンベルクが歴史的にオーストリア・ハプスブルク王朝の忠実な侍女であり、普墺戦争ではプロイセンと干戈を交えたためだろう。1938年にツェッペリンの伝記を公刊したフーゴー・エッケナーは、伯爵の1866年5月付けの日記に次のような記述を見出している。

「この男(オットー・フォン・ビスマルク)は、何が善で正しいかという感覚が希薄で、残忍かつ冷酷である。このような人格を持つ彼は、自分の目的であるオーストリアの破壊とプロイセンの力によるドイツの覇権の確立に向かってまっすぐに進んでいく」

普墺戦争後、ビスマルク率いるこの新興の軍事国家はドイツ諸邦の指導的地位に就く。1868年春、ツェッペリンはプロイセン参謀本部に出向すべくベルリンへ赴くが、不信感は容易には拭われなかった。その年の5月に、ある書簡の中で彼はこう述べる。
「プロイセンの旗はドイツ的なものとみなされ、それを認めない者は、祖国の歴史を築くのにふさわしくない、悪しきドイツ人とみなされるのだ」

一方で、エッケナーはツェッペリンがベルリンで豊かな人脈を形成したことをこの滞在の成果として挙げている。1871年、普仏戦争がドイツ側の劇的な勝利に終わり、民族の宿願であった国家統一が実現すると、ナショナリスティックな熱狂は頂点に達した。巨大な時代のうねりの只中にあって、自ら騎兵将校として参陣したツェッペリンは、ビスマルクの存在を受け入れるようになり、プロイセンへの嫌悪感も幾分和らいでいったようだ。彼は一見順調に昇進を重ね、1882年には槍騎兵(ウーラン)連隊の司令官に着任、その2年後には大佐になる。そして1890年には将官として騎兵旅団の指揮を執るに至るのだ。

しかし、運命を変転させる挫折は、まさにこの時期に胚胎(はいたい)していた。新生「ドイツ帝国」陸軍の外様に甘んじざるを得なかったヴュルテンベルク系将校のなかで、とりわけ有能で活動的だった彼は、主流派たるプロイセン軍人達から疎まれたのである。ツェッペリン自身もまた、次第に不満を募らせていった。1890年4月18日に新皇帝ヴィルヘルム2世へ上奏されたツェッペリンの覚書は決定打となった。このなかで彼は、明確な法的根拠を欠いたまま軍の人事権を壟断するプロイセン軍上層部を糾弾し、ヴュルテンベルク王とその将校の地位が蔑(ないがし)ろにされていると切り捨てたのだ。舌鋒の鋭さは、ビスマルクを罷免し実権を握ったばかりの若きカイザーを驚かせた。

その結果は、直ぐに顕れた。同じ年の秋、皇帝臨席のもと行われた一大軍事演習において騎兵部隊を率いたツェッペリンは、指揮官欠格の烙印を押され、2か月後に退役を余儀なくされたのだ。これは紛れもなく報復であり、非主流派の士官たちに対するあからさまな見せしめであった。生まれついての武人にとって、屈辱は如何ばかりであっただろうか。

フェルディナント・フォン・ツェッペリン伯爵はこの時、齢52。キャリアを無惨に絶たれ、父祖の代からのアイデンティティをも奪われた元軍人が何かを新しく始めるには、致命的に遅すぎる年齢である。しかし、この男を衝き動かす情念の焔は、余りにも大きく、激しかった。それは深刻な挫折と絶望のためにますます燃え盛り、彼をして前人未到の領域へと赴かしむのである。蒼空の征服者たるツェッペリン像が立ち現れた瞬間だ。後に彼の側近となるアルフレート・コルスマンの回想によれば、空のパイオニアは当時の心境をこう語ったという。

「道ばたで兵士を見かけると、私は耐えられず、その場に留まることができなかった。すると娘が言うのだ。『お父さん、昔、飛行船の話をしていたけど、なんで作ってくれないの?』」

軍務の傍らで、ツェッペリンのレーベン(人生)は早くから空と交錯していた。青年将校時代、南北戦争の観戦武官として赴いた米国のポトマック河畔で、北軍の偵察気球に乗り込む経験を得た。また、激しい銃火を掻い潜った普仏戦争においては、ドイツ諸邦連合軍の重囲に陥ったパリから通信気球が頻繁に飛び立ち、悠々と後方と連絡を取るさまを目の当たりにする。およそ3年を経た1874年、彼は日記に画期的な航空機械のコンセプトを記す。それは、まだ見ぬ空飛ぶマシンによって帝国の各地を結び付け、民族の一体性を高めようとした郵便大臣ハインリヒ・フォン・シュテファンの構想に触発されたものだ。

地方間の分断が千年に及ぶドイツの宿痾(しゅくあ)であった事実に鑑みれば、非常に興味深い―実際、東西間には深刻な経済・社会発展段階の格差があり、南北には新旧キリスト教の対立、あるいはプロイセンと独立系領邦の軋轢があった。加えて、辺境に支配地域を持つ領邦は相当数の非ドイツ系住民を抱えている―。

自ら筆を執ったメモランダムのなかでツェッペリンは、自律的飛行が不可能な気球ではなく、推進機関と操縦系統を備えた飛行船にこそ未来の可能性を見出した。そして、これに優れた航行性能を付与すべく、外洋船にも匹敵する鯨のような船体を思い描いたのである。爾後、彼はアイデアを温め、それは複数の独立した気嚢と、金属製外骨格とを備える巨大な葉巻型の船殻構造に発展した。硬式飛行船の概念の誕生に他ならない。大いなるアマチュアたるツェッペリンの非凡な発想力と先見性は、まさに瞠目に値する。後年、彼の下で飛行船設計の第一人者となる才能豊かなエンジニア、ルートヴィッヒ・デュールの言を引用しよう。

「ツェッペリンは偉大な天才であり、また彼のアイデアはすでに成熟していたので、斜材を備えたリングで構成される骨組と気嚢を分割するという点などで最初の飛行船から最後の飛行船まで何も変更する必要がなかった」

普仏戦争の雪辱を誓う仇敵フランスが、飛行船

大尉時代のツェッペリン伯の肖像画

の開発に注力しているというニュースは、ツェッペリンの焦燥を深めた。1884年に同国が最新鋭の大型軍用飛行船「ラ・フランス」を建造すると、危機感に駆られた彼はこう記す。

「気球は欠点を有するため、列強の軍部は飛行船こそが戦争の重要なファクターとなることを確信している。ドイツは遅れをとっているが、隣国よりも軍事的に優位に立つための資金を惜しまなかったフランスは、すでに成功を収めており、『ラ・フランス』が自律的飛行の可能性を明確に証明している。したがって、飛行制御を軍事的に実用化するためには、より大きな容積の船、より大きな飛行船を作ればよいであろう」

ツェッペリンはヴュルテンベルク王やベルリンに対して飛行船建造の必要性を力説したが、はかばかしい結果は得られず、却って煙たがられる有様であった。空を制する者こそが、来るべき戦争を制する。かかる信念を得た彼がボルテージを高めつつあったまさにその時、軍におけるキャリアは突如、屈辱に満ちた終わりを告げた。国権の伸長を自らの栄誉と同一視する19世紀的愛国者であるツェッペリン伯爵は今や、飛行船の力によって故国ドイツを欧州の覇者たらしめるべく、開発に邁進するのだ。攻撃的ナショナリズムの装いで合理化されたとはいえ、彼を駆り立てる最も根源的な動機は、自分を辱めたプロイセン軍人を見返したいという素朴な復讐の欲求であったろう。しかし、それは己の誇りを取り戻さんとする個人的代償行為の範囲を遥かに超え、近代の軍事や航空の在り方を根本から転換するのだ。

だが、1890年代の常識人にとって、伯爵が夢想する天翔ける艦隊の建設は、迷妄以外の何物でもなかった。1894年、ツェッペリンが陸軍の支援を恃み詳細な計画を提出した際には、カイザーの命により、これを吟味すべく軍学の有識者よりなる委員会が設置される。だが、彼らはまもなく否定的な結論を下す。伯爵は自身の「宿敵」たるプロイセン系士官たちの掣肘と受け取ったが、それだけでは無かった。当時は気球や軟式飛行船など小型のマシンが中心であり、巨大な硬式飛行船などは影も形も無かったのだ。委員の一人で、プロイセン軍における軍用気球の第一人者だったハンス・グロスは、以後伯爵の強力なライバルとなる。

軍や貴族に頼れないと考えたツェッペリンは、ドイツ技術者連盟に接近する。この組織は、産業革命を背景に急速に抬頭しつつあった新興のエンジニア層が、依然として統治機構の実権を握る封建的エリートや資本家に対して政治的自己主張を行うための舞台装置として機能したことが夙（つと）に知られる。従って伯爵と硬式飛行船開発が、第二帝政期の社会のどのような位相に在ったかを象徴的に示すエピソードといえよう。

1896年2月、ドイツ技術者連盟の主催でドイツ中の技術者や実業家、さらにはヴュルテンベルク王さえも出席する講演会が開かれ、ツェッペリンは軍事的な可能性のみならず商業、国際郵便、科学などについて飛行船の価値を主張することができた。同年12月には、同連盟よりプロジェクトに対する見通しが発表され、彼は構想の実現に向けて資金集めを行うこととなる。しかし、何とこのときプロイセン陸軍省主導でボイコットが展開され、ターゲットの一つであるはずの軍人らからはほとんど資金を得ることができなかったのである。ために、伯爵はめぼしい資産を処分して飛行船建造会社を興した。資本金80万マルクの半分が彼個人の出資だったという。

待望の試作機は、19世紀最後の年に完成した。LZ 1と命名されたこの船は、全長128メートルの巨躯を誇り、アルミニウムの構造材とガソリンエンジンという最先端技術を取り入れている。その性能は、世界初の硬式飛行船としては疑いなく及第点であったが、伯爵みずから乗り込み指揮を執った初飛行でトラブルを引き起こし、メディアと民衆から嘲りを受けて表舞台を去る。2度目、3度目のフライトの成果は、社会的に全く黙殺された。本当の試練の始まりだ。

資金が枯渇したため、ツェッペリンは夫人の持参金を注ぎ込むという禁じ手に訴えた。苦難の末、二号機LZ 2は1905年に完成する。しかし、新たな船は処女航海で激しい振動に見舞われ不時着し、その夜の暴風により破壊される。世間は眉を顰め、彼を「狂人伯爵」と謗った。ほとんど無一文となったツェッペリンは窮地に立たされながらも、カイザーからの資金援助を勝ち取り、1906年にLZ 3を作り上げる。三号機建造に当たり、彼と部下たちは流体力学を応用し、姉たちの失敗を徹底的に分析、操縦系統に大幅な改造を施した。これによりLZ 3は実用段階に達した飛行船として成功を収める。飛行機はまだ未発達であったから、航空機械として史上初と言っても差し支えないだろう。

彼女は2年余りで45回ものフライトをこなし、ある飛行では滞空8時間、飛距離354キロという破天荒のレコードをたたき出したのだ。これはごく短時間空に留まるのがやっとの同時代の飛行機には到底考えられないデータで、深く感銘を受けた皇帝ヴィルヘルム2世は、ツェッペリンに帝国最高の勲章である黒鷲勲章を授与し、彼を「20世紀最高のドイツ人」とさえ呼んだ。「空中艦隊構想」は俄かに現実味を帯び、軍は伯爵に対し24時間の連続飛行を実現すれば、硬式飛行船を採用すると提案した。国民が喝采を送ったのは言うまでもない。

だが、どんな幸運も長くは続かない。悲劇は、1908年に建造された新鋭船LZ 4が、軍への導入を賭し、檜舞台たる一昼夜の耐久飛行にチャレンジしている最中に起きた。彼女はラインラント上空でエンジントラブルに見舞われ、ツェッペリンが船を離れた不時着中に、偶発的な火災で焼失したのだ。すべてを注ぎ込んだ切り札を失った彼の命運は、定まったかに見えた。事故の知らせを聞いた一人娘のヘラは、父の夢の潰えたことを悟り、泣き崩れたという。しかし、ドイツ国民は伯爵を見捨てない。過ぎし日のLZ 3の快挙は、民衆を歓喜させた。彼らはツェッペリン飛行船の成功を、自国が技術力で他の列強に差をつけた証明と受け止めたのだ。飛行船は、それ故、彼らの誇りだった。LZ 3がドイツの各都市に赴くと、幾万もの大群衆が歓迎するのが常となる。LZ 4の耐久飛行も周辺地域にセンセーションを巻き起こし、不時着地には無数

飛来したLZ 3飛行船を歓迎するドイツ国民

の見物人が詰めかけた。その眼前で船が灰燼に帰したとき、彼らの胸に言い知れぬ感情が爆発する。その場に居合わせたロイド=ジョージによれば、人々は声を合わせてドイツ国歌を歌ったという。

「ドイツよ、ドイツ、全てのものの上に在れ、世界の全てを越えてあれ…」

歌声は不時着地エヒターディンゲンからラインラント地方、ドイツ全土へと響き渡り、嵐のような募金運動が始まった。津々浦々に「ツェッペリンを救援すべし」の叫びが澎湃として起こり、ひと月足らずで635万マルクもの巨額の義捐金が集まったのだ。開発事業は、たちどころに息を吹き返した。これが後年「エヒターディンゲンの奇跡」と呼ばれる出来事の顛末である。当時作成された様々なポスターには、あらゆる階層に属する老若男女が飛行船に盛んに手を振る様子が描かれている。そのうちの一枚には、次の文字を見出せよう。「ドイツ国民の敬愛するツェッペリン伯爵」。

過去のいかなる時期よりも遥かに強固な財政基盤を手に入れた伯爵は、故郷ヴュルテンベルクのフリードリヒスハーフェンに巨大な工場を建設する。まもなく、この地は飛行船生産のメッカとなるばかりでなく、有力な産業都市に成長し、ドイツ重工業の一翼を担うことになる。ツェッペリンのコンツェルンは、飛行船のエンジン生産から出発したマイバッハ、飛行機生産部門から発展したドルニエなどの企業を育んだ。だが、彼が歩む道のりは、未だ平坦ではなかった。新しい暗雲が、視界に頭を擡げつつあったのだ。LZ 4の姉妹船、LZ 5は1909年に完成し陸軍に納入されるも、翌年には早くも事故で喪われる。相次ぐ遭難にプロイセンの将軍たちは考えを変え、六号機LZ 6の受領を拒否。天翔ける艦隊の建設は凍結された。

事業を続けるには、軍需に替わる新たな収入源を探さなくてはならない。兵器開発に専心していたツェッペリンは煩慮の末、民間航空への進出を決意する。当初はただ一隻残ったLZ 6を用い、細々とした郵便輸送や遊覧飛行に甘んじた彼だが、行動は迅速だった。1910年に新鋭の七号機を就役させ、都市間の旅客輸送に乗り出すのだ。30人の乗客を快適に運ぶことが出来るキャビンを備えたこの新たな船には、それまでの無機質な製造番号に加え、初めて血の通った愛称が与えられる。LZ 7「ドイッチュラント」。伯爵が生涯を捧げて追い求めた祖国の名だ。かつて自分を破滅の淵から救ってくれた国民の負託に応えんとする、彼の強い意志を読み取ることが出来よう。旅客飛行船こそは、国土のあちこちに点在する都市を結び付け、ドイツを悩ませる地方間の軋轢を止揚し、民族の一体化をもたらすのだ。幾つもの名立たる大都市が、支援に立

ち上がった。彼らは空港建設のための土地を提供し、格納庫を寄贈する。ハンブルク、フランクフルト、デュッセルドルフ、ポツダム、ライプチヒ…LZ 7が空を舞う前から、既にして伯爵の飛行船事業は国家統合の象徴になったかのようであった。

しかし、現実は非情だった。ドイッチュラント号は初めて臨んだ商業的フライトで悪天候に遭遇し、不時着。その際、機体に修復不能なダメージを受け、退役したのだ。翌1911年、新たにLZ 8「ドイッチュラントII」が就役するが、間もなく強風で損傷し、破壊される。同じ頃LZ 6も格納庫内の失火で失われ、稼働可能な船はゼロになった。せめてもの慰めはLZ 1の初飛行以来、伯爵が手掛けたフライト——彼自身、その多くに身をもって参加した——で死者が一人も出ていないことだったが、事業の将来は闇に閉ざされた。最後の苦難が姿を顕したのだ。なるほど、LZ 3の成功で、硬式飛行船は実用段階に達した。しかし、それは機体の構造、すなわちハード面の課題が克服されたに過ぎない。多数の飛行船を常時安全に運用するには、ソフト面のノウハウの蓄積が不可欠だ。だが、机上の研究で得られるものではない。誰かが、敢えてリスクを冒し実践を重ね、一つ一つ障害を取り除き、茨の途を踏破せねばならないのだ。

パイオニアをパイオニアたらしめるのは、知識の量ではなく、究極的には先見性ですらない。それらは当然あって然るべきものだ。ルネサンス期の教養人であれば、大西洋の彼方に秘められた大きな可能性を認識するのは、さほど難しくなかっただろう。だが、実際に命を賭けて挑んだのはただ一人だった。ビジョンに殉じる覚悟と、危地に陥っても最後まで足掻き続ける不屈の理性。それに加えて幸運に恵まれる者だけが、未知の大陸へと辿り着くだろう。伯爵とその部下たちは、見事にそれを成し遂げた。航路上の気象状態を観測し分析する体制、機体のコンディションを常に良好に保つ点検・整備・保管のシステム、質の高い搭乗員を制度的に養成する教育の体系。今日の空軍力や航空産業を支える叡智の基礎が、彼らによって築かれたのだ。

かくしてLZ 8の損壊を最後に、飛行中の致命的アクシデントは根絶された。ツェッペリンの旅客事業は、彼が世を去ったのちも20年近く死者ゼロの記録を維持し続ける。命知らずのヒコーキ野郎の独壇場だった黎明期の航空界においては、極めて特異な事態だ。初めて犠牲者が出るのは、1936年のヒンデンブルク号の悲劇で、この出来事は硬式飛行船の歴史に実質的な終止符を打つ。安全こそが、ツェッペリンの生命線だったのだ。その意味で、彼は紛れもなく近代航空のパイオニアに他ならない。以後、砲声の夏までの3年間で4隻の新造旅客船が就役、通算1,588回の飛行が行われ、34,228人の人員が輸送された。言うまでもなく、これは第一次世界大戦前の唯一の、そして人類初の、本格的商業航空である。都市間を行き交う飛行船の雄姿は、ドイツ国民を熱狂させた。

今や、ツェッペリンは民衆の英雄であり、彼の娘たちは国家の誇りであった。そのことは、幾つものエピソードが物語る。例えばカール・タイケの代表作『ツェッペリン行進曲』。彼はこの作品を『ドイツ人行進曲』として発表したが、第三者がタイトルを空の偉人の名に書き換え、それが定着した。あるいは、ドイツ帝国皇太子ヴィルヘルム・フォン・プロイセン。彼は、進んで飛行船に搭乗した。そして妃と侍従たちを客室に残し、自らは吹き曝しの操縦室に立ったのだ。カイザーと皇族は、次第に飛行船への支持を鮮明にするようになった。最新鋭客船「ザクセン」の挿話も興味深い。1913年6月、バーデンバーデンを進発した彼女は、長駆760キロを飛んでウィーンを訪れると、シェーンブルン宮殿の直上で船首を下降させ、欧州最古の帝室に敬意を表した。そして下船した伯爵を、オーストリア皇帝フランツ・ヨーゼフ1世自身が温かく出迎える。普墺戦争の前からプロイセンに反発し、南の老大国に愛慕の情を抱き続けたツェッペリンにとって、この外交パジェント(ページェント)はどれほどの感激に満ちていただろうか。

飛行客船たちは、「ドイツの統一性」か、あるいは「地方の自立性」のいずれかを象徴する名前を与えられた。前者は、悲劇に消えた2隻の「ドイッチュラント」や、美貌で国民的人気を集めたカイザーの皇女にちなむ「ヴィクトリア・ルイゼ」—彼女は間もなく嘗てのハノーバーの王家に嫁ぎ、普墺戦争以来ホーエンツォレルン家との間に続いた断絶に幕を引いた—、そして中世の自由都市連合に由来する「ハンザ」だ。他方、後者には、「シュワーベン」と「ザクセン」がある。ドイツ帝国を構成する領邦のうち、王国の格を持つものはプロイセンの他に3つ存在したが、その一つが伯爵の故郷ヴェルテンブルクであり、これは他ならぬシュワーベン地方に位置する。加えて同地方は、ホーエンツォレルン家揺籃の地としても知られる。また、ザクセンも王国のひとつで、選帝侯の系譜に連なる伝統ある領邦だ。かかる命名は、ナショナルな統合を願いながらもローカルな誇りを持ち続けたツェッペリンや、ドイツ人全体のアンビバレントな意識構造を象徴していると言えよう。

航空事業が軌道に乗ったころ、欧州の政治情勢はいよいよ風雲急を告げつつあった。軍靴の音が迫る中、危機感を高めたドイツ軍は遂に飛行船導入を決断する。ツェッペリン伯爵数十年来の夢が、遂に実現するのだ。1913年、彼の工場群は戦闘艦の大量生産に着手し、1915年から1917年にかけては2

週間に1隻という驚異的なペースで新たな飛行船をラインオフし続けた。彼女たちは大挙して任務に投入され、世界史上初めて蒼穹が戦場に変わった。それを可能にしたのは、ツェッペリンという卓越した個人であったことは特筆に値する。人材、技術、設備。それらリソーセスの全てを、彼はほぼゼロから独力で築き上げたのだ。それゆえに、ただドイツだけが、大規模な飛行船戦力を建設し、運用できた。

ところで、戦時下における陸海軍の飛行船に対するスタンスは、かなり異なっていた。陸軍が比較的冷淡で、飛行機の進歩に順応すべく1917年には飛行船部隊を廃止した一方、海軍は敗戦まで多大な犠牲を払って運用を続けたのだ。その違いは、基本的には任務の差異によって説明されよう。遠海で行動する海軍には、飛行船の誇る桁違いの航続距離と滞空時間が不可欠であったが、地上戦を行う陸軍には、飛行機の速度と運動性能が大きな価値を持った。

だが、それだけだろうか？すでに見た通り、伯爵はユンカー的な色彩を強く残すプロイセン系陸軍軍人たちとの間に、根深い確執を抱えていた。だからこそ、飛行船開発を手段に、ドイツを真の国民国家ならしめんとする幻影を希求し続けた。封建的な陸軍に比較すれば、幾分ナショナルな性格を持った海軍は、ツェッペリンの問題意識と共鳴するところが少なく無かったのではないか？　例えば、陸軍の上級将校は第一次大戦直前に至るまで過半が貴族出身者で占められ、指揮系統は形式上独自の司令部を有するプロイセンはじめ4つの王国に分散された。将兵はそれぞれの国王に忠誠を誓い、分封的性格を最後まで脱することが無かったのだ。他方、海軍の機構は当初から集権化され、人材は相対的に幅広い階層から供給された。

陸軍はユンカーの地方的・階級的利害から完全には自由にならなかったが、海軍は海外市場を欲する国家レベルの独占重工業セクターや金融資本の勃興と連動し、組織された国民的建艦運動の高まりを背景に、世界政策を標榜する皇帝権力によって建設された。ドイツの海洋進出は、まさにナショナリズム高揚の結果であり、かつまた原因に他ならず、その点で飛行船開発と通底する。テクノロジーや軍備の追及は、祖国の威信を高め、究極的にはドイツ国民のトータルな一体化に貢献するだろう。筆者は、ツェッペリン伯爵とドイツ海軍の間に、かかる共通理解があったのではないかと推測する。事実、開戦後も陸軍と伯爵の関係は終始淡白であったが、海軍軍人との間には密接な、相互を同志と見做すコネクションが形成されるのだ。これについては今後の研究の進展が待たれる。

戦争の惨禍は、ツェッペリンの人生の最終局面において、その魂を葛藤から解放した。今や全ドイツが打って一丸となり、揃って彼を必要としたのだ。開戦後まもなく、国中の子供たちがこう謳った。「飛べ、ツェッペリン！　我らが戦に助力せよ！　英国は業火に包まれん！」。伯爵の言動は多幸症的高揚を示す。彼はロイヤルネイビーを殲滅すべく母港に飛行船で大型爆弾を投下せよと叫び、カイザーに手紙を送り来るべきロンドン初空襲の指揮を執りたいと訴え、プロイセン州議会の集会では最も無慈悲な戦いは最も慈悲深い戦いだと述べ無制限の飛行船作戦を要求する。

人類初の航空戦は、熾烈だった。英国初空襲が成功を収めると、ドイツの新聞は次のように書きたてた。「最も近代的な航空兵器であり、ドイツ人の創造性の勝利の象徴であり、ドイツ軍だけが所有するこの武器は、海を越えて戦争の惨禍を英国本土に持ち込む能力を見せつけた！…今日、我々はツェッペリン伯爵に祝辞を贈る。彼が生きてこの大勝利を見届けたことに。そしてまた、ドイツ国民として賛辞を贈る。我らをしてかくも素晴らしい兵器の独占者たらしめたことに」。海軍飛行船団を率いる愛弟子のシュトラッサーは私信にこう記す。「我々は赤ん坊殺しの汚名を着せられますが、任務は本当に必要なのです。我々の行為がどれだけ醜悪だとしても、それによってドイツ国民の魂は救済されるのです」。近代の闇を吐き出す浄化の思想が、ここでも姿を顕す。今や、煉獄の扉が開かれ、ツェッペリン伯爵は遂に、自分自身が長きにわたって対峙し続けたプロイセン的軍国主義の体現者になり果てた。

本コラムの冒頭で紹介したように、かつて彼はビスマルクを批判し、「倫理規範が希薄で、プロイセン・ドイツの力による覇権実現のためには手段を選ばない」と述べたが、その言葉はツェッペリン自身にも当てはまる。なんという皮肉であろうか！　だが彼の悲劇は、近代ドイツのエリート層に共通のそれであったろう。彼の飛行船たちは、ドイツ国民の麗しき紐帯の象徴であると共に、彼らを破滅へ引き立てる嘆きの鉄鎖と化す。それこそが、半世紀に及んだ夢と挑戦の旅路の果てに待ち受ける結末であった。

1917年、フェルディナント・フォン・ツェッペリン伯爵は病に斃れ、還らぬ人となった。享年78歳。一人娘に向かい、死の床のツェッペリンはこう語っている。「私には、確信があった」。戦時下にも拘らず、カイザーと民衆は、彼を国葬で見送った。祖国の敗北と貴族的旧秩序の崩壊、そして飛行船の終焉を見なかったことは、幸いであっただろう。一つの時代――長い19世紀――が終わり、その生涯は神話となる。ツェッペリンは今も、多くの善良なドイツ国民の記憶の中で、在りし日への郷愁と共に生き続けている。

第3節　飛行船の部位に関する技術的解説

ここでは、大戦中にドイツ陸海軍が使用した飛行船の構造体や船内設備等につき、技術的解説を行う。基本的には数の多かったツェッペリン製の硬式飛行船を基準に記述するが、シュッテ=ランツ型及びパーセバル型についても、必要に応じ記載する。

1 船体に関する技術

船体形状と骨組み

飛行船の骨組みは、ツェッペリン型とシュッテ=ランツ型で異なる。ツェッペリン型では、コの字型に折り曲げ、棒状に延ばした亜鉛華アルミ（後にジュラルミンとなる）を交互に交差させ、シュッテ=ランツは、接着剤で張り合わされた合板を加工したものを、互いに組み合わせている。

竜骨

船体の中央下部に設けられた骨組みで、三角形、または逆三角形の断面形状をしており、船首から船尾までを貫くように走っている。飛行船の重量と浮力を支える部位であり、ゴンドラ、積載品、燃料、バラストなどがここに集中することで、飛行船はバランスをとれるようになっていた。

また、内部は飛行船の中央を縦断する通路となり、船体内部で作業をする人員や、あるいは、一時的に休息する乗員のための空間を提供した。

リング

骨組をつなぎ合わせて立体を形成し、縦に走る建材を受け止め、船体を、船舶の隔壁の様に区分するのがリングである。竜骨とつなぎ合わされた主リングと、軽量化のためにいくつかの骨材が繋がれた補助リングに区分される。

張線

飛行船には、骨組みを支えるために、多数の張線が使用されていた。ゴンドラからリングの支柱へと張られ、重量を分散しつつも、強度を保つための処置であった。当時は一般的な処置であるが、空気抵抗を発生させ、また、飛行中に切断されると、プロペラを損傷させる等の問題が発生した。

ゴンドラ

飛行船はその構造上、浮力を発生させる気嚢の下に、人間が乗り込むためのゴンドラを吊り下げており、そこに、操縦系統、エンジンなどを配置していた。それらは、特にツェッペリン型において、吹きさらしの梯

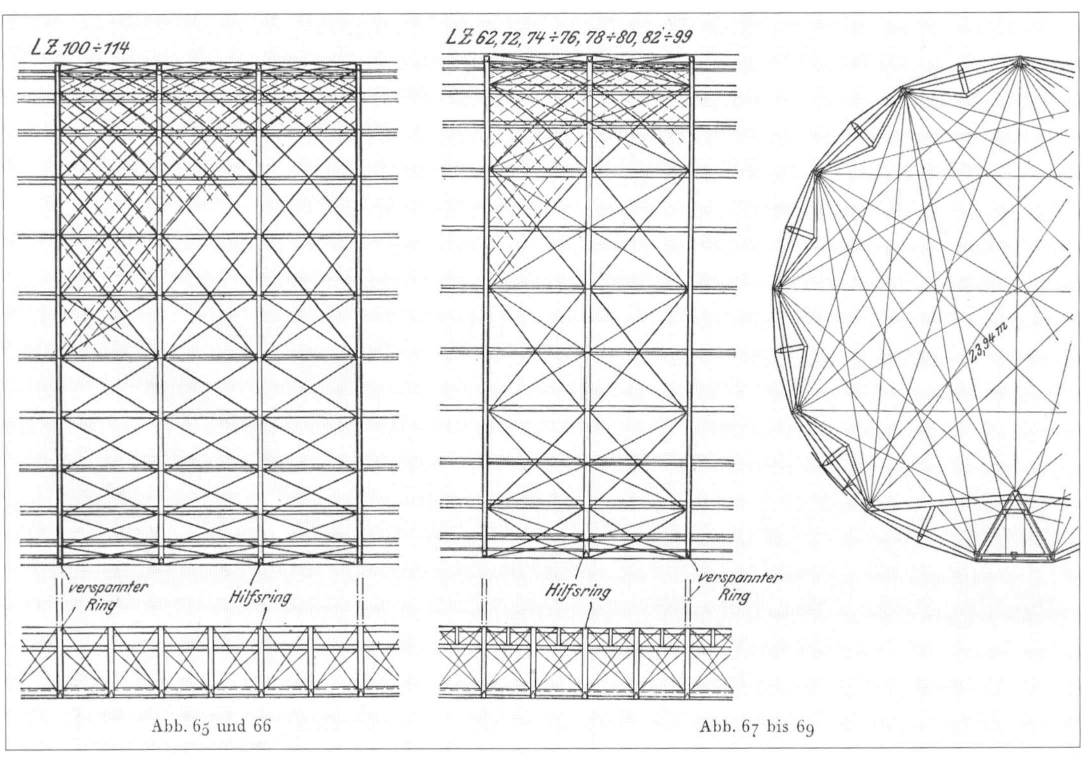

V級（左）及びR級（右）のリング配置と断面図。R級は主リングの間隔が10mであるのに対し、V級以降は軽量化の為、主リング間隔を15mにして、間に補助リングを2つ挟んでいる。図の下部には竜骨が見える。

子で行き来が可能となっていた。一応、ハッチのようなものがついていたようではある。

司令ゴンドラ

飛行船を操縦する上で必要な機能が集中しているものが司令ゴンドラである。飛行船司令が位置し、船を指揮する場所であり、無線機や舵など主要な機能が集中していた、いわば、艦橋のようなものだ。ただし、ツェッペリン型は司令ゴンドラ後部の区画にエンジンを搭載していたが、シュッテ=ランツ型は、より船体に密接に接続し、かつ、エンジンはそれぞれ別個のゴンドラに搭載しているなど、形状やサイズなどに違いがあった。

エンジンゴンドラ

エンジンを搭載するためのゴンドラとして、司令ゴンドラの両舷及び後部に配置されている。搭載されているエンジンの数や配置、プロペラへの動力伝達要領は、飛行船の船級とツェッペリン、シュッテ=ランツ等の型によって異なる。

機関と燃料系統

エンジン

第一次世界大戦中の飛行船のエンジンは、全てガソリンエンジンであった。軽量且つ小型で十分な出力を発揮することのできるこの装置の発明こそが、ツェッペリン伯の飛行船を(と、ライト兄弟の飛行機も)可能にしたのである。開戦当初、180馬力程度だった飛行船のエンジンは、終戦時には260馬力まで増強された。また、高高度を飛行するため、空気の薄い場所でも十分な酸素が供給されるようシリンダーを大きくする等、技術的発展を見た。

燃料タンク

燃料タンクは竜骨内部に吊るされるものと、ゴンドラ内部に備え付けて、直接エンジンに燃料を供給するた

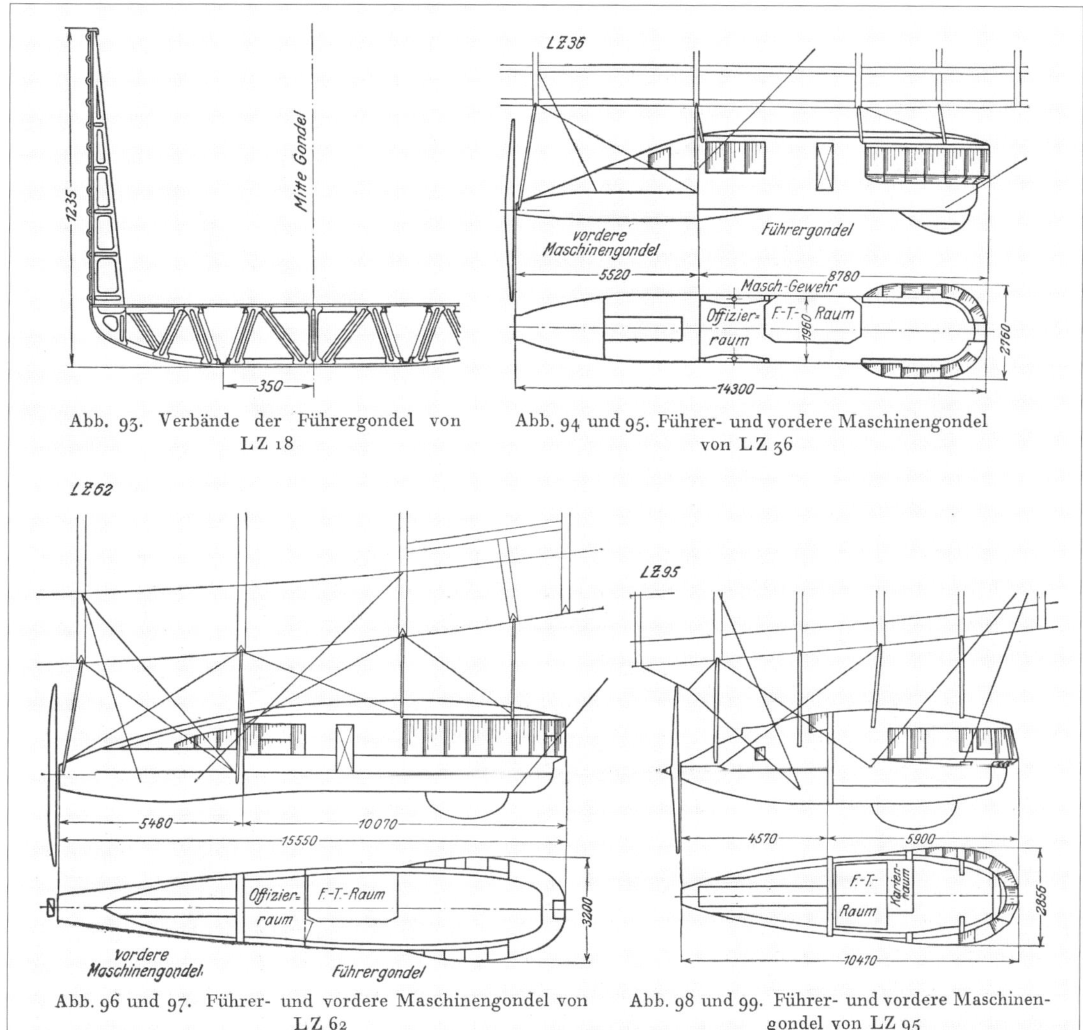

Abb. 93. Verbände der Führergondel von LZ 18

Abb. 94 und 95. Führer- und vordere Maschinengondel von LZ 36

Abb. 96 und 97. Führer- und vordere Maschinengondel von LZ 62

Abb. 98 und 99. Führer- und vordere Maschinengondel von LZ 95

ツェッペリン型の各種司令ゴンドラと断面図。それぞれP、Q級（右上）、R～T級（左下）、U～X級（右下）

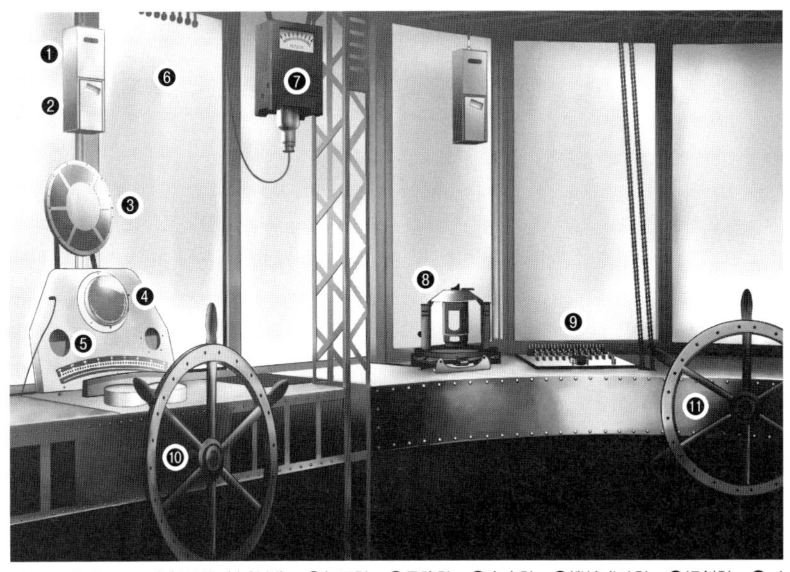

R級の司令ゴンドラの内部配置（左舷側）。❶気圧計　❷昇降計　❸高度計　❹機械式時計　❺傾斜計　❻バラスト水放出紐　❼温度計　❽照準器　❾爆弾投下スイッチ　❿昇降舵輪　⓫方向舵輪
正面に方向舵手が操作する方向舵輪、左舷側には昇降舵輪がある。昇降舵輪周辺には、バラスト水放出紐と傾斜計等、垂直方向の動作をコントロールするための計器が集まっている。右舷側にはエンジンテレグラフと地図机があり、飛行船司令や機関士などが、動的浮力及び推進力を制御する計器が配置されている。

めのものがあり、それぞれ容量が異なっていた。基本的に、竜骨内部のタンクはゴンドラの付近に集中しており、可動式となっていた。

気嚢

当時の飛行船の気嚢は、気密性と軽量化を重視し、牛の内臓の皮からつくられる、ゴールドビータースキンと呼ばれる素材と布（綿、後に絹）を、幾重にも重ねてできていた。この素材は、確かに気密性に優れた素材ではあったが、化学物質でないために、動物が食べるなどの問題も生じた。また、食料不足と牛の頭数の減少に伴い調達が困難となり、大戦後期には、気嚢に重ねるゴールドビータースキンは減らされることとなった。

バラスト

バラストは、1000kg、500kg、100kg等の重量に分けて竜骨内部の各所に配置されていた。投棄のしやすさから基本的には水が使用されていたため、高高度飛行の際は凍結防止剤が混入されていた。

索具

約100mの係留索と75mの操船索は、それぞれ船首と船尾にまとめて配置されており、着陸の際、司令

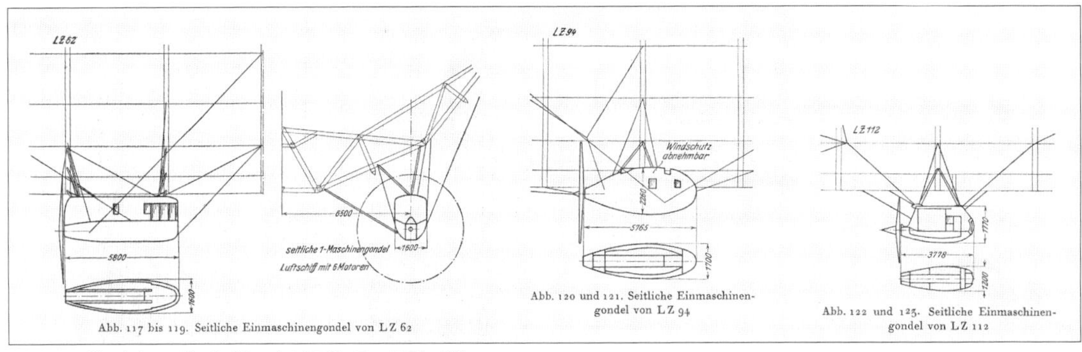

ツェッペリン型の左右エンジンゴンドラ。左からR級、T～W級、X級

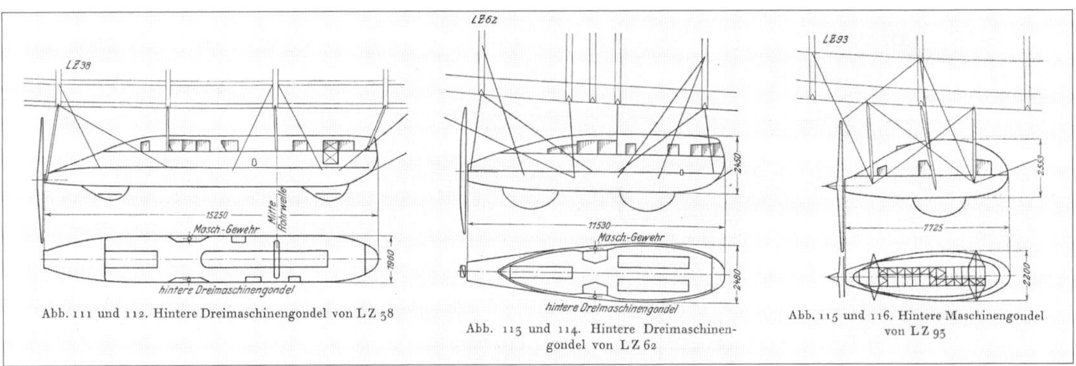

ツェッペリン型の後部エンジンゴンドラ。左から、P～Q級、R級、S～W級

ゴンドラからのスイッチ操作により、地上に投下されるように船内で組まれていた。この内、操船索は、蜘蛛の巣状に分かれており、それぞれの索の端を地上要員が保持できるようになっていた。

ツェッペリン型の1隻（「ザクセン」）に備え付けられた発電機（右側）

航行装置及び操舵装置

コンパス

飛行船のコンパスは、液体上に磁針をのせ、周囲の32分割された方位目盛りを読み取る形式のものである。（なお、ジャイロコンパスは重いために使用されなかった）液体を使用しているがゆえに、高高度飛行の際には凍結し、方位が分らなくなるという事態が生起することもあった。

高度計及び温度計

高度計は、金属の伸び縮みを利用した気圧高度計を使用していた。また、温度計は、気圧の変化と併せて、高度変化を読み取るための機器として利用されていた。

方向舵及び昇降舵

方向舵は垂直安定板の後端に、昇降舵は水平安定板の後端に設けられ、それぞれ、竜骨下部を走る鎖によって司令ゴンドラ内部の舵輪とつながっていた。仮に、この鎖がちぎれた時などに、操船不可能となる事態を防ぐため、船体後部には、予備の舵輪が配置されていた。

照明及び電気系統

飛行船には、比較的初期から発動発電機が積み込まれており、船内各所に電気を供給できるようになっていた。少なくとも、司令ゴンドラには地図机とデスクスタンドが設置されており、司令ゴンドラの前部には、航行の補助として、投光器が備え付けられていた。

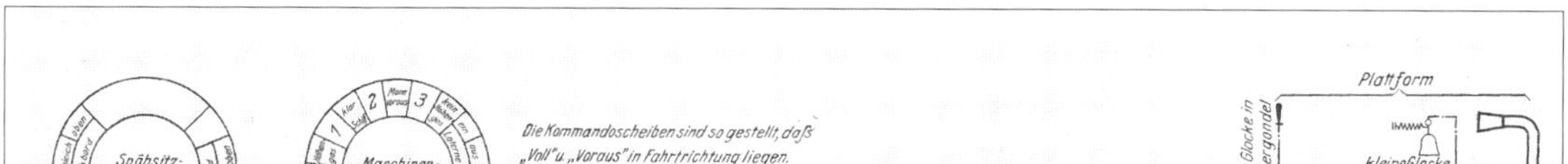

Abb. 186. Schema der Befehlsübermittlungsapparate

船内の通信系統図。円形のものがエンジンテレグラフの盤面であり、それぞれの配置に応じた信号の内容が示されている。

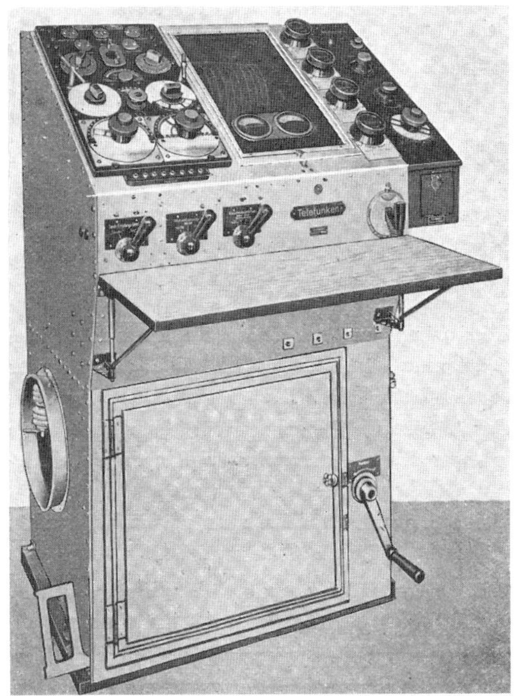

飛行船に搭載されていたテレフンケン社製ALS49型無線機

通信設備

船内通信

船内の各ゴンドラ、銃座、また、竜骨内部との間には、電話及び伝声管が引かれ相互に連絡が可能なようになっていた。加えて、エンジンテレグラフと呼ばれる、特定のメッセージを伝えることのできる、ワイヤーで操作する信号機が設置されていた。

無線通信

飛行船で使用された無線機は、当時一般的であった瞬滅火花送信機である。当時の無線機は全て短波以下の周波数を扱うもので、音声を送信することはできなかった。無線機は、無線室として独立した防音区画に配置され、数少ない余裕のある空間として、搭乗員に利用されていた。また、L 19の遭難以降、無線機には非常時のバックアップ電源が備え付けられていた。

当時のアンテナは、無線機と接続された同軸ケーブルが船外に延びているというものであり、状況に応じ、船外に垂らす形で展張した。

その他の設備

乗員用スペース

竜骨内部には搭乗員用のスペースがあったと言われているが、写真が残されていないために、具体的な様

カーボニット製100kg爆弾及び爆弾懸架の様相。三角形に組まれた竜骨部には、所々補助的な支柱が走り、爆弾、燃料タンクなどをつるすことができるようになっていた。爆弾架の下は、船体外被が扉の様に開き、爆弾が投下される。

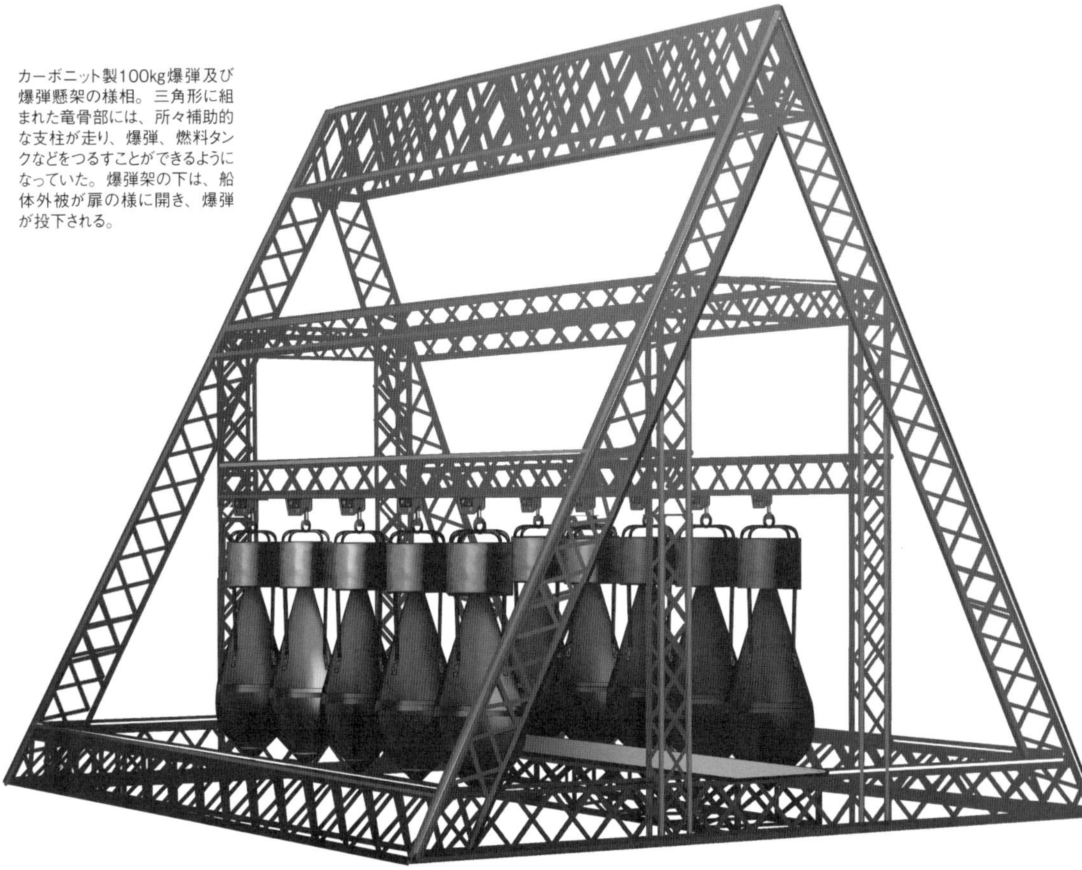

P級及びR級の船体上部に配置された機関銃座。このようなプラットフォームは、敵機を警戒する見張り場所としても使われた。また、同様のプラットフォームは、シュッテ＝ランツ型にも存在したほか、パーセヴァル型のPL 25は、軟式飛行船でありながら、船体上部に機銃座を備えていた。

子は不明である。エルンスト・レーマンの記述や、大戦直後の旅客飛行船の写真から判断するに、椅子、机、ハンモックなどが設置されていたと思われる。

搭乗員の人数に余裕のある時は、交代要員の待機場所として機能していたが、ハイトクライマー開発に当たっては、これらの設備は廃止されることになった。ただし、L 49が撃墜された際のフランスの新聞記事を見る限り、ハンモックだけは残されていたようである。

トイレ

少なくとも、R 級飛行船の後部には、トイレに相当する施設があった。と言っても簡便な造りであり、当然、垂れ流しであった。幾重にも重なる飛行服を着込んだ状態でこの設備が利用されたかどうかは不明だが、ハイトクライマーの開発・導入と共に、この設備も廃止されたと思われる。

2 武装に関する技術

照準装置

陸軍とツァイス社は、飛行機や飛行船からの爆弾投下を行うため、照準装置の開発を始めた。最終的にこれは、幾重にもレンズを利用するテレスコープ状の照準器として結実し、終戦まで使用された。この照準器は、偏流や対地速度による偏差を入力して地上目標に狙いを付けられる物であり、同時に、地上の顕著な目標とストップウォッチを組み合わせて対地速度を計測するなど、航行のためにも利用された。

爆弾投下装置

初期の飛行船は、艦橋からの指示に応じて、爆弾架の付近にいた乗組員が、手動で投下していたものの、ツェッペリン飛行船製造社は、元砲兵少佐オスカー・ヴィルケを主担当技術者として、ボッシュ社と協力し、電気式の投下装置を開発した。この投下装置は、司令ゴンドラに設置されたスイッチパネルにより操作することができる近代的なものであった。また、投下に際しては、単発、複数、全弾投下など、投下モードを切り替えることも可能であった。

一つのコントロールパネルにつき、24 発の爆弾をコントロールすることができたようだが、それよりも多い爆弾を統制するために、複数のスイッチパネルを搭載した例もあった。これは試験的なものだったようで、恐らく、配線を繋ぎ変える事で対応できたのだと思われる。

爆弾架自体は、非常に単純な造りで、竜骨に沿って横向きに設置された補助的な竜骨に、爆弾を縦に吊り下げられるよう、投下装置が取り付けられていた。また、竜骨内部の前後の縦の骨組みには、爆弾が竜骨に当たっても問題ないよう、鉄板が貼り付けられている。

爆弾架真下には、観音開き、またはスライド式の扉があり、司令ゴンドラのボタン操作か、爆弾架付近での操作により開閉が可能であった。

爆弾

炸裂弾と焼夷弾

開戦時、航空爆弾の開発は間に合っておらず、初期の作戦においては、飛行船は、ゴンドラに括り付けた砲弾を、ロープを切って投下するといった方法で攻撃していたが、その後、様々なサイズの航空爆弾が開発された。所謂(いわゆる)通常のHE弾(榴弾)である炸裂弾は、概ね、10、20、40、50、100、300 kgまでのサイズが使用され、特に、300 kg爆弾は、強力な威力をもつ爆弾とみなされていたし、事実、それに見合う戦果を挙げた。

焼夷弾は、炸裂弾よりも小さく、12 kgであった。一回の出撃で60発程度が搭載されていたが、威力は小さかったため、実際に被害を引き起こす可能性は低く、場合によっては、夜間、飛行船が陸上を飛んでいるか否かを確認するために投下されることもあった。

これらの爆弾は、シュコダ、カーボニット、P&W等の会社によって製造されていた。陸軍はシュコダ製、海軍はカーボニット製の爆弾を好んで使用していた。

その他特殊爆弾

夜間用の照明弾と、化学反応により水上で発光する発光爆弾(PeilBomben)が開発、使用されていた。それぞれ、自己位置標定のための目標や、爆撃時、地上砲火をくらませるために使用された。

偵察用ゴンドラは、基本的に陸軍によって使用され、海軍は一切使用しなかった。これは、シュトラッサーが試しに乗ったところ、巻き上げ機の故障で数時間空中に取り残されたことで恐怖したためだと、レーマンの著作にはあるが、実際の所、このゴンドラと巻き上げ機とワイヤー(約2,000mの鋼線である)の重量が、飛行性能を低下させる事を嫌ったからである。実際、地形を確認して飛行する陸軍の飛行船と異なり、ひたすら海上を飛び続ける海軍の船にとっては、雲の下を覗くことに、それ程意味を見出すことはできなかったというのが本当の所だろう。

グライダー魚雷

飛行船の艦船攻撃用装備として、テレフンケン社によって、試験的に開発されたのがグライダー魚雷である。魚雷に羽根を取り付けたこの兵器は、飛行船の下部に取り付けられ、約8,000mのワイヤー誘導方式の誘導弾であった。

いくつかのタイプが開発されたが、いずれも実用化されることはなかった。

自衛用装備

機関銃

自衛装備としては、空冷式、及び水冷式の機関銃が使用された。基本的には、マキシム、パラベラム、ドライゼ、ラインメタル製の7.92㎜の標準的な航空機関銃が使用されたが、戦争末期、X級にはベッカー製20㎜機関砲が搭載された。

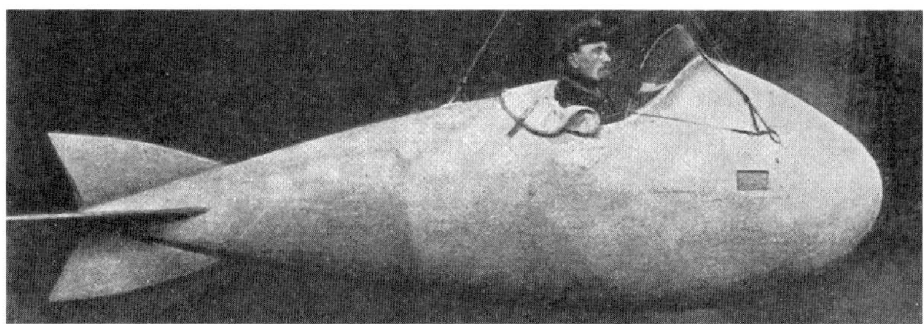
偵察用ゴンドラ。1917年初頭まで同様の装備は使用され、より空力学的に洗練された形をとるようになっていった。このため、偵察用ゴンドラの形状は、搭載していた飛行船により異なる。

偵察用ゴンドラ

Spänkobeと呼ばれた偵察ゴンドラは、夜間、雲を利用した飛行を行うために開発されたもので、1917年初旬まで使用された。初期のものは垂直安定板のみであったが、後期のものは、流線型、且つ、垂直安定板と水平安定板がつくなど、より空力的に洗練されたものとなった。

試作されたグライダー魚雷

人物列伝▶ツェッペリン以外の飛行船開発者たち ～シュッテ=ランツ、パーセヴァル、そしてグロス～

ヨハン・シュッテ
Johann Schuette (1873.2.26 ～ 1940.3.29)

ヨハン・シュッテ (写真:Harry Redner)

オステンブルクに産まれたヨハン・シュッテは、シャルロッテンブルク工科大学で造船を学び、1897年に北ドイツ海運（Nord Deutcher Lloyd）社に入社、高速客船の開発を行った。1904年、彼は新設されたダンツィヒ工科大学の造船学科の教授となる。そこでの、流体力学専門の研究所設立は、資金難のために失敗するも、彼は飛行船に興味を向け、自身の知見を反映しようと試みた。最初、ツェッペリンの飛行船に関して意見を述べていた彼は、実業家であるカール・ランツと連携し、マンハイムにシュッテ=ランツ飛行船製造社を設立。彼の飛行船は、流線型、木造の骨組みと言った特徴を備えており、1914年2月にテストされた2隻目の飛行船、SL Ⅱは、同時代の中でも最も洗練された飛行船であった。

シュッテ=ランツ飛行船製造社は、ツェッペリンと並ぶ飛行船製造会社として、軍のために飛行船を開発・製造したが、ツェッペリンに比して規模は小さく、政治力も劣っていたことから、その製造隻数は限られたものであった。また、彼らもツェッペリンと同じように、飛行船だけでなく飛行機の製造もおこなった。

戦間期には、大西洋横断のための大型飛行船の構想がなされるも、資金難等の理由により、同社が飛行船を建造することはなかった。また、シュッテは、戦争中に特許使用が相互に許されたことへの補償がなされていないとして、ツェッペリン社と国を訴えてもいる。

結局、シュッテ=ランツ社は破産した。シュッテ自身は1938年に引退するまで造船学の教授として活動し、ナチス体制の下で航空科学協会の会長を務めるなど、精力的に働いていた。また、オルデンブルク博物館に自身の展示を設けさせ、功績を誇るといったこともしていた。

彼の会社は、戦間期に飛行船を建造できなかった事や、海軍で主力とならなかったために、知名度は高くはない。しかし、彼の造船工学の専門知識に裏付けられた飛行船の開発は、戦間期の旅客飛行船黄金時代に大きく寄与したのである。

アウグスト・フォン・パーセヴァル
August von Parseval (1861.2.5 ～ 1942.2.22)

ドイツ南部、フランケンタールに産まれたパーセヴァルは、若き日から技術に通じていたが、家族の伝統に従い、1880年、バヴァリア王国軍に入隊した。彼は、軍務に服するかたわら、航空力学の基礎を学び、1889年、鳥の飛行に関する著作をあらわしている。それは、有名なグライダー開発者であるオットー・リリエンタールとほぼ同時期であった。

1896年、アウグスブルクに駐屯していた彼は、観測気球の空気抵抗の問題を解決するため研究に取り組み、2年後の1898年、凧（たこ）型気球を開発する。これは、それまでの球形の気球にあった問題点を解決し、大戦で両軍が使用する、観測気球の基礎的な技術として活用されることになる。1904年、彼は少佐に昇任したが、1907年に軍を退役して、仲間達と共に航空機製造社（Luft-Fahrzeug-Gesellschaft 以下 LFG）を創設し、ツェッペリンの志向した大型硬式飛行船とは逆の、軽易に展開できる小型の軟式飛行船の開発に取り組んだ。彼の会社は資金難に悩まされながらも、1906年、最初の飛行船を飛行させ、1918年の終戦までに25隻の飛行船を実用化。それらは軍民に使われ、各国に輸出された。

アウグスト・フォン・パーセヴァル

彼は、ツェッペリン伯と同様、大学で専門家としての教育を受けたわけではないが、軍での勤務を通じて学び、研究を進め、実践する機会を得、飛行船の開発を成功させたのだった。また、飛行船だけではなく、LFGは、飛行機の開発・製造も行っている。

戦間期にも何とか生き残ったLFGは、パーセヴァルの技術を基礎として、宣伝飛行用に数隻の軟式飛行船を建造をしている。ドイツ航空産業に功績を残したパーセヴァルは、1942年2月、81歳で死去した。第二次世界大戦の最中、既に忘れられた人物となっていた彼は、歴史の上で、ツェッペリンほどの名声を残したわけではない。だが、彼が輸出した軟式飛行船は、各国における飛行船開発技術の基礎となり、特に英・米で花開き、今日においても飛行船が空を飛び続ける基礎となった。その意味で、彼は、現代に通じる飛行船技術の父と評すべき人物と言えるだろう。

ハンス・ゲオルグ・フリードリヒ・グロス

Hans Georg Friedrich Gross (1860.5.4〜1924.2.27)

ハンス・ゲオルグ・フリードリヒ・グロス

サムター（現ポーランドのシャモトゥウィ）に産まれたグロスは、1879年に軍に入り、そこで気球による飛行技術を身に着けた。彼は、軍に在籍しながら、気球による飛行と大気に関する研究を進め、当時の最高記録である高度7,930mまで上昇する等、気球を使った飛行士としての名声を獲得し、1904年には著作すら出版している。

このような名声を獲得しつつ、プロイセン軍での勤務を続けた彼は少佐となり、1906年、第2飛行船大隊の指揮官に任命される。飛行船大隊の指揮官として、上層部から、フランスが製作した“Patrie”号に範をとった半硬式飛行船の開発を命じられた彼は、技術者であったニコラウス・バゼナッハと共に、ジーメンス＝シュッケルト社と協力して、半硬式飛行船の製作を行った。戦前、彼の飛行船は演習に参加して、皇帝にその姿を披露したが、4隻作られた彼の飛行船の内、実戦に参加したのはM Ⅳのみであり、ツェッペリンやシュッテ＝ランツ、パーセヴァル等と比して影が薄い。

また、ツェッペリンと彼には、興味深い逸話がある。元来、彼はツェッペリンの硬式飛行船に好意的だったようだが、1908年頃、伯爵と決定的に対立し、決闘寸前までにいたったのである。結局、彼は飛行船から離れた。開戦時、彼は大佐に昇任し、第68歩兵連隊の指揮官を務め、1917年には西部戦線における電信監督官となり、大戦を生き残ったが、1924年に没した。

なお、バゼナッハは戦後、ブリンクマン飛行船社でグロス＝バゼナッハ型の技術に基づく飛行船建造を行ったが、建造途中で会社が倒産してしまったため、それが飛び立つことはなかった。

第4節　軍用飛行船の発展 ～各型式とタイプについての概説～

ここでは、ドイツ軍が使用した、ツェッペリン、シュッテ=ランツ、パーセヴァル及びグロス=バゼナッハの各タイプの飛行船について、代表的な級名毎に紹介していく。

1 ツェッペリン型

ウェルテンベルク王国の元陸軍中将、フェルディナント・アウグスト・フォン・ツェッペリン伯爵が開発した飛行船は、貴族という社会的地位と、ドイツの空の英雄としての名声、そして何よりも、硬式飛行船と言う伯爵の基本コンセプトの正しさから、着実な進歩を遂げることができた。19世紀的価値観の持ち主にして、愛国者である伯爵は、飛行船の軍事利用を強力に推し進め、次の戦争のための新兵器として、帝国の陸海軍に売り込みを行っていた。ドイツ陸軍の主力であるプロイセン陸軍は、1908年ごろから逐次ツェッペリン飛行船製造社で製造された飛行船を購入、運用し始めていた。一方、帝国海軍がその運用を始めたのは1912年からだった。

大戦勃発後、飛行船は、陸軍が求める兵器としてのパフォーマンスを十分に発揮し得ず、ツェッペリン社の最大の顧客は、大戦前とは打って変わって海軍となる。ここで培われた海軍とツェッペリン社の協力関係は、飛行船の技術的発展と人材育成に大きく貢献し、戦間期における飛行船の黄金時代を築く礎となる。

戦時中、ツェッペリン社は、合計88隻の軍用飛行船を製造・納入した。

ツェッペリン製の飛行船に特徴としては、当初、空気抵抗を考慮せず、縦向きの骨組みは、鉛筆の様にまっすぐな円筒形であった。また、最も重要な浮揚ガスの排出については、自動弁により、気圧の変化に対応できるようになってはいたが、そのガスは船体下部に溜まり、搭乗員の命を危険にさらしていた。加えて、初期には、船体下部のゴンドラから、シャフトを通じてプロペラを回す形式を採用していた。これらは、大戦中に、より飛行性能を向上させる目的から、逐次改良されていくことになる。

即ち、流線型の船体となるよう骨組みを改良し、船体上部へと延びるガス放出路と放出孔を取り付け、プロペラは、ゴンドラ内のエンジンナセルに収めたエンジンから直接回すようになった。これらは、いずれもシュッテ=ランツのアイデアであり、大戦前は、特許料を支払いたくなかったがゆえに導入を見送っていた。それが改められたのは、大戦中、飛行船に関する技術特許を、軍が主導して各社が使用できるようにしたが故である。その成果はR級以降の飛行船に表れているが、戦後、ツェッペリン社が大型飛行船を開発する際、シュッテ=ランツ社が訴訟を起こすことになった。

以下は、ツェッペリン社が陸海軍に納入した飛行船の、各級ごとの概要である。

B級　ZⅠ

ツェッペリン伯が製造した中で最初に成功した飛行船であるLZ３を軍が買い取り、制式番号を付与したものである。デザイン的にはLZ１を踏襲しており、外見上は、円筒形の船体、エンジンを2基ずつ搭載した開放式のゴンドラと、そこから伸びるシャフト、といった特徴を有する。ただし、垂直・水平安定板とプロペラについては試行錯誤が重ねられた。本級においては、前後左右に4枚の小さな昇降舵、後部の左右にV字の水平安定板とその間に挟まっている小さな3枚の方向舵そして、上部に垂直安定板が付いている。また、プロペラについては、3枚羽根である。ZⅠは、1913年まで練習船として使用されたのち、老朽化に伴い解体された。

C級　ZⅡ

製造番号LZ４のさらなる改良型として建造された船級であるZⅡ、製造番号LZ５は、1909年5月26日に初飛行を行った。LZ５は、LZ４に比してエンジンの改良が行われ出力が増強されており、軍に引き渡される前は、往復1,194キロを38時間40分で飛行する等、ツェッペリン型飛行船の実用性向上に大きく貢献した飛行船であった。しかし、引き渡し後、1910年4月24日に嵐のために破壊されてしまった。

E級　ZⅡ(代替船)、ZⅢ

それまでの発展形として、改めてZⅡの制式番号を付与される飛行船として建造されたものである。本船級以降の特徴としては、旅客用飛行船の様なキャビンが、船体中央部に付いていることである。ZⅡ(LZ９)については、1911年に陸軍へ引き渡され、訓練用として使用され、ZⅢ(LZ 12)は1912年に引き渡されたものの、開戦時には性能面で旧式化したと判断され、両者とも戦うことなく、1914年8月に解体された。

H級　ZⅠ(代替船)、ZⅣ、ZⅤ、L１

成功した一連の客船をさらに拡張するような形で設計された一連の軍用飛行船は、客船であるLZ 17「ザクセン」のベースとなった(「ザクセン」は後に海軍に徴用され、開戦時には軍用飛行船として運用)。本級のエンジンの馬力は165hpとなり、対気速度とペイロードも更に増加していたが、ZⅠ(代替船)と、L1は開戦前に事故で失われ、ZⅤは開戦直後、東部戦線で攻撃任務に就いている最中に撃墜される。ZⅠⅤ(LZ 16)のみが、東部戦線で偵察任務及び攻撃任務に従事し、1916年まで生き延びて解体された。

H級の1隻「ザクセン」(LZ 17)。真ん中の客室キャビンは、戦時には爆弾倉、無線室及び乗員の休憩場所に改造された。(写真:Harry Redner)

船級	全長(m)	主リングの直径(m)	気嚢の容積(1,000㎥)	気嚢の個数	積載量(t)	静的浮力による到達高度(m)
H	158	14.9	22.5	19	9.5	3,300
	エンジン製造者, 種類	エンジン出力(hp)	エンジン数	エンジン総出力(hp)	最高速度	航続距離
	Maybach *	165	3	495	21.2m/s (76.3㎞/h)	2,300㎞

I級　L2

H級の改良型として、同時期のツェッペリン型飛行船とは一線を画したデザインを持つ飛行船である。彼女には、海軍から派遣された造船技師フェリックス・ピエツカーのアイデアが取り入れられており、前述の特徴の他にも、従来は船体下部に張り付くように設置されていた逆三角形の竜骨を反転させ船体内に置くことで船体半径(リング直径)を大きくし、浮揚ガスの容量を大幅に増やすという画期的な設計に基づいていたのである。しかし、1913年10月17日にベルリン近郊、フュールスビュッテルの飛行場での試験飛行の最中、前部エンジンゴンドラから出火し、太陽熱に暖められて膨張し、気嚢から排出されていた水素に引火。空中で炎上、墜落した。

I級のL 2は新機軸を取り入れた飛行船だったが、フュールスビュッテルで離陸直後、火災を起こし爆発した。写真はその瞬間をとらえたもの。

船級	全長(m)	主リングの直径(m)	気嚢の容積(1,000㎥)	気嚢の個数	積載量(t)	静的浮力による到達高度(m)
I	158	16.6	27	18	11.1	2,000
	エンジン製造者, 種類	エンジン出力(hp)	エンジン数	エンジン総出力(hp)	最高速度	航続距離
	Maybach C-X	180	4	720	21.2m/s (75.6㎞/h)	2,100㎞

K級　Z Ⅵ

K級は全長こそ短く、ガス容量も少ないが、I級を引き継ぎ、リング直径がわずかに増加し、エンジンも180hpのものを搭載している。開戦時に西部戦線に所在していたZ Ⅵは、開戦早々、リエージュを攻撃していた最中、低空を飛んでいたために射撃を受け損傷。徐々に高度を下げながら、ドイツ軍勢力圏まで辿りつくも、基地を目の前にして墜落した。

L級　Z Ⅶ、Z Ⅷ

諸元上、エンジンを180hpに積み替えたH級ともいえる本級の2隻は、やはり西部戦線で活動していた。Z Ⅶはフランス軍を攻撃する際、高度を上げるためにいくつかの爆弾を投下しようとしたが、同乗していた参謀の反対により、そのまま低高度で仏軍に接近。結果、対空射撃により気嚢に損耗を受け、徐々に高度を下げつつ墜落。Z Ⅷもまた、フランス軍の対空射撃により、森林に墜落、大破した。これらは、いずれも昼間に出撃した結果の出来事であり、陸軍が求めるような、戦術レベルでの偵察や直協任務には飛行船が不適であることが明らかとなった出来事だった。

M級　Z Ⅸ、Z Ⅹ、Z Ⅺ、LZ 34、LZ 35、LZ 37、L 3、L 4、L 5、L 6、L 7、L 8（12隻就役）

開戦時に主力となっていた軍用飛行船である。この内、L 3（LZ 24）のみ、マイバッハ製200馬力のエンジンを搭載していたため、カタログスペック上は、対気速度がわずかに遅くなっている。それ以外の違いとして、Z Ⅸ（LZ 25）以後については、尾翼の形がより近代化され、上下左右に4枚のみとなっている他、プロペラは2枚羽根である。M級の各船は、開戦から1915年初頭まで、陸海軍、特に、海軍の主力飛行船として活躍しており、最初期のイングランド爆撃や、洋上哨戒、偵察任務に用いられた。

英国へ飛行する場合、必要な燃料を積んでも、0.5トンの爆弾を搭載できた。その状態で2,000メートルまで上昇可能で、これは当時の飛行機械としては優れた性能であった。

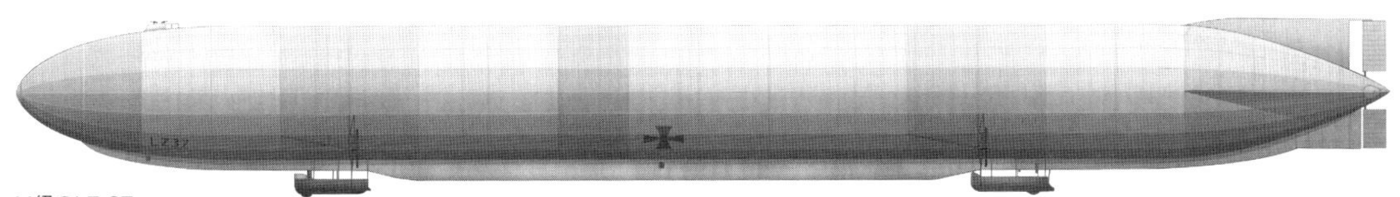

M級のLZ 37

船級	全長(m)	主リングの直径(m)	気嚢の容積(1,000㎥)	気嚢の個数	積載量(t)	静的浮力による到達高度(m)
M	158	14.9	22.5	18	9.2	2,000
	エンジン製造者, 種類	エンジン出力(hp)	エンジン数	エンジン総出力(hp)	最高速度	航続距離
	Maybach C-X2	200	3	600	22.4m/s (80.6㎞/h)	2,200㎞

N級　Z Ⅻ

本級は、開戦後の1914年12月に登場した。Z Ⅻ（LZ 26）は、当初から軍用飛行船として設計され、従来のものと外観が大きく異なる。ゴンドラは閉鎖式となり、屋根がついた。

また、3基のエンジンが各々一つのプロペラを直接回す方式に改められている。加えて、偵察用ゴンドラ（Spähkorb）が、船体中央のキャビンに装備されたのも、大きな特徴だ。Z Ⅻは、東西両戦線で活動し、爆撃任務等を行いながら、1917年まで活動していた。

N級のZ Ⅻ（LZ 26）。エルンスト・レーマンに指揮された同船は、大戦初期に東西両戦線で活動した。（写真:Harry Redner）

船級	全長(m)	主リングの直径(m)	気嚢の容積(1,000㎥)	気嚢の個数	積載量(t)	静的浮力による到達高度(m)
N	161	16	25	15	12.2	2,400
	エンジン製造者, 種類	エンジン出力(hp)	エンジン数	エンジン総出力(hp)	最高速度	航続距離
	Maybach C-X2	210	3	630	22.5m/s (81.0㎞/h)	3,300㎞

O級　LZ 39、L 9

本級は、軍用飛行船としての設計が確立したP級の前段階であり、N級からの違いとしては、船体中央のキャビンが削除されて、竜骨が船体の外に突き出す構造が改まり、主リングの間隔が10メートルとなった事が挙げられる。しかし、装備しているエンジン数は同じく3基であり、後部ゴンドラのプロペラは見られない。

L 9 (LZ 36) は、ハインリヒ・マティの指揮した飛行船として、多数の偵察・哨戒及び爆撃任務に従事した。中でも、1915年5月11日の潜水艦に対する直接攻撃は、当時、大規模に喧伝された。また、1915年以降は、2～3か月単位で飛行船司令と搭乗員が交代しており、訓練課程を修了した飛行船司令と搭乗員たちが、新造船を割り当てられる前に経験を積むための、研修船のような形の使われ方をしていた可能性がある。

O級の1隻、L 9。近代的な量産型軍用飛行船へと至る過渡期の1隻である。

多くの姉妹を有するP級の影に隠れがちだが、海軍飛行船隊の能力の拡大と、搭乗員を育成する上で、非常に重要な飛行船だったと言えるだろう。

船級	全長(m)	主リングの直径(m)	気嚢の容積(1,000㎥)	気嚢の個数	積載量(t)	静的浮力による到達高度(m)
O	161.4	16	24.9	15	11.1	2,300
	エンジン製造者, 種類	エンジン出力(hp)	エンジン数	エンジン総出力(hp)	最高速度	航続距離
	Maybach C-X2	210	3	630	23.6m/s (85.0km/h)	2,800km

P級　LZ 38、LZ 72、LZ 74、LZ 77、LZ 79、LZ 81、LZ 85、LZ 86、LZ 87、LZ 88 (LZ 25)、LZ 25、LZ 90、LZ 93、L 10～L 19、L 25(22隻就役)

P級は、O級の発展型として、全長と船体直径を拡大、それに伴う浮揚ガス容量の増加、エンジン数の増加により、大幅に飛行性能を向上させている。外見上は、新たなエンジンの搭載に伴い、エンジンゴンドラ後部が長く伸びていることで見分けがつく。

ただし本船級は、製造時期がほぼ1年にわたるため、建造途中でQ級への改造が行われたものがあり、船体の延長(178.5メートルへ)とそれに伴うガス容量の増加 (35,800㎥)、より高出力のエンジン(240hp)の搭載等により、同じ船級と云えども、性能に微妙なばらつきがあることは注意しなければならない。

本級は、初の30,000㎥級のツェッペリン型飛行船として、1915年5月に登場し、マイナーチェンジを施されたQ級と合わせて30隻以上が建造され、大戦前半の主力となった。1915年から開始されたロンドン爆撃等、各都市への戦略爆撃における主力として活躍したほか、海軍の求める海上哨戒や、艦隊が出撃する際の偵察活動にも広く用いられた。

英国を爆撃する場合、2トンの爆弾を積むことができ、M級の0.5トンから大幅に増加している。なお、ロンドンを襲撃する際には、3,000メートル程度の高度で行われていた。

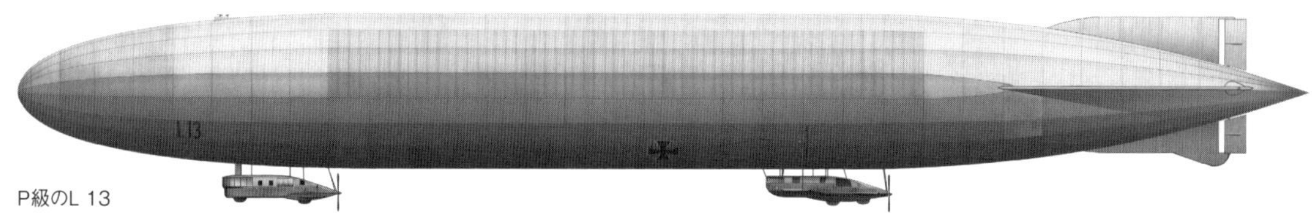

P級のL 13

船級	全長(m)	主リングの直径(m)	気嚢の容積(1,000㎥)	気嚢の個数	積載量(t)	静的浮力による到達高度(m)
P	163.5	18.7	31.9	15	15	2,800
	エンジン製造者, 種類	エンジン出力(hp)	エンジン数	エンジン総出力(hp)	最高速度	航続距離
	Maybach C-X2	210	4	630	25m/s (90.0km/h)	4,300km

Q級　LZ 95、LZ 97、LZ 98、LZ 101、LZ 103、LZ 107、LZ 111、L 20～L 24（12隻就役）

P級の改良型である本級は、エンジン出力と全長、そして、ガス容量の増大が図られた結果、搭載量と速度がわずかに増加している。1916年から登場した本級は、1917年まで活動を続けたものもあるが、飛行機の性能向上に伴い、徐々に戦場から姿を消していった。また、比較的小型の格納庫が多かった陸軍にとって、本級は、最後に大々的に運用していたツェッペリン型の飛行船でもある。この内、LZ 98は、偵察用ゴンドラを装備していたが、進路を見失ってこれを使用した記録が残っている。また、本級のL 23は、ノルウェー沖で貨物船を拿捕した"Priesenfahrt"の主役となった飛行船であるなど、幅広い活動が記録されている。

最初期のQ級の1隻、L 20。ノルウェーのフィヨルドに墜落してしまった。

船級	全長(m)	主リングの直径(m)	気嚢の容積(1,000㎥)	気嚢の個数	積載量(t)	静的浮力による到達高度(m)
Q	178.8	18.7	35.8	18	17.9	3,200
	エンジン製造者, 種類	エンジン出力(hp)	エンジン数	エンジン総出力(hp)	最高速度	航続距離
	Maybach HS1u	240	4	960	26.5m/s (95.4km/h)	4,300km

R級　LZ 113、LZ 120、L 30～L 41、L 45、L 47、L50（17隻就役）

シュトラッサーが大いに期待をかけ、「30番台(Thirties)」と呼んでいたと伝わる本級は、1916年の夏に登場した。全長、リング直径の大型化が図られ、ガス容積が大幅に増加している。その巨体の故に、約4.5トンの爆弾を積んで英国まで飛ぶことができ(P級の2倍超、M級の9倍)、高度4,000メートルからロンドンを攻撃した。対英戦の切り札と見做された同級を、英軍は「スーパーツェッペリン」と呼んでいる。

エンジンは6基搭載、速力は時速100キロに達するなど、当時究極の飛行船であり、P級に次ぐ生産数を誇っている。R級は、使用された期間が、1916年以降の飛行船の優位性が低下していった時期にあたるため、同じR級と言っても、時期によって容姿、性能が大きく異なる。これについては、写真が豊富な事、そして、エンジンゴンドラが現存していることから、軍用飛行船としては、比較的判明している事項が多い。

まず、L 30は、最初に建造された船という事もあり、いくつかの試験的な基軸が導入されており、後部ゴンドラから伸びるプロペラシャフトに、カバーがかけられていたようである。

最も標準的な姿をしているのは、L 31～34、L 36、L 37、L 38、L 39、L 40だろう。流線型の船体、司令ゴンドラを含む4つのゴンドラ、船体上部の3挺の対空機銃、といった特徴を有しているが、この内、L 34からは、気嚢から排出された浮揚ガスを船外へと放出する排出管がようやく導入された。また、その他の特徴として、少なくともL 32には、非常用のボートが装備されている他、搭乗員用の設備として、少

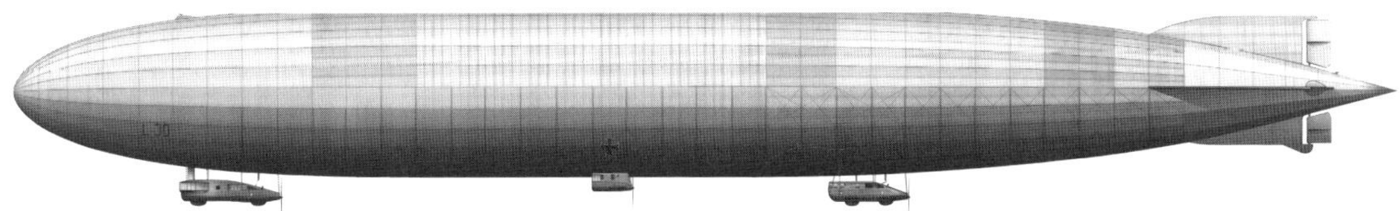

R級のL 30

船級	全長(m)	主リングの直径(m)	気嚢の容積(1,000㎥)	気嚢の個数	積載量(t)	静的浮力による到達高度(m)
R	198	23.9	55.2	19	32.5	3,900
	エンジン製造者, 種類	エンジン出力(hp)	エンジン数	エンジン総出力(hp)	最高速度	航続距離
	Maybach HS1u	240	6	1440	28.7m/s (103.3km/h)	7,400km

L 50は最後に完成したR級であり、使用されたゴンドラデザイン等はU級と同じものである。

なくともL 33にはトイレが設けられたことが判明している。

L 35は、しばらく実戦に投入された後、実験船として使用された。このため、右舷のエンジンゴンドラが、次世代の流線型のものになっており、後部エンジンゴンドラも、次世代型の、2基のエンジンで一つのプロペラを回す流線型のものになっている。加えて、司令ゴンドラと、左右のエンジンゴンドラの間には、グライダー魚雷及び戦闘機の懸架・発進装置などが取り付けられている。

L 45及びL 47については、1917年以降に使用された関係上、S級と同じように、後部エンジンゴンドラから、エンジンが一基取り除かれるという改造がなされている。L 41についても同じような改造がされているが、これらのゴンドラは、1917年の春から秋にかけて、逐次、エンジン2基を搭載した、流線型のゴンドラへ換装された。また、1917年以降に使用されたR級には、後に続くものと同じく、船体下部に夜間迷彩が施されている。

L 50については、各ゴンドラが完全に次世代型の流線型となっており、V級と酷似した外観をしているが、主リングの間隔は、R級のままの10メートルである点が大きく異なる点だ。

最後の陸軍飛行船の一つ、LZ 120は、海軍予備役中尉で、DELAG社の飛行船船長として活躍した、エルンスト・レーマンの指揮で運用されている。この飛行船は、主にバルト海で活動したが、実験的な長時間飛行にあたり、通常の軍用飛行船ではありえないほど内部設備を整えたと言われている。彼の証言によれば、重量削減よりも、快適さを追及し、籐椅子の搭載等、搭乗員の休憩区画の充実が行われたようである。

S級　L 42、L 43

1916年にロンドン上空でR級の喪失が相次いだため、更に高高度で活動できる飛行船が求められたことから開発されたのが本級である。高空での飛行に対応した飛行船、俗にいう「ハイトクライマー」の最初期のものだ。

S級は、R級とほぼ同じ全長、ほぼ同じガス容量にもかかわらず、高度5,000メートル以上での活動が可能になっているが、これは、気嚢数の削減、エンジン基数の削減、機銃座等自衛装備の撤廃及び爆弾搭載量の減少、船内の搭乗員用設備の削減などの努力の結果として達成されたものである。また、サーチライト対策として、外被全体が塗装されたことに加え、船体下部が黒く塗られている。実際の所、この夜間迷彩の導入策は、サーチライトが飛行船を捉えづらくなったとの記録がイギリス側に残っていることから、かなり効果的だったようである。

この2隻の内、特に、L 42については、比較的長期間運用されたため、時期によって形状が大きく異なっている。新造時は、R級から機銃座を撤廃し、後部エンジンゴンドラ内のエンジンを1基削減して全長を短くしたゴンドラを装備していた。1917年7月以降、U級以降で標準となる、後部エンジンゴンドラが、2基のエンジンで一つのプロペラを回す流線型のものに交換され、横に張り出したアウトリガー式のプロペラは廃止された。また、それに合わせて、

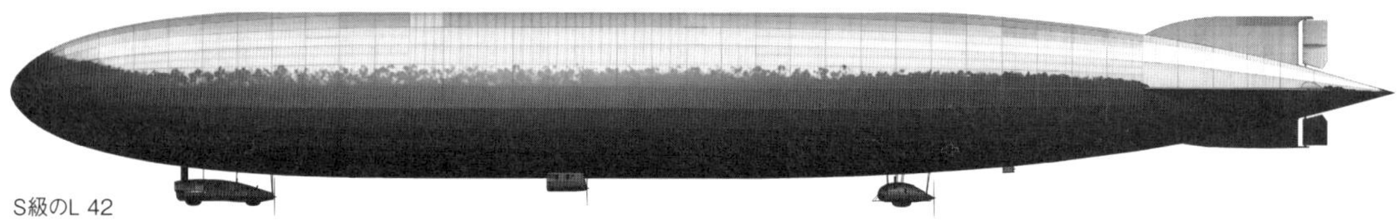
S級のL 42

船級	全長（m）	主リングの直径(m)	気嚢の容積（1,000㎥）	気嚢の個数	積載量(t)	静的浮力による到達高度（m）
S	196.5	23.9	55.5	18	36.4	5,000
	エンジン製造者，種類	**エンジン出力（hp）**	**エンジン数**	**エンジン総出力(hp)**	**最高速度**	**航続距離**
	Maybach HS1u	240	5	1200	28.7m/s（103.3㎞/h）	10,400㎞

船体の迷彩パターンが変わっている。

そして、L 42の最も大きな特徴は、R級で設置されていた上部と後部の銃座が廃止され、代わりに懸架式の銃座が、後部エンジンゴンドラの後ろに試験的に取り付けられた事だ。残されている写真から、少なくとも、後部エンジンゴンドラが換装された時点ではこの実験的な武装がなされていたことは確実である。

L 43には、そのような改造はなされず、船体上部の銃座が設置された状態で就役している。しかし、重量削減のための自衛装備の撤廃という方針に反して、銃座を残し、防護に力を割いたにも拘わらず、1917年7月、英軍の飛行艇により撃墜された（この自衛火器の撤去については、残されている写真を見る限り、独立した銃座の廃止に留まり、各ゴンドラの窓に機関銃を取り付けることは依然行われた）。

T級　L 44、L 46

本級は、V級に至るまでの過渡期の「ハイトクライマー」の一つである。大きな特徴としては、司令ゴンドラはR級のものだが、左右と後部のエンジンゴンドラが、次世代型の流線型の形状であるという「混合型」である点だ。性能面では、浮揚ガスの容積が増えたため、1トンほど搭載量が増えている。

T級の1隻、L 44

船級	全長（m）	主リングの直径（m）	気嚢の容積（1,000㎥）	気嚢の個数	積載量（t）	静的浮力による到達高度（m）
T	196.5	23.9	55.8	18	37.8	5,200
	エンジン製造者，種類	**エンジン出力（hp）**	**エンジン数**	**エンジン総出力（hp）**	**最高速度**	**航続距離**
	Maybach HS1u	240	5	1200	28.9m/s（104.0km/h）	11,500km

U級　L 48、L 49、L 51、L 52、L 54

本級も、V級に至る過渡期の「ハイトクライマー」の一つであり、外観については、V級とほとんど差異がない。あえて指摘するならば、各ゴンドラの位置が微妙に異なるくらいである。しかし、内部のリングについては、それまでの飛行船と同様、10メートル間隔であり、気嚢の数もV級より多い。本級は、高高度性能を向上させた飛行船のシリーズの一つとして、シュトラッサーから大いに期待された飛行船であり、その撃墜が彼に与えた衝撃も大きなものだった。

本級の内、1917年10月20日の攻撃で不時着したL 49のデータは、アメリカへともたらされ、彼らが建造する最初の硬式飛行船の基礎となる。

また、L 54は、飛行船司令がプール・ル・メリット勲章を受章したことにより、司令ゴンドラ前方下部に、それを示す意匠が施されている。

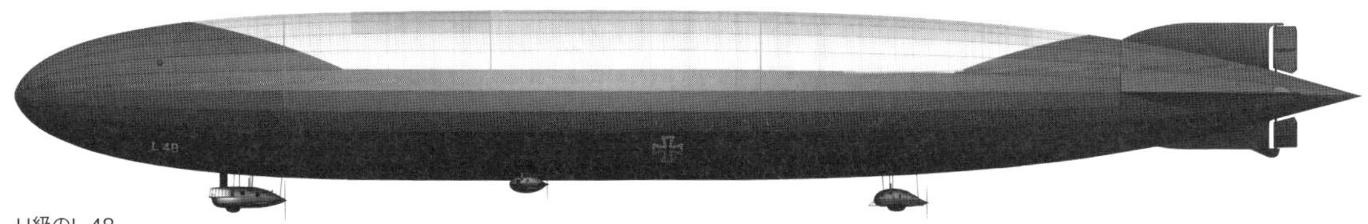

U級のL 48

船級	全長（m）	主リングの直径（m）	気嚢の容積（1,000㎥）	気嚢の個数	積載量（t）	静的浮力による到達高度（m）
U	196.5	23.9	55.8	18	39	5,300
	エンジン製造者，種類	**エンジン出力（hp）**	**エンジン数**	**エンジン総出力（hp）**	**最高速度**	**航続距離**
	Maybach HS1u	240	5	1200	29.9m/s（107.6km/h）	12,200km

V級　L 53、L 55、L 56、L 58、L 60～L 65（10隻就役）

1917年後半から終戦までの主力となった飛行船であり、R級から続く軍用飛行船デザインの一つの到達点である。全長こそ大して変わらないが、流線型の船体、空気抵抗を考慮したゴンドラデザイン、そして改良された高高度用エンジンの搭載により、英本土上空では、英軍の防空部隊の手の届かない存在であった。

一方、主リングの間隔を15メートルに延長するなどの軽量化策は、抗堪性を低下させ、ただでさえ悪天候下での運用に弱点を抱える飛行船の出撃機会を大幅に奪った。ただし、それらは、生産割当の減少や、悪天候には抗いがたいという事実を、シュトラッサーたちが認識した結果でもある。

5,000メートルを超える高空へ上昇するため爆弾搭載量も制限され、英国へ飛行する場合は3トン前後であった（R級は約4.5トン）。

V級が主力となって臨んだ1918年初頭の空襲において、彼女らの高高度飛行性能は真価を発揮し、英軍戦闘機の上昇限度や高射砲の射高を超越し、失血を抑止した（雲海等に遮られて地上から目視出来なかった面もあるが）。一方、そのような高空からでは、地上目標を確認することは更に困難であり、敵の施設を狙った有効な打撃を与えることはほとんど不可能であった。

同様に、海上哨戒任務においても、安全性を保った高度からの監視では、敵を視認することも、識別することも困難となり、運用面での問題は大きかった様である。

また、本級で特筆すべき事項としては、L 55が対空防御の堅固な西部戦線上空を突破する際、高度7,600メートルという飛行船の高度到達記録を打ち立てたことが挙げられよう。

V級のL 63

船級	全長（m）	主リングの直径（m）	気嚢の容積（1,000㎥）	気嚢の個数	積載量（t）	静的浮力による到達高度（m）
V	196.5	23.9	56	14	40	5,400
	エンジン製造者，種類	**エンジン出力（hp）**	**エンジン数**	**エンジン総出力（hp）**	**最高速度**	**航続距離**
	Maybach MBIVa	260	5	1300	31.8m/s（114.5km/h）	13,500km

W級　L 57、L 59

本級は、東部アフリカ植民地への戦略的空輸のために建造された。V級の船体を30メートル（主リング2つ分）延長し、気嚢数の追加によって、10t以上の積載量向上と、16,000キロもの航続距離の増加を実現している。当初、本級には、攻撃用の装備はなく、代わりに、大量の貨物が積載できるようになっていた（残念ながら、どの様な形で積載されているのかはわからないが、恐らく、竜骨部分に搭載されていたのだろう）。また、任務の性質上、アフリカへの飛行は、帰還を想定せず、到着後は解体され、天幕などの資材として使用される事になっていた。

本級の内、L 57は、アフリカへの出発前に事故で失われ、代替船として改造されたのがL 59であった。L 59は、2度、途中で引き返し、1917年11月21日、ブルガリア国内のヤンボル基地から、歴史に残る飛行へと乗り出したが、スーダン上空で帰還命令を受けて引き返し、任務完遂はならなかった。

アフリカ飛行から帰還した後は、ドイツ本国で爆弾架等を取り付ける改造を施され、改めてヤンボル基地へ配属。地中海地域で活動する唯一の飛行船として、ナポリ及びナイルデルタ地域への爆撃を行ったが、1918年4月7日、マルタ島上空付近で謎の爆発を起こして墜落した。

W級のL 59

船級	全長（m）	主リングの直径（m）	気嚢の容積（1,000㎥）	気嚢の個数	積載量（t）	静的浮力による到達高度（m）
W	226.5	23.9	68.5	16	52.1	6,600
	エンジン製造者，種類	**エンジン出力（hp）**	**エンジン数**	**エンジン総出力（hp）**	**最高速度**	**航続距離**
	Maybach HS1u	240	5	1200	28.6m/s（103.0km/h）	16,000km

X級　L 70～L 72

飛行船の性能向上を求めて建造された本級は、第一次世界大戦中、最新鋭にして、最後の軍用飛行船であった。高度6,000メートルに達する上昇限度、3.6トンの爆弾を乗せて英国へ飛べる積載力、7基に増大したエンジンが生み出す時速130キロの最高速力、どれをとってもシュトラッサーをして飛行船の理想形と信じ込ませるに充分だったのだ。また、時速108キロの巡航速度で飛行した場合の航続距離は、計算上18,000キロに及び、補給なしで欧州から北米に到達し、そのまま欧州に帰還できる程であった。

性能向上のため、V級から主リング一つ分、15メートルの船体の延長がなされ、その巨体故、ノルトホルツにある回転式格納庫は、全てを納めきることができなかった。また、左右のエンジンゴンドラ、後部エンジンゴンドラ共に、新しい形状になっている。

しかし、このエンジンゴンドラは、ラジエータを内部に入れ込んだために、空気抵抗は減ったものの、人間が立っていられる空間はほとんどなくなった。また、エンジンの排気は、夜間でも光って見えていたらしく、夜間行動中に発見される危険があった。

本級の自衛装備として特徴的なのは、ベッカー式M2 20㎜機関砲が2門装備されたことである。飛行船にとって深刻な脅威であったイギリス軍のルイス式機関銃の射程外から射撃できることを期待されていたこの機関砲は、司令ゴンドラの左右の窓の縁にある取付用のソケットに、従来の機関銃と同じように設置することができた。

L 70は1918年6月に就役し、英艦艇への最後の対艦攻撃となった哨戒活動を行った後、1918年8月5日、シュトラッサー指揮の下で行われた第一次世界大戦最後の空襲で撃墜され、その残骸は英軍によって回収された。

L 71は、1918年7月末に就役したが、シュトラッサー亡き後の海軍飛行船隊には、彼女の出番はなかった。10月に船体を延長する改造を施され、全長がL 59と同程度の226メートル、ガス容量は68,500㎥になり、後部エンジンゴンドラは、エンジンを1基搭載した小型のものへと取り換えられた。そのような改造を施されても、結局、彼女が実戦に出ることはなく、終戦後、戦時賠償としてイングランドへと回航され、以降一度も飛ぶ事のないままに解体された。

L 72については、一度も軍が使用することはなかった。戦時賠償としてフランスに引き渡された彼女は「ディスミュード」と名を変え、長時間飛行記録を打ち立てるなどフランスのために飛び続けたが、1923年12月、事故のために墜落した。

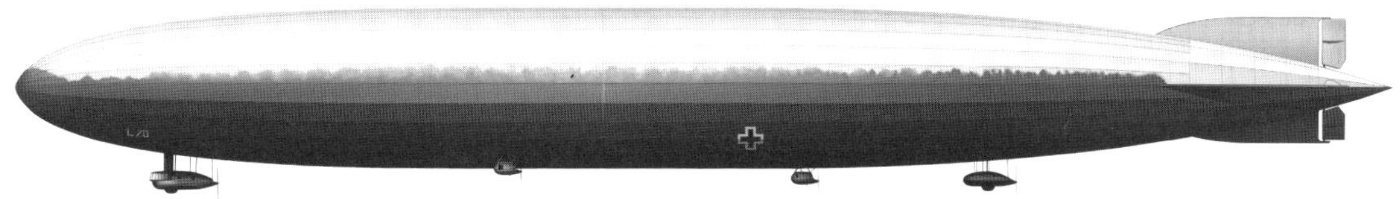

X級のL 70

船級	全長（m）	主リングの直径（m）	気嚢の容積（1,000㎥）	気嚢の個数	積載量（t）	静的浮力による到達高度（m）
X	211.5	23.9	62.6	15	44.5	6,000
	エンジン製造者，種類	エンジン出力（hp）	エンジン数	エンジン総出力（hp）	最高速度	航続距離
	Maybach MBIVa	260	7	1820	36.5m/s（131.4㎞/h）	12,000㎞

その他

1917年末、海軍省はある1隻の飛行船を発注した。ガス容積10万㎥、全長226メートル、直径25メートル、エンジン6基を搭載し、高度8,000メートル以上まで上昇することのできる性能を持つ、L 100と名付けれられた実験船である。

これは、飛行船の性能、特に、シュトラッサーが究極の飛行船と豪語するX級の性能を不安視した上層部の判断であったが、シュトラッサーは、既存の格納庫、特に、回転式格納庫での運用が不可能であることから、この計画に反対していた。

にもかかわらず、1918年11月の完成を目指して建造は進められたものの、シュトラッサーの死により飛行船の運用は大幅に縮小、L 100も放棄されてしまった。

記録として残されている諸元からは、後の「グラーフ・ツェッペリン」に匹敵する性能を有していると考えられるが、この飛行船に関する詳細は不明な内容が多く、今日ではある種の伝説となっている。

2 シュッテ=ランツ型

シュッテ=ランツ飛行船製造社は、ダンツィヒ工科大学の造船学教授であったヨハン・シュッテと、機械製造関連の実業家であったカール・ランツが創業した会社で、マンハイムにあった。シュッテ教授は、ツェッペリン伯爵が製造していた飛行船について、度々意見を表明し、また、自らが考える改善策をツェッペリン社側に提示したにもかかわらず取り上げられなかった。こうした経緯もあり、彼は、自らの考えを反映した飛行船を製作しようと会社を立ち上げた。

造船学の専門家であったシュッテ教授が設計する飛行船は、当初から流線型を船体に取り入れて空気抵抗を考慮し、また、司令ゴンドラにはエンジンを搭載せず、全て個々のエンジンゴンドラに搭載して、プロペラを直接回すことができるようにするなど、技術的には優れたものがあり、海軍省も、シュッテ=ランツ型を大々的に導入するよう、シュトラッサーに働きかけていたほどであった。しかし、シュトラッサーは、竜骨やリングなどに木材を使っているという特徴が、湿気の多い海上で船の脆弱性を助長し、また船体重量を（金属製の）ツェッペリン型に比して増大させ、効率を悪化させると主張し、海軍での採用に強く反対していた。

最終的に、シュッテ=ランツ側もジュラルミンを骨組みに使うなどの対応を行い、また、ツェッペリン、シュッテ=ランツが飛行船に関する技術的特許を無許可で使用できる処置が行われたために、シュッテ=ランツ型とツェッペリン製の技術的な差異は小さくなった。加えて、元々製造された隻数が少なく、シュトラッサーが偏見と呼べるほどの嫌悪感でシュッテ=ランツ製を嫌い、専（もっぱ）ら、華々しさのない、バルト海沿岸での哨戒任務で使われたため、歴史上、それ程目立つ存在ではなくなっている。

しかし、工学的に優れたシュッテ=ランツ型は、大戦前半から中盤にかけて、陸海の両軍で使用され、目に見える戦果を挙げているのもまた事実である。

A級　SL I

シュッテ=ランツが初めて製作したのがこの飛行船であり、1911年10月に初飛行を果たした。長い楕円形の船体と、そこから開放式の吊るされた二つのゴンドラが特徴的で、どちらかと言えば軟式飛行船のような印象を持つが、船内では気嚢が分割されており、骨組みも入っているれっきとした硬式飛行船である。船体を取り巻くように構築されたその骨組みは、幾度となく生起した地面への衝突に際しても十分に耐えたと言われている。

またこの時点では、水平舵の形状も、当時のツェッペリン型のような複数のものとなっているが、一方、初期のツェッペリン型の様に、プロペラシャフトをゴンドラから伸ばすという方式はとらず、プロペラはエンジンから直接動力を伝えている。

軍で使用されるまで、53回にもわたる試験飛行を行い、その後のシュッテ=ランツ型の発展に貢献した。1912年に軍に納入されるが、1913年7月、不時着して野外での修理を待つ間、突風により吹き上げられ、木に引っかかり破壊された。

B級　SL II

1914年2月に初飛行を果たした本級は、後のシュッテ=ランツ型の基礎となるデザインを有している。流線型の船体、それぞれに独立したゴンドラに収まったエンジン、船体に取り付けることで、竜骨内の通路を介した移動を容易にした司令ゴンドラ、船尾に設けられた4枚の水平及び垂直安定板と、その後端に取り付けられた昇降舵と方向舵、そして何より、各気嚢と連結した、自動式の浮揚ガス放出弁と放出孔といった、その後のシュッテ=ランツ型を通じて受け継がれる特徴は、硬式飛行船の設計において革新的なものであり、殊に空力学的性能の面でツェッペリン型に大きく水を開けることとなった。

一方、骨組みについては、ツェッペリン型の様に、複数のリングを組み合わせる構造へと変更された。

開戦3か月前に陸軍に納入された本船は、オーストリア軍を支援する任務のために東部戦線で活動した後、西部戦線へと移動し、ナンシー、ロンドンへの爆撃に従事する等、初期のドイツ陸軍飛行船として幅広い活動を行った。

1915年10月に改造を受け、更に浮力を増したが、1916年1月、不時着時の損傷が激しく除籍された。

SL II。同時期の他の飛行船に比して近代的なデザインだった。

船級	全長（m）	主リングの直径（m）	気嚢の容積（1,000㎥）
B	144	18.2	32.4
	気嚢の個数	積載量（t）	静的浮力による到達高度（m）
	不明	7.9	2,700
	エンジン製造者，種類	エンジン出力（hp）	エンジン数
	Daimler *	180	4
	エンジン総出力（hp）	最高速度	航続距離
	720	24.5m/s（88.2km/h）	不明

C級　SL 3～SL 5

1915年2月に就役したC級は、陸海軍で使用された。浮揚ガスの容積が増加し、積載量、エンジン出力も向上しており、カタログスペック上は、P級と同等程度であったが、シュッテ＝ランツ型の特徴である合板を使用した骨組みは、完全な防水を達成することができず、この為に海上での使用に制約が生まれ、海軍（何よりも現場の指揮官であるシュトラッサー）がその使用を嫌う最大の原因となっていた。

それでも、SL 3はバルト海での哨戒に従事して、英軍潜水艦への攻撃を行い、また、SL 4も、ロシア海軍の根拠地であるサーレマー島やウーゼル島の爆撃任務に従事する等の実績を残している。

船級	全長(m)	主リングの直径(m)	気嚢の容積(1,000㎥)
C	153	19.75	32.4
	気嚢の個数	積載量(t)	静的浮力による到達高度(m)
	17	13.2	2,700
	エンジン製造者, 種類	エンジン出力(hp)	エンジン数
	Daimler *	210	4
	エンジン総出力(hp)	最高速度	航続距離
	840	23.5m/s (84.6㎞/h)	不明

D級　SL6、SL7

D級は、C級の船体を延長し、ガス容積、搭載量を拡大したものである。ガス容量、速度、積載量などの面から、性能的には、ツェッペリン型でいえばP級に匹敵する。この船級の内、SL 6はたった6回の飛行の後、1915年11月、離陸直後に搭乗員全員を道連れに爆発して喪失。SL 7は、陸軍飛行船として、当初西部戦線で活動。その後東部戦線に移動し、爆撃任務や、海軍のための洋上哨戒任務にも従事したが、この際、海面から生じる湿気のために、骨組みに問題が発生した事が記録されている。最終的に、訓練船として使用され、陸軍の飛行船運用停止に伴い、解体された。

船級	全長(m)	主リングの直径(m)	気嚢の容積(1,000㎥)
D	162.9	19.75	35
	気嚢の個数	積載量(t)	静的浮力による到達高度(m)
	18	15.8	3,500
	エンジン製造者, 種類	エンジン出力(hp)	エンジン数
	Maybach *	210	4
	エンジン総出力(hp)	最高速度	航続距離
	840	24.8m/s (92.9㎞/h)	不明

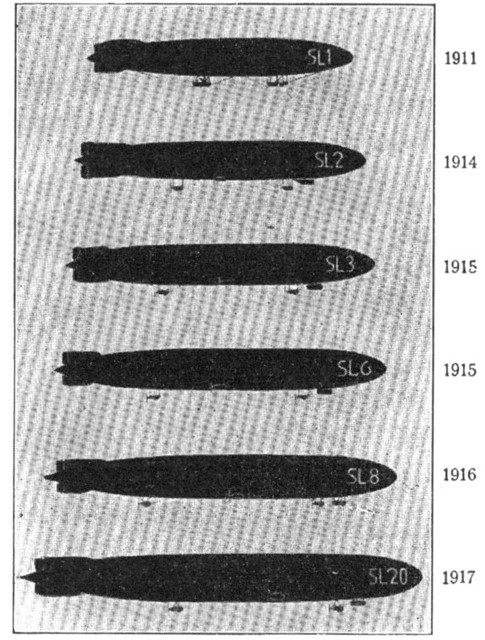

Fig. 4.　Schattenriſſe der Typſchiffe des Luftfahrzeugbaus Schütte-Lanz.

シュッテ＝ランツ型の各船級の比較図。

E級　SL8～SL19（就役数10隻）

1916年に登場したE級は、D級の発展形であり、ガス容量やエンジン出力その他の増大が図られている。この内、SL 8は海軍飛行船として偵察任務及び爆撃任務を行い、その出撃回数は、シュッテ＝ランツ型の中でも最大数である。しかしSL 9は落雷により墜落し、SL 10はセヴァストポリ攻撃の途上で悪天候のために喪失、SL 11はロンドン上空で撃

E級のSL 8

船級	全長(m)	主リングの直径(m)	気嚢の容積(1,000㎥)	気嚢の個数	積載量(t)	静的浮力による到達高度(m)
E	174	20.1	38.8	19	19.8	3,700
	エンジン製造者, 種類	エンジン出力(hp)	エンジン数	エンジン総出力(hp)	最高速度	航続距離
	Maybach	240	4	960	25.8m/s (92.9㎞/h)	不明

墜・炎上する等、多くの損害を被っている。E級はシュッテ=ランツ型の中でも最大の建造数を誇るが、半分近くは建造中止や、軍の受け取り拒否と言った目にあっている。これは、1916年当時飛行船に求められていた、高高度上昇能力が不足していたことが原因であった。

F級 SL 20、SL 22

本級は、ガス容量の拡大とエンジンの追加により、積載量や速度などで、ツェッペリン型のR級と同等の性能を実現している。しかし、高高度性能が足りず、結局はバルト海でのみ使用されたうえ、実戦に投入されたのは、SL 20のみである。SL 20は、1917年10月のアルビオン作戦に参加、偵察活動、及び敵の拠点となる都市への爆撃を実施したが、後者はエンジントラブルのために中止された。最終的に、1918年1月5日、アーホルンでの一連の爆発事故により破壊された。

SL 21は実戦に投入されることなく除籍、SL 22は性能不足を理由に軍からの受け取りを断られ、敗戦後の1920年6月、解体された。

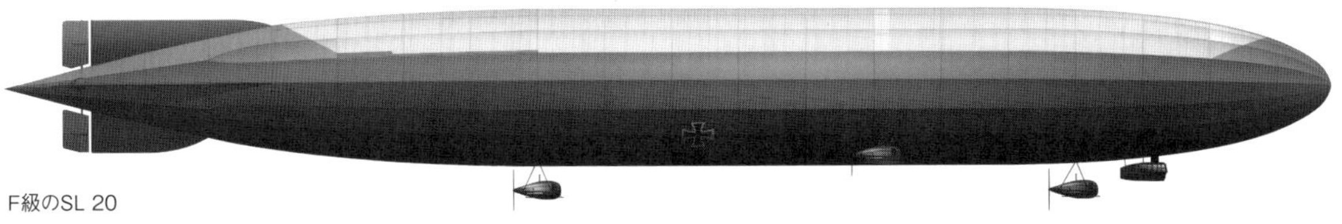

F級のSL 20

船級	全長(m)	主リングの直径(m)	気嚢の容積(1,000㎥)	気嚢の個数	積載量(t)	静的浮力による到達高度(m)
F	198.3	22.92	56	19	28.5	4,500
	エンジン製造者, 種類	エンジン出力(hp)	エンジン数	エンジン総出力(hp)	最高速度	航続距離
	Maybach	240	5	1200	35.3m/s (127.1km/h)	不明

3 パーセヴァル型

ドイツ陸軍少佐、アウグスト・フォン・パーセヴァルは、独学で航空学を学び、係留気球の改良を行った後、1901年に軍を離れ、航空機製造社(Luft-Fahrzeug-Gesellschaft mbH:略称LFG)の共同創設者となり、動力付き飛行船の開発に乗り出した。彼の理論に基づき作成された飛行船は、軟式、または半硬式飛行船である。

「凧型気球」と呼ばれる改良された係留気球は、気圧に応じて開閉する空気吸入口と、それらの空気を溜めておくバロネットと呼ばれる空気袋の組み合わせにより、気圧の変化があっても、その船体形状を維持することに成功していた。このシステムは、当然、飛行船においても使われた。初期の型は凧型気球に動力を付けたような形状をしていたが、より飛行に適した形へと発展していった。そして、飛行能力の増大の過程で他の型と同じく、船体は大型化していき、抗荒天性を高めるために、最終的には竜骨を備えた半硬式飛行船となっていった。

また、パーセヴァル型軟式飛行船は、硬式飛行船に比して構造が単純であり、飛行船を欲する他国、オーストリア、イタリア、ロシア、イングランド、トルコ、そして日本へと輸出され、各国の飛行船技術の祖となった。特にイギリスは、パーセヴァルを積極的にコピーし、海上哨戒任務に利用している。

第一次世界大戦後も、LFGは飛行船を数隻製作しているが、第二次世界大戦までには事業を停止している。しかし、パーセヴァルが作り出したバロネットのシステムは、軟式飛行船に欠かせない要素となり、現代の飛行船においても使われている。知名度においてはツェッペリンに比して圧倒的に劣るパーセヴァルだが、彼の飛行船こそ、現代の飛行船技術の真の祖先として、その命脈をつないでいるのである。

PⅠ

LFGが製作した3隻目の飛行船である「PL 2」は、1908年、PⅠとして陸軍に採用された。いくつかの飛行任務をこなしたのち、1912年に解体。

PⅡ

同じく陸軍のために製作された飛行船で、製造番号は「PL 3」。PⅠの気嚢の直径を増加させて、浮揚ガスの容積を増大させるなどの性能向上を図っている。PⅡとして採用された飛行船は2隻あり、初代は1910年に運航を停止した。

その代替船として採用されたPⅡ、製造番号「PL 8」は、気嚢の容積を8,000㎥に増加したモデルであり、1913年から陸軍で、主に実験などのために使用された。特に、長距離を運用するための、海上での補給実験に使用されたが、この実験は失敗に終わり、海軍での軟式飛行船の使用について、悪印象を残すこととなった。

パーセヴァルの偉大な発明：凧型気球とバロネット・システム

凧型気球の利点

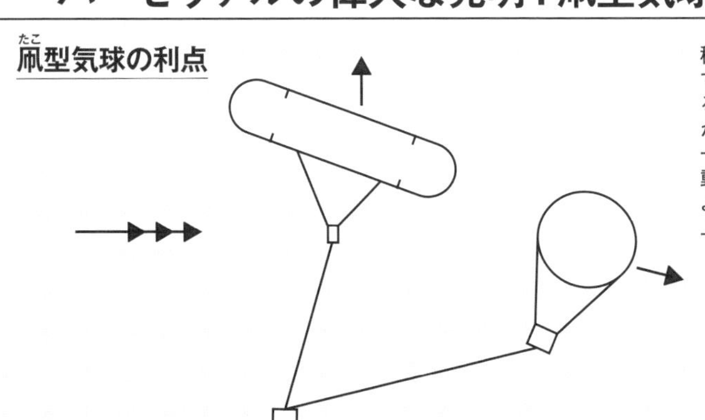

穏やかな環境下では、球形の係留気球は垂直に上昇する。風が吹くと、球形の気球、高度が下がり、回転する性質があるほか、10～15kt以上の風が吹くと、観測が困難となる。
一方、凧型気球は、どのような風の中でも、凧のように動き、発生した揚力と併せて、同じ大きさの球形気球よりはるかに高く舞い上がるのみならず、最大40kt以上の風でも観測を継続可能である。

バロネット（気嚢内の空気袋）を使用した姿勢制御のシステム

1. 姿勢制御

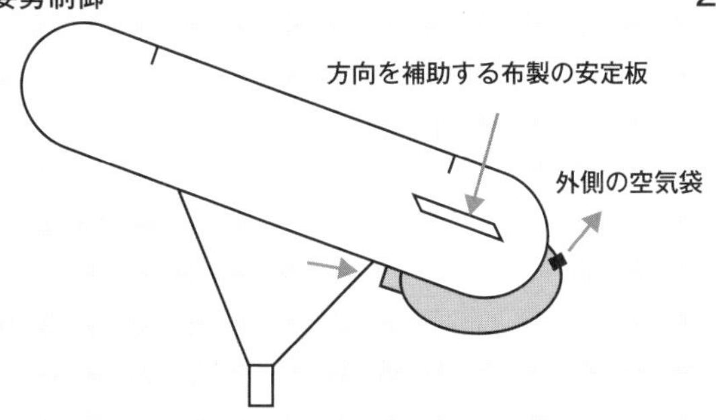

外部の空気袋が空気を受け止め、凧型気球を向かい風方向に安定させる。これにより、気球の回転を防ぎ、安定した姿勢での敵の観測が可能となる。

2. 高度制御

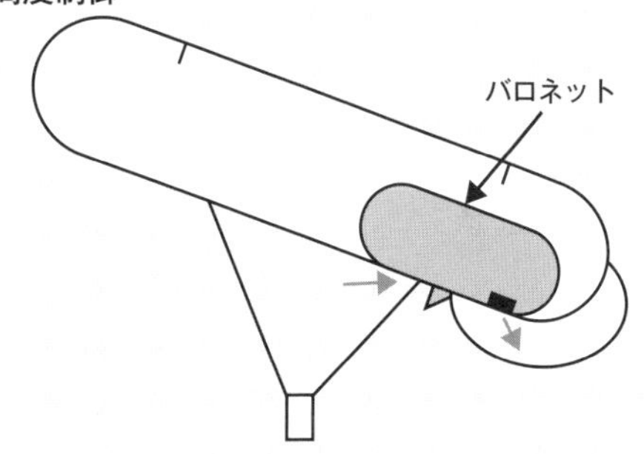

内部の空気袋（バロネット）は、空気取り入れ口を介した一方向の弁に作用する風圧によって満たされ、気嚢内の圧力を維持できる。
気球が上昇すると水素が膨張し、余分なバロネットの空気は圧力解放弁を通って外部の空気袋に排出される。
気球が下降すると、水素は収縮するが、バロネットには取り入れ口のバルブから空気が補充され、気嚢内の圧力と形状が維持される。

バロネットによる気嚢内の圧力コントロール

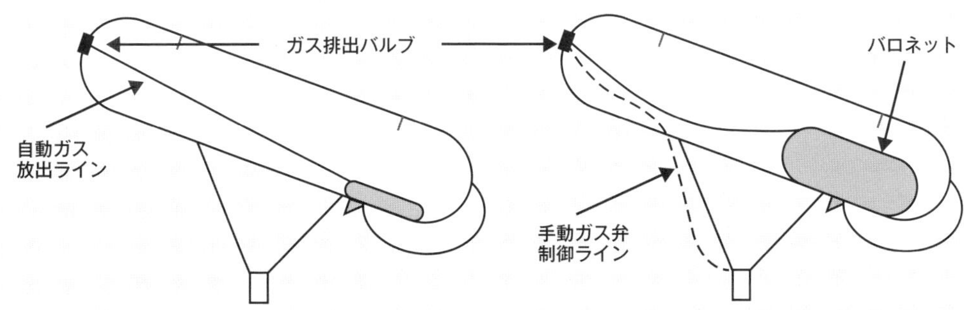

気球が上昇すると、気嚢の水素が膨張し、バロネットは収縮。バロネットがほぼ空になると、自動ガス放出線が自動的に引かれてガス排出バルブが開かれ、ガスが排出される。
気球が降下すると、水素が収縮し、バロネットが空気で満たされる。バロネットの動きに同調して放出線が緩み、ガス排出バルブは閉じられる。

ガス排出バルブとバロネットは綱で結ばれている。
気球が地上に近づくと、バロネットには空気が入り、自動ガス放出ラインは緩む（ガス排出バルブは手動でも操作可能）。

気球の形状改良と、バロネットという気嚢内の圧力及び姿勢・高度安定技術は、従来の気球と比較して、ガスを失うことなく、上昇することを可能にした。また、自動ガス放出装置は、高度変更や気象条件の変化による気圧の変化から、気嚢の形状を守り、より安定して空気中に浮揚できるようになった。凧型気球やバロネットは、大戦中、連合国・中央同盟国を問わず広く使用され、特にバロネットは、パーセヴァル型から始まる軟式飛行船に取り入れられており、現代の飛行船においても必須の機能である。

出典元：AlastairReid“TheParsevalAirships” 著者により一部改変

P Ⅲ

陸軍の飛行船拡張プログラムに沿って発注された飛行船で、製造番号は「PL 11」。
本船以降、従来以上に飛行船は大型化し、全長86メートル、11,000㎥のガス容積、大型のバロネットへと空気を送り込む送風機を備え、空中での安定性を確保している。本船は1911年12月、初飛行を行い、何度も性能試験を受けた後、1912年2月に軍に納入された。軍では、何度かの任務飛行と、無線装備や写真に関する装備の発達のために使われた。

PL Ⅳ

陸軍のために製作された飛行船で、製造番号は「PL 16」。より細長い船体、そして、発達したゴンドラ懸架方式、非開放式のゴンドラなどに加え、改良された無線設備や爆弾投下装置、また、防護用の機関銃を装備する等、より軍事目的に特化した飛行船であった。本船は、ドイツ開戦時に最前線にあった飛行船の1隻であった。しかし、気嚢一つで構成されている軟式飛行船は、防御砲火に脆弱であるとの懸念が大きく、海上での偵察任務に使用された。

また、本船で特筆すべき事項としては、1915年末から1916年初頭にかけて、グライダー魚雷の試験にも使われたことが挙げられる。

PL 19

元々はイギリスの発注で製造していた飛行船だったが、大戦の勃発により、ドイツ陸軍、次いで海軍で使用された。本船は、気嚢の下に骨組みと通路を備える、半硬式飛行船として作成されるなど、それまでよりも船体の改良に力が入れられており、より高い飛行性能を発揮することができた。これは、バルト海管区の司令官をも驚かせるようなものであったが、シュトラッサーとしては相変わらずその脆弱性を指摘し続けていた。主に海上哨戒任務に充てられた飛行船だが、1915年1月、ロシア海軍の基地を攻撃した後、対空砲による損傷のためロシア勢力圏内に不時着し、搭乗員は捕虜となった。

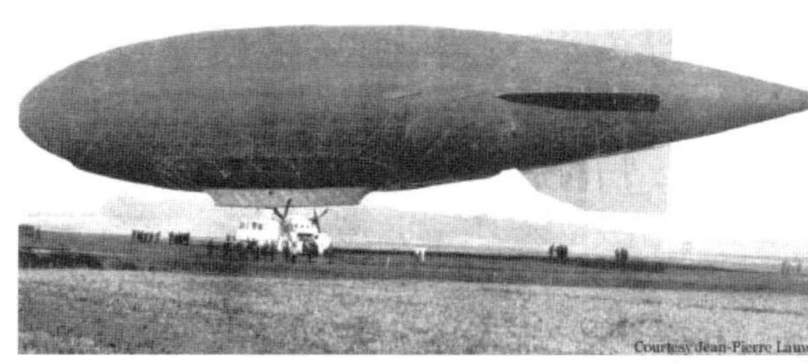

PL 19は陸軍から海軍へと移管された後、バルト海で活動した。(写真:Harry Redner)

船級	全長(m)	主リングの直径(m)	気嚢の容積(1,000㎥)
PL 19	92	15.5	10.3
	気嚢の個数	積載量(t)	静的浮力による到達高度(m)
	1	2.4	2,700
	エンジン製造者, 種類	エンジン出力(hp)	エンジン数
	Daimler *	110	2
	エンジン総出力(hp)	最高速度	航続距離
	220	18.5m/s (66.6㎞/h)	不明

PL 25

14,000㎥のガス容積を持つ、パーセヴァル式最大の軟式飛行船である。主にゴンドラ内部の改良と、軟式飛行船でありながら、船体上部に自衛用の機関銃座を持っている。

1915年3月、海軍に納入され、長距離飛行性能を確かめられたのち、北海とバルト海での哨戒に従事した。この時に実施した数々の任務は、外洋艦隊の上層部に、軟式飛行船の有用性を認識させたが、シュトラッサーの方針から、軟式飛行船が海軍で大々的に使用されることはなかった。1916年6月に陸軍の訓練船となった後、1917年8月に除籍、解体された。

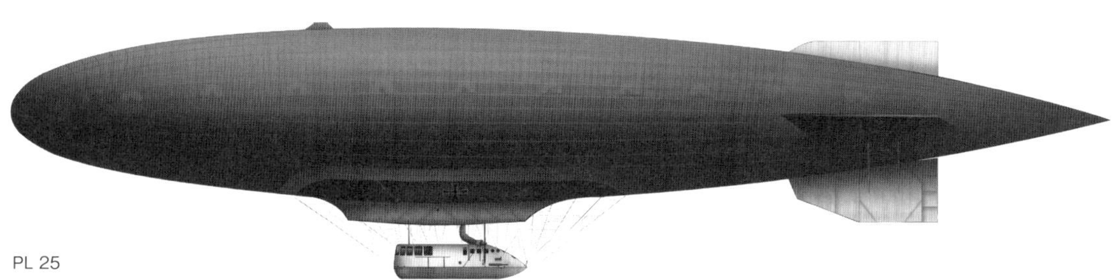
PL 25

船級	全長(m)	主リングの直径(m)	気嚢の容積(1,000㎥)	気嚢の個数	積載量(t)	静的浮力による到達高度(m)
PL 25	112.3	16.4	14	1	6	不明
	エンジン製造者, 種類	エンジン出力(hp)	エンジン数	エンジン総出力(hp)	最高速度	航続距離
	Daimler *	210	2	420	21m/s (75.6㎞/h)	不明

4　グロス=バゼナッハ型

陸軍第2飛行船大隊の指揮官だったハンス・グロス少佐と、造船関係の技術者だったニコラウス・バゼナッハの指導・監督下で建造された一連の半硬式飛行船のことである。1907年から1913年の間、MⅠからMⅣに至るまで製造されたが、実戦に投入されたのはMⅣのみであった。当初5,000㎥から始まった飛行船の容積は、最終的に19,000㎥にまで拡大した。

MⅣ

ジーメンス=シュッケルト社のデザインに基づく同名の半硬式飛行船は、複数存在すると言っても良い。当初、11,000㎥のサイズで建造されたものは、1912年に解体、その後、9,000㎥サイズで建造されたものが、1913年に13,500㎥へと船体が拡大され、最高速度は時速82キロを記録。更なる改造により、最終的には19,000㎥にまで船体は拡張された。

1914年9月からは海軍に移管され、キールを拠点として、約130回の飛行に従事した。なかでも、1915年9月の潜水艦への攻撃は、初期の対潜哨戒任務の様相を伝える搭乗員の証言等が残っている。その他にも、掃海部隊の指揮官を乗せて掃海作業の監督を行うなど、興味深い使われ方をしていたようである。第一線から外れた後は、無線装備の試験や、グライダー魚雷の試験の際のプラットフォームとして運用されている。

最終的に、1915年11月に除籍された。

第2次改装を経たMⅣ。水上フロートを使用して静止している状態の写真（写真:Harry Redner）

船級	全長(m)	主リングの直径(m)	気嚢の容積(1,000㎥)	気嚢の個数	積載量(t)	静的浮力による到達高度(m)
MⅣ	120.0	16.1	19.0	1	7	不明
	エンジン製造者,種類	エンジン出力(hp)	エンジン数	エンジン総出力(hp)	最高速度	航続距離
	Maybach	160	3	480	22.5m/s (81.0km/h)	不明

column▶飛行船の命名規則

当時の飛行船の名称は、一部を除き、製造会社の頭文字と、飛行船を意味する単語“Luftschiff”の頭文字「L」からなる記号及び番号の組み合わせにより付けられている。その内、軍で採用された飛行船には、軍が独自の番号を付与していた。

1 ツェッペリン型

ツェッペリン型の飛行船には、全て「LZ」の記号とアラビア数字からなる製造番号が付けられている。この内、海軍に採用されたものは「L」の記号とアラビア数字を組み合わせた番号が船名となる。一方、陸軍に採用されたものについては幾つかバリエーションがある。

当初、陸軍はツェッペリン型を意味する「Z」と、ローマ数字を組み合わせて船名を表記していた。開戦後、この規則は変更され、LZ 34からLZ 39までについては製造番号と同じ名称がつけられている。そして、1915年6月から運用され始めたLZ 72からは、「LZ」の記号と、製造番号に40を足した数との組み合わせが、陸軍飛行船の船名となる。この措置は防諜目的であると言われているが、今日においては、船名を特定する上で混乱の元凶となっている。

ベルリン、ヨハニスタールに着陸中の、ツェッペリン製の「LZ 18」。海軍の飛行船としては「L 2」。

2 シュッテ=ランツ型

シュッテ=ランツ型の製造番号は、シュッテ=ランツ製であることを意味する「SL」の記号とアラビア数字の組み合わせで表記されていた。軍で使用された船名については、当初、ツェッペリン型と同様に、「SL」の記号とローマ数字が使われていたが、恐らくは、ツェッペリン型が変更されたのと同時期にアラビア数字に変更されたため、結果として、陸・海ともに、製造番号と同じ番号が付けられていた。

シュッテ=ランツ型のF級飛行船、SL 20。唯一実戦に参加したF級である。

3 パーセヴァル型

パーセヴァル型の製造番号は、パーセヴァル製を意味する「PL」の記号とアラビア数字の組み合わせである。陸軍で使用されたものについては、「P」一字とアラビア数字の組み合わせで命名されていたが、海軍で使用されたものは、製造番号がそのまま使われていた。

4 グロス=バゼナッハ型

恐らく「軍用」を意味するMilitärの頭文字である「M」と、ローマ数字との組み合わせで命名されていた。

第2章
飛行船の運用

第1節　ドイツ陸海軍の飛行船の任務及びその用途

今日の航空機と同じように、ドイツ軍は、第一次世界大戦において、上空からの敵情監視による情報収集、敵部隊・艦船・固定目標に対する攻撃、そして、交通不能な地域に対する物資の輸送という3つの用途に飛行船を使用した。

既に、南北戦争で気球を用いた戦場監視が始まり、空から敵情を偵知するという行為は当然のものとなり、ドイツ軍も、それらの延長線上で、パーセヴァル、シュッテ=ランツ、そして、ツェッペリンといった飛行船を運用していた訳だが、第一次世界大戦で特徴的なのは、海上においてもそれが可能になったという事だ。抗荒天性と、航続距離に優れたツェッペリン、シュッテ=ランツといった硬式飛行船は、艦隊に先んじて海上に展開し、敵艦隊の位置を捜索することができた。飛行船は、ドイツ艦隊が行動する上で欠かせないものとなったのである。

一方、空からの地上・海上への攻撃についてだが、戦前から、空想科学小説の世界では一般的なテーマとして扱われていた戦略爆撃を、どのような形であれ実行に移し、戦場の範囲を最前線の塹壕から本国の都市と工場にまで広げたのは、まぎれもなく飛行船たちであった。その衝撃は、海峡で隔てられているがため、大陸の攻撃からは安全だと思われていたイギリス人達にとっては、かなり大きなものだったようである。他方、行動する部隊や艦船などの戦術的な目標に対する攻撃は、飛行船にとってはリスクが大きく、また、照準精度の問題から、それほど大きな効果を上げたとは言い難いが、それでも機会があれば、大戦を通じて実行されている。

航空輸送については、戦前からの旅客飛行の実績を有していたとはいえ、内陸でつながっていた協商国にとっては、それ程大きく求められていたわけではない。実行された例としては、船が運航できない冬季にバルト海島嶼部へ物資輸送が行われたことと、東部アフリカ植民地への“アフリカ飛行”が挙げられる。これら輸送任務は、当時の飛行機に比して、優れた積載量と長大な航続距離を誇る飛行船にとっての大きな強みであったし、戦後、長距離旅客飛行船が大々的に取り上げられるに至って、その意義は特に大きなものとなった。

1 情報収集　～偵察と哨戒～

陸軍

早期から飛行船大隊を編成し、空からの情報収集を考えていた陸軍、特にその主力となるプロイセン軍は、概ね3つの情報収集手段を利用できた。一つは、戦場付近の固定的な地点から、戦場を定点監視できる凧型気球である。これは、第一次世界大戦下、特に膠着的な塹壕戦となった西部戦線で、敵の陣地を監視し、また、砲撃に際しては観測を行う拠点となるなど、非常に効果的な働きをなした。

もう一つは固定翼機であるが、これは、大戦初期から敵情を探るために使用されていた。これらへの武装の搭載が戦闘機を産み、やがて西部戦線上空で死闘が繰り広げられることになる。

そして、最後の一つが、飛行機と同じように戦場を動き回り、しかも、それよりも長時間、長距離を飛行可能な動力付きの飛行船である。開戦直前に、飛行船大隊を5つまで増強し、東西両戦線で各種の飛行船と凧型気球を運用可能な態勢を整えつつあった陸軍は、一部を除き、陸軍最高司令部直轄の兵力としてそれらを運用し、敵情の捜索へと使用した。特に開戦初期において、当時の人々は、飛行船が戦場を悠々と飛行し、敵情を常続的に監視して情報の優越を得られるだろうと、相当な期待をかけていたのだが、実際には、あまり有効なものとは言えなかった。そもそも隻数が少ないというのもあるが、それ以上に、性能が十分ではなく、昼間、あまりにも低い高度で飛行したために、容易に捕捉され、撃墜されたのである。

開戦1か月以内に4隻のツェッペリン型を失う損失を出した陸軍は、1914年9月に行われたマルヌの戦い時点で、西部戦線で使用可能な飛行船がたったの2隻と言いう状態となり、有効な支援も不可能となった。こうして、陸軍は、そもそもの運用方法として考えていた、昼間に行動中の敵部隊を偵察すると言う用途への使用を、あきらめざるを得なかった。

もっとも、敵部隊の偵察という任務が全くの失敗だったわけではない。少なくとも、東部戦線では、オーストリア軍支援の任務に就いていたSL 2が、開戦初期に攻勢を企図していたロシア第4軍の発見に成功している。東部戦線は、西部戦線に比して広大で、対空火力も比較的弱かったために、飛行船活躍の余地は十分に残されていた。

部隊の偵察以外にも、陸軍の飛行船は、バルト海において、海軍の管轄である海上での哨戒任務を実施して潜水艦と戦い、また、ブルガリアに配備された飛行船は、黒海沿岸の海上監視、機雷原の捜索や、セヴァストポリ要塞への偵察などの任務に使用されている。

しかし、陸軍の上層部は、地上での使用が危険な飛行船の活動に見切りをつけ、徐々に飛行機へと注力するようになった。昼間、敵地での飛行に制約を受ける飛行船は、敵部隊の偵察という用途には、不適当な兵器と判断されたのである。

海軍

大戦中にドイツ海軍飛行船隊が負っていた戦略的任務には、大きく分けてイギリス本土の爆撃と、ドイツ湾(German Bight)の哨戒があった。前者の目的は大まかにはイギリス国民の士気の低下と、防空部隊のイギリス駐留による西部戦線の圧力低下である。後者の目的は、大戦の最初期には沿岸防衛の援護であり、それ以降は掃海部隊の保護と主力艦隊の援護であった。

そもそも、戦前からイギリスにおいては飛行船が脅威と捉えられ、とりわけ本土爆撃が憂慮されたが、一方でドイツ海軍の首脳部は高性能な偵察巡洋艦としての価値を飛行船(特にツェッペリン社のもの)に見出していた。

飛行船による偵察は、水上艦艇のそれと比較すれば多くの利点が存在する。飛行船は水上艦艇の倍以上の速度で移動することが可能で、水平線という水上艦艇にとっての制約事項も、飛行船ならば遥か彼方まで延ばす事ができる。20世紀初頭には航空機を撃墜する効果的な手段を持つ海軍は存在せず、世界中でツェッペリンの硬式飛行船だけがこの任務に適する能力を提供し得たのである。飛行船は、艦隊に随伴することで来るべき戦いにおいて決定的な役割を演ずるかもしれなかったし、敵が仕掛けるドイツ沿岸部への襲撃や水陸両用作戦に対して最も迅速な警告を発することができると考えられた。

ドイツ海軍大臣ティルピッツは、早くも1906年にはこの類の価値に気が付いており、その採用には慎重だったものの、将来的な発展を見据えて情報収集を怠ることはなかった。多くの海軍軍人もこうした考えを持っており、その中の一人に、若き海軍士官、ハインリヒ・マティの姿もあった。

皇帝ヴィルヘルム2世の熱意と、それに正当性を与えた、マハンに立脚したティルピッツの危険艦隊理論を引き金として、第一次世界大戦に至る十数年間の間、ドイツでは急激な艦隊増強が行われた。ティルピッツは、世界政策の成功を阻む障壁としてイギリス海軍を念頭に置いていたが、この艦隊増強の終着点はイギリス海軍の規模を上回ることであった。こうした政策の実行にあたってティルピッツの打ち立てた、所謂(いわゆる)"危険艦隊理論"は、ドイツ艦隊がイギリス艦隊の2/3の戦力を持てば、海軍力に国家の存亡が懸かるイギリスは、危険を冒してまでドイツとの戦争に踏み切らない、という仮定によるものだった。この時代のイギリス海軍軍人たちは、しばしば仮想敵ドイツ艦隊との予想される決戦を"次のトラファルガー"と呼んでいたが、ティルピッツはこの"次のトラファルガー"を英軍にとっては割に合わないピュロスの勝利にするつもりだったのだ。

このような2/3の戦力比が得られるまでの期間を、ティルピッツは"危険な時期"であるとして、有事への備えをしつつイギリスとの外交的な不和を避けるように努めた。かつてナポレオン戦争の時代には、賢明なるネルソンの主張のもとイギリス艦隊はデンマーク艦隊を予防攻撃したのだが、ドイツ海軍には、史実に基づくこうした恐れがあったのである。事実、イギリス海軍の武官本部長であったフィッシャーは、ドイツの艦隊増強が明確にイギリス海軍を指向したものであることを海軍本部が認識した後、ドイツ政府に発言が伝わるような場で、幾度となく、ドイツ艦隊に対する予防攻撃の可能性を意図的に口にしていたのだ。

ドイツの北海沿岸部、特に商業的に重要だったエムス、ヴェーザー、エルベの河口を重点的に封鎖することが開戦後のイギリス海軍による対ドイツ戦略であることは、ドイツ海軍には知られており、戦前(つまり、ティルピッツが"危険な時期"と定義する期間である)のドイツ海軍の戦略は、このような沿岸封鎖への対抗を軸としていた。目覚ましい工業化によって世界政策や艦隊増強を進めることが可能になったドイツ帝国は、その代償として工業原材料や食糧の自給率が年々低下しており、国家として海上封鎖に脆弱になっていた。

ドイツ海軍の戦略は、艦隊増強の内訳から見る限り主力艦隊による艦隊決戦を指向することは明確であり、"危険な時期"が過ぎるまでの主力艦隊の劣勢を補う手段として、通商破壊や水雷艇による襲撃、そして飛行船による偵察・哨戒が強く求められた。開戦前は、飛行船による英本土爆撃はドイツ海軍にとってある程度副次的なものであり、(ツェッペリン)飛行船への海軍省の評価は、主に偵察・哨戒能力に重点が置かれたのだ。

戦前、海軍飛行船隊は、発足間もない組織で規模も小さかったことから偵察・哨戒に関しても初歩的な実証実験しかできなかったが、大戦の勃発によって、海軍飛行船隊は、この能力を高めていった。1915年5月には、外洋艦隊(独主力艦隊)司令官のポール提督が海軍飛行船の運用方針を記した手紙をティ

ブラウンシュヴァイク級前ド級戦艦の上空を飛行するドイツ海軍の飛行船

ルピッツに宛てて書いている。

「…適切な高速巡洋艦が不足しているため、外洋艦隊の運用には飛行船による広範囲の偵察が前提条件である」

この後、実際に外洋艦隊の大規模な出撃には飛行船の支援が不可欠のものとなった。建艦競争の勃発と連合国陣営の結成により、ドイツ海軍は"危険な時期"を脱することなく、また、ティルピッツの目指した"危険艦隊"の形成すらままならなかったのである。そうしたなかで、非対称の存在である海軍飛行船隊の意義は大きかった。

一方、ドイツ海軍の戦前の想定である、大規模なイギリス艦隊による沿岸封鎖や海上襲撃に対する偵察や哨戒は、実際には行われなかった。いざ戦争が始まってみると、彼らの想定と違い、イギリス海軍の封鎖は、スカパ・フローとノルウェーを結ぶライン、そして、ドーバー海峡で行われたのだ。イギリス海軍の沿岸封鎖戦略は1912年に放棄されていたのである。これにより、開戦劈頭から、ドイツ海軍の戦略は混乱をきたし、しばらくの間、ドイツ海軍は大艦隊の所在をつかめず、Uボートを頻繁に北海に送り込んだほどだった。

英海軍による沿岸部への襲撃もおこなわれなかった。フィッシャーは、イギリスが地政学的利点を享受し続けるためには、イギリス本土がドイツ艦隊による直接的な攻撃を被るレベルまで北海の海上優勢が奪われさえしなければ良いと考えており、危険を侵してまで行う艦隊行動に反対していた。彼我相互の海上における領域拒否という概念を理解していた彼は、イギリス大艦隊司令官ジェリコーと認識を共有した上で、彼らにとってそれほど重要でない海域であるドイツ湾へ外洋艦隊を封じ込めて無力化すべく、同海域に機雷を大量に敷設することとした。地理的な観点から見れば、斯様にドイツには不利で、イギリスには有利だった。

始動した潜水艦作戦の継続のためにも、ドイツ海軍はドイツ湾外縁・内縁部にしばしば掃海部隊を送り込み、外洋への脱出を可能とする幾つかのルートを維持する必要に迫られた。これら掃海部隊は、機雷帯の所在を把握するイギリス海軍の、巡洋艦・駆逐艦を主力とする小艦隊によって襲撃を受ける可能性があったために、それらを追い払う威力を持つ外洋艦隊の援護を必要とした。海軍飛行船隊の主任務の一つにドイツ湾の哨戒があったのは、まさにこのような背景によるのだ。

前述のポールの手紙は、こうした任務の必要性を示す。

「…掃海部隊は、敵の奇襲から身を守るためにドイツ湾での作業に際して広範囲の空中偵察を必要としている。」

ポール提督は、飛行船の可動率を考慮した上で、海軍飛行船隊には常時18隻が任務に就ける状態であるべきと主張し、この数値は大戦を通して海軍飛行船隊の規模を規定する一つの基準となるであろう。

ドイツ湾の哨戒は、その外縁部を3隻の飛行船が巡回するかたちで実施されていた。悪天候によって行われないことも多かったが、飛行船の慢性的な不足により、多くの場合、この任務は飛行船乗りたちにとって過酷なものだった。しかし、飛行船によるドイツ湾の哨戒が無ければ、外洋艦隊の水上艦艇の負担はもっと大きなものになっていただろうし、イギリスを降伏に追い込むかもしれないUボートの破滅的な活動は、明らかにこの掃海作業に懸かっていたため、飛行船の行う哨戒任務の重要性は非常に大きかったのだ。

このように、洋上の偵察や哨戒は、極めて高い戦略性を帯びていた。強力な英海軍との戦力の懸隔に直面した独海軍は、それゆえ飛行船という新兵器を最大限活用せねばならなかったのだ。この任務は、戦争末期まで継続され、北海への飛行数は途中帰還を除き、公的記録に残る限りでも317回に上る。これは、対英戦略爆撃の191回を大きく上回るものである。

2 航空攻撃
～戦略爆撃並びに戦術爆撃及び対艦攻撃～

戦略爆撃

第一次世界大戦が世界初の近代的総力戦に位置付けられる理由の一端は、後方に対する大規模かつ無差別な空爆の実施に求められよう。それは、敵国の戦争経済の破壊を明確な目的とし、20世紀の悪夢たる「戦略爆撃」の端緒となった。かかる前人未到の領域に足を踏み入れた血塗られたパイオニアこそ、ドイツ帝国の飛行船団に他ならないのである。

もっとも、情報収集や対地・対艦攻撃と異なり、戦略爆撃は開戦前には飛行船団の任務とは考えられていなかった。依然として、戦場における軍隊同士の闘いこそが、来るべき戦争の勝敗を決すると見做されたからだ。まさしくそのような思考に則り、ドイツ陸軍の飛行船部隊は大戦勃発直後に西部戦線でフランスの地上部隊を強襲する。しかし、この攻撃は甚大な損失に帰結し、既存の旧式飛行船で敵正規軍を空爆する事の難しさが明らかとなったのである。ために彼らは、生き残った艦を用い、防備の手薄な市街地への攻撃に手を染める。初めての都市空襲が消極的選択の結果であったことは、特筆に値しよう。1914年9月にはベルギーのアントワープが、翌月には帝政ロシア支配下のワルシャワ、1915年の3月までには、パリもその後に続く。

戦火は瞬く間に欧州各地へ広がったが、空襲の実

ドイツの飛行船が投下した爆弾によってパリの街中にできた爆弾孔

行者である陸軍は、あくまで地上からの侵攻で主敵たる仏露両国を制圧するつもりであり、その限りで都市の破壊は一種のプロパガンダに過ぎなかったと言えるだろう。もっとも、20世紀初期にあっては、空からの攻撃は空想科学小説の産物であり、その現実化は世界を震撼させるには十分であったが。方や、ドイツの海軍は遥かにシビアな状況に置かれていた。世界の海を支配するロイヤルネイビーがドイツ艦隊を本土近海に閉塞し、海上交通をも遮断したのである。ドイツは国内の資源備蓄を食い潰すしかなくなり、大戦が長期化した場合の破局は火を見るより明らかとなった。それを回避するには、いかなる手段を用いようとも大英帝国を連合国陣営から脱落させる他ない。

未曽有の国難に際し、切り札として浮上したのが、新兵器のUボートと飛行船であった。潜水艦は優勢な敵艦隊の足元を潜り抜けて英国周辺海域に浸透し、島国イギリスの生命線たるシーレーンを寸断するであろう。航空機は、海を越えてブリテン本土を襲い、大都市や工業地帯を焼くだろう。飛行機が未成熟だった当時、その役割は桁違いの航続力と積載量を誇る飛行船しか担えない。飛行船は戦略兵器の地位を得たのだ。英国の海上封鎖とドイツの対抗策はいずれも、相手の正規軍ではなく、戦争経済を打ち砕くことに狙いを定めた点で一致する。後方に対する破壊の応酬は、総力戦の出現を雄弁に物語るものと言えよう。

こうして人類史上初めて、空から大国を征服するための軍事作戦が動き出す。ただし、その実行に至るまでは幾多の「障害」を乗り越えなければいけない。戦前に建造された飛行船のほとんどは対英戦を闘うには性能があまりにも貧弱で、1914年に生産が始まったM級の戦力化を待たねばならなかった。多くのM級戦闘艦を取得してもなお、海軍上層部には英国本土爆撃の効果に懐疑的な意見が根強く残った。そして何より、民間人を巻き添えにして後方の都市を焼き払うことに対する心理的抵抗は、現代人が想像するより遥かに大きかった。統帥権を掌握するドイツ皇帝ヴィルヘルム2世自身が深い憂慮の念を示し、一時検討は暗礁に乗り上げたほどだ。

しかし、世界大戦の無慈悲な現実は、全てを押し流す。開戦から約4か月を経た1914年の年末には、ドイツ軍の死傷者は早くも70万人に迫った。地上戦によって仏露を迅速に打倒する短期決戦構想は画餅（がべい）に終わり、膨大な失血を伴う持久戦が現実のものとなったのだ。英国の海上封鎖に直面したドイツにとって、それは滅びの道である。兵士たちに「クリスマスには故郷へ凱旋できる」と呼び掛けていた皇帝は、その望みが潰えたことを悟ると、煩悶の末、遂に黙示録的闘争に訴える決断を下す。潜水艦による無警告の商船攻撃や、毒ガス兵器の実戦投入とほぼ時を同じくして、対英爆撃も承認される。年が改まった1915年1月初旬のことだ。ドイツ近代史にまま見られるように、ここでも、彼らは「前方への逃避」を選択したのである。

間髪を入れず、海軍に所属する2隻の飛行船がブリテン島を襲う。時に1915年1月19日、足掛け3年半にわたる蒼空の死闘の幕開けだ。皇帝の最後の良心が人口の集中するロンドンへの攻撃を認めなかったため、東海岸沿いの複数の港湾都市が標的となった。対外的には、狙いは純粋な軍事施設(砲台、武器庫、兵舎、軍需工場など)に限られると発表されたが、視界の不良・照準精度の低さ・高空から投下される爆弾の拡散により、精密爆撃ははじめから全く不可能であり、損害は民間街区に集中した。英国の朝野(政府・民間)は憤激し、ドイツ飛行船とその搭乗員は「赤ん坊殺し(Baby Killer)」の汚名を着せられる。

しかし、ドイツ海軍は斟酌（しんしゃく）する素振りすらも見せなかった。海軍飛行船隊の指揮を執るシュトラッサーは次のように述べている。「今日、非戦闘員などという者は存在しない。近代戦とは、総力戦なのだ」。世界最強の艦隊に守られた敵の本土が戦場と化したことにドイツ国民は熱狂し、国中のあちこちで、子供たちが嬉々として戦意高揚歌を謳っていた。「ツェッペリンよ、飛べ！ 英国へ！ 彼の国は、業火で焼かれん！」。世界大戦は、全く新しい、そして決して引き返すことのできない段階へと、突入したのである。戦場で騎士と騎士が相見え、正々堂々決着をつける。そんな戦争はお伽話の中にすら存在しなくなったのだ。

その後も英国への空爆は繰り返され、苦痛に呻吟する大帝国の姿を前に、皇帝はまたも考えを改めた。更なる戦果を欲し、ロンドン襲撃を許可したのだ。最大級のメトロポリスへの一番乗りを賭けて、陸海軍の飛行船部隊は水面下で駆け引きを繰り広げ、新型のP級を先んじて受領した陸軍がレースを制した。かくして1915年5月31日、陸軍飛行船LZ 38が大英帝国の帝都直上に侵入を果たす。百発を超える爆弾が降り注ぎ、多くの女性や子供が斃れ、街は各所で崩れ落ち炎上した。その凄惨さは各国を震撼させた。ドイツ軍は依然として軍事施設のみを空襲の対象にしているとの立場を崩しておらず、実際の攻撃目標もテムズ河畔の港湾設備であったにも拘わらず、彼らは、現実に生じた住宅地の破壊と民間人の流血を黙殺した。それどころか、ドイツ側はロンドンの市街地に対する爆撃を事実上正当化していくのだ。

限られた打撃力で英国の戦時経済を破砕するには、その中枢に攻撃を集中する必要がある。最有力候補は、この巨大な植民地帝国の心臓部であり、世界金融の司令塔でもあるシティ・オブ・ロンドンを措いて他にない。とりわけ中央銀行(イングランド銀行)と、王立証券取引所は格好の獲物だ。なるほど、これらは表向き民間の建物に見えるかもしれない。しかし、敵の戦争遂行の核心を担う施設が、無実であろう筈もない。何より、全ての発端はドイツ国民を飢餓の危機に追いやったロイヤルネイビーの海上封鎖ではないか。走り出した暴力装置は誰にも止められない。今や、ロンドン都心部の焦土化が喫緊の課題となる。戦略爆撃は、完全に檻から解き放たれたのだ。

1915年秋、2隻の海軍飛行船が相次いでシティに痛打を浴びせる。マティ指揮するL 13(9月8日)とブライトハウプトのL 15(10月13日)だ。これらの攻撃は、英軍防空当局に深刻な懸念を抱かせるに十分なものだった。こうして1915年の作戦行動は、イギリス側に600名超の民間人死傷者と80万ポンドの物質的損害を強いる。第二次大戦の破滅的な空襲を知る我々の目には、比較的小さな数字に映るかもしれないが、当時の人々にとっては空前の災厄であったことは付言しておく必要があろう。一方、ドイツ軍のダメージは小さく、その限りでは勝利であったが、しかし、敵の継戦能力を奪うには到底及ばなかった。

翌1916年、ドイツ飛行船団は英国を屈服させるべく、その戦力を著しく増強し、大規模な攻勢に打って出た。1915年半ばに16隻だった陸海軍のツェッペリン型飛行船保有数は、およそ1年あまり後には30隻に達する。最新鋭の巨艦、R級の配備も開始され、1916年内に10隻が就役した。

シュトラッサーはこう述べている。「英国は飛行船によって征服されるという私の信念は強まった。都市や工場、造船所、港湾、鉄道その他に対する破壊活動は拡大されていき、英国はその生存基盤を奪われるであろう。…飛行船こそは、戦争を勝利のうちに終わらせる確かな手段となるものなのだ」。この言葉は、戦略爆撃の神殿に捧げられた典型的な信仰告白であり、その種の物としては、おそらく世界で最初期のものであろう。

硬式飛行船開発のパイオニア、ツェッペリン伯爵もまた、この年に公の場で「最も破壊的な戦争は、究極的には最も慈悲深いものである」と述べ、無制限の飛行船作戦を求めた。飛行機械が戦争に初めて用いられて僅か2年で、人類は後方に対する無差別爆撃を当然の戦闘行為と考えるようになったのだ。

1915年に47隻だった英国への出撃数は、16年には187隻へと跳ね上がり、空襲1回あたりの出撃数も15年の2.2隻から8.1隻へと伸びている。前年よりも遥かに大きな編隊を組んでブリテン島を襲うようになったのだ。敵国を屈服せしめんとする「意図」のみならず、「規模」の面でも、対英空襲は史上初の本格的な戦略爆撃として戦われたと言えよう。

だが、あっけない幕切れが間もなくドイツ空中艦隊を見舞う。1916年の夏以降、防空体制を刷新した英軍は果敢な反撃に転じ、

初のロンドン爆撃を敢行した陸軍のLZ 38

敵の飛行船を次々と屠ったのだ。この年の間に、4隻のR級を含む9隻がブリテン上空で相次いで撃墜された。早期警戒・管制システムの導入、高射砲の改良、そして迎撃戦闘機の進歩。英国の懸命の努力が、劇的な復仇に結実したのである。最新の機材、訓練を積んだ乗員、優秀な指揮官が数多く未帰還となり、ドイツ軍の優越性は霧消した。9月にロンドン上空でSL 11を失った陸軍は早々に英国爆撃を中止し、重爆撃機隊の整備に邁進する。

1916年4月1日、ロンドン空襲時に対空砲火によって撃墜され、テムズ河口に墜落したドイツ海軍のL 15を描いたイラスト

翌1917年、彼らはゴータ重爆撃機を中心とする大編隊でブリテン上空へと戻り、猛威を振るった。シュトラッサー率いる海軍の飛行船部隊は甚大な失血に耐えて任務を継続したが、1916年10月にマティの乗艦L 31が撃墜されると、ロンドンから防備の手薄な地方都市へと目標の転換を余儀なくされる。以後、強風に流された艦がロンドン上空へ偶発的に侵入したただ一回の事例を除けば、敵の首都をドイツの飛行船が飛ぶことは無かった。そして11月には中部の工業都市群を狙い空襲が決行されるも、R級1隻を含む2隻が撃墜され、作戦は失敗に終わった。対英航空作戦に関して言う限り、ドイツ飛行船団はその戦略的価値を永久に喪失したのだ。

1917年以降、海軍の飛行船部隊は比類ない飛行高度を誇るハイトクライマーを主力として戦った。この兵器は、理論上は英国防空隊の頭上遥かを飛ぶことで、その脅威を無効化する筈であったが、高空特有の過酷な気象条件に苦しめられ、限られた例外を別にすれば敗戦に至るまで目立った戦果を挙げられなかった。陸軍の重爆撃機がロンドンに対し熾烈な爆撃を繰り返したのと対照的である。1917年6月、陸軍は飛行船を廃棄し、生産と運用のためのリソーセスを飛行機に集中する決断を下す。シュトラッサーは重爆撃機の航続距離圏外にある地方都市への攻撃を海軍飛行船部隊が担うことで、その存続を図ろうとするが、既に彼らの政治的立場は著しく悪化していた。

この年の初め、ハイトクライマーのロンドン侵入失敗の報を耳にした皇帝は、飛行船による英国空襲の続行に疑義を呈し、7月には飛行機の増産を求める陸軍が海軍に対し飛行船生産の縮小を求めている。10月、海軍の飛行船は英国中部の工業都市群を目標として総力を挙げ出撃するも、主に悪天候のため約半数が喪われ、以後組織的戦闘が不可能となった。そして終戦を3か月後に控えた1918年8月、シュトラッサーは最後の新鋭艦L 70に搭乗して英国へと飛び立ち、還らぬ人となった。英軍がハイトクライマーを高空で迎撃可能な新鋭戦闘機を配備していたことが、決定打となったのだ。ここに、ドイツ帝国海軍飛行船部隊は事実上の終焉を迎えたのである。

戦略爆撃という任務を、飛行船の盛衰と結びつけ

大戦後半からロンドン爆撃の主力は飛行船から重爆撃機に変わった。写真はゴータG.Ⅳ重爆撃機

て考えるとき、おおまかに大戦前半(1916年の年末まで)と、後半(1917年以降)に区切ることが出来よう。前者にあっては、飛行船は飛行機に対し束の間の優位性を保ち、そのもとで後方に対する大規模かつ無差別な爆撃を開始し発展させた。このプロセスは、第一次大戦が総力戦と認識され、かつ、実際にそのように戦われるまでの軌跡に他ならない。後者では、飛行機が優位に立ち、爆撃と迎撃の双方が飛行機にシフトした。それでも、ドイツの飛行船団は容赦なき死闘を最後まで戦い抜き、潰えたのである。

少し極端な言い方になるが、戦略爆撃こそは、飛行船をしてひと時の間、比類なき戦略兵器としての地位を恣にさせ、同時にその後の破滅をも決定づけたと言えよう。しかし、これは序章に過ぎない。飛行船を種苗として成長した戦略爆撃は、その後の第二次世界大戦や冷戦において、巨人爆撃機や大陸間弾道ミサイルの出現を促し、戦争をますます救いの無いものに変えるのだ。

航空支援任務　～軍事目標に対する戦術爆撃及び艦艇への航空攻撃～

軍事目標、つまり、敵部隊や陣地、段列、敵艦船等への航空攻撃は、飛行船、特に陸軍飛行船に当初から課せられた任務であった。彼女らは、敵部隊に爆弾を落とすことを求められ、開戦直後、白昼堂々の行動中に地上砲火によって撃墜される事例が相次いだために運用方針は見直され、夜間の行動を原則とし、部隊や陣地といった直接的な目標よりも、より後方の、段列や補給幹線を目標とするようになった。1916年2月のヴェルダン攻囲戦では、陸軍は3隻の飛行船を投入したが、対空砲火の激しさにより要塞を直接攻撃することは避けられた。それでも2隻が撃墜され、SL 7ただ1隻のみが、より後方のナンシーの要塞への攻撃に成功しただけだった。

東部戦線でも、この手の爆撃は開戦直後から繰り返し行われ、ロシア軍部隊や要塞が標的となったが、どれほどの効果があったのかは不明である。結局、よほど大規模な陣地や目立つ要塞でもない限り、純粋な軍事目標に命中させるためには、高度を下げ、地上砲火の脅威にさらされる必要が生じ、飛行船にとっては全く不向きな任務であることが証明された。

海軍の飛行船にとっては、後年、飛行機が担ったような艦艇への航空攻撃は、自らを艦艇からの対空砲火にさらす危険な行為であり、積極的には実施されていなかった。海軍にとって、飛行船は情報収集のための手段であり、また、ドイツへの経済封鎖を行うイギリス国家への報復兵器であって、英軍艦艇を沈めることは期待されていなかった。

しかし、海軍の飛行船司令達にとっては、敵水上艦艇への攻撃は、海軍軍人として抗いがたい魅力があったようで、動く目標への攻撃のための訓練が実施されていた形跡がある。それに、稀とは言え、対艦戦闘は何度か生起している。代表的なものが、1917年5月に起こった「L 43」と豪巡洋艦「シドニー」及び駆逐艦との戦闘である。これは、哨戒範囲を広げたことにより偶発的に生起したものだった。また、1914年12月に英機動部隊が飛行船基地を攻撃した際は、その中核となった水上機母艦の捜索と、これへの攻撃が行われている。1918年7月には、哨戒中のL 70が英艦艇を攻撃することがあったが、戦闘機の海上での運用が可能になった状況下で、このような積極的な行動をとる飛行船が存在したことは、英軍を驚かせた。

ただし、哨戒中に遭遇した潜水艦は別であった。哨戒任務に出撃する飛行船は、必ず爆弾を搭載しており、潜水艦への攻撃は、任務の範疇だったと思われる。遭遇機会はそれほど多くはないものの、大戦を通じて、北海、バルト海で、哨戒任務に出撃した飛行船が、発見した潜水艦を攻撃していた事例は散見される。とはいえ、どの事例も潜水艦を撃沈できたと断言できるものはない。

艦隊の作戦を支援するという意味においては、バルト海での制海権を得るために1917年9月に行われた、陸海共同の水陸両用作戦「アルビオン作戦」が挙げられる。この時は、飛行船が艦隊の針路前方を偵察するとともに、着上陸前の火力打撃として、サーレマー島の

ドイツ海軍の飛行船L 43と交戦した、オーストラリア海軍の軽巡洋艦「シドニー」

敵砲兵陣地を爆撃し、作戦の進行とともに、リガ湾に面した港湾、後方の鉄道施設への攻撃も行われた。

この作戦では、悪天候により出撃できないなど制約は多く、また、その直接的な効果は不明であるが、ロシア軍の対空砲火の弱さに助けられた面はあるが、艦隊に航空支援を提供するという目的は果たすことができたものと思われる。アルビオン作戦は陸海空の三つの戦力が一体となり、協働して戦闘を行った最初期の事例として、極めて重要なものと言えるだろう。

3 輸送

ドイツは世界初の民間航空輸送会社を設立し、人員と物資の輸送について、戦前からある程度の蓄積があり、しかも、敵地後方への兵力投入等、今日の空挺作戦に相当するような作戦すら考えられていたにもかかわらず、第一次世界大戦中、飛行船は、ほとんど輸送任務には使用されなかった。中央同盟国は航空輸送を必要とするような戦線を持たず、また、持っていたとしても、大戦の初期に連合国に制圧され、飛行船を使用するような状況は生起しなかったのだ。これは、飛行船の性能の低さや数の少なさ、敵の防護火器の攻撃を避けるために、主に夜間に運用されたこと、地文航法以外の航法の精度の低さなど、飛行船とその運用を行うためのインフラに問題があった事も原因であった。

そのような逆境の中で実施された輸送任務としては、まず、1915年11月9日にZ 81が行った、ブルガリアへの外交特使の空輸がある。ブルガリアは、中央同盟国の中枢である独墺とは、セルビア、ルーマニアによって隔てられており、特別にその行き来を行うには、当時の新しい領域である空を使用するのが、時間的、空間的にも最も理に適っていたという訳である。

物資の輸送任務としては、1916年の冬、ヘルゴランドの島々に食料等を投下するため、ハーゲに所属していたL 16が使用された。これは、海上が凍り、輸送船が使用できなかったがゆえの緊急措置であった。

このような経緯を受けてかは不明だが、1917年、ドイツ本国から遥か遠方で、現地の英軍相手にしぶとく持ちこたえていた最後の海外領土である東アフリカ植民地への戦略的輸送作戦が、植民地省の働きかけにより動き始める。当時、ドイツの頽勢は徐々に色濃くなり、例え一つでも植民地を守り通すことが出来れば、戦後の和平交渉で大きな意義を持つと考えられたのだ。従って、この飛行では、東アフリカの軍に戦いを継続させるため、武器弾薬、無線機等、現地で入手困難なものが多数運ばれる予定であった。英国海軍により海路が封鎖された状況下では、それが出来るのは飛行船しかない。そのために、最新鋭のV級L 57が大型化の改造を施されたが、試験飛行中に大破して放棄される。ために、急遽、姉妹船のL 59が改造され、この任務にあたることになった。

シュトラッサーにとっては、このような試みに飛行船を使用することはあまり好ましい事ではなかっただろう。なぜなら、この飛行は片道切符であり、到着し、現地軍に合流したならば、飛行船は解体し、発電機やテントにする予定だったからである。L 59は、11月、ブルガリアのヤンボルを飛び立ち、ナイル川に沿ってスーダンまで進んだが、そこで、帰還命令が届き、引き返した。この任務は遂に目的を達することは無かったが、15トンの物資を携えて95時間6,800キロの無着陸飛行を実現し、飛行船の可能性を遺憾なく示したのだ。

更には、上記の長距離飛行の実績からか、大戦末期には、飛行船の飛び抜けた航続距離を有効に活用し、出撃するUボートへの洋上補給も計画されていた様だが、それは実現しなかった。

このように、飛行船による輸送任務は小規模かつ少数に留まり、結果的には戦局の趨勢に寄与することはなかった。しかし、L 59の長距離飛行のような例は、戦間期の大洋横断航路における先行体験となり、黄金時代を築く礎となったのである。

ブルガリアの基地を飛び立ち、スーダンまで無着陸飛行したL 59の同型船、L 57

第2節　ドイツ陸海軍の飛行船に関する組織

今日の軍隊では、様々な組織が航空機を運用しているが、第一次大戦勃発前後は、まさにそうした制度が生み出される時期であった。それ故、戦火の下で、組織は試行錯誤しながら、大幅に拡充・改変されていった。

ドイツ軍は、陸海の飛行船を統一した指揮下に置くことなく、それぞれが求めるところに従って運用していた。その一方、現場レベルでの人材や装備の交流は行われており、陸軍が飛行船をすべて廃止したとき、海軍飛行船隊で戦い続けた陸軍の飛行船司令もいた。

1 陸軍の組織と指揮・監督系統

普仏戦争の教訓として、戦場での気球の有効性を知ったプロイセン陸軍は、1884年に気球隊を設け、それを拡大する形で、1894年に"飛行船大隊"(Luftschiffer Battalion)を立ち上げた。当初は係留気球を運用するのみであったこの部隊は、パーセヴァル少佐によって開発された「凧型気球」を装備しているという点で先進的であったが、動力付きの、真の意味での飛行船が実用化されるに伴い、観測気球と飛行船の両方を運用する部隊となり、開戦前には、5つの飛行船大隊を有していた。ただし、各大隊は、中隊単位で分散配置されており、ドイツ全土の各軍管区（Armee Inspektion:戦時には、これが軍となり、各軍団を配下に収める）において、其々の司令部の指揮下にあった。

これらを監督する軍政組織としては、1912年には、監軍部(Generalinspektionen)の一部門である航空部(Inspektion des Militär-Luft- und Kraftfahrwesens 略称“Iluk”）内に、飛行船を管理する部署として、飛行船監察部（Inspektion der Luftschiffertruppe）が設けられる。一方、戦時における飛行船の運用は、陸軍最高司令部（Oberste Heeresleitung：略称“OHL”）が直接担任していた。

各飛行船大隊は、開戦と同時に再編成が行われ、観測気球や飛行船を運用するために諸地域の陸軍部隊に配属された。また、飛行船の運用を支援する部隊は、飛行船運用支援隊（Luftschifftrupp）として、各飛行船基地へと分散配置され、基地の管理、飛行船の整備、離着陸の支援と言った後方支援を担当した。

飛行船の運用は、一貫してOHLが、（後には航空隊総司令官を通じて）直接運用していたとはいえ、そこに飛行船運用の専門家がいるわけではなく、それぞれの飛行船は、1隻が1つの部隊であるかのように、各軍司令部（Armee Ober Kommando：略称"AOK"）に配属され、現場の運用に関しては、各飛行船司令の裁量に任されていた。

各飛行船は、OHLから目標が割り当てられ、偵察、第一線部隊への攻撃、西部戦線、及び東部戦線後方の都市の重要目標に対して爆撃を行った。だが、開戦時と前後して、大抵は飛行船司令よりも階級が上だった、上級司令部の参謀が派遣されると、飛行船の運用に大きな悪影響を及ぼした。飛行船の限界を知らない参謀たちの無理な要求は、彼女らに無理を強い、開戦から数か月で、数隻の飛行船が失われる原因にもなった。この配置については、一部の例を除き、1914年内に廃止されている。

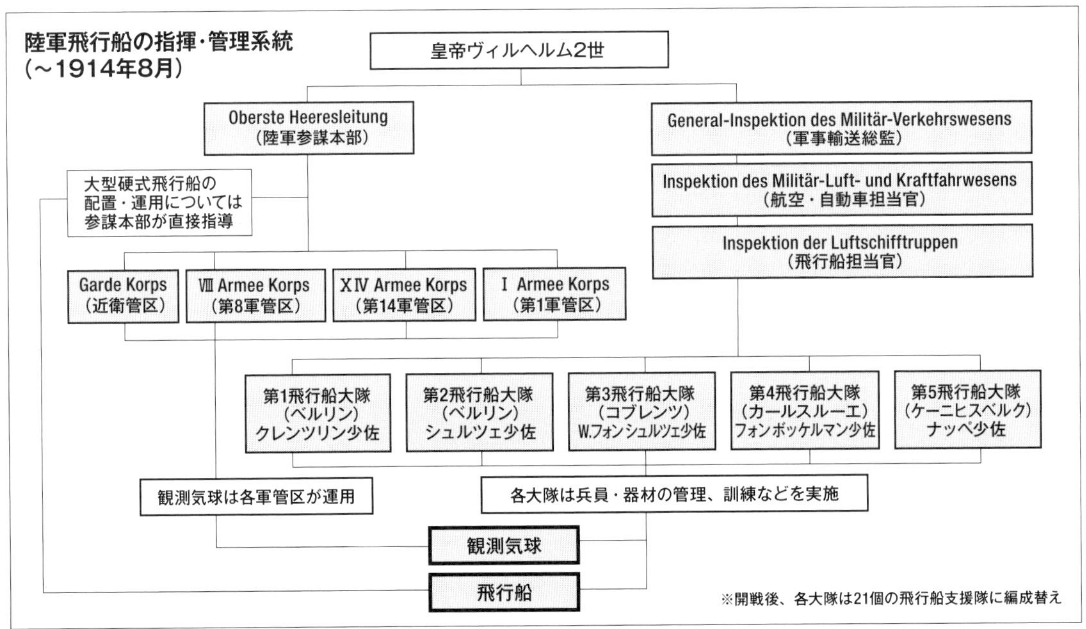

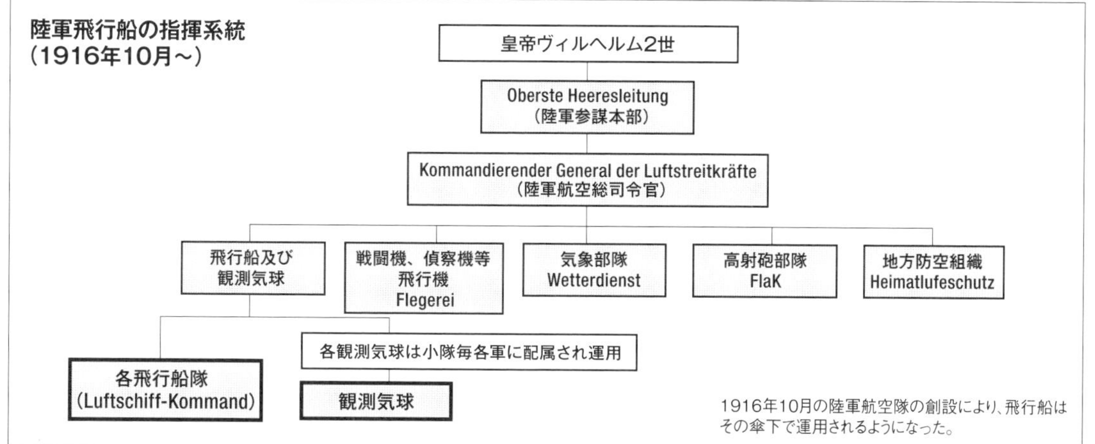

1916年10月の陸軍航空隊の創設により、飛行船はその傘下で運用されるようになった。

ドイツ陸軍は、航空戦力の強化のため、保有する航空戦力の総責任者として、1915年3月に陸軍野戦航空隊司令官(Chef des Feldflugwesens:略称"Feldflugchef")の職を創設、ヘルマン・フォン・デア・リート=トムセン少佐がその地位に就いた。

その後、1916年10月には、陸軍航空隊総司令官(Kommandierender General der Luftstreitkrafte:略称"KoGenLuft")の職が設けられて、エルンスト=ヴィルヘルム・フォン・ヘープナー騎兵中将が就任する。これにより、ドイツ陸軍航空部隊の指揮は全て一元化され、飛行船もその下で運用されることになった。しかし、陸軍航空隊あっては海軍と違い、飛行船のみを取り扱う役職は最後まで創設されなかった。

大戦が進むにつれて、徐々に飛行機の技術的優位性が明らかとなる中、陸軍は、飛行船と同程度の性能を持つ、長距離爆撃機の開発と整備に資源を集中することを決定し、1917年、全ての飛行船は廃棄か、または海軍へと移管されることとなり、陸軍の飛行船組織はその使命を終えた。

2 海軍の組織と指揮・監督系統

当初、海軍は、陸軍とは対照的なほどに飛行船への関心が薄かった。しかし、ティルピッツ海軍大臣は、皇帝からの圧力と世論の高まりに負け、1912年、フリードリヒ・メッツィング少佐を長として、飛行船分遣隊(Luftschiff-Detachment)を立ち上げ、ベルリン近郊のヨハニスタールに飛行船と人員を配置し、訓練を開始すると共に、クックスハーフェン郊外のノルトホルツ村近郊への基地建設を始めた。

1913年5月、正式に海軍省内部の航空部(Luftfahr personal der Kaiserlichen Marine)隷下の組織として、海軍飛行船隊(Marine-Luftschiff-Abteilung:略称"MLA"。「海軍飛行船部門」とも訳せるが、本書では「海軍飛行船隊」との訳語を使用する)が設立される。これに伴い、メッツィング少佐は海軍飛行船隊司令官(Kommandeur der Marine-Luftschiff-Abteilung)となり、ノルトホルツにその司令部を置くが、同年9月、L 1の墜落事故により死亡する。

後任となったのは砲術科出身のペーター・シュトラッサー少佐である。彼は、兵器としての実効性を高めるべく精力的に働き、それに伴い組織も拡充されていった。

なお、軍政部門を司る省庁である、海軍省における飛行船関連事項の担当は、造船部門の中の航空部(B-X)であった。

開戦と同時に行われた組織改編により、海軍の航空部門責任者として、海軍航空部長(Befehlshaber der Luftfahr-Abteilungen)の職が設けられ、海軍飛行船隊と他の海軍航空隊(水上機などの固定翼機からなる部隊)は、この下で統括されることになる。

1916年11月、海軍航空部門の再度の組織改編により、海軍飛行船の運用面での総責任者として、海軍飛行船団総司令官(Führer der Marine-Luftschiffe:略称"FdL")の職が設けられ、中佐に昇任したペーター・シュトラッサーが任じられた。この職は、海軍における飛行船運用に関する一元的な責任者(陸軍の飛行船運用廃止後は全ドイツ軍の飛行船運用の責任者)となり、最後まで一元化された運用がなされなかった陸軍とは異なり、外洋艦隊司令部からの命令により、偵察、哨戒、そして、爆撃に関する命令を、自らの職名において、個々の飛行船に発していた。

それに従属する形で、バルト海での飛行船を運用する責任者として、バルト海管区飛行船隊司令官(Luftschiff-Leiter Ost:略称"LLO")の職が設けられ、ハンス・ヴェント少佐がこの任に当たったが、バルト海での飛行船運用停止により、1917年11月、同職は廃止される。

シュトラッサーが飛行船団総司令官となるに伴い、海軍飛行船隊司令官の職には、ヴィクトル・シュッツェ少佐が任じられた。前者が、実質的な空中艦隊の提督として位置づけられ、飛行船運用に関する権限を有したのに対し、海軍飛行船に関する教育や基地管理等の後方支援に関する責任は、飛行船隊司令官が担

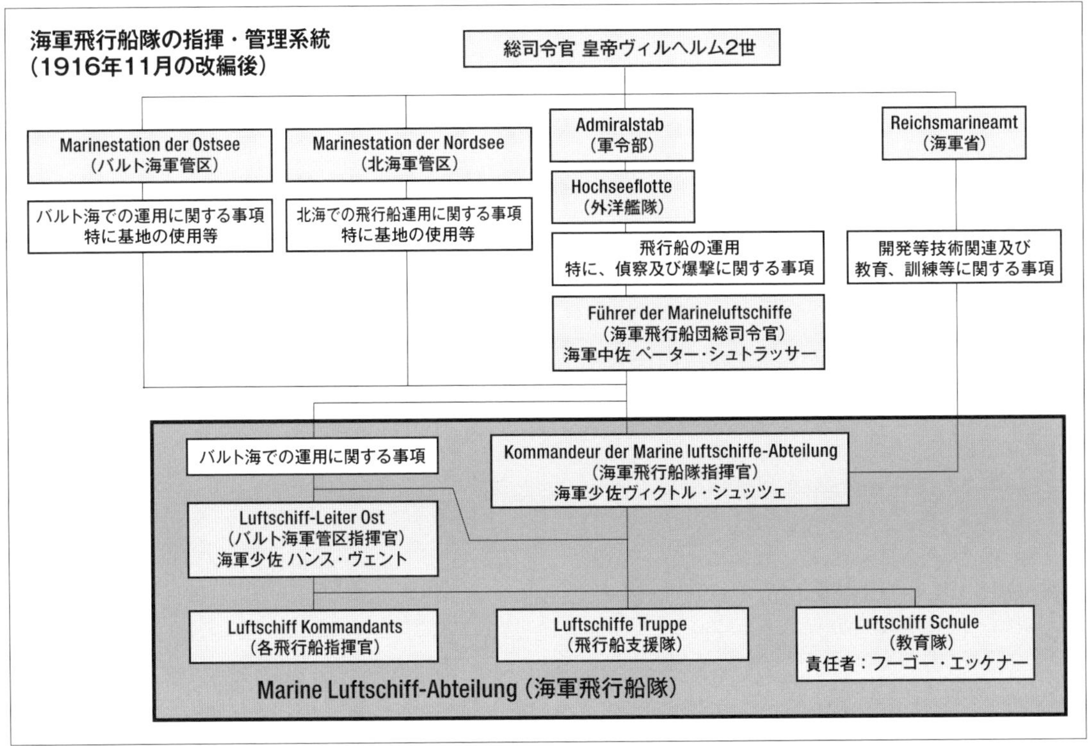

うという形となったのである。

この組織改変によって、海軍飛行船隊は、訓練等を含む北海での飛行船運用に関しては、飛行船団総司令官を通じて外洋艦隊に、基地の運営に関する事項は、外洋艦隊司令部と北海及びバルト海管区司令長官に、技術開発・実験に関する事項は海軍大臣に従属するという形になった。

海軍飛行船隊司令官の職は、1917年6月のシュッツェの戦死によりしばらく空席となっていたが、1918年1月、ハンス＝ポール・ヴェルター少佐が任じられる。その後、1918年8月、シュトラッサーの戦死により、海軍飛行船団総司令官の職は空席となり、海軍飛行船隊司令官のヴェルターが終戦まで代理を務めることになった。ある意味、1916年11月以前の体制に戻ったかのようにも思えるが、これは、大戦の趨勢も決した情勢と、海軍においても、飛行機が発達し、飛行船が役割を縮小したことも大きい。

シュトラッサーの死後、海軍飛行船隊は何回かの哨戒飛行と訓練飛行を行ったのみで終戦を迎え、その短くも波乱に満ちた歴史に幕を閉じた。

3 教育機関

元々、陸軍は観測気球を操作する野戦飛行船隊を有しており、最初期に運用に当たった人員は、そのような部隊や、ツェッペリン社の社員たちにより、教育と訓練が施されていた。

陸軍は戦前から5つの飛行船大隊を組織しており、飛行船搭乗員と、運用に当たる地上要員を育成した。海軍の要員もそこで教育を受けるなど、人材交流はかなり柔軟であったようだが、1912年に、ペーター・シュトラッサーが海軍飛行船隊司令官となった後、ツェッペリン社のフーゴー・エッケナーを責任者として、フュールスビュッテルに海軍独自の教育機関を立ち上げ、基礎教育と実地での訓練飛行を行った。後に、この飛行船に関する教育機関は、ノルトホルツに移動し、終戦までその任を果たした。

4 飛行船運用支援隊 (Luftschifftrupp)

飛行船運用支援隊とは、飛行船の運用にかかわる支援を主任務とする部隊で、陸海軍双方に存在していた。その任務範囲は広く、飛行船基地の運営全般といえる。即ち、飛行船離発着時の支援、無線通信、ガスの供給と保守から、制服の洗濯や食事の提供、建物の保守点検、場合によっては、食糧自給のための農作業まで、幅広い内容であった。

ノルトホルツやアーホルンと言った設備の整った基地ではなく、臨時、仮設の基地に派遣されるような場合は、尉官クラスの将校を長とする分遣隊が組織され、現地へ派遣されていたようである。

第3節　飛行船を運用する

ここでは、飛行船を実際に運用するにあたって、必要となる諸々の事柄を述べる。そのために、視点を1隻の飛行船に据え、彼女が必要とする人員・人材や、船内・地上基地内での役割分担、船を駆って闘うための各種装置の操作方法や飛行中の作業、といった内容について具体的に説明する。

なお、本節では、第一次大戦下のドイツ海軍での、それも硬式飛行船の運用例を中心に記述するため、ドイツ陸軍、英米、そして、軟式飛行船や現代のものとは異なる場合があることを留意されたい。ドイツ陸軍については、役職名等について相違点は多いが、必要な場合のみ、その旨を記載している。

1　飛行船搭乗員について

純粋な職業軍人や、商船出身の予備、志願者、または徴兵された兵員からなる飛行船搭乗員たちは、19世紀末の、封建時代の残滓（ざんし）が根強く残る社会に生まれ育ちつつも、当時、ほとんどの人が経験できなかった“空を飛ぶ”と言う行為を任務とするエリート兵士として、帝国への忠義を尽くして終戦の日まで戦い抜いた。

陸海を問わず、一隻の飛行船と、それを指揮する飛行船司令、そして、その搭乗員と整備員は、便宜上、飛行船隊(Luftschiff-Kommando)と呼ばれる一つのユニットとして扱われていた。

飛行船運用に当たり、各飛行船司令は配備された基地の指揮系統からは独立しており、陸軍の場合は陸軍総司令部、海軍の場合は飛行船団総司令官の下におかれた。

一個の飛行船隊の人数は、約40〜60人、内訳は、20人程度の搭乗員とその予備、及び、搭乗員とほぼ同数の整備員といった具合であった。興味深いのは、海軍における整備員は、搭乗員の予備要員でもあった事だ。彼らは、人事管理上は各基地所属の人員として登録されていたが、運用の際は飛行船搭乗員とセットであった。実際、代替が効く専門技能の保持者が多数いることは、飛行船運用に柔軟性を付与するとともに、飛行船隊全体に、運命共同体であ

海軍飛行船搭乗員。左から、機関員（上等機関兵曹）、飛行船司令（大尉）、航海士（准尉）。下士官の袖には階級章及び海軍飛行船隊所属であることを示す記章が縫い付けられている。

るという意識を涵養することにも大いに寄与しただろう。また、彼らを予備搭乗員として運用することにより、攻撃任務に参加すると授与される、二級鉄十字章を地上整備員にも取得させて、士気の高揚を図ることができるという副次的効果もあった。

飛行船隊の編制

飛行船搭乗員と整備員は、一人の飛行船司令に指揮されている。彼を補佐するのが、当直士官(英語ではExective Officer、"副長"と表現される)と呼ばれる役職で、海軍飛行船においては、彼らのみが士官である。陸軍の場合は、航海士、機関士も士官の場合があった。

飛行船搭乗員たちの内、海軍の場合、航法を担当する航海士と、エンジン全般に責任をもつ機関士は、准士官(Deckoffizier)であった。彼らは、下士官として勤務してきた経験を持つ各兵科の専門家であり、飛行船という新兵器を運用する中で、自らの専門領域に責任を負っていた。また、航海士は、上級者が倒れた場合に備え、自らの指揮で飛行船を運用できるように教育されていた。ただし、彼らは、階級上では上級者ではあったが、その他の役職に就いている下士官たちを部署ごと指揮する権限は有していなかった。

その他の役職としては、方向舵手、昇降舵手、無線手、掌帆手、燃料係等があるが、そのほとんどは下士官、稀に兵卒であった。前3者は主に司令ゴンドラで勤務しており、後2者は、竜骨内部の通路で勤務していたが、後2者も操舵手、昇降舵手の訓練を受けている場合があり、交代要員となることができた。

また、エンジンについては、一基につき2名の機関員が配置されていたが、当時の技術的制約から、エンジンには常に1名が張り付いている必要があった。

各役職の任務と勤務の概要

飛行船司令(Kommandant またはLuftischiff-Kommandant)

飛行船司令の任務は、1隻の飛行船と、そこに所属する搭乗員、整備班を指揮して、与えられた任務を達成することだ。彼は、直接、軍司令部、海軍飛行船隊司令官、あるいは、海軍飛行船団総司令から命令を与えられ、その任務を達成するため、どの様に飛行船を運用すべきかを計画し、実行しなければならず、大きな権限を与えられていると同時に、その責任はかなり重大であった。

特に、主要な飛行船基地から外れた場所に派遣されたような場合は、飛行船司令が最上級者となって

陸軍飛行船 SL Ⅱの搭乗員集合写真。後列右から4人目が、飛行船司令のリヒャルト・フォン・ウォベザー陸軍大尉。革の上着を着ている7人は機関員、白い繋ぎを着ている人物が機関士である。制服を着ている人物は、ウォベザーを除き、左から、航法士、運用指揮官(上級司令部から派遣されてきた要員)、当直士官(副)、ウォベザーを飛ばして当直士官(正)、操舵手。全部あわせて計13名の搭乗員で運用されていた。(写真:Harry Redner)

しまう事から、その基地の指揮官を兼ねる事もあり、業務上の負担は大きなものであったが、後にこの制度は廃止されている。

運用に当たり飛行船司令が考えなければならない事項は多岐にわたるが、とりわけ、搭載する燃料・武器・弾薬そして人員を、任務を達成し、無事に生還できるよう、事前に計画・準備することが重要な仕事であった。生み出される浮力が、気温や湿度に大きく影響を受ける浮揚ガスに頼っている飛行船という航空機の特性上、搭載する人員・装備の重量管理は、生死に関わる事なのである。

こういった事項を管理するために彼らが使用したのが、バラスト配分表(Ballast Verteilung)と呼ばれる定型用紙だ。飛行船のどこに、どの様なものを、どれ程積むのか白紙的に計算し、出撃当日の気象条件を直前に考慮して、十分な性能が発揮できるようにしておくのである。

空の上に上がれば、彼の命令一つで、200メートル近い巨体が動かされることになる。事前に命令を受けた海域の哨戒活動、あるいは、敵地への爆撃で飛行船をいかに動かすかは、彼の状況判断にゆだねられており、特に、イギリス本土攻撃に当たっては、上級司令部からの直接的な統制のしづらさや航法手段の制限から、ターゲットの選択は現場指揮官にゆだねられていた。

もちろん、細かな指示や航行に際しての指揮などは、ある程度部下にゆだねることもできるが、最終的な決定を下すのは、船にせよ航空機にせよ、トップであることは変わらない。

離陸の号令、上昇、下降、針路の変更、着陸時の号令はもちろん、時として、彼自身がテレグラフを操作して、速度を指示することもあった。飛行船を乗りこなすためには、船の状態を確実に掌握することは当然として、操船のための風・気温・天候などへの理解、航法のための数学・地理の素養、攻撃を成功させ、敵襲やメカニカルなトラブルから生還するための知見など、あらゆる面における知識が要求され、総合的にそれらを判断、指示を下せる能力を有していなければならなかった。

海軍飛行船搭乗員の教育を担当し、シュトラッサーに対して、気象に関する助言を与えていたフーゴー・エッケナーは、「飛行船司令として十分な能力を備えるには、少なくとも4年は飛行船で勤務する必要がある」と語っている。このことは、飛行船を運用する事の困難を端的に示しているといえるだろう。また、この発言に基づくならば、戦時中の飛行船司令のほぼ全員が、十分な基準を満たしていたとは言い難かったかもしれない。

陸海軍共に、飛行船司令は大尉クラスが務めたが、中尉や、あるいは少佐が務めることもあった。海軍の場合は、平時において士官学校を卒業し、艦隊で勤務してきた者もいれば、予備士官として、商船や市井の生活を送ってきた年配の者もいた。しかし共通するのは、皆、フーゴー・エッケナーの手で、飛行船運用について教育されているという事である。

海軍では搭乗員としての一体感を重視して、飛行船司令とその搭乗員は、基本的に船から船へと一緒に異動した。これは、Uボートなどと同じであり、チームワークをはぐくむうえで、非常に効果的だったことは確実であろう。

一方、陸軍においては、戦前から飛行船に携わってきた者もいれば、全く違う出自から飛行船司令を勤めた者もいた。また、海軍とは対照的に陸軍の人事では、飛行船司令のみを取り換えるような人事が行われていた様である。

当直士官または副長(Wachoffizier)

「すべての人にとっての小間使い」と言われた当直士官は、飛行船司令の片腕である。彼は飛行船乗り組みの士官として教育を受け、将来の飛行船司令となる人材として、飛行船におけるあらゆる勤務に精通している必要があるが、これは、陸・海問わず必要な能力だ。

当直士官は、恒常的な業務として、飛行船搭乗員の人事や関連する書類の管理を行っていた。搭乗員の休暇取得の可否も担当していたことから、恐らく、規律の維持と言った任務も担当していたのだと思われる。

飛行船を運用する上では、離陸前の船内の設備点検、トリムを調整するための飛行船の計量と格納庫からの搬出の監督を行った。この、飛行船が飛行するにあたり最も重要な過程において、彼は、船外でメガホンとホイッスルを手に船外を走り回り、離着陸を支援する地上要員を指揮して飛行船を適切な向きに方向転換し、最良の態勢をとれるようにしてから、飛行船に飛び乗るのが毎度の事であった。

フライトに当たっては、飛行船司令の代理と言う立場の彼は、航法はもちろん、必要ならば、爆弾の状況確認や、破損した個所の修理にさえ、たとえそれが高空にある、船体上部の外被であったとしても、搭乗員たちを引き連れて赴かねばならなかった。

加えて、飛行船の主要な武装である爆弾を投下するにあたって、彼は最も重要な照準器を操作を担当した。照準器への数値の入力、爆弾投下装置のボタン操作は、彼の主要な任務であった。

著名な飛行船司令であるフォン・ブットラーが、その経歴をこの役職から始めている事、また、戦後、「ヒンデンブルク」などを指揮したフォン・シラーが、ブットラー配下の当直士官として経験を積んでいたことなどから、この役職に就くことが、飛行船を指揮する上で非常に重要であったのは確かである。

航海士(Steuermann)

飛行船の航海士は、当時のドイツ海軍の小艦艇同様、航海科出身の准士官が務めており、陸軍の場合は将校が務めていた場合がある(陸軍の場合は、爾後航法士と訳し分ける)。

海軍の場合、彼は船の航海士が行うように、飛行船の自己位置を元に、自船がどこにいくのかを地図の上で計測することが主要な任務であったが、それだけでなく、飛行船の気嚢や操舵装置、そして何より、飛行船の浮力に関しても責任を負っていた。

恒常的な業務として、彼は、飛行船に関する文書、航海日誌や通信文書といった書類の管理を担当していたが、それよりも重大なのは、地上にある際に、ガスの量と飛行船の浮力についても管理していたことである。格納庫内で行われたガスの補給は、彼の監督を受けた。また、格納庫で実施される操舵装置や気嚢の修理も、彼の担当である。

飛行船を運用するにあたっては、航法に関する知識に加えて、気象に関する知識が要求される。つまり、上空の気温や前線の移動、高度の変化に伴う風向・風速の変化を加味して、飛行船の針路を割り出す必要があった。これらは飛行船司令の担当する事項であったが、航海士は、例え士官が倒れても、飛行船を運用できるように訓練されていた。

機関士(Maschinist)

機関士は、航海士と同様、海軍では機関科出身の准士官が務め、陸軍の場合は、エンジンに関する知識を持った将校が務めていた。

彼の任務は、エンジン、船内の電気系統、その他の機械施設のメンテナンスと正確な動作の担保であった。彼らは、この任に就くにあたり、エンジンの製造会社であるマイバッハ社やボッシュ社に派遣され、機械設備に関する知識を学んだ。

動的浮力を維持する観点から、エンジンの円滑な働きは非常に重要であり、機関士は、地上にある時からその整備状況に責任を持つのは当然として、飛行中は、それらが円滑に動いているか、その状態を確認しておかねばならなかった。このため、たとえ高高度にあったとしても、司令ゴンドラと各エンジンゴンドラを行き来する必要があった。

操舵手(Steuerer)

操舵手には、方向舵と昇降舵を操作する下士官または兵卒が、それぞれ2名づつ配置されていた。ただしこれも、戦争後半、高高度を飛行するようになってからは、それぞれ1名に減らされることもあったようである。一方で、掌帆手などもこの任務に就けるよう訓練されていた。

方向舵手(Seitensteuerer)は、司令ゴンドラ前面の舵輪を操作して、飛行船司令達が命ずる方向に、飛行船の方向を変えるのが任務である。前面にあるコンパスを見て、飛行船がどの方向に進んでいるのかを把握し続ける必要があったし、長時間、同一箇所に立ち続けるなど、中々に過酷な任務であった。

とは言え、昇降舵手(Höhensteuerer)の任務は、それに輪をか

ドイツ陸軍階級早見表※

士官(Offizier)

階級章(肩章)	原語	対応する日本語
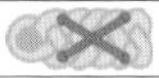	Generalfeldmarschall	元帥
	Generaloberst	上級大将
	General	大将
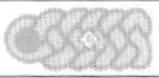	Generalleutnant	中将
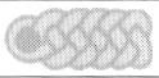	Generalmajor	少将
	Oberst	大佐
	Oberstleutnant	中佐
	Major	少佐
	Hauptmann	大尉
	Oberleutnant	中尉
	Leutnant	少尉

上級下士官(Unteroffiziere Portepee)

階級章(肩章)	原語	対応する日本語
	Oberfeldwebel	上級曹長
	Feldwebel	曹長

下士官(Unteroffiziere ohne Portepee)

階級章(肩章)	原語	対応する日本語
	Sergeant	軍曹
	Unteroffizier	上級伍長

兵卒(Mannschaften)

階級章(肩章)	原語	対応する日本語
	Obergefreiter	伍長
	Gefreiter	兵長
	Schütze	兵卒

※厳密には、ここで表示されている階級名称及び階級章は、プロイセン軍のものである。ドイツ陸軍は帝国を構成する各王国の陸軍部隊から成立しており、各王国により階級制度、名称が微妙に異なることに注意。

けて困難であった。彼は、飛行船の傾きを調整し、その高度を把握する役割をもっており、いわば、船の浮力を、直接コントロールする立場にあった。彼の握る舵輪の周囲には、気圧高度計、温度計、昇降計が集中しており、舵輪右側の屋根には、バラスト水とガスの放出弁を操作するレバーがあり、これらを上手く調整して、飛行船のトリムを保ち、高度を維持しなければならなかった。昇降舵手こそが、飛行船が異常なく飛ぶ上での鍵となる役職であると言えるだろう。

掌帆手(燃料係含む)(Segelmacher)

掌帆手と燃料係は、主に飛行船の竜骨内で作業を行う役職である。特に掌帆手は、かなり多忙な役職であった。飛行船の補給を担当し、船内への積み込みを受け持ったが、彼が本当に大変なのは飛行中であった。彼は、爆弾の安全ピンを外し、船内の気嚢を確認し、それが破損していれば、セロンと呼ばれる溶剤を片手に、穴を塞ぐべく船内を歩き回る。また、ガス放出バルブが凍り付けば、その氷を砕き、放出弁がうまく働くようにしなければならなかった。これらの任務は、例え、飛行船が敵地上空で、高射砲に撃たれている時でも、むしろ、そのような時にこそ重要であった。

また、それに加え、彼は通常の見張り業務も行った。状況によっては、十数時間、飛行船上部の機銃座に、凍えながら座らなけらばならない。これらに加え、必要なら、操舵手の交代要員にもなったのである。興味深いことに、陸軍の飛行船には、これに相当する役職の人間はおらず、気嚢の修理は手の空いた搭乗員がその都度行っていた。

燃料係は、燃料の残量を確認し、エンジンに円滑な燃料供給が行われるように調整し、必要に応じてタンクの位置を変更し、トリム調整の手助けなどをしていた。ただし、大戦後半、高高度まで上昇するため重量を削減すべく、この役職にあたる搭乗員は省かれた。

機関員(Mortorenpersonal)

機関員は、ガソリンエンジンの取り扱いについての教育を受けた下士官であり、エンジン1基につき2名が配置され、整備等を担当していた。長時間、様々な環境下で動作させる必要のある飛行船のエンジンは、飛行中も付きっ切りでその状況を確認し、作動するピストンに、常に油を指し、それがうまく作動するようにしていなければならなかった。しかも、ゴンドラの中は騒々しく、会話すらできない状況であり、独自のハンドシグナルで対話していた。

彼らは、凍えるような高度を飛ぶ船内にあって比較的暖かい場所にいたとはいえ、見張りにつくことはあったし、エンジンの排気不良ガスによる死亡の危険もあるなど、決して安全な役職と言える訳ではなかった。

無線手(Funkentelegraph-personal)

無線機のオペレーターは、基本的には、無線機についての教育を受けた下士官または兵卒であった。大戦初期には2名が乗り込んでいたが、イングランド爆撃に当たっては、重量を減らすため、1名に減

ドイツ海軍階級早見表

士官(Offizier)

階級章(袖章)	階級章(肩章)	原語	対応する日本語
		Großadmiral	元帥
		Admiral	大将
		Vizeamiral	中将
		Konteramiral	少将
		Kapitän z.S.	大佐
※1		FregattenKapitän	中佐
		KorvettenKapitän	少佐
		Kapitänleutnant	大尉
		Oberleutnant zur See	中尉
		Leutnant zur See	少尉

准下士官(Deckoffizire)※2

階級章(肩章)	階級名称※3				対応する日本語
	運用科(Bootsman)	航海科(Steuer)	通信科(Signal)	機関科(Maschinisten)	
	Oberbootsman	Obersteuermann	Obersiganalmestr	Obemraschinist	上級准尉
	Bootsman	Steuermann	Siganalmestr	Maschinist	准尉

海軍下士官(Unteroffizier ohne Portepee)

階級章(腕章)	階級名称				対応する日本語
	運用科	航海科	通信科	機関科	
	Oberbootsmannsmaat	Obersteuermannsmaat	Obersiganalmaat	Obermaschinistenmaat	上等兵曹
	Bootsmannsmaat	Steuermannsmaat	Siganalmaat	Maschinisttenmaat	兵曹

海軍兵卒(Manschaften)

階級章(腕章)	階級名称				対応する日本語
	運用科	航海科	通信科	機関科	
	Obermatrose	—	Obersigalanwärter	Obermaschinistenanwärter	上等水兵
	Matrose	—	Signalanwäter	Maschinistenanwärter	水兵

※1 海軍では、肩章と袖章両方が用いられている。海軍大佐と中佐の袖章は同じであり、肩章でのみ識別可能
※2 Deckoffizierは准士官(英語ではWarrant Officer)と訳しているが、陸軍の上級下士官(Unteroffizieremit Portep)に対する階級群の名称。彼らは、ベテラン下士官から選抜された、各兵科のスペシャリストだった。
※3 海軍の階級名称は、兵科によって異なり、本書で訳す際には、各兵科を前につけて訳している(例:Maschinistenmaat=機関兵曹)。また、准士官・下士官とも階級章には、錨のマークの上に、各兵科を象徴する徽章が付く。

らされることになった。

彼の任務は、司令ゴンドラに組み込まれている独立した防音キャビン(初期には、船体中央部に儲けられていた)の中にある無線機の前に座り、必要に応じて基地や船舶等との通信を行うこと、そして、常時、周波数を探り、通信を傍受する事である。更に、無線による方位測定が行われるようになってからは、基地局への問い合わせ、後には、ストップウォッチによる方位測定も重要な任務となった。

無線室での任務は、ずっと座ることができ、見張りも何も必要が無いという点で、幾らかは楽なように思える。無線室は隔絶されており、他の場所よりも多少暖かく、特に高高度を飛行するにあたっては、比較的快適な場所であったことは確かである。

だが、交代もなく、場合によっては24時間以上も同じ椅子に縛られ、モールス信号を聞き続ける勤務は、大変に神経をすり減らすものであり、攻撃任務中、無線が使えない状況下においては、飛行船が高射砲に狙われ、周りで高射砲弾が炸裂する様を、気分転換のために眺めるという無線手もいたようだ。

無線手のストレスの原因はそれだけではない。当時の無線通信では、現在行われているような周波数管理は行われておらず、特定の周波数に通信が集中していた。特にこれが問題となったのは、飛行船の自己位置を問い合わせる場合である。問い合わせる順番を定めたリストが事前に作成されていたにもかかわらず、戦闘任務中の船舶や他の飛行船と競合して中々結果が返ってこず、飛行船司令がせかす中、時間をかけて得た結果は、全く正確性に欠けるという事もしばしばだった。

加えて、無線手は、飛行船に関する重要な情報を取り扱う立場にあった。無線通信用の暗号書は、飛行船への搭載を禁じられており、原則、商船用コードブックの搭載のみが許可されていたのだが、時としてそれらは守られておらず、英軍が飛行船固有の呼び出し符合を突き止め、飛行船運用の情報を電波から探り当てる一助となってしまう事もあった。

勤務の様相

以下については、基本的には、ドイツ国内の基地で運用されていた、海軍飛行船隊の事例が中心となっているため、飛行船配備地域の変換が行われ、野外での応急的な基地での展開が行われていた陸軍では異なる場合がある。また、軟式飛行船と硬式飛行船の違いもあるが、ここでは、硬式飛行船の事例を中心に記述している。

地上での勤務：基地内での搭乗員の業務や生活

例え飛行船が地上にあったとしても、搭乗員たちが暇になるわけではない。むしろ、気温や湿度によって浮力が変わるという飛行船の特性上、常に誰かが格納庫に所在し、船の状況を見守っている必要があった。

出撃任務がない場合、彼らは朝礼で集合し、その日の業務についての命令を受け取る。書類仕事、エンジンの整備、船体の修理、そして、失われたガスの補充と、仕事のない日はなかった。気温が上がればガスが膨張して浮力が増えるため、バラストとなる砂袋を増やさねばならない上、自動的に排出されるガスの内、減少した浮力を補うため、その分を確認し、日々補充しなければならない。格納庫内は、格納庫に存在する水素ガスを詰めた気嚢、飛行船へのガス供給管などから僅かでも水素が漏れている可能性がある以上、火気厳禁であり、作業をする人々は、火花が飛び散らぬよう気を付ける必要があった。

その日の業務が終われば、兵員は、残留要員を残して、外出する自由はあったようだ。それでも、非常時の連絡と、飛行船を管理する任務のために、2名の当直が立てられていた。

一人は、人員を管理し、非常時の連絡等に当たる当直であり、こちらは、搭乗員または整備員から1名が選ばれ、午前12時に上番する。この当直は、昼食時以外は兵舎、または格納庫内で電話番を行い、勤務時間外、午後6時から翌日の朝までの、人員の管理(外出・休暇の管理や、兵舎での起床と就寝も含まれる)、各種日誌類、時計、懐中電灯を管理し、非常時の伝達や船内巡察を担当した。

もう一人は、飛行船の監視を任務とする、格納庫の当直である。こちらは整備員から選定されていた。彼の役割は、常に格納庫に所在し、業務時間外の部外者立ち入りの制限すること、そして、何より、飛行船の浮力・気嚢の状態の監視を行うことであった。

下士官・兵卒は格納庫近くの兵舎に居住していたが、士官については、基地内の宿舎に居住し、独自の集会所・食堂が利用可能であり、他国の軍隊と同様に、下士官以下とは一線を隔てていた。

また、飛行船搭乗員の大半は独身であったが、士官の内、妻帯者については、基地の外に家を借り、家族と住まう者もいた。

搭乗員や基地勤務要員の食糧事情は概して悪くはなかった。第一次世界大戦では、ドイツ国内に多数の餓死者が発生する等、過酷な状況もあったが、彼らは国家の興廃を双肩に担う存在であることから一定の配慮がなされ、優先的に食料を受け取ることが出来た上、飛行船基地は農村部に位置しており、現地の農家が生産した食料を直接届けてもらっていたからである。少なくとも、士官食堂では、クヌーデルやグラーシュが供された記録がある。

空中での勤務：飛行船内で過ごすという経験

空中での勤務は、現代の人々が想像するほど生易しいものではなかった。まず、寒さから身を守るために、制服の上から革のジャケットと帽子を着込み、静電気発生を防止するためのオーバーシューズをブーツの上から履かねばならなかった。「ハイトクライマー」が登場し、高度5,000メートル以上を飛行するようになった1917年以降、マイナス20度から30度の外気温に耐えるため、この防寒スーツはだけでは足りなくなり、肌に特殊な軟膏を塗り、毛糸の肌着の上に薄い紙で作った防寒着を着て、その上から制服を纏い、更に前述の革製の帽子やオーバーシューズを身に着けるといったように、大仰さを増し、搭乗員の行動の自由を奪った。この対策のため、L 51は実験的に、電気式のヒーターを備えた飛行服を購入しようとしたようである。

その上、船体内部で作業を行う人員は、重量が約6kgもある酸素吸入器を首からかける。幸いにして、ゴンドラの中には、圧縮酸素、または液体酸素のボンベが置いてあり、水煙草の吸い口のような吸入口から酸素をとることができた。ただし、初期の圧縮酸素はオイルの匂いがするなど質が悪く、これを使用した搭乗員は、任務終了から1日程度、吐き気が止まらないなどの体調不良に悩まされた。

上記のような防寒着や酸素吸入装置は、凍傷や意識の喪失と言った事態を防ぐためには、やむを得ない処置であったが、これでも完全とは言えなかった。

このような状態では、空中で食事を取ることも満足にはいかなかった。任務飛行は、半日から1日以上にも及ぶため、サンドイッチやコーヒーなどの糧食は持ち込んでいたものの、攻撃任務で特に高高度に上昇する必要があった場合は、糧食は凍り付き、食べることは不可能で、口にできるものと言えば、地上で一口サイズに割ったチョコレートと、魔法瓶入りのコーヒーがせいぜいだった。ただし、高度3,000メートル以上で勤務する際には、特別に蒸留酒の飲酒が許可されていた。変わったものとしては、食料と過熱剤が一つの缶に入り、過熱剤を突き破ることで化学反応を起こして中の具を加熱する、現代のレーションに通じるような糧食も存在したようだが、広

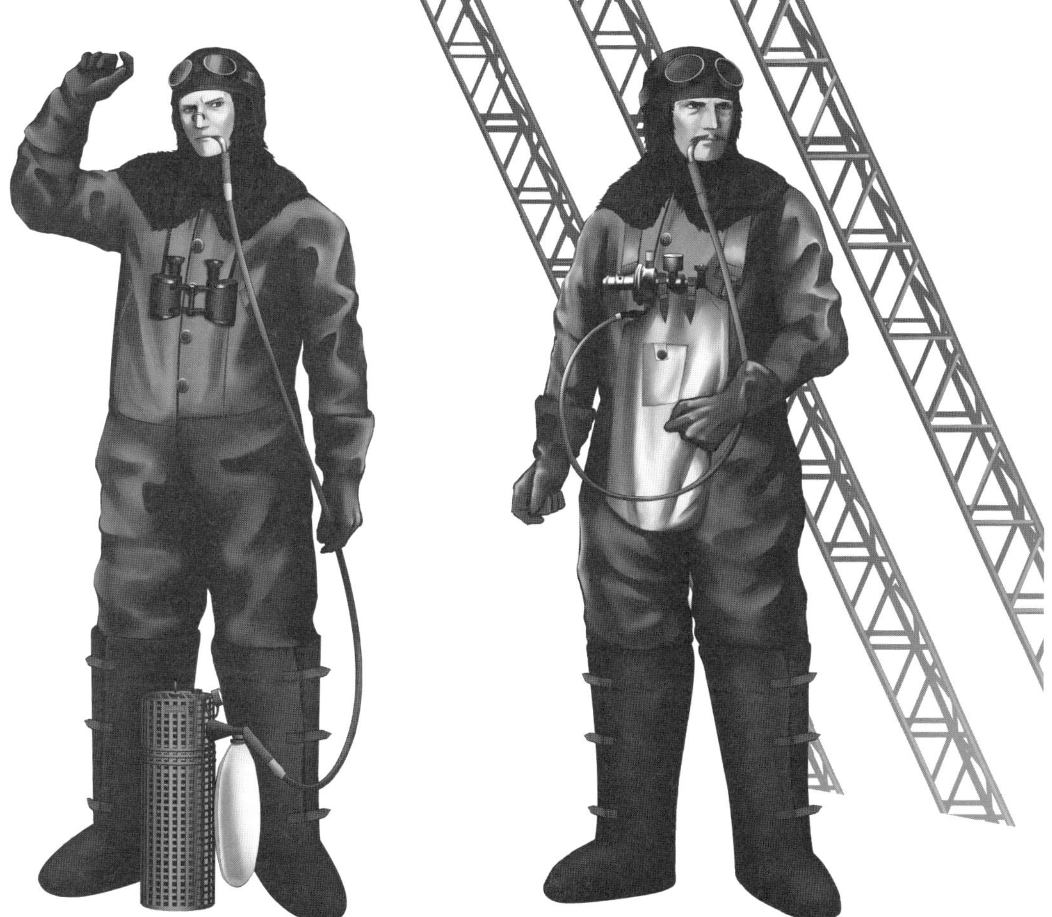

高高度における飛行服を着用した搭乗員。左は、ゴンドラ等に備え付けられた、液体酸素のボンベを利用している。右は、竜骨内部等で活動する隊員。携帯式の酸素ボンベを携行している。

く使われなかった。

飛行船の船体内には、搭乗員のためのスペースが存在し、どこまで快適さを追及したかは分からないが、ハンモックが吊るされ、休息が可能だった。これは、高高度飛行用に取り除かれたものの、ハンモックは残ったようだ。それ以前については、椅子や机などが積載されていた可能性もある。この、いわば快適さの削減は、士官室と呼ばれた空間の、司令ゴンドラからの撤去、ゴンドラそのものの空力学的洗練に伴う縮小により、ますます顕著なものとなっていった。

興味深いことに、軍用飛行船には、トイレが存在していた。現在では、もはやはっきりしたことは不明だが、少なくとも、初期のR級には便座が備え付けられていたようである。だがこれも、高高度飛行を行うようになってからは、廃止された可能性がある。搭乗員たちは体内のものを排出することもできず、もし、高高度で排泄物を出してしまったならば、それらは分厚い防寒着の中で凍り付き、地上に降りて解凍されるという、おぞましい経験をする羽目になった。

搭乗員たちにとっての最悪の事態は、当然、飛行船が焔に包まれ墜落していくことだ。パラシュートが備え付けられてはいたものの、重量削減のために降ろされている場合も多かった。また、撃墜された飛行船からパラシュートを開いて脱出したとしても、燃える飛行船が上から覆いかぶさるように降ってくるため、使う意味がないと考える搭乗員が多かったのか、実際に使用されたという記録はない。当時の文書が現代に伝える限り、彼らの多くは、最期の瞬間を自ら決しようという者が多かったのか、飛び降りたり、あきらめてゴンドラの中で座して死を待ったようだ。

高高度を、与圧室もなく、長時間飛行するという人類初の経験は、こういった様々な不便に彩られていたが、空を飛ぶという特別な経験は、当時の人間には抗いがたい魅力があったのか、海軍飛行船隊への異動者は、基本的には階級を

P級またはQ級の右舷側に吊り下げられたパラシュート。1915年から16年にかけて、飛行船にはパラシュートが積まれるようになった。

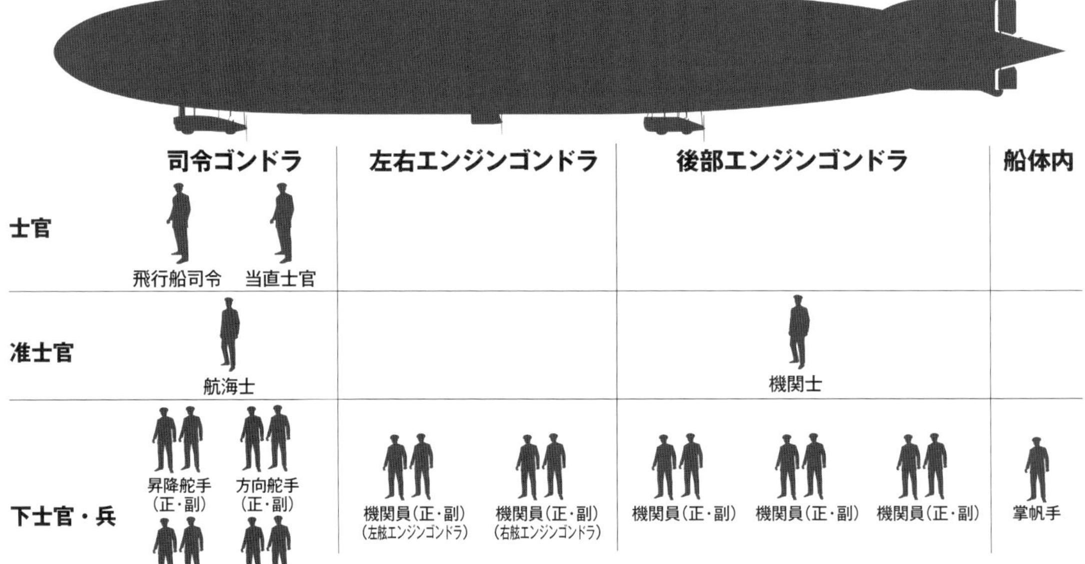

海軍飛行船搭乗員の組織図（R級基準）エンジンの数だけ機関員の数が増えるため、飛行船の形式によって数は変動する。また、大戦後半の爆撃任務では、操舵手及び無線手の副となる搭乗員は、軽量化のために搭乗しておらず、空に上がった搭乗員は、交代もないまま20時間程度の連続任務に従事した。

問わず志願した人員であった。

2　飛行船運用の様相

ここでは、当時の軍用飛行船が、航空機としてどのように運用されていたか、その保守整備と飛行の際の手順等の概要について説明する。

ドイツ海軍飛行船隊は、1918年になって、飛行船の運用・管理の手順をまとめた、飛行船司令のためのマニュアルを作成した。これはつまり、大戦を通じて拡充してきた海軍飛行船隊は、この時期漸く、標準化された運用手順を確立したという事であり、航空機運用のため、航空機自身の性能や、支援施設の充実のみならず、飛行船司令や搭乗員、地上要員も含めて、人的経験値の蓄積が成されたという事でもある。その時には最早、大戦の趨勢は決しており、軍用航空機としての飛行船も、飛行機にその座を譲ろうとしていたわけだが、ここで積まれた経験は、戦間期の旅客飛行船運航の基礎となったのである。

飛行船の保守整備：格納庫内での作業

格納の態勢

通常、飛行船はすぐに飛行できるよう、気嚢にガスを入れ、浮力を維持したまま格納される。前後のゴンドラを木製の架台に載せるだけで支えられる程度にわずかに重くされた船体は、船体から伸びる係留索を、格納庫内のボルトに固定することで地面と繋がれる。更に、気象条件による浮力の変化で船体が軽くなる場合に備え、ゴンドラ下部から砂入りの土嚢をバラストとして吊り下げていた。空気よりも軽い飛行船は、格納庫の中の空気の流れによって吹き飛ばされる可能性があるため、この土嚢バラストによる重量調整は、常に欠かせないものであった。格納庫当直を立て、常に人員が飛行船を見張っているようにしていたのはこのためである。

気嚢の点検とガスの補充及びその他燃料等の補充

気嚢の中の浮揚ガスは、浮力を保つために、純度を維持することが重視されていた。55,000㎥サイズの船(R級〜V級の、大戦後半の主力の船級に相当)の場合、ガスの純度が0.01%下がると、温度0度、気圧760㎜の場合で、約720kg、気温が20度の場合だと670kgもの浮力の喪失となる。このため、ガスの純度を維持する努力は、飛行後はもちろんの事、格納中も、自動的に放出され、失われることから、ことあるごとに行われていた。特に夏場は、気温差による膨張などでロスが増える可能性が大きく、この作業を毎日行う必要性が高まった。気嚢の完全な密閉は難しく、また、ガスは仮に密閉が完全でも、気体透過現象と呼ばれる作用(外部の大気より圧力が高い場合、膜に吸着されたガスの粒子が、膜の分子構造を潜り抜けて外へ出ていく)により流出するため、放っておけば気嚢中のガスの純度は日々低下したのである。

補充については、静電気による火花の発生一つで事故になりかねないものであったため、ホースから

ノルトホルツ基地において、飛行船から取り外され、格納庫内で整備される気嚢

の漏出等、細心の注意を払って行う必要があった。

ガスの補充を行うにあたっては、まず、気嚢に破損がないかを十分に確認する必要があり、もし、破損している場合は、最初に修理せねばならない。

気嚢に異常がなければ、ガスの補充作業を行う。この作業の監督は、昇降舵手によって行われた。まず、気嚢の前後に2人の要員が配置される。格納庫の床から伸びているホースの数本が、まとめてハッチから入れられ、要員はそれをしっかり気嚢に接続する。全ての接続が終わったならば、号令によりガスバルブが開放、ガスが送られる。この際注意すべきは、気圧や温度の変化でガスが喪失されることが予想される場合は、膨張するガスの分も計算に入れて補充しなければならないという事だった。

また、ガスの補充と併せて、水バラストの補充も行い、飛行船の一部分が浮力過剰にならないよう調整した。

燃料や油脂類は、ガスの後に補充されたが、それらも、温度膨張によるタンクの破損を防ぐため、完全に満たすことなく少し余裕を持たせていた。

各部の修理

骨組みや船体外部は、日常的に、目視で破損個所の有無を確認することが推奨されていた。これは、ケーブルで作動していたテレグラフや、操縦系統のチェーンも同じである。エンジンは、飛行後、必ずメンテナンスを行う事が推奨されていた。また、外被の点検も重要であり、比較的湿度が低い日を選んで格納庫内の空気の通りを良くし、飛行船全体を乾燥させて、裂け目がないか確認する。もしあった場合は、接着剤などで補修を行った。

リングが破損した場合は、それ以上の破損を防ぐために、破損個所を保護したうえで切り取り、新しいものに取り換える。

気嚢が十分な浮力を保てないような場合、これを完全に取り換える。仮に、一つでも気嚢を交換しなければならない場合は、船体最頂部とリング上部の3点を、格納庫から伸びた鋼線と接続し、飛行船を吊り下げねばならなかった。破損の恐れがある気嚢は、空気を入れて膨らませ、中に人が入り、破損個所や薄くなった箇所を特定して修繕を行った。

飛行船の一部がかなりの損傷を受けて、応急的な修理では再度飛行する事が困難な状態であれば、ツェッペリン社などの飛行船製造会社から整備チームが派遣されて、現地の基地格納庫内で飛行船の修理を行う事があった。

特殊な気象環境下での注意点

雨天時の長時間飛行後等、飛行船の船体が水分を含んでいる場合は、早期に乾かす必要があった。このため格納庫の扉を開けて通風をよくするとともに、必要により、天候の良い日を選んで、船体を乾かすためだけに飛行を行った。

氷点下では、地上にある場合でもバラスト水に不凍液を追加する必要があったが、不凍液は高価で使用は限られていたため、水をいれず、砂バラストのみで地上での浮力を調整する方が一般的だった。

飛行の様相：各種手順と技術
出発準備と格納庫内での平衡作業

出発前、飛行船司令が確認すべきはまず天候、特に風であった。最新の天気図や気象データの入手は、

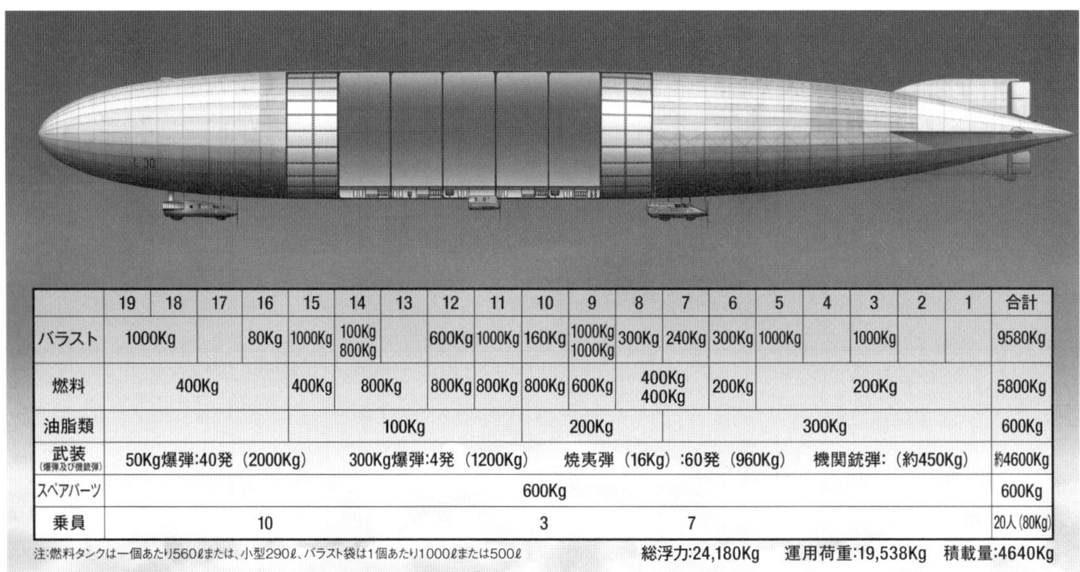

	19	18	17	16	15	14	13	12	11	10	9	8	7	6	5	4	3	2	1	合計
バラスト	1000Kg			80Kg	1000Kg	100Kg 800Kg		600Kg	1000Kg	160Kg	1000Kg 1000Kg	300Kg	240Kg	300Kg	1000Kg		1000Kg			9580Kg
燃料	400Kg				400Kg	800Kg		800Kg	800Kg	800Kg	600Kg	400Kg 400Kg		200Kg	200Kg					5800Kg
油脂類					100Kg					200Kg			300Kg							600Kg
武装（爆弾及び機銃弾）	50Kg爆弾:40発（2000Kg）					300Kg爆弾:4発（1200Kg）					焼夷弾（16Kg）:60発（960Kg）					機関銃弾:（約450Kg）				約4600Kg
スペアパーツ	600Kg																			600Kg
乗員				10						3			7							20人（80Kg）

注:燃料タンクは一個あたり560ℓまたは、小型290ℓ、バラスト袋は1個あたり1000ℓまたは500ℓ

総浮力:24,180Kg　運用荷重:19,538Kg　積載量:4640Kg

バラストシートの例（L 31の1916年9月24日の出撃時のものを参照）各リング毎、バラスト、燃料、油脂類、武器弾薬、乗員等の重量を計算し、重量が船体全体に分散した状態になるよう調整されている。

飛行船が運用可能かどうかを判断する上で重要であるし、何より、地上付近の風が強すぎれば、格納庫から出すことも不可能である。

任務によって、燃料、積載品の量や、搭乗員の数などは変化するが、飛行船司令は、それらをどこに何kg搭載しているか、誰がどこに何人乗っているかを、飛行船の各リング毎に記録するバラスト配分表に細かく記載し、重量配分について計画していた。これは、浮力を管理する上で、必ず押さえておかねばならない基礎となる内容だった。

物品の搭載などの準備に当たっては、当直士官が全般の監督、特に、爆弾の搭載を監督した。掌帆手はその他の物品の積載の監督に当たった。また、操縦系統やテレグラフ等飛行に使う機器、エンジンや燃料パイプなどの機械系統、無線機と、船内電話の確認、時計の同期などの作業も行われ、最終的に当直士官がそれらを確認し、飛行船司令に報告する。

飛行船への物品積載により重量に変化が生じるため、これと並行的に砂バラストを外して調整するとともに、出発準備が整うとともに平衡計量作業を行う。これは、物品の積載と併せて、当直士官が主に担当する。

この作業を行う際は、水バラストや燃料、積載物品、そして人員は、それぞれの配置場所にいる必要がある。これは、飛行船のトリム調整を確実なものとする上でも必要な事であった。ここで前後のトリムを整えておかねば、飛行中に修正することは容易ではなく、空中での静的浮力の把握ができなくなるのである。

平衡計量作業はバラスト配分表に基づいて計算されたトリム等のバランスに、気温、気圧、湿度などを考慮して、各部のバラスト水をどれだけ除くかを決定する。最終的に、この作業は、人一人が飛行船前部を持ち上げられるくらいに軽くなるまで行われる。

格納庫搬出と離陸

格納庫搬出の全般監督もまた、当直士官の仕事であった。飛行船司令は、当直士官、離着陸支援隊と飛行船の状態や気象条件について入念に打ち合わせを行い、自身は司令ゴンドラに乗りこむ。その他の搭乗員も、平衡計量作業に引き続き配置についた状態で、飛行船の外で作業を監督する当直士官の場所へは、重量を調整するため、代わりの人間が乗り込んでいた。

搬出に当たって最も問題になるのは、地上の風向であった。飛行船は、基本的に、風下方向に向けて追い風を受ける形で搬出されたが、搬出方向から見て、4〜4.5m/s以上の横風があった場合は、搬出時にゴンドラに損傷を与える可能性があるため、搬出は不可能だった。この問題をクリアして、いつでも搬出できるのは、風に合わせて出入り口の向きを変えられる、ノルトホルツの回転式格納庫"ノベル"のみであった。また、それ以上小さい角度であっても、風があった場合、風下側で乱流が発生するため、風上側の扉をわずかに開けるなど、可能な限り空気の流れを平静に保つよう努めた。

全ての準備が終わったならば、格納庫の扉は開か

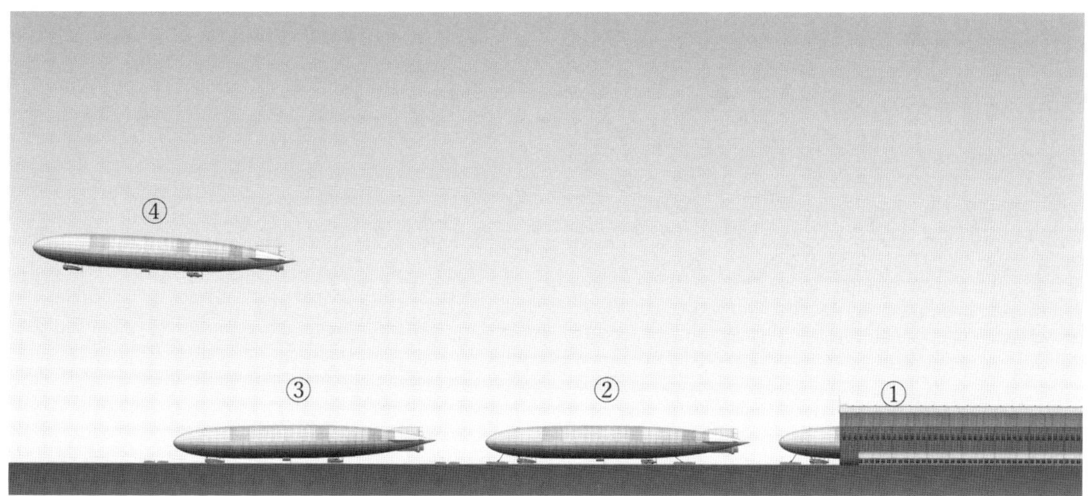

離陸の手順
①格納庫からの搬出。当直士官はメガホンとホイッスルを手にこれを監督する。彼は、格納庫の上にある吹き流しで風向きを確認して、可能なタイミングでホイッスルを吹く。その合図とともに、運用支援隊の地上要員が飛行船を屋外にゆっくりと出し、異常がなければ速度を上げて一気に格納庫から搬出する。夜間の作業ではサーチライトが使われた。
②係留用滑車から外して格納庫から十分な距離をとり、風上に船首を向ける。
③地上要員は索具から手を放し、飛行船はそれらを全て船内に格納し、ゴンドラ保持のための地上要員のみが押さえている状態となる。この時、突風が吹くと、飛行船が吹き上げられて、逃れるタイミングを失ったゴンドラ保持要員が、空中に吊り下げられるという事故が何度か発生している。
④飛行船司令の命令と共にゴンドラ保持要員が一斉に手を放し、飛行船は離陸する。

離陸時の飛行船誘導風景。ここでは、司令ゴンドラ保持要員が、司令ゴンドラ脇に取り付けられた手すりを持って、飛行船を地上につなぎとめるとともに、離陸位置まで誘導している。

れ、ゴンドラを支える架台は取り外される。エンジンは始動され、アイドリング状態が維持される。当直士官はメガホンと警笛を手に全般的に飛行船の出入りを監督できる場所に移動し、格納庫の上の吹き流しで風向と風速を確認しつつ、搬出のタイミングをうかがう。彼が、警笛を吹くと、飛行船は、格納庫の前後に走る係留用滑車(Laufkatzen)につなげたまま、数十人の着陸支援隊の人間が前進を開始する。着陸支援隊は、飛行船の前後につくが、その前後の人数は、風向と風速により変わった。仮に、一部が引き出された状態で横風が吹いた場合、短く数回の警笛を鳴らし、搬出速度を速めた。また、操舵手は、尾部を扉にぶつけないよう、必要により、しっかりと舵を保持していた。

飛行船が十分に格納庫から離れたならば、離陸の手順に入る。地表面の気温の違いや、突風などに注意する必要があった。特に気象条件に問題がないなら、後部の係留トロッコをレールから外し、飛行船を風上に向ける。最終的に、全ての索を外し、地上要員はゴンドラを保持するのみとなる。そして、当直士官は後部ゴンドラに乗りこみ、離陸準備完了を飛行船司令に報告すると、飛行船司令の「Hoch die Gondel(ゴンドラ上げろ)」の号令により、全ての着陸支援隊の地上要員が上に突き出すよう手を離す。

これで、飛行船がゆっくりと上昇し、50〜300メートルまで上昇したならば、プロペラを回し、前進を開始する。

ただ、この際、空気の状態により、飛行船が軽すぎる場合などは、トリムを調整する必要があった。また、放出した浮揚ガスに引火する事態を防ぎ、上昇時から飛行船を操縦するため、地上にある段階からプロペラを回すなど、状況に応じて様々なテクニックを使用していたようである。

飛行船の操縦

離陸した飛行船は、事前に設定した静的浮力を利用して上昇し、船体の重量と釣り合う高度、いわゆる静止高度(Statische Höhe)まで上昇する。その高さは任務によってさまざまだが、大戦中盤から後半においては、それは概ね3,000〜4,000メートルに設定されていた。この高度に到達するまでに、飛行船は、気圧と熱によって膨張した水素を自動的に放出し続ける。この、気嚢内外の圧力差のために、ガスを放出し始める高度を衝突高度と呼ぶが、飛行中、静止高度と衝突高度が一致する高度まで上昇し、この高さで飛行船の重量を空気と釣り合わせておくと、衝突高度以下の高度ならば、浮揚ガスを放出することなく、昇降舵と動的浮力を利用し、上昇・下降を自由に行うができる。もし、これ以上上昇する必要があれば、バラスト水を更に放出するが、ガスは更に膨張して気嚢から失われることになり、新たにガスの浮力と飛行船全体の重量が釣り合うまで上昇することになる。

静的浮力は、飛行船が飛ぶための主要な要素だが、気圧や気温の変化により、浮揚ガスの体積は変化し、浮力が変わってしまう。このため、気象条件、特に、高度による気温の違いは飛行船が飛ぶために必要な情報であった。しかし、任務飛行において、敵地上空のデータが完全に揃う事はなかった。特に、高高度に上昇する必要の出てきた1917年以降は、気象データの不足に悩まされることになった。

浮揚ガスによる浮力を主とする飛行船ではあるが、エンジンの推力と昇降舵が発生させる動的浮力も補助的に使用できた。静的浮力による浮力の管理が困難なこともあり、動的浮力による浮力のコントロールはより利用しやすいものであったが、エンジンが故障した場合は浮力が失われて高度を喪失することになるし、高高度では空気が薄くなり、発生する浮力もより低いものになる。

また、高高度を飛行すると、平衡計量の失敗や、高度の頻繁な変更によるガスの放出などで、トリム、つまり前後のバランスが狂い、安定性が失われることもあった。これは、速度や機動に影響があるため、バラストの放出や、船内に搭載している予備部品や予備の燃料タンクを、船内の前後に移動することで調整した。また、トリムの調整は、昇降舵を使用して行う事もできたが、昇降舵を通じて生じる動的浮力は、失速することにもつながりかねないため、慎重な操作が求められており、2～3度以上の迎え角は使用しないようになっていた。

トリムの調整は昇降舵手の仕事だった。昇降舵手は、上昇・下降、動的浮力、静的浮力を利用して飛行船の前後のバランスを操作した。また、彼は、トリムの操作と併せ、上昇、下降にあたっても、可能な限り急な角度がつくことは推奨されなかったことから、非常に細かい調整を常に強いられていたのである。

雨や雲、霧などの環境を飛行するにあたっては、気温や湿度の変化による相対的な浮力の変化や、氷結による操縦系統への負担や破損もあり得たために、なるべくならそれらを避けるよう注意しなければならなかった。特に、雷雨の中を飛ぶ際には、落雷による撃墜を防ぐために高度を変更しないなど、気象環境に応じた着意点が存在した。

飛行設備などに故障が生じた場合、飛行船司令は、その故障が任務に与える影響を鑑みて、飛行の続行、または中止を決断しなければならない。

エンジンの故障が飛行機と違い致命的なものにはならない、というのは飛行船の利点ではある。しかし、動的浮力の利用も重要な要素であり、また、風による変化をなんとかするためにも、その安定的な動作は重要であった。もしも故障した場合は、飛行

いわゆる"編隊出撃"を行う海軍飛行船。撮影されたのは最左翼のL 11から。最奥に見えるのが嚮導船のL 10で、L 12、L13と続く。。嚮導船を設定する編隊出撃は、無線方位測定を行う飛行船の数を抑えるとともに、経験の浅い飛行船を、練度の高い飛行船が安全にイングランド上空まで誘導できるという利点があった。

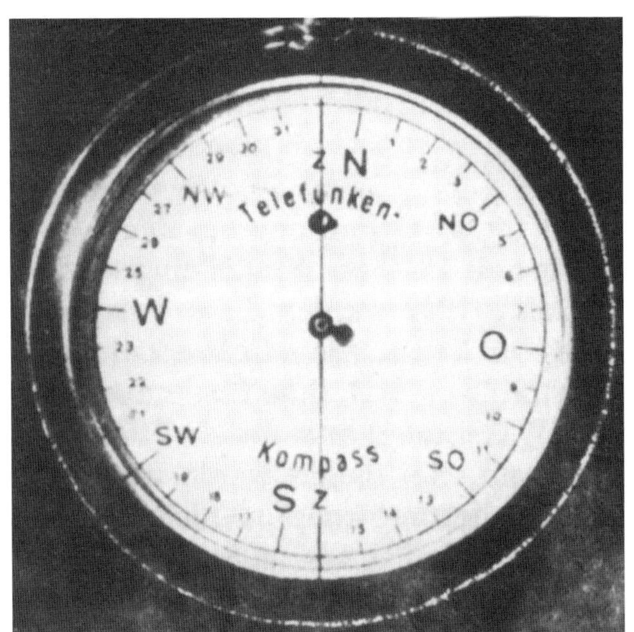

方位測定の際に使用されたコンパス・ストップウォッチ（写真:Harry Redner）

船司令はエンジンの故障が決定的なものか、それとも、修理可能か、可能ならばその時間がどれほど必要かを掌握して、その後の飛行を計画しなければならなかった。

気嚢が損傷した場合には、浮力の喪失につながりかねないため、すぐさま掌帆手や手の空いた搭乗員が確認し、可能な限り修理を行ったし、また、骨組みや操縦系統が破損した場合も、可能な限りその場で修理を行った。

飛行船の航法

飛行するにあたって最も重要なのは、自己位置を把握する事であった。地上に目標があれば、河川や山岳、都市などの目標を目印に、地文航法を行う事ができた。陸軍の飛行船司令や先任士官は、司令ゴンドラの窓に腰かけ、地図と地形を照合させながら飛行する等の方法で飛行船を導いていた。

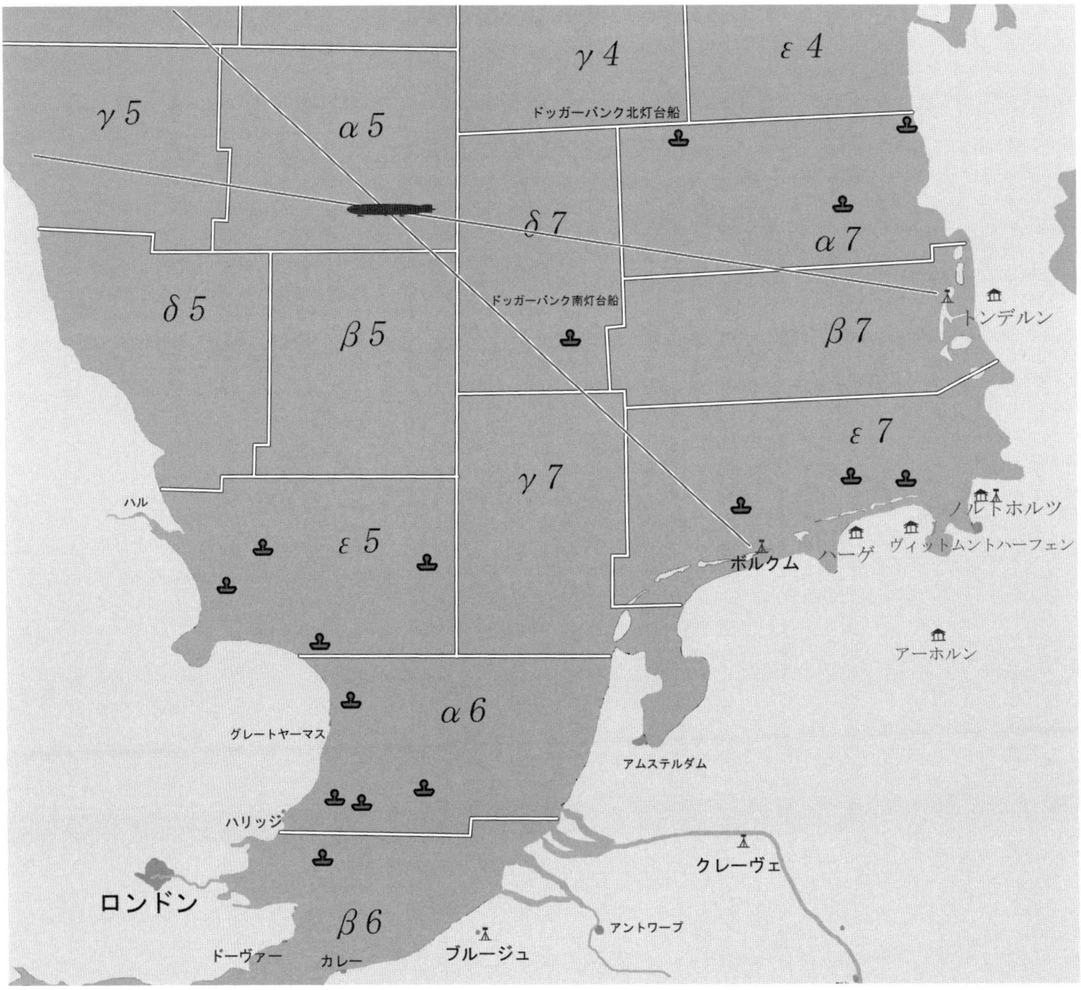

1917年までの無線方位測定の模式図。飛行船から発せられた問い合わせの電波を解析し、その方位を割り出し、再度その飛行船に伝える必要があった上、それらはUボートや船舶などとも競合し、その混乱状況は“無線戦争”と称された。

しかし、目印のない海上となるとその方法はほとんど使えない。船舶の航行に使うための灯台船が北海上にいくつかあり、それらを目標にすることもできたが、必ずしも視認できるとは限らないし、そもそも、英軍の設置した灯台船は、警戒システムに組み込まれているため、敵に警告を与えることになる。このため、基本的には出発点と方位、速度から、海図上で自己位置を求める推測航法を行うしかない。だがこれは対地速度が加味できない事や、風による偏流などで、正確な位置を割り出すのは困難だった。

このため、海上に投下すると化学反応で光を出す発光爆弾(PeilBomben)を目印にして、照準眼鏡を覗きながら旋回して偏流の強さを測定、どれ程影響を受けたか加味するなど、可能な限り正確性を高める努力がなされていた。

当時使用されていた無線電信は、方位測定にも使用された。複数の無線通信所から、飛行船への角度が分かれば、それらを航空図上で交差させることにより、おおよその自己位置を割り出すことができる。これは、無線送信所との角度や、当時の無線通信の周波数の低さにより、正確性に欠けるところはあったものの、当時の技術では最も正確な方法であった。

当初、ドイツ軍は地上の通信所側で無線を受信して方位を測定し、飛行船に伝達するシステムを使用していた。これは、戦前にマルコーニ社が開発した手法の応用で、船舶航行にも使われていたものであったが、多数の入電があった場合、それらを"捌く"ために時間を要し、正確な方位を伝達することが困難であった。また、このやり方は、飛行中の飛行船が無線を発することで、英国の持つ方位測定所にも受信され、飛行船の位置を逆探知される危険性があった。

1917年の夏、ドイツ軍は、通称「テレフンケン・コンパス」と呼ばれる新しいシステムを、2か所の無線通信所に設置した。これは各時刻の+15分と-15分を基準として、2か所の送信所から周波数166.551khzで信号が送信され、飛行船の無線手が信号を聞き取ると同時に、秒針と方位が記されたストップウォッチで、最も強くなった時と最も弱くなった

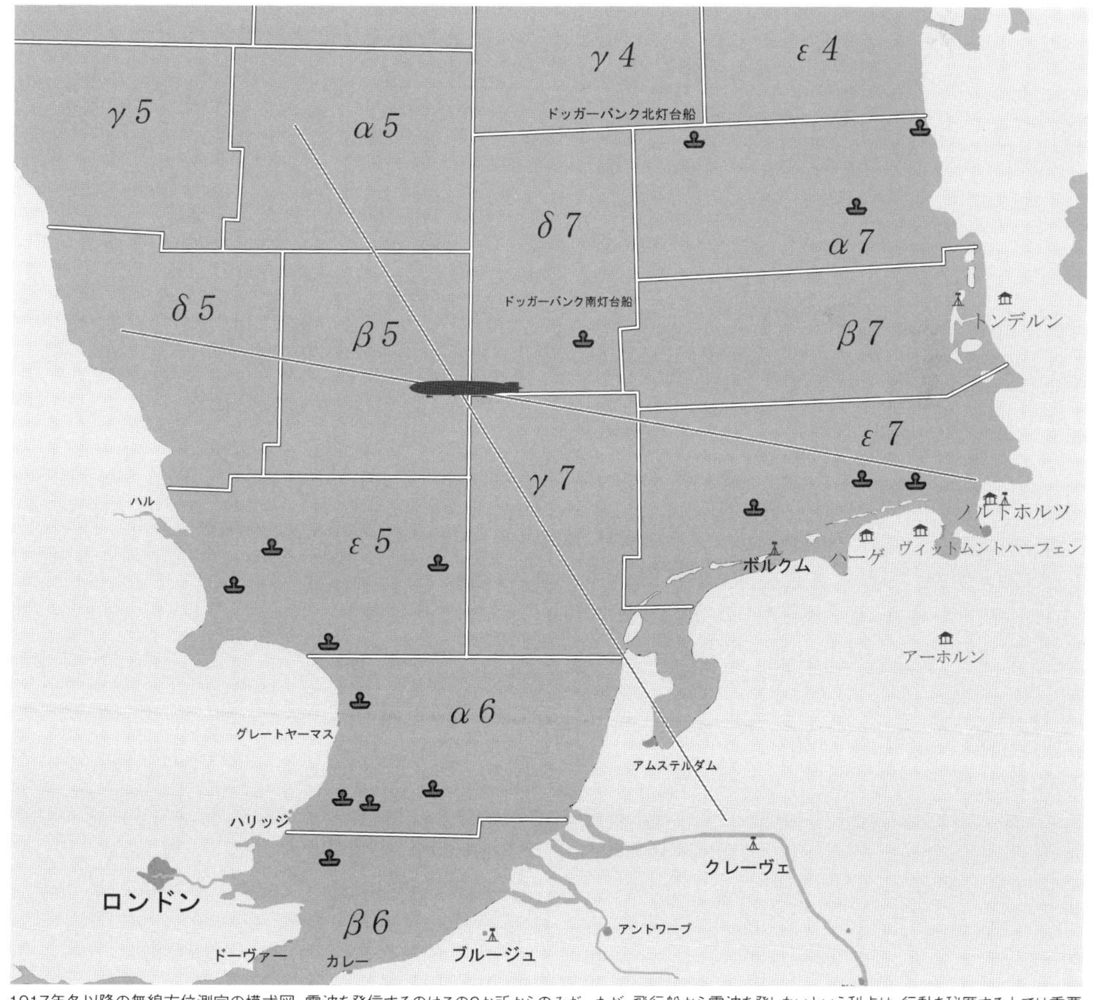

1917年冬以降の無線方位測定の模式図。電波を発信するのはこの2か所からのみだったが、飛行船から電波を発しないという利点は、行動を秘匿する上では重要であった。

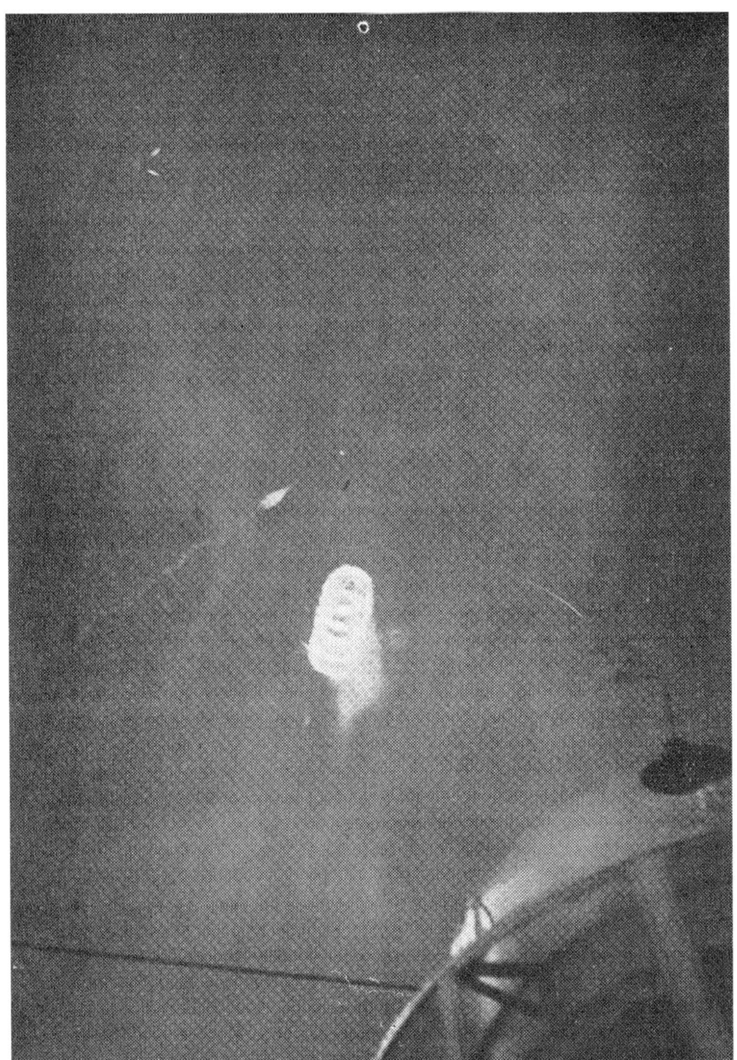

1915年に撮影された、潜水艦に対する攻撃とされる写真。恐らくは、PまたはQ級の飛行船の、司令ゴンドラと船体を結ぶ梯子から撮影されている。移動する潜水艦は中央部で潜望鏡のみ出しており、飛行船はそれ目掛けて爆弾を投下し、一連の爆発により水面に輪ができている。

時を記録することにより、その方位を割り出すという方法を使うというものである。飛行船から送信する必要が無くなったため、敵に探知されずに済むというメリットがあるほか、誤差も1度以内に抑えられるなど精度の向上を図ることができた。

任務に応じた戦法
—攻撃任務

敵の工業地帯や軍事目標などを攻撃するにあたって、まず困難となるのは航法の問題であった。灯火管制という手法が広くいきわたった1916年以降には、夜間に自己位置を割り出すことはますます困難であった。それでも、例えば、テムズ川のような大河は、ロンドンへとたどり着くための目標としては使いやすいものであったが、そのようなランドマークがどこにでもあるわけではなかった。

攻撃目標の選定は飛行船司令に任されていたが、彼らとて、暗闇に閉ざされてぼんやりとした地形と、推測航法、不正確な無線方位測定を頼りに都市を探すしかなかった。必要ならば、都市の外周境界線上へと約5秒間隔で焼夷弾を連続投下し、爆発を確認、狙いを定めずに爆弾を投下するといった方法をとった。あるいは、都市上空と思われる場所であれば、同じく爆弾をいくつか落として都市を囲む対空砲やサーチライトをわざと行動させることで、それらが取り囲んでいる都市のおおよその位置を探り出すといった、目標を見つけるために、自らを危険にさらすようなことすら行っていた。

仮に、探照灯で都市部が判明し、工場や鉄道ヤードなどの目標地域がおおよそ判明したならば、当直士官は司令ゴンドラに位置する照準眼鏡と爆弾投下装置を使用可能なようにする。そして、現在判明している限りの対気速度と高度を照準眼鏡へと入力し、偏差を加味した照準の調整を行う。そして、目標を照準眼鏡に捉えたならば、パネルを操作し、投下すべき爆弾を指定し、投下スイッチを押す。

大抵、この瞬間に至るまでに、飛行船は探照灯に捉えられ、高射砲からの射撃を受けているため、それらに対処しつつ任務を遂行しなければならない。

この砲撃から逃げるには、速度低下や操縦性低下の影響が大きい高度の変更よりも、エンジンを全速前進にして、速度を利用することと、不規則な方向変換により高射砲の狙いを外させることが、有効であると考えられていた。必要ならば、更に激しくジグザグ機動を行って、砲火を避けることすら行われた。

焼夷弾、炸裂弾とも、目標に命中させることが困難であるがゆえに、爆撃の効果は限定的にならざるを得なかった。焼夷弾はそれほど火災を発生させず、炸裂弾は、例え無事地域に投下されたとしても、直接命中しなければ、破片をまき散らして終わるだけだった。 焼夷弾の効果について、ベテラン飛行船司令のクノ・マンガーは、空中で爆発して目標を覆うかのように広がれば、焼夷弾の効果は上がるだろうと記しているが、奇しくも、この発想は次の大戦で実現することとなった。

―偵察・哨戒任務

海上偵察と哨戒任務は、海軍飛行船が求められた主任務であった。白紙的に考えれば、見通し距離だけなら高度3,000メートル上空からは、約200キロの範囲を見通せる。ドイツ海軍は、全ての海をギリシャ文字と数字で区分する哨戒図（Quadratkarte）を使用して、船舶や飛行船が向かうべき海域を指定していた（84～85ページの図参照）。

哨戒飛行の際、飛行船は概ねドイツ湾の外延部に相当する、北、中、西の定められた線の内、指定の海域を周回して、敵の侵入を監視した。

敵の艦隊と接触したならば、その位置や速度などを可能な限り外洋艦隊へと通報しなければならないし、その動きを追跡する必要がある。クノ・マンガーが覚書として残しているところによれば、敵艦隊は、駆逐艦からなる前衛部隊を差し向け、飛行船を視界外に追い出そうとする。これに対抗するために、雲の下で飛行船を飛ばし、可能な限り接近して、雲の中へと消えた後、雲の中でエンジンの回転数を落として敵と並行して飛行できるよう方向を変換し、雲底まで降下して接触を維持する、と言った戦法が使われていた様だ。

なお、陸軍の飛行船にも偵察任務が課されることはあったものの、そこでどの様な戦術が用いられたのかはわからない。とは言え、運用としては、戦場に留まり、戦場を上空から監視し、無線で敵情を常時報告することが求められていた彼らには、そのような技術は存在していなかった可能性もあるし、それらが編み出される前に、昼間偵察任務は取りやめられた。

着陸・格納庫への搬入

着陸する前に、飛行船は基地へとその旨を連絡する。もし、現地の気象条件が悪ければ、対応するための準備が必要となる場合もあったし、霧などの条件が着陸できないような状況ならば、燃料が続く限り、一晩中上空で待機しなければならなかった。

着陸できるようであれば、基地側は、無線で現地の風向・気温・気圧の情報を伝える。これを受けて、飛行船は、着陸場へとアプローチする直前に、バラストや浮揚ガスを放出して平衡をとる。平衡がとれたならば、約100メートルの高度まで降下し、地上から示される最適の方向へと向かって離発着場にアプローチを行い、上空で120メートルの係留索と、75メートルの着陸索を放出する。着陸支援隊がそれらのロープを確保したならば、それを引っ張り、飛行船を地上付近まで下げる。

少なくとも、風速が3～10m/s以内で、適切に平衡さえとれていれば、着陸は容易であった。

とはいえ、これ以上の風速がある場合、地上との気温の差が大きい場合や、風速が強い場合は、索を利用して引き下ろす方法では難しく、更にガスを放出したり、昇降舵と動的浮力を使用するなどして高度を下げなければならなかった。

こういった着陸作業は、周囲が霧の場合、上空と地上の温度変化により、さらに困難となった。地上の側からは、緊急用の観測気球を上げて、着陸場の境界線すら判別できない飛行船へと、各種情報を伝達していたが、基本的に、霧の中への着陸は推奨されるものではなく、上空での待機、あるいは、別の地域の着陸に適した場所への一時的な避難が推奨された。ただし、一時的に避難したとしても、野外で

着陸の手順
①離着陸場の手前で、飛行船はエンジンを停止して平衡をとり、静的浮力の状況を確認する。そして、可能な限り、トリムが調整され、水平になるよう、バラスト水、または浮揚ガスを放出する。
②着陸支援隊は、半円、または矢印の形になるように整列し、飛行船はそれを目掛けて降下する。地上100メートルの地点で着陸索を投下。着陸支援隊はこれを掴み、飛行船を地上へと引き寄せる。
③飛行船は、地上付近で、先端が更に別れた索具を投下し、着陸支援隊の要員の多くがそれを保持する。その内の幾つかを係留用滑車に固定し、横風によって邪魔されないうちに、素早く格納庫へと運び込む。
索具を引かせるやり方の他に、動的浮力を使って高度を下げ、地上付近において、ゴンドラを直接掴まえさせる方法もあった。この方法は、恐らく、現代の軟式飛行船が使用している方法と同じであると思われる。

霧に覆われたアーホルン基地。このような場合、基地側が飛行船支援隊の要員を乗せた観測気球を打ち上げ、着陸場所の位置を示すとともに、地上の風速等を発行信号で伝達する。もっとも、霧は上空と地表面付近の気温の急激な変化を示すものであり、飛行船の着陸には大きな妨げとなるため、晴れるまで上空で待機する事が多かった様だ。

の係留は気象条件の影響を受けやすいため、搭乗員は常に飛行船にとりついて状況を監視していなければならず、適切な着陸場所を選定しなければならなかった。

こうして、地上まで飛行船を降下させることに成功したならば、船首を風上に向けるよう操作し、飛行船を格納庫へと近づけ、係留用滑車に索を繋げる。この際、安全上の措置として、後部の索はレールにつながない。4m/sまでの風であれば、このまま一気に格納庫へと運び込むことができたものの、それ以上となれば、格納庫から吹く風を警戒しつつ行わねばならない。

横風となれば、搬入作業はさらに困難を増し、各係留索を保持する人員を増加・変更するなどの措置が必要であった。実際、風速が5〜5.5m/s以上となると、飛行船を損傷させずに搬入することは困難だったようである。風向が格納庫の縦軸に沿ったものに近かったとしても、この作業の困難性は大きかった。

格納庫へと搬入された飛行船は、ゴンドラの下へ置かれた木製架台へと収まり、それでいて、架台を壊さない程度に重量を調整したうえで、格納庫の床のボルトに索を通じて接続される。

その後、飛行船は、エンジンの整備や燃料、ガスの補給を行い、すぐに再出撃できる態勢を整え、次の任務に備えた。

ノルトホルツ基地に存在した回転式格納庫。初期投資は大きいが、風向きにあわせた出入庫方向の変更が可能という利点は、柔軟な飛行船の運用を可能にした。

column▶映像で見るドイツ軍用飛行船

本書で書かれている軍用飛行船の運用について、具体的にその姿を見られる手段は、記録されたものが少ないこともあり、ほとんどないと言ってよい。わずかに、ドイツ連邦共和国の公文書館が所蔵しているものと、フリードリヒスハーフェンのツェッペリン博物館にフィルムが残されており、DVDで販売されているものや、webで公開されているものもあり、少ないながらも当時の飛行船運用の実相を今日に伝えている。

一方、彼女らは、フィクション作品で扱われる際、独特の存在感を放つ存在でありつつも、必ずしも正確に描かれてきたとは言い難い。

軍用飛行船によるロンドン爆撃を扱った最も代表的な作品は、1930年の『**地獄の天使**』だろう。ここでは、ロンドンを空襲する飛行船「L 32」が描かれる。上空でエンジンを止め、偵察用ゴンドラを下ろして弾着誘導を行うが、爆弾はすべて外れ、最後は戦闘機の体当たりで撃墜される。作中の飛行船の名称は、R級のL 32から拝借されているのだが、外観は明らかに、ハイトクライマーを模したものだ。また、内部のセットとして、司令ゴンドラや爆弾架が作成されているのだが、無線室が防音室の中になく、爆弾架の形状が全くの想像上の産物である。

終戦から12年後に製作されている本作は、当時判明している限り、様々な資料(恐らくは、アメリカに技術情報が渡っていたL 49のものだろう)を使用していると思われるが、正確性に欠ける部分は多い上、作劇上の都合だとしても、飛行船司令が搭乗員に飛び降りるよう命じるといった、実際にはあり得ない描写がなされている。

数多くの戦争映画の中に埋もれているが、1971年の『**ツェッペリン**』は、新型飛行船である「LZ 36」を使用して、スコットランド古城に保管されている英国を代表する美術品を強奪するというストーリーで、ほぼ全編飛行船の内部で展開される飛行船映画の金字塔の一つと言えるだろう。R級の模型や司令ゴンドラを再現したセットなどは中々に見ごたえはあるが、広さや構造等の

大富豪ハワード・ヒューズが監督を務めた大作映画『地獄の天使』(公開時のポスター)。実際の第一次大戦時の戦闘機を多数購入して撮影が行われた。

そのものズバリのタイトルの映画『ツェッペリン』。ドイツ軍の秘密兵器「ツェッペリン」を調査するため、英独ハーフのイギリス軍人がスパイとして飛行船基地に潜入するが…。

点で実際とは異なるし、また、竜骨内部に電飾があるなど、撮影上の理由で実物と異なる点はままある。それでも、飛行船の持つ特性を生かした演出は、見ていて興味深いものだ。

比較的近年の作品である、2006年製作の『**フライボーイズ**』では、飛行船によるパリ空襲が描かれる。こちらは、『地獄の天使』をリスペクトしたのか、L 32との番号が描かれた、R級の見事な3Dモデルを見ることができる。一方、内部構造は、わずか一ショットながら、実際にはあり得ない位置に通路が存在している様が背景として合成されており、全く正確性に欠ける。加えて、白昼堂々、戦闘機の護衛を付けてパリを襲撃するというのは、当時の軍用飛行船の運用としてはあり得ないものである。

フランス軍の義勇飛行隊に加入して戦ったアメリカ人パイロットたちの姿を描いた航空映画『フライボーイズ』。キービジュアルからも分かるように、ラスボス的存在としてドイツ飛行船が登場する。

そんな中、たった一瞬ではあるが、中々に興味深い描写があるのが、1995年に『**ヤング・インディ・ジョーンズ**』のテレビ映画として製作されたエピソード『**大空の勇者たち**』だ。このエピソードは、飛行船によるパリ空襲から始まっており、司令ゴンドラから偵察用ゴンドラがぶら下がっているという点に目をつむれば、かなり作り込まれたR級の模型がサーチライトに照らされ登場、司令ゴンドラ内で指示する海軍将校の命により爆弾が投下され、パリ市民が逃げまどい、高射砲が応戦する。そもそも、パリは海軍飛行船に攻撃されたことはないにせよ、夜間空襲と市民の避難など、わずか1分ほどの尺でありながら、当時の雰囲気がよく伝わるシーンとなっている。特筆すべきは、『地獄の天使』と違い、爆弾架の部分が正確に再現されている事だ。このエピソードで飛行船が活躍するのはこの冒頭だけではあるが、後半では、主人公がアーホルン基地に潜入するというシーンがあり、第一次世界大戦のドイツ海軍、しかも、その航空隊を扱った映像作品としては、大変興味深い作品であることは間違いない。

アメリカのテレビドラマ『ヤング・インディ・ジョーンズ』の一エピソードである『大空の勇者たち/Attack of the Hawkman』。ドイツ飛行船ファンなら必見と言える作品だが、現在では入手が困難。

今後、第一次世界大戦を扱った作品が作られる機会がどれほどあるのか、その中で、ドイツ軍用飛行船が登場するのかは全くわからないが、その運用、船体構造等が、正確に描かれることを願うばかりである。

第4節　飛行船運用のためのインフラ

飛行船を運用するためのインフラは、今日、我々が航空機を運用する場合に必要なものと大きく変わりはない。ただし、飛行船は離陸するにあたって滑走しないため、滑走路は用いない。その代わり、格納庫の前後に、それなりの広さを有する離発着場が必要となる。また、格納庫は、飛行機の場合よりも前後に長く天井も高い。

加えて重要なのが、当時発達途上だった無線施設である。これは、通常の電信のやり取りに加え、位置標定のための電波を送受信する施設も有しており、ブリテン島を攻撃する海軍飛行船たちにとっては、命綱とも言うべき施設であった。

こういった施設と併せ、基地の本部や食堂、兵舎、対空火器と言ったものがそれぞれ配置されているのが、軍用飛行船の基地であった。

1 飛行船基地

陸海軍は数多くの飛行船基地を保有し、飛行船を運用したが、恒久的な施設となっているものもあれば、簡易的な格納庫と離発着に使える広場があるだけの場所もあるなど、その規模や設備の良否は、軍種の特性に応じたものであった。

陸海の違いを比較してみると、陸軍は、主力が野戦軍であるという特性上、最低限の機能を備えただけの基地が多いのに対し、海軍は、北海とバルト海に戦場が限定されているため、より恒久的な施設が多いように思われる。もちろん、海軍も一次的な避難場所となり得るような小規模な基地も持っていた。

ただし、戦争が進むにつれて、陸軍の基地も機能拡充が図られていった。

特に設備が整い、大型だった基地は、海軍のノルトホルツ、アーホルン、トンデルン等で、北海へ出撃する飛行船の主力が常駐し、複数の格納庫を同一基地内に有していた。陸軍は、戦前から整備していたものに加え、開戦後、ベルギーや現在のポーランド、リトアニア、ブルガリア等にも基地を設けていたが、中には前線に近すぎたために、空襲により破壊されるものもあった。

大規模な基地には、浮揚ガスの生産工場や物資搬入のための引き込み線が設けられており、また、駐屯する部隊も、飛行船運用支援隊だけでなく、管区司令部から派遣されてきた高射砲部隊が加わり、か

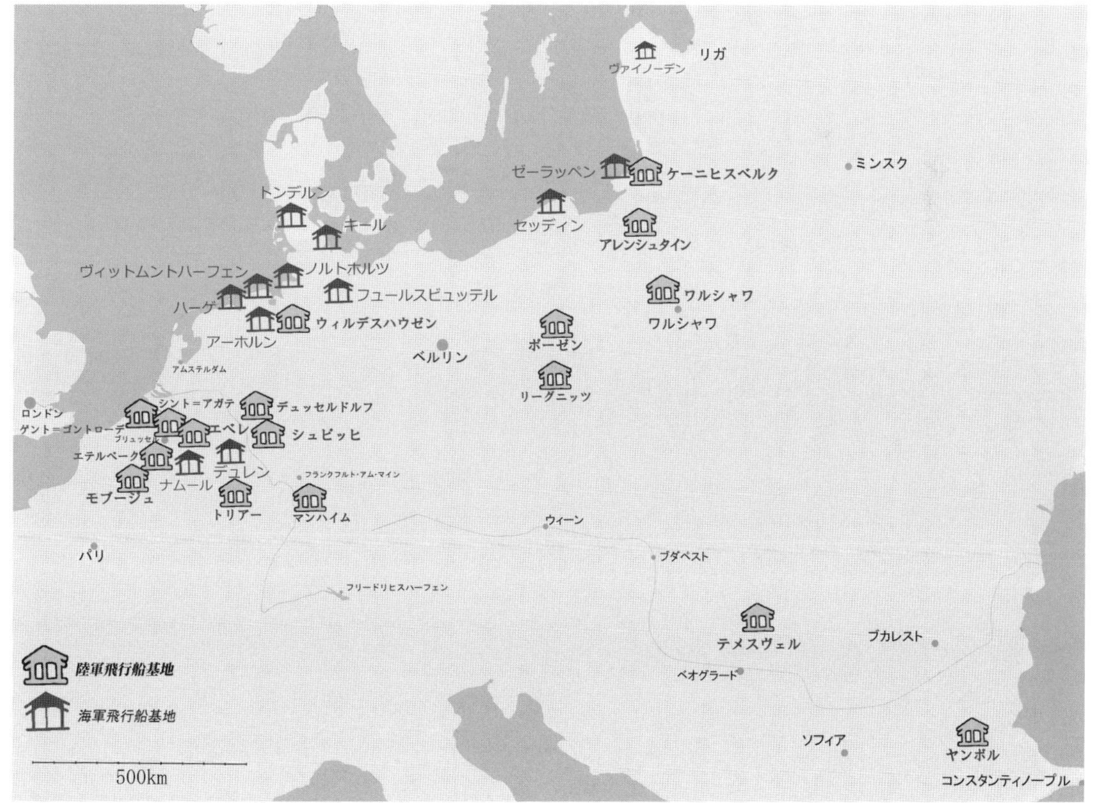

主要な陸海の飛行船基地一覧図（使用契約を結んでいた民間の飛行場も含む）。このほかにも、小規模な基地や、民間航空用、一時的に建造された格納庫など、飛行船基地は多数あった。

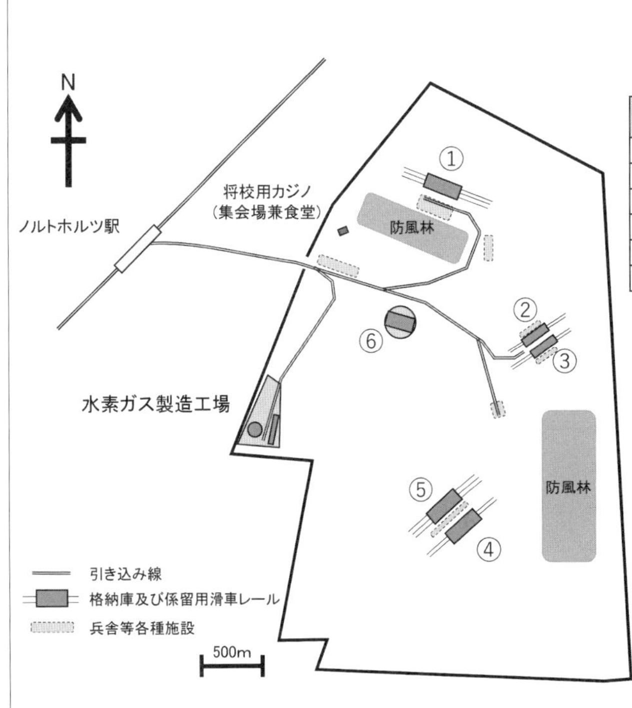

番号	格納庫名	全長(m)	全幅(m)	全高(m)
①	ノルマン	244	60	35
②	ノラ	184	35	28
③	ノルベルト	184	35	28
④	ノガット	260	75	36
⑤	ノルトシュテルン	260	75	36
⑥	ノベル	180	35×2	30

※1　ノルマン、ノガット及びノルトシュテルンは2隻用
※2　ノベルは1隻用格納庫を2つ並べ、下部のターンテーブルで出入り口の方向を変えられる回転式格納庫

ノルトホルツ基地の概略図。基地の地下には、電気や通信用のケーブル、水素の配管が張り巡らされていた。

南側から撮影したノルトホルツ基地の全景。左奥に回転式格納庫が確認できる。

なりの大所帯だった。

ただし、忘れてはならないのは、飛行船を運用するための最低限の設備は、整備のできる格納庫と補充用のガス、搭乗員と運用支援隊の人員が宿泊できる場所、そして、飛行船を風に合わせて方向転換できる空間ということであり、これらが揃ってさえいれば、同時代の飛行機に比して設備が大掛かりとは言え、飛行船はどこでも展開することができたし、また、陸軍の飛行船は、特に開戦初期にはそれほど設備が整っているとは言えない基地から出撃して、数々の任務をこなしたのである。

2 離発着場

離発着場は、格納庫と隣接した、広大で平坦な空間である。

通常、飛行船の格納庫の出入り口の前後数百メートルは空き地となっており、風の向きに応じて、格納庫の前後、どちらから飛行船を引き出したとしても、飛行船が離陸可能であった。

通常、恒久的な飛行船基地の格納庫の前後には、格納庫から伸びるレールと、それに沿って走る係留用滑車、通称、"LaufKatzen"（ラウフカッツェン：猫の意味）が伸びており、格納庫からの搬出入の際、横風に抵抗して、飛行船を安全に誘導できるようになっていた。

3 格納庫

飛行船格納庫こそは、飛行船を運用するための要となる施設である。飛行船が地上にある間、自然の影響からそれを守る役割を果たすのみならず、出撃準備や船体の修理など、船体延長などの大掛かりなものでない限りは、格納庫で行われた。また、飛行船格納庫には、隣接して搭乗員と整備員の兵舎が設けられており、その格納庫に入る飛行船の飛行船司令達が勤務する執務室も隣接しているなど、格納庫には、地上における飛行船1隻のすべてが詰まっていた。

飛行船格納庫の大きさは大小さまざまであるが、代表的なノルトホルツでも最大の規模を誇るノルトシュテルン格納庫は、は全長260m、幅75m、高さ36mもあり、飛行船の大型化にもある程度対応できるものだった。

飛行船にとってなくてはならぬ設備である格納庫だが、一番の問題は、飛行船を出す際、横風が強すぎると扉にぶつけてしまい、飛行船を破損する危険性があるという事であった。この横風のために、出撃を中止した例は枚挙にいとまがない。

これを解決するため、いくつかの案が考えられたが、実用化されたのは、ノルトホルツ基地にある「回転式格納庫」である。これは、巨大なターンテーブルの上に乗った全長182mの格納庫が、風の向きに合わせて回転することにより、常に横風を気にせずに飛行船を引き出し、あるいは、風の向きに合わせて着陸した後、安全に格納できることができた。

海軍基地の飛行船格納庫は、基地の頭文字に対応した名称を付けられていた。例えば、ノルトホルツならN、アーホルンならAと言った具合である。

今日、当時の飛行船格納庫は、フリードリヒスハーフェンのツェッペリン社のものを含め、すべて破壊されているが、リトアニアにおいて、セッディン基

格納庫から搬出され、離陸準備中の飛行船（Z XII）。

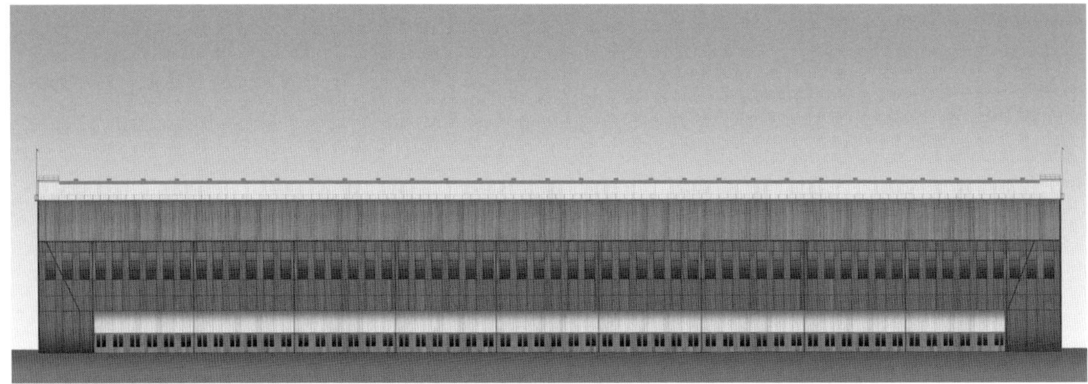

大型の飛行船格納庫を側面から見た図。初期に建造されたものは200m未満のものであったが、飛行船の大型化に伴い、格納庫も大型化していった。

ブルガリアに建設されたヤンボル基地の格納庫及び離発着場

地で使われたものが移築され、現在でもマーケットとして使われているという例がある。

4 無線施設

第一次世界大戦の頃には一般的なものとなっていた無線通信は、船舶において使用されていた関係上、飛行船にも搭載されていた。飛行船は、ドイツ国内の飛行船基地に併設された無線施設とやり取りを行い、情報を入手、あるいは報告することが十分に可能であった。

一方、無線施設は、飛行船にとってなくてはならないデータを提供するものでもあった。無線による自己位置標定のデータである。当初、ジーメンス＝エッケルトの使用したシステムが、主要な飛行船基地に設けられて利用されたが、これは、飛行船が一々発信する必要があったため、逆に英国側に位置を標定される恐れがあったばかりか、飛行船のみならず、Uボートや貨物船など、多数の利用者がいて競合していたため、必要な時に必要な情報を得られないことが多かった。

このため、1917年に、テレフンケン社が開発した、特定の周波数を時間を変えて信号を送り、その強弱を飛行船側で読み取って自己位置を標定できる受動的なシステムが導入された。このことにより、より正確かつ臨機に、そして、出撃している複数の飛行船が、競合することなく、自己位置を知ることができるようになったのである。

5 その他

司令部や食堂、兵舎（飛行船搭乗員用を除く）や集会所といった兵員用の施設は、格納庫から少し離れた場所に存在していた。

また、大規模な基地に併設していた水素製造工場は、その製造した水素を格納庫の地下に並べられたボンベ型のガスタンクに直接供給しており、飛行船は格納庫の中で、地下から伸びたホースを通じて、風雨の影響を気にすることなく、ガスの補充が可能であった。

以上、第一次大戦中に飛行船が担った任務、組織からその運用方法とインフラまでを説明した。ドイツにとって飛行船とは、連合国が同様の兵器を所持しない、技術的優位の現れであった訳だが、それ故に、その長大な航続力と搭載量だけが注目され、運用方法も確立されていないままに様々な任務に投入された。この事は、彼女らの能力を超えた無理のある運用と、それにより生ずる大きな損失へも繋がる。

だが、そこで得られた知見は、戦間期の大型旅客飛行船の発展のみならず、今日の空軍力や航空輸送の礎となり、発展的に継承されていると言えるだろう。それについては次章で見ていくことになる。

トンデルン基地に建設されたテレフンケン・コンパス用の無線塔
（写真:Harry Redner）

飛行船司令の執務室の一例。L 41の飛行船司令、マンガー陸軍大尉の部屋。正面奥の壁に哨戒図が見える。

人物列伝▶ 飛行船を駆った軍人たち

～ベテラン飛行船司令の栄光と悲劇～
エルンスト・レーマン
Ernst August Lehmann (1886.5.12 ～ 1937.5.7)

（写真:Harry Redner）

略歴

1905年	海軍入隊、予備少尉の階級を得る
1906年～12年	シャルロッテンブルク工科大学で造船を学ぶ
1913年	DELAG社に入社、新鋭旅客飛行船「ザクセン」の船長に就任
1914年8月	「ザクセン」徴発と共に陸軍に配属 指揮した飛行船:LZ 17「ザクセン」、Z XII、LZ 90、LZ 98、LZ120
戦後	ツェッペリン飛行船製造会社やグッドイヤー・ツェッペリン合弁会社に勤務した後、DELAG社へ復帰
1928年～36年	LZ 127「グラーフ・ツェッペリン」船長
1937年	LZ 129「ヒンデンブルク」の爆破事故で死亡

エルンスト・レーマンは1886年、ライン河畔のルートヴィッヒスハーフェンにおいて、化学者のルートヴィヒ・レーマン博士の息子に生まれた。

1904年にギムナジウムを卒業した後、海軍に入隊し、予備役中尉に任命される。

1906年から1912年までベルリンのシャルロッテンブルク工科大学で造船を専攻、海軍の造艦技師としてキールの海軍造船所に勤務した。

1913年の春、フーゴ—・エッケナーにヘッドハンティングされたレーマンはDELAG社に入社し、同年秋に最新鋭の旅客飛行船「ザクセン」の船長に就任。第一次大戦勃発までの僅かな期間に500回ものフライトを無事故で成功させる。

この間、海軍飛行船隊の指揮官に就任したシュトラッサーが「ザクセン」に乗り組み、レーマンから実践的な飛行船運用方法を学んでいる。

1914年8月、第一次世界大戦が勃発すると「ザクセン」は陸軍に徴発される。このときレーマンも共に陸軍に配属され、同艦の飛行船司令を務めた。この年の秋、ドイツ陸軍の飛行船はパリやワルシャワなど東西両戦線の大都市に対する空襲を開始するが、その先鞭をつけたのはレーマンが指揮する「ザクセン」のアントワープ爆撃に他ならない。

1915年に入ると、彼は新たに建造されたZ XIIの指揮を執る。彼は同艦を用いて有名な偵察用ゴンドラの開発に参画している。飛行船からぶら下げた樽にレーマン自ら乗り込み、司令ゴンドラに指示を出す実験を行ったのだ。これは良好な成績を収め、Z XIIには最初期の偵察用ゴンドラが装備される。彼自身の記述によれば、この装置の目的は飛行船本体を雲の中に隠しつつ、地上の観測と爆撃、艦の操縦を的確に行うことにあった。Z XIIはカレー爆撃で偵察用ゴンドラを使用し、「姿の見えない敵」からの攻撃に街はパニックに陥ったという。

その後、レーマンとZ XIIは1915年6月に東部戦線に転戦、対地攻撃任務に従事する。そして1916年1月、乗艦をLZ 90に替えて西部戦線に復帰し、ロンドン空襲にも参加。3月31日と4月2日には敵首都に肉薄するも、目立った戦果を挙げることは出来なかった。

当時、ドイツ陸海軍は英国に対する空からの大規模な攻勢を企図していた。レーマンは4月の終わりに最新鋭のLZ 98を与えられ、海軍飛行船隊と共同してロンドン空襲の任に就くことになった。しかし、英国防空隊は、今やその能力を大きく向上させていたのである。9月2日、ドイツ陸海軍は総勢16隻の大艦隊をロンドンへ向け出撃させた。第一次世界大戦中最大規模の攻撃となったこの作戦はしかし、新鋭の陸軍飛行船SL 11を喪失するだけに終わる。帰投したレーマンと陸軍飛行船隊の艦長達は、もはや英国空爆は継続困難と判断。それ以降、陸軍の飛行船がブリテン上空に飛ぶことは無かった。

1917年には陸軍は飛行船隊を解体、旧式艦は処分し、新型艦は海軍に引き渡しとなる。この後は、レーマンは実戦では大きな活躍を見せていない。彼は指揮下にあるLZ 120と共に、1917年5月に海軍の指揮下に移され、バルト海の哨戒任務に従事する。そこで挑戦したのが、長時間連続哨戒飛行だ。1917

年7月26日に飛び立ったLZ 120は、5日間にわたってバルト海の海上交通を監視し、天候悪化に伴い基地に戻った時には、101時間、6,105㎞の飛行記録を打ち立てていた。この後、レーマンはLZ 120の飛行船司令交代に伴い、戦争終結まで飛行船を指揮することはなかった。

戦後は「ツェッペリン飛行船有限会社」(飛行船メーカー)で勤務した後、1923年から27年まで米国のグッドイヤー・ツェッペリン合弁会社の技術部門の副社長を務めている。1928年にはDELAG社へ復帰、巨大な旅客飛行船LZ 127「グラーフ・ツェッペリン」の船長となった。同船を率いて、彼は世界各地を訪問している。

1934年、DELAG社はナチスの国策会社「ドイツ・ツェッペリン航空会社(DZR)」に吸収された。ナチスは、自分たちに好意的であると判断したレーマンを社長に据えたが、社内に十分な基盤を持たない彼の立場は非常に不安定であったと言われる。

レーマンは1937年6月に発生したLZ 129「ヒンデンブルク」の爆発事故で、最後まで船内に残り死亡した。「ヒンデンブルク」に乗船していたレーマンは、運航の遅れに非常に敏感になっており、プルス船長らに度々圧力をかけていたことが事故の遠因になったとも見られている。

それが、ナチスの意向に添わんとしたが故の心理的重圧から来た行為だったならば、事故の結果はあまりにも救いの無いものであった。ナチスは、飛行船の放棄を決定したのである。

レーマンの生涯は、飛行船の盛衰、栄光と悲劇を体現している点において、特筆すべきものである。

～海軍で戦った陸軍の飛行船司令～

クノ・マンガー

Kuno Carl Michael Manger(1879.9.29 ～ 1918.5.10)

略歴

1899年	陸軍将校となる
1913年	飛行機パイロットとしての免許取得
1915年	PL 25の海軍への移送に携わる。そのまま海軍飛行船隊で勤務 指揮した飛行船:PL 25、L 14、L 41及びL 62
1918年5月	北海上空でL 62と共に墜落

クノ・マンガーは、当時のドイツにおいて、飛行船を扱う人材が特殊技能者であり、また、軍種を超えた人材交流があった事を示す代表的な例である。

1879年、ブランデンブルク州のグラボウに生まれたマンガーは、ユンカー階級の出身であった。1899年にギムナジウムを卒業した後、軍人となった。

彼がどのように航空産業に携わったのかははっきりしない。しかし、彼は、戦前からヨハニスタールの飛行場で飛行機パイロットとして免許を取得しており、「老鷲(ろうしゅう)(Alte Adler)」と呼ばれていた。また、その頃から、陸軍の保有するツェッペリン型飛行船に乗り込んでいた可能性がある。彼が前線に出たことが分かるのは、1915年、海軍で運用するため、パーセヴァル型飛行船のPL 25を移送する際、アウグスト・シュテリンク大尉の当直士官として乗り組んだ記録からである。PL 25は海軍で運用された数少ないパーセヴァル型飛行船であり、どのような経緯かは不明だが、マンガーは、移送後PL 25の飛行船司令となり、北海の哨戒任務に従事する事になった。

1915年中、数々の任務をこなしたのち、1916年、PL 25の退役と共に、彼は陸軍に戻ることなく、そのまま海軍飛行船、L 14の飛行船司令となった。そして、引き続き北海上空での哨戒任務や、パーセヴァル型では不可能であった、イングランド攻撃に参加したのである。

数少ない、戦前からのベテラン飛行船搭乗員である彼は、200回以上の出撃回数を数えている。また、パーセヴァル型を運用していた経験から、彼は飛行船の特性にも精通していたように思われる。その能力は、特に1917年以降の攻撃任務において発揮された。1917年10月19日の空襲、所謂(いわゆる)“サイレント・レイド”においては、他の飛行船が、強風のためにイングランド南部に流され、英側に損害を与えられない中、当初目標としていたイングランド中部地方の産業施設の一つ、マンチェスター郊外の自動車工場に命中弾を与え、命令通りに任務を果たしたのである。

また、1918年に編纂された飛行船運用マニュアルには、彼が経験豊富だったことを物語る追加資料が多数残されている。戦後、このマニュアルからは、戦闘に関連する事項が削除されたことで、飛行船の戦闘任務における戦闘技術が分かる資料はほとんどないのだが、彼が残した追加資料は現存しており、飛行船の戦闘技術を伝える数少ない資料となっているのだ。

しかし、彼の最期は唐突に訪れた。

1918年5月10日、ヘルゴランド島北西10浬の地点で積乱雲へと入っていったL 62は、突然爆発を起こして、搭乗員もろとも墜落した。当然、生存者もなく、

クノ・マンガーと彼の指揮した搭乗員たちの集合写真。マンガーの右側に座る彼の当直士官、グルーナー海軍中尉は、ドイツ海軍で最も背の低い将校として知られていた。

イツ飛行船の敗北を見る前にこの世を去った。

彼の生涯について、はっきりとわかっていることはあまりにも少ない。何故、陸軍軍人でありながら、海軍に残って戦い続けたのか、その理由すらわからないのである。

彼は、軟式飛行船を運用していた経験から、飛行船司令に必要な感覚を身に着けていた数少ない人物であり、もしかすると、海軍飛行船隊が、育成困難な人材を手放そうとしなかった可能性はある。それに、古くからの飛行船搭乗員である彼には、飛行船を飛ばすことができるなら、陸軍、海軍と言った垣根などは存在しないも同然だと感じていたのかもしれない。

また、この事件の原因は、終(つい)ぞはっきりとしなかった。雷の直撃、破壊工作、英軍機による攻撃。どれも決定的な証拠はなく、現在でも謎のままである。

こうして、海軍で戦い続けた陸軍軍人という、エルンスト・レーマンとは逆の立場に置かれた将校は、ド

～ドイツ海軍が誇るエース飛行船司令～
ハインリヒ・マティ
Heinrich Mathy (1883.4.4 ~ 1916.10.2)

略歴

1898年	海軍入隊
1913年-14年	海軍大学(Marineakademie)在学中、飛行船の運用方法を学ぶ
1915年1月	海軍飛行船隊に異動 指揮した飛行船:L 9、L 13、L 31
1915年9月	ロンドン都心を猛爆、一夜で50万ポンド相当のダメージを与える
1916年10月	ロンドン上空で戦死(最終階級:大尉)

1883年、ライン河畔マンハイムの金融家一族に生まれたマティは、早くから海軍軍人を志し、15歳で海軍に入隊した。彼はたちまち頭角を現し、周囲から飛びぬけて優れた士官候補生と目される。1908年に発生したLZ 4の墜落と、エヒターディンゲンの奇跡に発奮した彼は、飛行船を指揮することを夢見、彼女らが艦隊の偵察に役立つことを手紙に記し、その将来に大きな期待を抱いた。

その後彼は巡洋艦や駆逐艦での勤務を経たのち、1913年から14年にかけて海軍大学で学ぶ。この間、DELAG社の船を用いて念願だった飛行船運用術の習得を果たす。これがマティの運命を大きく変転させる。1915年、シュトラッサーの強い意向で海軍飛行船隊へ異動し、英軍が最も恐れる歴戦の「ツェッペリン艦長(キャプテン)」としての華麗な経歴のスタートを切ったのである。

マティは、大胆かつ決断力に富んだ士官であり、さらに卓越した航法の手腕をも兼ね備えていた。彼は敵地上空で30分から1時間ごとに艦を停止させ、照明弾を投下し現在位置を割り出した。それにより艦は目標へ最短距離を採ることが可能となるのだ。

未遂に終わった1915年1月13日の英国初空襲の企てでは、彼はL 5に搭乗して作戦を指揮する予定であったが、同艦は悪天候のため任務を中断しての帰投を余儀なくされる。マティが初めてブリテン島に爆弾を投下したのは同年4月14日だ。乗艦L 9を駆って洋上哨戒に出撃するも、気候条件が有利と見るや英国へ侵入、沿岸部の都市への攻撃を成功させたのだ。

1915年9月8日のロンドン空爆は、マティの名声、あるいは悪名を確固たるものにした。彼は新鋭艦のL 13を指揮して都心中核部のシティを猛爆し、50万ポンドを超える物的損害を大英帝国に強いたのである。

　これは、第一次世界大戦の全期間を通じてドイツ飛行船が英国に与えた損害額(約150万ポンド)の実に三分の一に相当する。国際金融の心臓部であるシティがツェッペリンによって蹂躙(じゅうりん)されたという事実は、世界を震撼させた。

　かくしてドイツ空中艦隊を代表するエース飛行船司令となったマティであるが、心中には葛藤を秘めていた。1915年6月7日、英国空襲から帰投した直後に妻に宛てて書かれた手紙には、次の文言を見て取ることが出来る。

「戦争は殺し合いだ。奴らはしこたま射撃を浴びせかけてきた。しかし、町々に火をかけて回るくらいなら、敵の潜水艦と戦うほうがまだマシというものだ。だが、我々は、持てる全てを奴らに叩きつけてやらなければならないし、熾烈にやればやるほど、敵は簡単に崩れ落ちるだろう」

　同年9月にロンドン上空で比類なき武勲を立てた直後でさえ、新聞記者からの質問に対し、彼は率直にこう答えている。

「空中艦隊の将兵は、砲兵部隊の将兵と同じく、女性や子供、その他の非戦闘員が犠牲になったと知れば、これを重く受け止めています。…実際、私も都市を空から攻撃するより、魚雷艇のブリッジに立ち、敵艦と戦いたいと望みますが、これは飛行船に搭乗する方が危険が大きいからではありません」

　1916年に入ると英軍は防空体制を刷新し、ドイツ陸海軍の飛行船団は激しい戦禍に直面する。マティの乗艦L 13は同年3月31日、ロンドン空襲の途上で猛烈な対空砲火を浴び大破、かろうじて基地に生還した。この出来事は、戦局の転換を暗示する予兆であったと言えよう。

　初夏に入り、最新鋭の巨艦R級の配備が始まると、マティはその2番艦L 31の艦長に着任する。そして8月24日、ロンドン東部を爆撃し、13万ポンドにおよぶ損害を強いた。これは一隻の飛行船が英国空襲で収めた「戦果」としては、大戦中二番目のものだ。9月24日には、都心部を襲い痛打を加えた。一方でこの夜は代償も大きく、共に敵の首都上空に侵入した2隻のR級がいずれも撃墜された。いまや、攻守はその所を替えようとしていたのだ。

　味方飛行船が次々に喪われたこの年の晩夏から秋にかけて、マティは酷い心理的重圧に苦しめられた。彼の部下は後年こう記している。

「我々が戦死者の列に加わるのは、時間の問題でしかない。困難な任務のため、我々の神経は痛めつけられている。もし誰かが、『自分は炎上する飛行船の幻影に悩まされることは無い』などと言い放ったなら、その者はほら吹きに違いない。
…マティ司令は以前と変わりないように振舞っていた。しかし、彼の容貌はより深刻になり、表情は一層鋭く、深く、その顔に刻み込まれていた。それも当然であろう」

　同じ頃、一人の新聞記者が彼に問いかけた。乗艦が炎に包まれたらどうするか？飛び降りるか？あるいは船に残って焼け死ぬか？マティの答えは「その時にならなければ分からない」であった。

　「その時」はまもなく訪れた。10月1日、マティはL 31以下11隻の飛行船と共に英国空襲に出撃。L 31は先陣を切ってロンドン上空に侵入、都心まで間近に迫るも、英軍戦闘機に屠られたのだ。彼は燃え上がる艦から飛び降り、地面に激突した。その直後は、まだ息があったという伝説じみた話も伝わるが、いずれにせよそう長くは生きられなかった。英国上空へ15回も出撃したエースの中のエースは、かくして戦場に散った。享年33。

　遺体が身に着けていた認識票から、宿敵の死を悟った英軍将校は、驚きのあまり声を上げたという。

　片腕を喪ったシュトラッサーは、強いショックを受けた。彼はマティの妻に手紙をしたためている。

「マティ君の仲間たちは、彼のことを忘れないでしょう。我々にとってマティ君は、皇帝陛下がお望みになった海軍将校の理想像を体現した人でした。大胆で、疲れを知らないエネルギッシュさを備え、その意識は常に敵を粉砕することに注がれ、自分自身のことなど一顧だにしない。そして同時に、陽気で有能な、真の同志であり戦友だったのです。」

　この手紙を読んだうら若き戦争未亡人が何を想ったかは、今日ではもはや知ることができない。

マティが指揮し、運命を共にしたR級のL 31

～海軍飛行船隊のカリスマ指揮官～
ペーター・シュトラッサー
Peter Strasser (1876.4.1～1918.8.6)

略歴

1894年	士官候補生として海軍入隊
1897年	中尉に昇進、同年より1899年まで巡洋艦SMS「ヘルタ」乗り組み大尉に昇進後、砲術士官として前弩級戦艦SMS「メクレンブルク」や弩級戦艦SMS「ヴェストファーレン」に乗艦
1913年9月	少佐に昇進、海軍飛行船隊司令官に着任 指揮した飛行船:L 3、L 4、L 70等
1916年11月	中佐に昇進、新設された海軍飛行船団総司令官に就任
1918年8月	L 70へ搭乗して最後の英国空襲へ出撃、戦死

ペーター・シュトラッサーは1876年、建築家アウグスト・シュトラッサーの息子としてハノーバーに生まれた。1894年にギムナジウムの卒業資格を得、同年ドイツ帝国海軍に士官候補生として入隊する。

キールおよびヴィルヘルムスハーフェンの海兵学校(der Marine-Infanterieschule)で教育を受けたのち、翌年少尉に任官、同年より1899年まで装甲巡洋艦SMS「ヘルタ」に乗り組む。

その後、砲術の専門教育を受け大尉に昇進、優秀な砲術士官と評価され、前弩級戦艦SMS「メクレンブルク」や弩級戦艦SMS「ヴェストファーレン」に乗艦する。

1913年9月27日、彼の人生に転機が訪れる。少佐となり海軍省で勤務していたシュトラッサーは、発足間もない海軍飛行船隊司令官に任命されたのだ。このことは、軍用飛行船の発展にとって、一大契機となった。120名の小所帯だった飛行船隊は、後にシュトラッサーのもとで7,000名もの人員を擁する一大空中艦隊へと発展を遂げるのだ。

もっとも、彼自身はこの異動を一種の左遷と捉えていた。海軍に配備された2隻の飛行船(L 1、L 2)はいずれも事故で失われ、「飛行船隊」など書類の上の存在に過ぎなかったのだ。

危機的状況に直面して、シュトラッサーはツェッペリン伯爵とその部下たちに協力を仰いだ。彼らは「飛行船隊司令官」の求めに快く応え、シュトラッサーはDELAG社のエース、エルンスト・レーマン船長指揮する旅客船「ザクセン」に乗り組み、飛行船運用について実践的な訓練を受けることが出来た。また、ツェッペリン伯爵の片腕であるエッケナーは搭乗員の訓練に協力し、DELAG社の旅客船「ハンザ」をチャーターしての人員養成が行われた。エッケナーは開戦後も海軍に残って訓練を続け、1,000名に上る搭乗員を育成している。

かくして本物の空中艦隊の提督として成長を遂げたシュトラッサーは、飛行船の兵器としての可能性に、揺るぎない確信を抱くに至った。彼は、海軍が従来から飛行船の主要な任務と位置付けてきた艦隊との協働(哨戒、対艦攻撃など)に加え、全く新しい役割を見出したのだ。それは戦線の遥か後方にある敵国の都市や産業地帯に猛攻を加えることで、その継戦能力を破砕せんとするものである。飛行機が未発達であった当時、飛行船の長大な航続距離と、優れた積載量は、かかる任務にまさにうってつけであった。

1914年、遂に第一次世界大戦が勃発。開戦直後、海軍飛行船隊が保有する艦は僅か1隻(L 3)だけであったが、シュトラッサーは自ら飛行船に乗り組んで洋上任務を遂行するとともに、搭乗員の養成や新鋭艦の建造など戦力の飛躍的向上に尽力した。そして、シーレーンの封鎖を行う英国への報復爆撃を強く主張したのである。

1915年1月、海軍飛行船隊の戦力はようやく整いつつあった。加えて、英国王室と縁戚関係にあるヴィルヘルム2世が、それまでの消極的な姿勢を修正し、ブリテン島への攻撃を漸く許可したのである。今や、世界初の本格的な戦略爆撃が開始されようとしていた。それでもドイツ皇帝は、政治的かつ人道的観点からロンドン中心部への攻撃を禁じた。シュトラッサーはそれに憤ったという。彼にとって、もはや「前線と後方」の区別は無きに等しいものだったのである。

かくて人類は煉獄の扉を開き、昨日の空想科学小説を、今日の現実に変えた。この年、ドイツ陸海軍の飛行船延べ47隻が英国を襲い、大きな損害を与えた。5月にはロンドンに対する攻撃も開始される。1916年には空襲の規模はさらに拡大され、延べ187隻が出撃。英国の民間人の死傷者はこの2年間で1,600名を超えた。

前代未聞の無差別爆撃は、当然ながら英国民や国際世論の反発を招いた。それどころか、ドイツ国民の中にも批判的な意見を持つものは少なくなかったようである。実際、シュトラッサーは彼の母親に宛てた手紙の中で次のように釈明している。

「母さん、あなたと私はこの件について議論を繰り返してきました。それでも私は、あなたが同意してくれるものと思います。…今日、『非戦闘員』などというものは存在しません。近代戦とは、総力戦なのです。前線に立つ兵士は、工場労働者や農民、その他あらゆる後方の生産者がいなければ役に立ちません。…例え、我々の行為が醜悪な物だとしても、それによってドイツ国民は救済されるのです」

女性や子供の犠牲すら厭わなかったシュトラッサーだが、彼自身は決して血に飢えた野蛮人ではなかった。いかにもドイツ軍人らしく規則に厳格で、違反者に対しては容赦なく叱責を浴びせる「黒い葉巻」（厳しい上官を指すドイツ帝国海軍の隠語）として恐れられる一方、部下に対しては面倒見がよく、自ら最前線に立つことも厭わず将兵と苦楽を共にするので、飛行船搭乗員からはもちろんのこと、海軍上層部からも敬意を払われていた。

実際、彼は英国初空襲に参加するつもりであったし（ただし乗艦がエンジントラブルを起こし、止む無く中途で帰還）、その他の様々な空襲や洋上作戦に身を挺して出撃している。

おそらくは飛行船乗り達の間で生まれた伝説であろうが、彼の現場主義を物語る愉快な逸話が伝わっている。陸軍で飛行船司令を務めていたかつての師、レーマンが後の偵察用ゴンドラの原型となる吊り下げ式の偵察用の樽を乗艦に取り付けた時、話を聞きつけたシュトラッサーは早速見学に訪れた。そして自ら樽に入り、飛行中の船から数百メートル垂下させた。ところがこの時、巻き上げ装置が故障してしまい、そのまま「恐怖の数時間」を味わったシュトラッサーは、偵察用ゴンドラの海軍飛行船隊への導入を許さなかったというのだ。実際のところ、海軍がこの装置を採用しなかったのは積載量が減るのを嫌ったためと考えられるが、将兵にとっての「シュトラッサー像」の一端を鮮やかに描き出して余りあるエピソードではあろう。

1916年11月、中佐に昇進に昇進したシュトラッサーは、新設された海軍飛行船団総司令官に就任する。だが、この時が栄光の絶頂であった。同じ頃、英国の防空隊はその陣容を刷新し、ブリテンを襲う飛行船は多大な失血を強いられるようになっていたのである。

秋以降、シュトラッリーは防御を固めたロンドンを主たる攻撃目標から外し、中部の産業地帯を構成する地方都市群に狙いを定める。だが、それでも犠牲は増え続けた。彼は英軍防空隊が手出しできない高高度を飛行する新世代の飛行船「ハイトクライマー」に一縷の希望を見出すが、比類ない高さを飛ぶが故の様々な障害に直面し、期待された戦果を挙げることは無かった。

1917年8月、シュトラッサーは戦功を讃える最高の賞であるプール・ル・メリット勲章（Pour le Mérite）を授与されたが、同時期陸軍は自前の飛行船部隊を廃止、新たに編成した重爆撃機隊で英国を襲い、ロンドン上空で猛威を振るっていた。方や、海軍のハイトクライマーが手痛い失敗を重ねている間に、である。この有様に、ヴィルヘルム２世すら「飛行船による英国爆撃はもはや時代遅れなのではないか？」と疑義を呈した。海軍飛行船隊は、斜陽を迎えようとしていたのである。

それでもシュトラッサーは北海の哨戒や英国への空爆を継続した。あたかも、彼自身の信念は一切揺らぐところが無いかのようであった。重爆撃機の航続距離圏外にある英国の工業都市を攻撃できるのは飛行船だけだと、シュトラッサーは主張した。そして、1918年8月6日。大戦の終結まで3か月を残すばかりのこの日、彼は最新鋭の巨艦、L 70に搭乗して最後の英国空襲に出撃した。麾下の全艦は、可能であればロンドンを攻撃するよう通達された。この時期に至ってもシュトラッサーがロンドン爆撃を諦めていなかったことは特筆に値する。

しかし、ブリテン島の海岸を目前にしてL 70は英軍の戦闘機に撃墜され、海軍飛行船団総司令官以下搭乗員全員が戦死した。L 70は高度5,000メートルを飛行しており、これは敵の迎撃機が上昇不可能な高度と考えられていた。だが、現実は非情であった。L 70の喪失とシュトラッサーの死は、巨大な硬式飛行船の攻撃兵器としての命脈が尽きたことを象徴していたのである。

シュトラッサーの部下の未亡人はこう回想した。
「飛行船団は彼の生命そのものだったのです。…帝国海軍において、彼ほどの階級にある将校が独身を貫くのは異例でした。もし彼が女性と結婚したなら、暖かな心を持ち、より人間的になれたでしょう。私は、部下が戦死する度に、シュトラッサーが深く心を痛めていたことを知っています。しかし、彼は強いてそのような感情を抑え込んでいたのです」

生前、彼は私信の中で次のように真情を吐露している。
「この戦争で、我々が飛行船を保有していたことは幸運であった。しかし戦後の未来において飛行船がどうなるかは、私自身全く確証が持てない。未来は、飛行機のものになるのではないか。飛行船の運用にどれだけたくさんの物が必要になるか（巨大な格納庫、ガス貯蔵庫、数えきれない地上要員、エトセトラ）考えるだけで良い。これに較べて、飛行機はどうか」

海軍飛行船団総司令官の最期は、一種の自死であったのではないかという疑問は、上記に鑑みれば一定の説得力があると言えよう。

シュトラッサーの死に際し、上官のシェア提督はこう訓示を出した。
「ツェッペリン伯爵の独創性と不屈の精神の所産である飛行船は、飛行船隊司令官たるペーター・シュトラッサーの飽くなき情熱によって、幾多の困難を乗り越え、恐るべき攻撃兵器としての発展を見た。シュトラッサーは、彼の部隊を鼓舞し空襲を成功に導いてきたその精神と、英国上空での死とによって、栄冠を手にしたのである。ツェッペリン伯爵がドイツ国民の感激に満ちた記憶の中で永遠に生きるように、我が飛行船団を勝利へ導かんとしたシュトラッサー司令官の名も不朽の物となるであろう」

確かに、飛行船隊の指揮官としてのシュトラッサーの軌跡は、攻撃兵器としての飛行船の興亡そのものであった。しかし、シェアの言葉とは裏腹に、今日彼の名を知る者はあまりにも少ない。

〜大戦を生き延びた古参飛行船司令〜

ホルスト・フォン・ブットラー

Horst Julius Ludwig Otto Freiherr Treusch von Buttlar-Brandenfels (1888.6.14〜1962.9.3)

略歴

1907年4月　海軍入隊
1913年?　海軍飛行船部隊に異動
指揮した飛行船：L 6、L 11、L 25、L 30、L 54
1920年9月?　退役
1934年　ドイツ空軍入隊
1945年2月　退役（最終階級大佐）

ホルスト・フライヘア・トロイシュ・フォン・ブットラー＝ブランデンフェルスは1888年、帝国でも指折りの名門貴族で、戯曲『群盗』のモチーフとされるフォン・ブットラー家のもとに生まれた。1908年に士官候補生となった彼は、水上艦に乗り組み順当に昇進していったが、本人曰く、一度も飛行の経験が無いにも関わらず、嘘をついて1913年に開催された飛行機競技大会にある複座機のパイロットの助手として参加したところ優勝してしまい、発足したばかりの海軍飛行船隊からスカウトされて飛行船乗りになったという。墜落前のL 1を見学し、L 2の爆発事故の際の飛行には直前まで乗り組む予定だった。シュトラッサーやエッケナーの下で操船術を学び、特にシュトラッサーとは親しい仲にあったようである。

開戦後はL 3の当直士官を務めた後、1914年11月6日にノルトホルツ基地所属の新造船L 6の飛行船指令に任命される。このとき彼のフネの当直士官になったハンス・フォン・シラーと、昇降舵手のマックス・プルスは、戦間期に旅客飛行船乗りとして大いに活躍することとなる。その年のクリスマスには水上機母艦と交戦し、翌年にL 11に移った後、飛行中にセントエルモの火に見舞われるなど、数々の珍しい体験をしている。

1916年4月30日には最初のスーパー・ツェッペリンであるL 30の司令となり、1917年1月にはヨハニスタールに配備された新兵器や装備を実験するための実験船L 25の司令となるなど、海軍飛行船隊の中では特別な人物であった。1917年9月16日にはルートヴィヒ・ボックホルトと代わりL 54の指揮官となる。アフリカ船は本来フォン・ブットラーが指揮する予定だったが、北海戦域で彼が絶対に必要と感じたシュトラッサーの説得により、ボックホルトとその役割を代わったという。10月19日のサイレントレイドでは、他の飛行船を嚮導（皆の見える編隊の最左翼に位置し、他の飛行船を誘導）する任務を帯びて、イングランドへと飛行した。

1918年1月にはベルリン大学で講演、4月にはプール・ル・メリットを受勲するなど、銃後においても有名な人物であったが、7月のトンデルン攻撃により、自らが指揮するL 54を喪った。次には超大型飛行船L 72を受領するはずであったが、シュトラッサーの戦死や終戦によって幻に終わる。休戦後には、連合国や共産主義者の手に残存する海軍飛行船が渡ることを嫌い、飛行船乗りたちとともに自沈を決行した。

敗戦後、彼は軍を除隊し、一時は保険会社に勤めるなどしたが、1930年には回顧録を出版している。終戦から10年以上たった当時、この本は、当時、俄かに起こりつつあった戦記ブームの中で、ドイツ語だけでなく、英語でも出版された。

1935年、ドイツ再軍備に伴い新たに創設されてドイツ空軍に入隊し、大佐の階級を得て、フランクフルト・アム・マイン空港の指揮官を勤める。

彼は、飛行船運用に精通した軍人として、1939年に行われた、LZ 130によるイングランド沿岸部への電子偵察飛行にも協力していた。

彼は、その飛行経験や投下した爆弾量に比して戦果の少ない人物であった。これは、防空網が確立された空域に侵入することがほとんどなかったことによる。彼は他の飛行船司令に比べれば臆病とよべるほど慎重な人物で、ときにはその事でシュトラッサーの怒りを買う事さえあった。これには第1に、彼自身に天気を読む才能がなかったため、慎重さでそれを補ったということが考えられる。天候の変化を感じ取るなどということは、ごく一部の特別な環境で育ったり、教育を受けてきた飛行船乗りにしかできなかった。

第2には家族の存在が挙げられる。海軍飛行船隊においては戦死や事故死のリスクから未婚者である

戦後はドイツ空軍に所属したブットラー

ことが強く奨励されていたが、大戦中に結婚した彼は子供もいて、家も兵舎などではなく家族と共に住んでいた。都市部など撃墜の危険性が高い場所に爆弾を投下せずとも、戦果確認が困難である飛行船隊では問題になるはずもなかった。

大戦初期には、田舎に建設されたノルトホルツ基地を見捨てられた土地と称し嫌って、イギリスからより遠いながらも都会であるハンブルク近郊のフュールスビュッテル基地に転属を願い出たことでシュトラッサーに激怒されるという、いかにも上流階級の出らしい振舞いもしている。同時に、彼はこうしたいくつもの不面目な思い出を回想録に記す諧謔家でもあった。

一方で彼は、シラーの回想によれば、操船技術に関しては特別なものを持っていたようである。ある出撃から帰投するとき、彼は飛行船の気嚢が損傷し水素の流出が止められない状況下で高高度を維持したまま基地上空まで至り、突然その場で手動弁を開き、更なるガスの流出によって急降下したという。

これは、大気の上層と下層における気圧の変化を利用して、断熱圧縮の効果で浮揚ガスの体積を急速に圧縮してガスの温度を上昇させ、周りとの気温差により浮力を高めるという方法である。彼は危険な行動でも自らを信じることができるほどに飛行船を理解していた。

部下のシラーやプルスと異なり、彼は戦後に飛行船を指揮することはなかった。彼は後に海軍飛行船乗りを主語にして、シュトラッサーの死についてこう述べている「私たちはもはや空を飛ぶことに関心を持てなかった。シュトラッサーが私たちの胸に灯した火は消えてしまったのだ」。

～最後の飛行船司令～
マーティン・ディートリヒ

Martin Dietrich (1883.4.6 ～ 1973.6.4)

略歴

1902年	海軍入隊
1914年11月	海軍飛行船隊に異動
指揮した飛行船:	L 9、L 22、L 38、L 42、L 71
1919年12月	退役(最終階級少佐)
1935年	ドイツ空軍入隊
1944年5月	退役(最終階級大佐)

作家ウィルヘルム・ブッシュの作品を諳(そら)んじ、戦時においては、「ダゴバート」と言うあだ名で呼ばれるなど、ユーモアに満ちた人柄が伝わる飛行船指揮官、マーティン・ディートリヒは、現ザクセン・アンハルト州の都市、ヴァイセンフェルスに教師の息子として生まれた。(ちなみに、その2日前にハインリヒ・マティが生まれている)彼は、海軍に入隊後、SMS「ヘルゴランド」やSMS「オルデンブルク」といった戦艦で勤務し、主に砲術畑を歩んでいたが、大戦勃発後、海軍飛行船隊に異動となる。

約1年の訓練を経て、1915年から短期間L 9を指揮した後、L 22の飛行船司令となって1916年からイングランド空襲に参加。イングランド中部やエディンバラに対する攻撃を成功させている。一方、L 22を格納庫から引き出す際に損傷させたり、次に指揮したL 38では、1916年12月29日のタリン攻撃の際に、航行中に遭遇した風雪の影響で浮力を喪失した結果、飛行船を不時着、大破させた。また、次に指揮したL 42においても、雷雲に突っ込み、複数の落雷を受けるなど、一歩間違えれば死を招きかねない事案を数回経験している。

そのような事案はありつつも、彼は、最初のハイトクライマーであるL 42を任され、1917年から1918年にかけて、軍用飛行船の劣勢が明らかとなる中でも、大きな戦果をあげた。

エンジントラブルや悪天候により、攻撃に成功した爆撃の回数は多くないが、イーストアングリアを攻撃した1917年6月17日の空襲では、港湾都市ラムスゲートを爆撃。港湾部に設けられたイギリス海軍の弾薬庫に命中させ、多大な損害を与えた。

また、1918年3月13日のハートルプール爆撃では、天候急変による飛行船損失を恐れたシュトラッサーからの帰還命令にもかかわらず、現場の判断で爆撃を続行。帰還命令を傍受して油断していたイギリスの警戒網を欺き、奇襲を成し遂げる。彼の命令違反は、シュトラッサーからの「ハートルプール伯爵(Count of Hartlepool)と称せ」の一言で許され、また、皇帝は、この爆撃の報告書に、自ら" 非常に素晴らしい(Sehr erfreulich)"と書き残した。それは、彼の生涯を通じた名誉となったようである。

彼が指揮した最後の飛行船、L 71が戦力化されたのはシュトラッサーの死後であったため、これを用いての爆撃や偵察はもとより、訓練飛行すら満足に行えなかったが、停戦後、彼は国内の食糧難解決のため、L 71を使ってアメリカに特使を送るべしとの書簡を政府に送った。しかし、それに対する返答はなく、ベルサイユ条約による軍縮の影響か、彼も海軍を去ることになる。

海軍を退役後は、現ノルトライン・ヴェストファーレン州の都市、ビーレフェルトに在住し、パイロットとしての免許を取得したり、一時期、ドイツのチョコレートブランドのトランフ(Trumpf)社が運用していた飛行船に関わるなどしていたようである。

しかし、ドイツ再軍備に伴いドイツ空軍が創設されると、彼は少佐として、再度軍での勤務に身を投じる。空軍では、第一線の指揮官としてではなく、後方の管理職として、ギュストロウとシュヴェーリンの飛行場の指揮官、そして、XI管区(ハンブルク)の兵站基地責任者として勤務。最終的には大佐に昇任し、1944年に退役する。終戦末期の戦況悪化のために、退役から数か月後には再度軍務に復帰する羽目となるが、ほどなく訪れたドイツの2度目の敗戦は、彼を軍隊から解放することとなった。

戦後は、60年代までハンブルクで古物商を営み、D.H.ロビンソン等アメリカの研究者たちのインタビューを受けて、数多くの証言を残した。晩年、アメリカの軽航空機協会の名誉会員となった彼は、二つの大戦を生き抜いたベテラン「最後の飛行船司令」として知られており、その名声に包まれたまま生涯を閉じた。

1916年4月17日、ディートリヒがトンデルン基地の格納庫から出す際に損傷させてしまったL 22

彼は、墜落事故を起こすなど、必ずしも、飛行船の特性に精通し、その運用に長けていたわけではないし、英側から称えられ、人格的にも優れていたハインリヒ・マティや、回想録を出版したフォン・ブットラーよりも知名度は低い。しかし、現場での的確な状況判断と、何より、戦場において最も重要な、「幸運」を味方につけ、大戦後半においても戦果を挙げつつ、全ての任務において無事に生還したという点で、評価されるべき飛行船司令だといえるだろう。

第3章

第一次世界大戦におけるドイツ軍用飛行船の戦い

凡例

L 31	飛行船		英主力艦隊
	飛行船等針路(点線は推測)		英巡洋艦隊
ノルトホルツ	飛行船基地		英戦闘機隊
	無線送信所	*H.D.S.* 37th	英本土防空戦闘機中隊(戦隊名)
	爆撃箇所	R.N.A.S.	英海軍航空隊戦闘機中隊
	墜落箇所	*R.A.F.S.* 36th	英空軍戦闘機中隊
	独艦隊		露艦隊
	灯台船	XXXX	連合国陸軍(軍)
XXXX	中央同盟国陸軍(軍)	XX	連合国陸軍(師団)
XX	中央同盟国陸軍(師団)		

第1節　戦力の拡充と緒戦の活躍（開戦から1915年末まで）

1 西部戦線と北海における陸海軍飛行船の活動

陸軍飛行船の活動

1914年8月の開戦と共に、ドイツ軍は動員を開始してそれまでの軍管区を軍集団司令部に改編するなど、戦時体制を整え、シュリーフェンプランを発動。ベルギーを経由してフランス、パリへと侵攻を開始した。

陸軍は、開戦前から飛行船戦力を整備していたとはいえ、数も能力も十分なものとは言えなかった。それでも、陸軍の飛行船たちは、戦前の運用方針に基づき、機動する敵野戦軍の捜索と攻撃、そして兵站線への攻撃を開始した。

6日、西方への進撃に伴う障害の一つである、リエージュ要塞攻撃に伴い、地上部隊を支援するため、Z Ⅵが要塞を攻撃したが、対空砲火により損傷。何とか帰還するも、ボン付近の森林に不時着後大破・喪失。

21日、Z Ⅸがダンケルク・カレー地区を攻撃する。同日、Z Ⅶ及びZ Ⅷはアルザスへと偵察飛行を実施したが、Z Ⅷが損傷・破壊された。

22日、Z Ⅶが偵察に出撃したが、地上砲火により損傷・破壊される。

27日、Z Ⅸがアントワープを攻撃。

9月に入り飛行船戦力が低下したとはいえ、残った飛行船は目標を敵後方に切り替え、夜間に活動するといった損害低減策を取り入れながら、地上部隊の支援を続けた。そのような中、引き続き、西部戦線で活動したのはZ Ⅸである。

1日、Z Ⅸがベルギー沿岸を攻撃、

2日、「ザクセン」がアントワープ、Z Ⅸがオストエンデ（ベルギー）を攻撃。

16日、「ザクセン」がリエージュを攻撃。

22日、「ザクセン」がアントワープを攻撃。

24日、「ザクセン」がオーストエンデ～ティールト～ロレーゲム（いずれもベルギー）一帯を攻撃。

25日、「ザクセン」がブーローニュ＝シュル＝メール（仏）を偵察。

26日、「ザクセン」は前日と同様ブーローニュ＝シュル＝メールへと出撃し、これを攻撃した。

30日、「ザクセン」が再びアントワープを攻撃。

斯様に数少ない飛行船は、その能力以上の要求をなされながらも活動し続けたが、ドイツ陸軍の主力は、9月1日から12日にかけて行われたマルヌ会戦において敗北し、エーヌ川まで後退、防勢へと移っていた。こうして、シュリーフェン計画は失敗し、西部戦線は膠着状態となる。

西部戦線における陸軍の飛行船戦力は大幅に低下していたが、飛行船による活動は継続し、10月も以下の出

1914年の西部戦線における陸軍飛行船の配置と活動。飛行船は、快進撃を続ける地上部隊を支援すべく、作戦レベルでの偵察や、強固な要塞への攻撃を行ったが、当時の飛行船の性能では、十分な成果を出せず、陸軍は開戦から1か月で3隻の飛行船を喪う事になった。残された数少ない飛行船は、出撃を夜間に絞り、敵の後方地域に対する攻撃を行った。

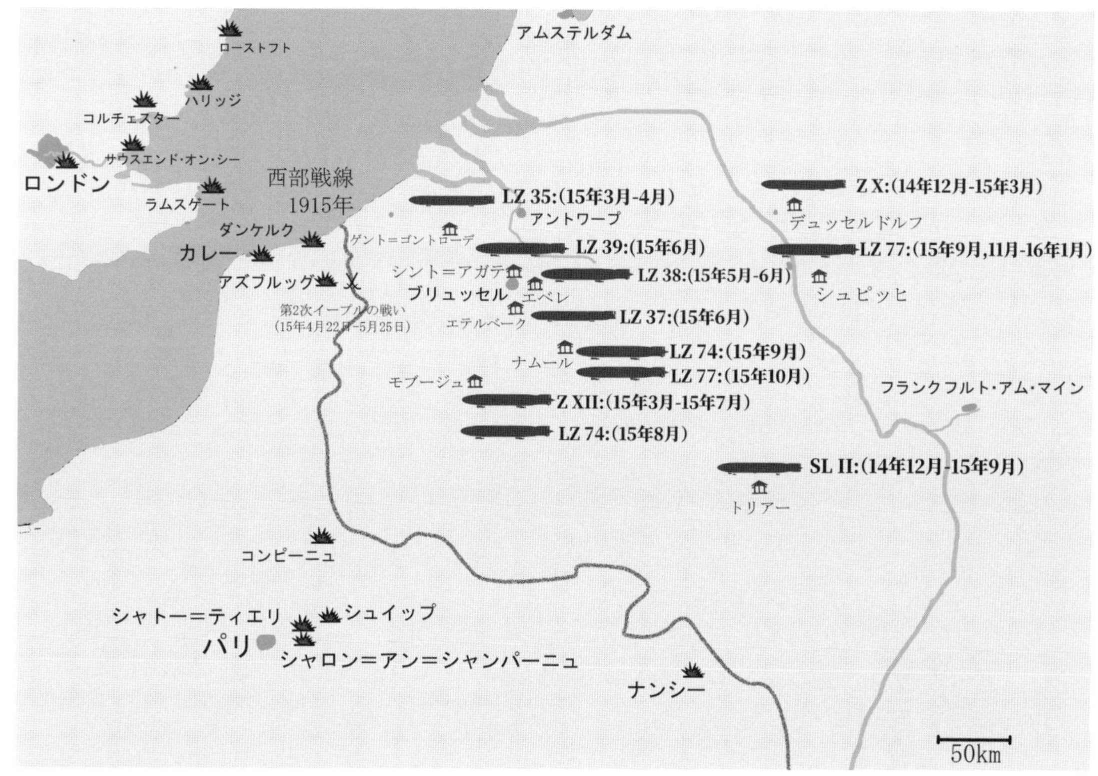

1915年の西部戦線における陸軍飛行船の配置と活動。飛行船は、膠着した戦線後方の諸都市や、英国との連絡線における重要な結節点である、カレー=ドーヴァーの一帯を主たる標的とした。

撃記録がある。

2日、ブルーヘム要塞（ベルギー）に対し何らかの攻撃が実施された可能性があるものの、細部は不明。

8日、アントワープへの攻撃が行われたようだが、細部は不明。また、デュッセルドルフの格納庫内にあったZ Ⅸは、英軍の空襲により破壊された。

26日、Z Ⅹがナンシー（仏）を攻撃。

28日、Z Ⅹがパリを攻撃した可能性が高い。

11月、陸軍の飛行船について、目立った動きは記録されていない。既にこの時期、マルヌ会戦で敗北したドイツ軍は防勢に転移し、戦線は膠着状態となっていた。

12月26日、陸軍は東部戦線から転用したSL Ⅱを使い、ナンシーを爆撃する。

1915年1月は、陸軍飛行船の活動の記録はないが、2月、陸軍はZ Ⅹ及びLZ 35でカレー（仏）を攻撃。また、時期不明ながら、Z Ⅻでカレー一帯を偵察している。

3月に入り、陸軍飛行船たちはある程度活動を再開した。

10日、Z Ⅻがダンケルク（仏）を攻撃。

17日、Z Ⅻがカレーを攻撃。

20日、Z Ⅹ及びLZ 35がパリを攻撃。同日、SL Ⅱはパリ攻撃を試みたが、目標を変更、コンピエーニュ、リボクール及びディリンクール（いずれも仏）を攻撃。

26日、LZ 35がパリを攻撃。

4月の陸軍飛行船の活動は以下の通りである。

11日、SL Ⅱがナンシーを攻撃。

13日、LZ 35がアズブルック（仏）、ポペリンゲ（ベルギー）及びバイユール（仏）を攻撃するも、対空砲火により損傷、不時着後大破。

24日、SL Ⅱがナンシーを攻撃。SL Ⅱはこの後、一旦後方に下げられ、船体延長改造がなされる。

29日、LZ 38が、英東部海岸の都市、ハリッジを攻撃。

5月、遂に皇帝は、軍事目標に限ってのロンドン攻撃を許可した。このころより、陸海飛行船によるイングランド攻撃が激しさを増す。

10日、LZ 38及びLZ 39がサウスエンド・オン・シー（英）を攻撃。

15日、Z Ⅻがロンドン攻撃のため出撃するも引き返し、カレーを攻撃。

16日、LZ 39がラムズゲート（英）を、Z Ⅻがカレーを攻撃。

17日、LZ 38が再びラムスゲートを攻撃。

20日、LZ 39がベテューヌ（仏）を攻撃。

25日、LZ 39がカレーを攻撃する。

26日、LZ 38がサウスエンド・オン・シーを攻撃。

29日、Z Ⅻはロンドン攻撃に出撃するが、目標を変更し、ハリッジ（英）を攻撃。

31日、LZ 38は、かねてからの目標であった敵国の首都、ロンドンへと到達、爆撃に成功した。

1915年6月に入り、気象条件が飛行船運用に適した時期となり、西部戦線と英国本土への攻撃頻度は増加した。

5日、LZ 37はロンドンを狙うも、目標を変更しカレーを攻撃。

6日、前日同様、LZ 37はロンドンを狙うがまたも目標を変更しカレーを攻撃。しかし、日をまたいだ7日、カレー上空で撃墜される。同日、LZ 39はハリッジを攻撃。

7日、LZ 38はブリュッセルの飛行船基地格納庫にいる所を爆撃され、地上にて破壊された。

12日、LZ 39はハリッジを攻撃。

以降については特に記録がないが、これは戦況の変化や天候の影響により、西部戦線における陸軍飛行船の活動が下火となったのだと思われる。

9月、陸軍飛行船は西方での活動を再開した。その目標は、フランス・ベルギー諸都市ではなく、イギリス、特にロンドンである。

7日、LZ 74がロムフォードを、LZ 77がローストフトを、SL IIがロンドン及びハリッジを攻撃（いずれも英）。

11日、LZ 77がロンドンまたは、ノースウィールド（英）を攻撃。

12日、LZ 74がコルチェスター（英）付近の村落を攻撃した。

10月、陸軍は、シャンパーニュ等における連合軍の攻勢に対する対応のためか、西部戦線後方の諸都市に対する爆撃を行っている。

3日、LZ 77がシャロン＝アン＝シャンパーニュ（仏）を攻撃。

7日、LZ 77がシュイップ及びサン＝ティレール＝ル＝グラン（いずれも仏）を攻撃。

8日、LZ 74が、西部戦線で偵察飛行を実施。

13日、LZ 77が再びシャロン＝アン＝シャンパーニュ及びシャトー＝ティエリ（仏）を攻撃。

1915年の活動は以上で、11月から12月にかけては、陸軍飛行船の任務飛行に関する記録はない。

海軍飛行船の活動

西部戦線が活発に動いていた1914年8月の間、たった一隻しか飛行船を持たない海軍飛行船の活動は、記録されている限り、L 3によって行われた偵察飛行のみである。

やっと実戦任務が登場するのは、10月に入ってからの事で、9月に配備されたL 5が、東部イングランドのグレート・ヨーマス一帯の偵察を実施した。

11月に入っても、大きく状況に変化はない。主力艦隊は、艦隊を保全することを重視して出撃せず、海軍飛行船隊もまた、主力と頼むツェッペリン型が殆ど手に入らず、活動は低調だった。それでも、この年の終わりまでには、L 8を受領し、運用できるツェッペリン型は6隻となる。

12月25日、海軍飛行船隊は未だ不十分な戦力だったが、戦前から飛行船を脅威に思っていたイギリス海軍は、飛行船戦力を撃破するため、クックスハーフェンの基地を襲撃。これに対応するため、L 5及びL 6が出撃した。この内、L 6は敵飛行艇母艦を発見・攻撃したが、命

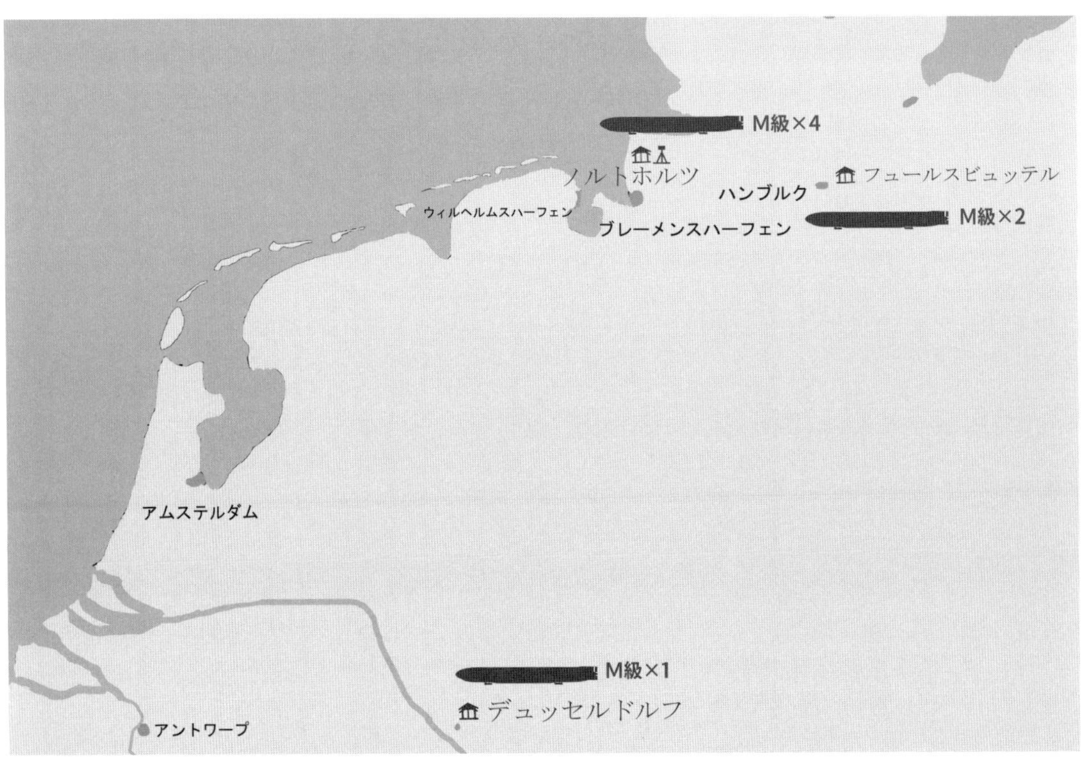

1915年1月末時点での北海における海軍飛行船隊の戦力

中弾はなかった。この最初期の空対艦戦闘では、双方とも技術的に未熟であり、十分に目的を達成できたとは言い難い。

1915年1月、冬の北海は飛行船の運用に適さず、出撃記録は少ない。

19日、L 3及びL 4が、初のイギリス本土攻撃を実施。これにより、名実ともに、イギリスは空からの脅威にさらされることになった。

24日、独英の巡洋戦艦戦隊同士が戦った、ドッガーバンク海戦支援のためにL 5が出撃。悪天候と雲のために、十分な支援は提供できなかったが、独装甲巡洋艦「ブリュッヒャー」の最後を上空から看取った。

2月、海軍はL 3及びL 4で北海に出撃。この月、陸海による英本土攻撃のための指針が決定される。

3月、漸く戦力を整えた海軍飛行船隊は、L 8をデュッセルドルフに配備し、英本土への攻撃を企図するが、5日、一度も成功することなくベルギー上空で対空砲火により破壊される。

一方、飛行船の隻数が充実したことで、複数の飛行船を同時に運用する偵察・哨戒任務が開始された。

25日　L 5、L 6及びL 7
29日　L 6、L 7及びL 9

これ以降、海軍は定期的な北海の哨戒任務を本格的に実施する。

4月、海軍飛行船隊は、前月に引き続き、英本土へと攻撃を試みる。

4日、SL 3はハルへの攻撃を試みたが、悪天候のために引き返す。

14日、L 9がウォールセンド-ブライスを攻撃。

15日、L 5がローストフト一帯を、L 6がモールドン及びヘイブリッジを攻撃。

これら攻撃任務は、偵察及び哨戒任務飛行の合間に実施された。同月の偵察・哨戒任務は以下の通り。

11日　L 6
12日　L 7
18日　L 6、L 7及びL 9
20日　L 5
21日　L 6
22日　L 6、L 9及びSL 3。この日、SL 3は英潜水艦E4を発見し、これと交戦している。
28日　L 9
30日　L 9

5月は記録上、海軍飛行船による攻撃は活発ではない。しかし、3日、攻撃に赴く途中、L 9はイギリス海軍の潜水艦に遭遇し、これを攻撃した。英潜水艦E5を撃沈したと彼らは報告したが、実際の所はわずかに損傷したのみで、E5は帰還している。この交戦により、L 9は英本土攻撃を中止した。結局、記録にある英本土攻撃は、11日にL 9がタイン川一帯を攻撃したのみである。同月の偵察・哨戒任務は以下の通り。

4日　L 6
11日　L 7及びPL 25
12日　L 5
13日　L 7
24日　L 10
25日　L 5、L 7及びPL 25
30日　L 5、L 7、L 10、SL 3及びPL 25

6月も攻撃任務は少なく、以下の英国爆撃にとどまる。

6日、L 9がハルを攻撃。

15日、L 10がウォールセンド及びサウス・シールズ一帯を攻撃。

一方、季節上、この時期の天候は飛行船運用に適しており、偵察・哨戒任務は数多く実施されている。

5月1日、L 7、PL 25及びSL 3
2日、L 5が掃海部隊護衛のために出撃。
4日　L 7及びSL 3
7日　L 7
15日　L 5、L 9及びPL 25
22日　L 6、SL 4、L 5及びPL 25
23日　L 6、L 9及びL 11
25日　L 9
27日　L 11及びSL 4
28日　L 5、L 6、L 7、SL 3及びSL 4

7月、恐らくは、夏至前後という時期的特性から英国本土攻撃は実施されず、海軍飛行船は、偵察・哨戒任務を重点的に実施している。

1日　L 6、L 7及びL 9
3日　L 12、PL 25、及びSL 4
4日　英海軍の英仏海峡防衛部隊であるハリッジ部隊は、哨戒任務を行う飛行船を沿岸近くで迎撃するため、水上機母艦を伴い、前日の夜からドイツ湾に侵入していた（G作戦）。これに気付いた外洋艦隊は、海軍飛行船隊に対して偵察任務を命じ、L 6、L 7、L 9、L 10、L 11、L 12、SL 3及びPL 25が出撃した。結局、波が高く、水上機母艦から水上機が下ろせなかった事や、ドイツ側の各種飛行船が艦隊と接触を続け、その行動を把握し続けた事により、英軍は作戦を中止することになった。ここで示された飛行船のプレゼンスは、英独両方にその能力を印象付けたのである。

これ以降に行われた偵察・哨戒任務は以下の通り。

14日　L 6、L 7及びSL 4
15日　L 12、PL 25及びSL 3
24日　L 6、L 9、SL 4及びPL 25
25日　L 11
26日　L 10、L 12及びSL 3
27日　L 7、L 9及びL 11

8月に入り、海軍は攻撃任務を再開し、英国を襲う。9日、L 9がグール、L 11がローストフト、L 12がドーヴァ

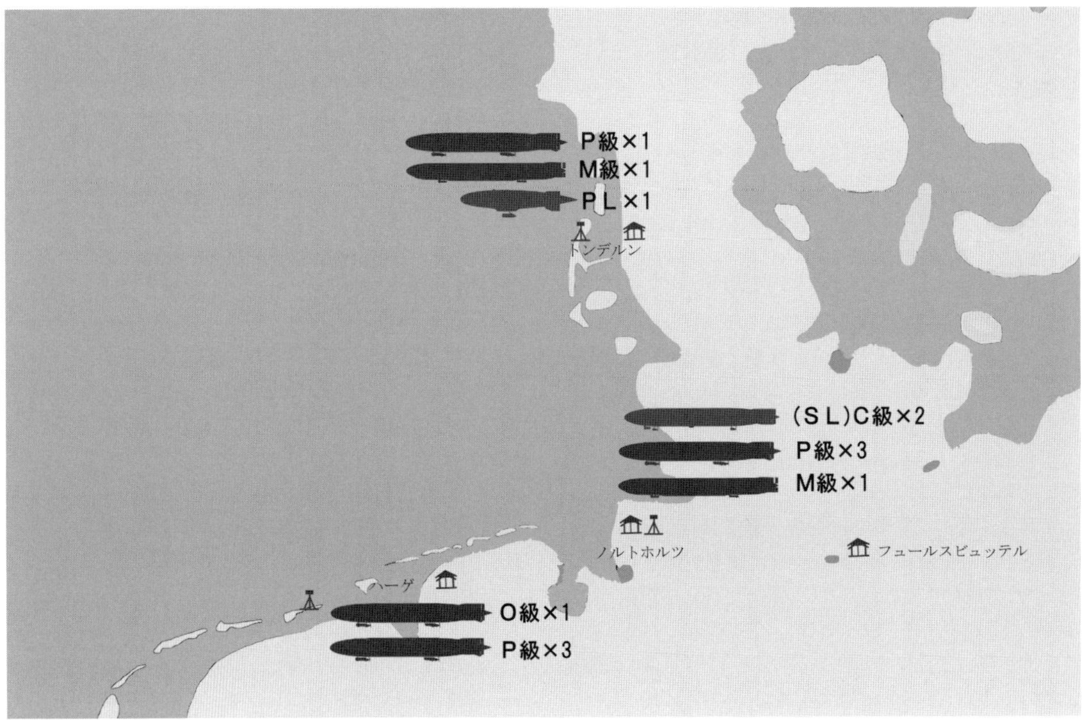

1915年8月初頭時点での北海における海軍飛行船隊の戦力

ーとハリッジを、L 10がシェピー島を攻撃。L 12が高射砲による損傷を受け不時着する。乗員は無事で、残骸は魚雷艇によりオステンドまで運ばれた。

12日、L 10がイプスウィッチ及びハリッジ等を攻撃。

17日、L 10がロンドンを、L 11がアシュフォード及びバドルズミアを攻撃。

この月(8月)もまた、前月に引き続き哨戒活動は非常に活発だった。

1日　L 9及びL 12

5日　L 7及びPL 25

6日　L 7、PL 25及びSL 3

8日、機雷敷設艦が英海軍に捕捉され、追撃されたことから、より大規模な偵察活動の命令が外洋艦隊司令官から発せられる。

9日、L 7及びPL 25が出撃。水上機の偵察と連携し、L 7が追跡されている機雷敷設艦「メテオ」と英艦隊を発見する。L 7には「メテオ」を救う術もなく、英艦隊の攻撃により撃沈される様を最後まで伝え続けるしかできなかったが、この出来事は、外洋艦隊司令部に、飛行船による哨戒活動の重要性と、海軍飛行船隊の拡充の必要性を認識せる事となった。

10日、L 12がオステンドにて撃墜されている。

これ以降の偵察・哨戒任務は以下の通り。

12日、PL 25

13日　L 9

16日　L 7、L9及びPL 25

18日　L 7及びPL 25

24日　L 7、SL 3及びPL 25

25日　L 9及びPL 25

27日　L 7、L 9及びL 14

28日　L 9及びSL 3

9月の対英攻撃任務は以下のとおりである。

8日、L 9がミドルズブラをはじめとするティーズ川一帯を、L 13がロンドンを、L 14がノリッジをそれぞれ攻撃する。この日のL 13のロンドン攻撃は、大英帝国の首都中枢を攻撃し、開戦以来の大打撃を与えた。

13日、L 13が再度ロンドンを攻撃。

10月の攻撃任務は以下の英国爆撃のみである。

13日の出撃は、複数の飛行船が同時に出撃する編隊攻撃となった。L 11がコティスホールを、L 13がシャルフォードを、L 14がクロイドンを、L 15がロンドンを、L 16がハートフォードを攻撃する。この攻撃は、ロンドンに再び打撃を与え、多くの死傷者を出した。

10月の攻撃はこの1回だけだが、偵察・哨戒任務は以下の様に実施されている。

1日　L 7、L 9及びSL 3

2日　L 13及びL 15

13日　L 7及びPL 25

16日　L 9及びSL 3

19日　L 14、L 16及びSL 3

23日　L 7、L 9、SL 3

24日　L 11、L 13、L 14及びSL 3が偵察に出撃。

25日　L 13、L 17、SL 4

30日　L 7、L 9、L 15、L 16及びL 17

11月、気象の影響によるものか、攻撃任務はなかった。加えて、18日には、新造船であるL 18が、地上での事故で喪失している。

偵察・哨戒活動は、以下の通りに実施されている。

4日　L 7及びL 9

16日　L 7及びL 15

18日　L 11及びL 16

20日　L 9及びL 13

21日　L 11及びL 15

22日　L 16及びL 17

12月、冬の気象のためか、北海での出撃は、攻撃任務、偵察・哨戒任務ともに記録されていない。1915年までの、海軍飛行船による出撃はこれで終了した。

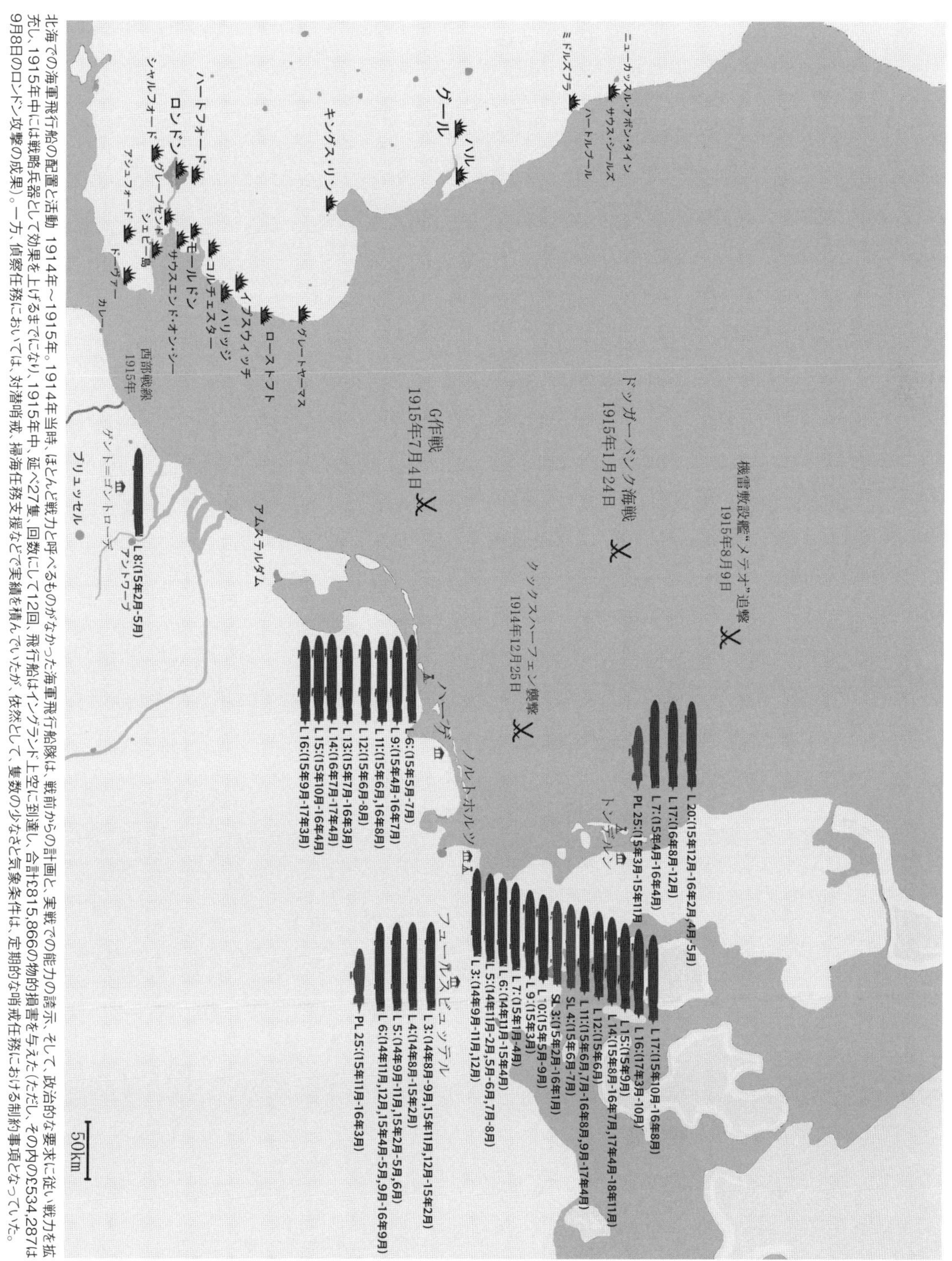

北海での海軍飛行船の配置と活動 1914年〜1915年。1914年当時、ほとんど戦力と呼べるものがなかった海軍飛行船隊は、戦前からの計画と、実戦での能力の誇示、そして、政治的な要求に従い戦力を拡充し、1915年中には戦略兵器として効果を上げるまでになり、1915年中、延べ27隻、回数にして12回、飛行船はイングランド上空に到達、合計£815,866の物的損害を与えた（ただし、その内の£534,287は9月8日のロンドン攻撃の成果）。一方、偵察任務においては、対潜哨戒、掃海任務支援などで実績を積んでいたが、依然として、隻数の少なさと気象条件は、定期的な哨戒任務における制約事項となっていた。

戦闘記録▶英国初空襲

日付：1915年1月19日〜20日(夜間爆撃)
攻撃目標：英国東岸の諸都市
参加兵力
独軍：L 3(ハンス・フリッツ大尉)、L 4(マグヌス・フォン・プラーテン・ハラームント大尉)、L 6(ホルスト・フォン・ブットラー中尉)→いずれもM級
英軍：戦闘機：2機(RFC第7飛行隊所属のVickersF.B.5)が発進するも接敵できず、両機とも不時着
高射砲：微弱な抵抗のみ
天候：高度450mでは秒速8.3mの南西の風、空を覆う霧と小雨

1915年の年初、ドイツ海軍飛行船部隊は4隻のM級飛行船を保有していた。即ち、フュールスビュッテル基地(現在のハンブルク空港)に所属するL 3とL 4、ノルトホルツ基地に所属するL 5とL 6である。

これら4隻のうち、1隻は艦隊と共同する哨戒・偵察任務に割かなくてはならないため、英国本土攻撃に参加するのは3隻とされた。

1月10日の皇帝の英国空爆裁可を受け、シュトラッサーは13日に早くも攻撃を企てたが、この時は悪天候のために中止となった。そして、天候が改善した1月19日、3隻の海軍飛行船が初の英国本土空襲を敢行すべく飛び立つ。

L 3とL 4は午前10時(英国時間、以下同様)、フュールスビュッテルを離陸し、ハンバー地方(英国東岸の中部)へ向かう。ノルトホルツ基地からはシュトラッサーを乗せたL 6が午前9時38分に出撃、テムズ河畔を目指した。

各艦とも約30時間分の燃料と、HE弾と焼夷弾をそれぞれ10発前後搭載している。

しかし、L 6はエンジントラブルのためブリテン島まで95キロの地点で任務を中断、帰還を余儀なくされた。

フリッツ大尉のL 3は、午後19時50分、予定よりもかなり南側の地点で海岸線を突破し、グレートヤーマスに狙いを定めた。午後20時20分、同市の直上に到達したL 3は照明弾を落とした後、高度1,500メートルで戦闘を開始し、5分間に6発のHE弾(榴弾)と7発の焼夷弾を投下する。

これらの爆弾は街路や魚河岸、競馬場に命中し、2名が死亡、多数の家屋が破壊された。また、着弾地点の半径35メートル以内では、ほとんどの窓ガラスが砕け散った。この攻撃の後、L 3は帰路に就いた。

一方、L 4はL 3の上陸地点の近傍を通過し、午後20時30分に内陸へ侵入したが、自艦の位置を見失っていた。彼女はノーフォーク地方の複数の小都市を手当たり次第に爆撃し、高射砲が一門も配備されていなかったキングス・リンへ特に大きな損害を与えている。

L 4は午後22時50分に同市上空に到達、鉄道施設や街路に7発のHE弾と1発の焼夷弾を投下、2名を殺害、13名を負傷させた。

この夜、2隻の飛行船は合計で18発のHE弾と7発の焼夷弾を投下し、4名を殺害、16名を負傷させている。

彼女らが去った後には、破壊された街並みが残された。キングス・リンの被害について、ある英国人記者はこう伝える。

「通りに並ぶ家々のうち、窓や扉を木っ端みじんに吹き飛ばされたものは一つや二つではない。街路にはガラスの破片や、砕けたスレートとタイルが散らばっている。家具はひっくり返され、窓枠は飛び出している。…辺り一面がゴミ捨て場のようだ」

それこそは、以後の戦争で、必ず現れる光景だ。

なお、L 4はその襲撃行の途上で王家の別邸があるサンドリンガムを飛び越えたが、このことは英国の朝野に大きなショックを与えることになる。というのも、同地には僅か数時間前まで英国王と王妃が滞在していたからだ。王族とドイツ飛行船のニアミスは全くの偶然であったが、世界のメディアはこの事実をセンセーショナルに報道するであろう。

英軍防空隊は、何ら有効な反撃を行うことが出来なかった。ローストフトの海軍司令部は、午後19時40分に敵飛行船が接近しつつあるという第一報を受信、15分後には内陸に侵入したとの情報が続いた。しかし、海軍航空隊(RNAS)のヤーマス基地への伝達は遅れ、その間にL 3は爆撃を終えて帰投してしまった。それまでに、もう1隻のツェッペリンがクローマーの南方を遊弋(ゆうよく)中であるとの報告が入った。イーランド基地司令は、しかし、悪条件が重なっていることに鑑み、戦闘機の発進を控えさせている。

L 3がヤーマスを爆撃してから20分後、凶報を受けた取った海軍本部の担当士官が陸軍航空隊(RFC)ジョイス・グリーン基地へ電話で「複数のツェッペリンが英国東部上空にあり、ロンドンへ向かっている可能性すらある」と伝えている。彼はまた、待機中の戦闘機は全て出撃すべきであり、ジョイス・グリーンからは何機が発進できるかを問うた。しかし、陸軍の

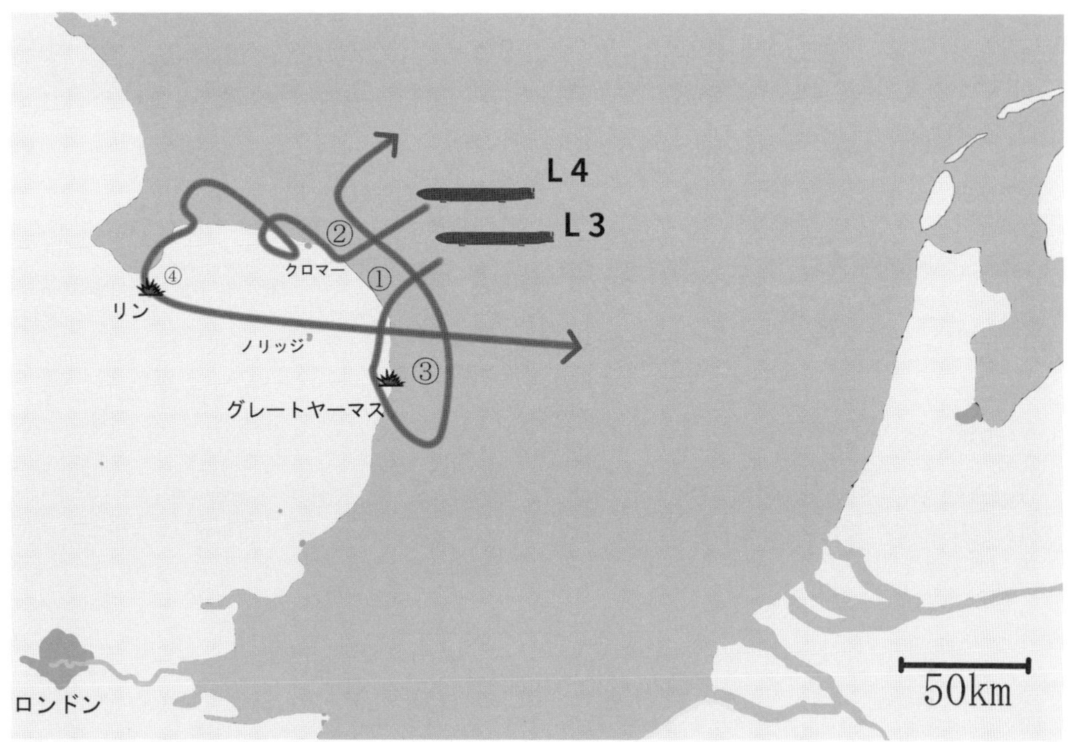

① 19時50分、L 3が内陸部に侵入　② 20時30分、L 4が内陸部に侵入　③ 20時20分、L 3がグレートヤーマスを爆撃　④ 22時50分、L 4がリンを爆撃

管轄下にある同基地は、何の行動も起こさなかった。

陸軍省からの命令で、同基地は漸く1機のVickers F.B.5をロンドン南部の警戒に送り出すが、その時には時計は午後21時17分を指していた。また、別の基地からも同じくRFC所属のVickers F.B.5が飛び立ったが、暗闇と強風に阻まれ、両機とも敵を発見することすら出来ていない。

RFCの要員たちは、目まぐるしい一夜が明けたのち、本来本土防空を担うはずのRNASが一機の航空機も出撃させていない(とっくの昔に爆撃が終わった明け方になって、2機を哨戒に出発させたことを別にすれば、だが)と知り、驚かされたという。

これらの事実は、当時の英軍が敵飛行船の位置を逐次把握する術を持たないばかりか、タイムリーな情報共有のための仕組みすら欠いていたことを示している。ために、戦闘機や高射砲は有効に運用されず、静かな夜を過ごしていた市民の頭上に突如爆弾の雨が降り注いだのだ。

英国本土、ドイツ飛行船の爆撃を受く！この報せは、海底電信ケーブルを通じて瞬く間に世界を駆け巡った。合衆国や、遠く日本でも新聞が大きく取り上げるだろう。四方を海に囲まれ、強力な海軍に守られたブリテン島の都市が、大陸からの上陸侵攻に晒されるのは、数百年間絶えてなかったことである。スペインの無敵艦隊や、ナポレオン・ボナパルトをも退けた大英帝国の安全神話が、遂に崩壊したのだ。

戦争の惨禍を、心のどこかで「対岸の火事」と見做していた英国の善男善女は深刻なショックを受けた。街区は一夜で焼け落ち、女性や子供も無差別に攻撃されたのだ。世論は憤激し、ドイツに対し「非人道的な攻撃」を即刻停止するよう求める声が上がるが、敵国が彼らの訴えに耳を貸すことは無い。

そして、ドイツ国民は歓喜に包まれた。メディアは競って飛行船搭乗員を称賛し、彼らは全員鉄十字章を授与される。かくして、3年半年にわたる死闘は始まった。

独軍の損害：無し
英国の損害：死者4名、負傷者16名、損害額7,740ポンド

1915年1月、大戦における英国初空襲を受けたキングス・リンの惨状

戦闘記録▶ロンドン初空襲

日付：1915年5月31日〜6月1日(夜間爆撃)
攻撃目標：ロンドン
参加兵力
独軍：陸軍飛行船 LZ 38(エーリヒ・リナルツ大尉)/P級、LZ 37(オットー・ファン・デル・ヘーゲン中尉)/M級
英軍：航空機：15機(B.E.2：3機、アヴロ504/ブレリオ パラソル/ソッピース タブロイド：各2機、等)が発進。2機が夜間着陸に失敗し大破、操縦士1名死亡
高射砲：3インチ砲1門が12発発砲、マキシム機関銃複数が500発発砲、その他各種銃砲が約200発を発砲
天候：北および北西から弱い風、天候は良好。

当初、ロンドンへの空襲を禁じていたドイツ皇帝は、5月5日に外郭東部(ロンドン塔以東)への攻撃を許可し、同月末にこの指示は部隊へ通達された。しかし、開戦以来、空中艦隊の主力を担ってきたツェッペリン型M級飛行船は、速度や上昇限度の面で英国空襲には不向きになりつつあると判断された。それ故、今や、世界最大級のメトロポリスへ初の爆弾を投下する栄誉は、革新的な性能を有する最新鋭のP級1番艦LZ 38と、同艦を指揮する陸軍飛行船部隊指折りの有能な飛行船司令、エーリヒ・リナルツに委ねられたのだ。

5月末、彼のもとへ命令書が届いた。
「ロンドン東部への空襲が許可された。当該地域内には、軍事施設、兵舎、石油タンクなどの攻撃対象がある。とりわけ、港湾ドックは重要だ」
そして同月31日の朝、ベルギーのエベレ基地にいたリナルツは、ベルリンから出撃命令を受領した。LZ 38は、その日の夕刻、敵の首都へ飛び立つ。
彼の回想からは、運命の出撃を控えた基地の緊張感がありありと伝わってくる。
「エンジンの試運転、バラストタンクの確認、電信装備の整備が行われた。…そして爆弾倉が充填される…1トン半の死の荷物だ。…
レザージャケットに身を包み、毛皮の飛行帽をかぶった私の部下たちは、基地の飛行船降下用エリアに直立している。甲高いサイレンの音を合図に彼らは格納庫へ走り、ゴンドラに乗り込み、各自の配置に就いた。…
地上要員は細心の注意を払いながらロープを引いて艦を滑らかに前方へ引き出す。二度目のサイレンが響く。艦が格納庫を出たのだ。
『舫(もや)い、放て!』私は声を上げた。地上要員はロープを離した。
砂塵が大きな渦を描いて宙に舞い上がる。巨大なプロペラの最終点検だ。一人の士官が近寄り、出撃準備の完了を告げる。…艦は急上昇を始めた。ロンドンへの旅立ちだ。」

「我々はどんどんスピードを上げた。美しい夜だった——星は空を照らして輝き、和やかな風が吹く。我々の無慈悲な任務には、およそ似つかわしくない夜だ。やがて、眼下に水面のきらめきが見え、洋上に出たことが分かった。幾つもの小さな赤い光がウインクする。海峡を絶え間なく監視している哨戒船だ。——我々はそれらの船が、眩い光を放つ港に吸い寄せられていくのを眺めた。英国だ!」

LZ 38は北海に面する港湾都市マーゲイトを飛び越し、ブリテン上空に侵入を果たした。時に、午後21時42分(英国時間、以下同様)。英国海軍航空隊(RNAS)の高射砲部隊に所属する複数のマキシム機関銃が発砲したが、高空を飛ぶLZ 38には何らのダメージも与えることが出来なかった。
その後、彼女はテムズ川の河口に到達し、大河を遡上して大英帝国の首都を目指す。午後22時12分、英軍の3インチ砲が射撃を行うが、これも無為に終わった。
そして午後22時25分、LZ 38は遂にロンドン上空に到達したのである。
「我々は黒い海岸線を横切った。突如、後方から敵の高射砲が忌々しい砲声を響かせる。砲弾が音を立てて飛び去るのが聞こえた。艦は高度と速度を上げた。…輝くテムズの川面を伝って、我々は首都へと一直線に向かう。20分後、我々はロンドン上空にいた。…私はこの街をよく知っている。5年前、数か月をここで過ごしたのだ。灯火管制はほとんど行われていないように見えた。セントポール寺院や国会議事堂、バッキンガム宮殿などのランドマークが月明かりのもとで微睡んでいる。今にも叩き起こされようとは、つゆ知らずに。私は懐中時計に目を走らせる。あと10分で午後23時だ。高度計は3,000メートルを指している。空気は身を切るように冷たく、我々は上着のボタンを留めた。そして偉大で強力な国家の心臓部に最初の一撃をお見舞いする覚悟を決めた」

「私の指は一つのボタンに添えられていた。これは電気力で爆撃装置を起動するものだ。そして、私はそれを押した。頭上でブンブン音を立てるエンジンの

歌声を聞きながら、我々は待った。まるで何分も経ったかのように感じられた。——遂に建物を粉砕する凄まじい轟音が響き渡る。遥かな眼下から、恐ろしい責め苦を受ける魂のかすかな叫びが伝わってきたように感じたのは夢か、幻か？再びボタンを押す。紅の火柱が連なり、吹き上がる。…次から次へと、30秒ごとに爆弾は唸り声をあげて炸裂する。…最も大きな炎を見れば、艦の速度と偏差を確認できるほどだった」

LZ 38が投下した爆弾は、ロンドン東部の市街地に降り注いでいた。市民にとって、それは全くの不意打ちだった。ある男性はこう回想している。

「凄まじい爆発の連続に、私たちは肝をつぶした。…爆弾は私の家のすぐ外に落下していた。人々は窓を開け放ち、驚嘆すべき光景をただ眺めていた。焼夷弾によって、通りはいたるところで燃えていた。炎の高さは20フィート(約6メートル)にも達した。ヘルメットを手に持った警官が駆けてきて、叫んだ。『建物の中に入りなさい！奴らが来た！』ようやく人々は何が起こったか理解した。…火炎により空は朱に染められていた」

爆弾が降り注ぐ様子を目撃した一人の警官が述べるところによれば、「空中から金属音が聞こえたかと思うと、たちまちにして一軒の家が焔に包まれた」。ドイツ飛行船が投下した焼夷弾は、ベンゾールとテルミットの混合液を内包しており、破壊的な威力を発揮するのだ。

別の男性は、既に床に就いていたが、強烈な爆風で目を覚ました。『燃えてるぞ！』『ドイツ野郎が来やがった！』という叫び声を耳にした男性は、急いで子供達を地下室に誘導した。そして様子を見に屋外へ出ると、隣家が炎上していたのだ。一発の焼夷弾が屋根と床を突き破り、二階にある子供部屋を火の海に変えていた。その家の父親は体を焼かれながら子供たちを助け出そうと戦っていた。近隣の住民の助けを得て、4人を救出し病院へ運んだが、残る一人はベッドのそばで焼け焦げた遺体となって後日発見された。まだ3歳の女の子であった。

この夜、RNASは総勢15機もの航空機を発進させたが、「戦果」はロシュフォード基地から出撃したロバートソン少尉操縦のブレリオ パラソルが、LZ 38を遠方から視認したに留まった。同機は敵の追跡を試みたが、エンジンの不調のため、帰投を余儀なくされる。

ヘンドン基地では、複座式ソッピース ガンバス802号機の操縦手ダグラス・バーンズ少尉と、臨時の機銃手に志願したベン・トラバース少尉が出動を待っていた。

トラバースはこう回想している。

「私はバーンズと共に待ちながら、いつまでも鳴ら

ロンドン直上のLZ 38、1915年5月31日、深夜

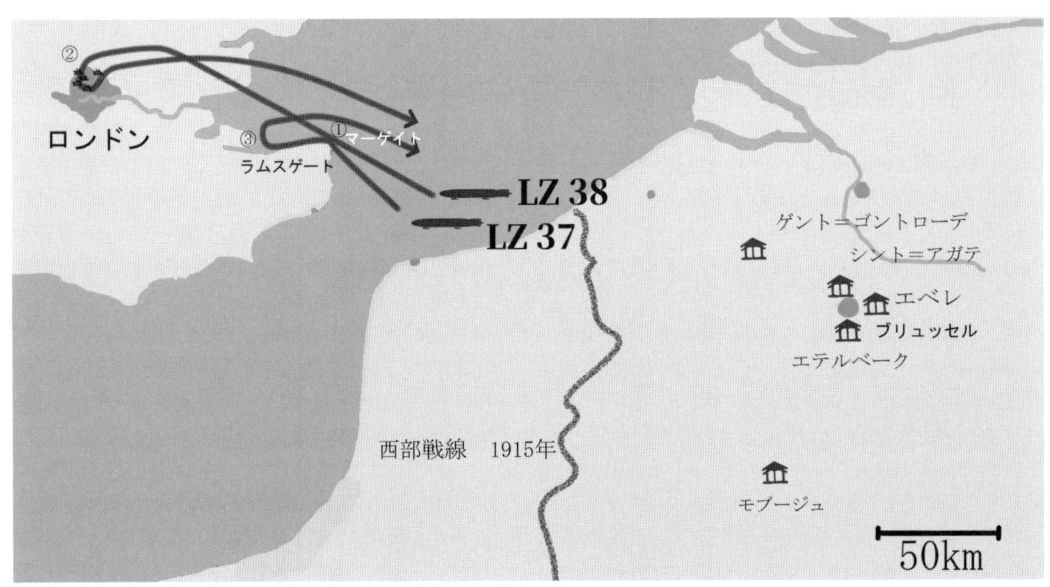

① 午後9時42分、マーゲイト上空を通過　② 午後10時55分、ロンドンに到達、市の北部を爆撃　③ LZ 37はテムズ河口付近で反転

ない電話を見つめた。急いで戦いに赴きたいという意欲が、徐々に衰えていくのを自覚していた。…遂にバーンズが大胆にも電話に歩み寄り、優柔不断な海軍本部に発進を促した。『何だって？』電話の向こうから声が返ってきた。『まだ出ていないのか？　すぐに飛ぶんだ！』後に知らされたことだが、この時点でツェッペリンは既に帰還の途上にあり、北海のどこかの上空にあったのだ。」

ソッピース ガンバス802号機は、軍事的には全く無意味な飛行を行った後、夜間着陸に失敗し、バーンズ少尉は落命した。この他にも、B.E.2戦闘機1機が着陸時に破壊されている。英軍戦闘機隊は、またも苦杯を嘗めさせられたのだ。

飛行船司令のリナルツ大尉はロンドン直上でサーチライトの照射と、対空砲火を浴びたと回想しているが、英国側の記録によればそのような事実はない。この夜は新月で、3,000メートルを超える高空を飛行するLZ 38を捕捉することは、極めて困難だったのだ。筆者はリナルツ大尉が別の空襲の記憶と混同しているのではないかと推測するものである。

いずれにせよ、ドイツ軍の飛行船は、抵抗らしい抵抗を受けることなく、大英帝国の首都上空を暴れ回り、街頭に爆弾を投下した。内訳はHE弾（榴弾）30発、焼夷弾89発、合計119発に上る。その重量は1トンを超え、英国側の損害は死傷者42名を数えた。死者の中には女性や子供も含まれる。

英海軍本部は、この夜の空襲の結果を深刻に受け止め、新聞に対する厳しい検閲の導入を決断した。彼らはLZ 38がブリテン上空を離脱する前に、早くも次の布告を出している。

「報道各社へ通告する。敵の航空機が到達したロンドン近隣地域や、敵機の侵入経路、および敵機の航続距離圏内にある場所を示唆するいかなる文章や図表も公表してはならない。海軍本部の声明のみが報道を許されたニュースの全てである。」

以後、空襲を受けた地域は漠然と「ブリテン東岸」や「東部地域」等と表現されるようになったが、これはツェッペリンの艦長達に自分が攻撃した地点を悟らせないようにする意図があった。

恐怖の一夜が明け、太陽が昇ると、ロンドンの生々しい傷跡が照らし出された。

あるロンドン市民の女性はこう記している。

「大勢の人々が、損壊した幾つもの建物に向かって、通りを歩いていく。…ほとんどが女性からなる群衆が、廃墟となった家々の前に集まっている。子供が殺された家には、まだ住人が埋まっていた。カーキ色の軍服を着た兵士がドアの前に立ち、殺到する人並みを押し留めようと空しい努力を続けている。…家屋を廃墟に変えた炎が残した灰の中には、鉄製ベッドの骨組みだけが取り残されていた」

かくしてLZ 38は、ロンドンに戦略爆撃の惨禍をもたらしたが、これは血塗られた戦いの始まりに過ぎなかったのである。

なお、LZ 38を援護すべくLZ 37も出撃したが、ブリテン上空で高射砲と航空機の抵抗に直面し、撤退している。

独軍の損害：無し
英国の損害：死者7名、負傷者35名、
損害額18,596ポンド　夜間着陸の失敗により
航空機2機喪失、搭乗員1名死亡

戦闘記録▶ マティのロンドン襲撃

日付：1915年9月8日～9日（夜間爆撃）
攻撃目標：ロンドン
参加兵力
　独軍：海軍飛行船 L 13/P級（ハインリヒ・マティ大尉）、L 14/P級（アロイス・ブッカー大尉）、L 9/N級（オド・ローウェ大尉）
　英軍：航空機：7機（B.E.2：5機等）発進。2機が夜間着陸に失敗し1機損傷、1機喪失。操縦士1名死亡
　高射砲：QF 3インチ 20cwt（ハンドレットウェイト）高射砲7門が83発発砲、QF 1ポンド砲5門が114発発砲、その他高射砲12門が102発発砲。
　天候：天候は良好。所により霧、および微風。

　5月31日のL Z 38による初空襲以来、このメトロポリスはドイツ飛行船の度重なる襲撃に曝される。悪天候と夏至による作戦延期の後、8月17日には海軍飛行船L 10が郊外北部を爆撃。死者10名、負傷者48名、物理的損失は30,750ポンドに上った。続いて9月7日には陸軍飛行船のLZ 74とSL 2の2隻が都心に侵入。爆弾の雨が降り注ぎ、死者18名、負傷者28名、物質的損失9,616ポンドを記録する。

　いずれの攻撃でもドイツ飛行船は無傷で母港に帰還し、英国の威信は大きく傷つけられた。為すすべを知らない英国の軍民であったが、想像を絶する惨劇は次の夜に迫っていたのである。

　9月8日、ドイツ海軍飛行船隊は4隻の艦をブリテン上空へ向けて出撃させた。ロンドンを目標とするL 11、L 13、L 14の3隻のP級と、スキニングローブ（イングランド北東部）の化学工場を狙う1隻のO級（L 9）である。

　しかし、L 11は離陸後1時間でエンジントラブルに見舞われ、ノルトホルツ基地へ引き返すことを余儀なくされる。また、L 14はノーフォーク地方（イングランド南東部）に到達したものの、これもエンジン故障のため、ロンドン攻撃を断念し、デアハム（ノーフォークの小都市）周辺に爆弾を投下して帰還の途に就いた。L 9はターゲットの化学工場を攻撃し、ベンゼン貯蔵タンクやTNT火薬貯蔵庫に至近弾を浴びせ、今一歩で英国側に大損害を与えるところであったが、結局はさしたる戦果を挙げることが出来なかった。

　今や、この夜の攻撃の成否はL 13一隻に懸かっていたのである。

　だが、このL 13こそは、海軍飛行船隊きっての優秀な指揮官、マティの乗艦であった。午後19時35分（英国時間、以下同様）、L 13はノーフォークの海岸に到達する。彼女はそこで1時間待機し、周囲が完全に闇に包まれるのを待った。そして20時45分にキングス・リンの上空を通過してブリテンの内陸へと侵入を果たすと、河川や運河を頼りに見事な地文航法でロンドンの北方100キロに所在するケンブリッジへ辿り着く。ここまで来れば、航海図も羅針盤も必要な

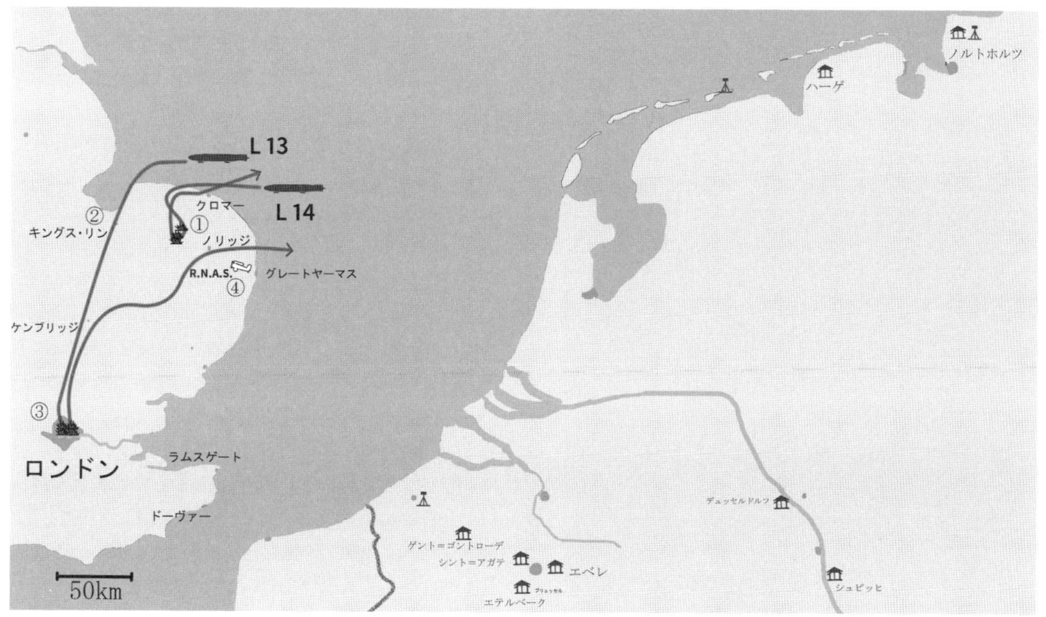

① 21時45分頃からL 14はデアハム一帯を攻撃しイングランド上空から離脱　② 20時35分、L 13は海岸線を越え、ノーフォークを南下　③ 22時40分、L 13はロンドン上空に到達。爆撃を行い北部へ離脱　④ グレートヤーマスから発進した海軍航空隊の戦闘機は飛行船迎撃に失敗

い。高空を飛ぶマティの瞳には、地平線の彼方にある世界最大級のメトロポリスが放つ眩い輝きが映じていたからだ。

10日後、ニューヨーク・ワールド紙の取材を受けたマティの言葉を引用しよう。

「太陽が西に沈むころ、我々はまだ北海の上空に在って(英国までは)まだかなりの距離が残されていた。眼下は急速に暗くなっていったが、我々のいる高度はまだ光に照らされていた。私の艦同様グレーに塗装されたもう1隻のツェッペリン(L 14)の側面が、薄れゆく空を指す光の中に見えていた。その船は空中を堂々と滑るように進んでいた。英国があるはずの遠方の地点は、低空の湿り気を帯びた霧に覆われていた。星が出て、気温は下がっていった。

…海岸線に近づくと、私は上昇計画を定め、更に高度を上げることにした。発動機の音で我々の存在が早々と露呈するのを防ぐためだ。

…夜間に高空から見下ろす巨大都市は、神秘的な絵画を思わせた。我々は高く飛んでいたので、下方の街路にいる人々の姿を目にすることは出来なかった。離れたところに列車と思しき光の動きがある他は、生命の兆候は皆無であった。あらゆるものが静止しているようだった。エンジンの動作音やプロペラの回転音を遮るいかなる物音も響いては来なかった」

午後22時40分、L 13は都心北西部に侵入した。開戦前の1909年、ロンドンに一週間滞在した経験

ロンドン上空のL13

のあるマティは、地上の明かりを頼りに、敵の首都上空にある自艦の位置を容易に特定することが出来た。彼はこう述べている。

「例えば、リージェントパークは、平時同様に輝くインナーサークルによって明瞭に認識できた」

目標を特定しようと焦る部下を尻目に、マティは微笑み、頭を振ると、言い放った。

「ここにはもっと良い獲物がまだまだあるぞ。ただ根気強くあれ!」

22時45分、第一弾がブルームスベリーに着弾した。ロンドン大学から僅か200メートルの地点である。続いて、大英博物館に隣接するラッセルスクエアにも焼夷弾が投下された。歴史的襲撃行の幕開けである。L 13は南東に進路を採りながら、各所に爆弾をばら撒きつつ進む。テオバルズ・ロードではナショナル・ペニー銀行が、ファーリンドン・ロードではロンドン連隊第6大隊の司令部が被害を受けた。

爆発音を耳にして通りに飛び出したある少年は、人々が指さす先に、サーチライトを浴びて銀色に輝く葉巻型の物体が飛ぶのを目にした。彼は言う。

「最もひどい火災は、ナショナル・ペニー銀行で起きた。焔はすぐに広がり、消防士が到着する前に3件の店に燃え移った。火災の勢いは凄まじく、消防士たちが必死の努力で一か所の火勢を抑え込んでも、完全に鎮火する前に、別の場所が燃え出す始末だ」

午後23時前後、L 13はシティーに到達する。国際金融の中枢にして、大英帝国の経済の心臓部である。眼下の市街を粉砕しながら、マティはシティー東端にあるイングランド銀行(中央銀行)と、その先にあるタワー・ブリッジを目指した。L 13は今や、敵国の戦争経済に痛打を浴びせかけているのだ。シルバーストリート、ウッドストリート、アドルストリートおよびアルダーマンベリーのビジネス街にある複数の街区が、完全に焼け落ちるか、甚大な被害を受けた。

アメリカ人記者、A.E.シェパードはこの夜のことを描写している。

「交通機関は停止した。百万の声にならない叫びが、抑えられた轟(とどろ)きになる。人々は明かりの消えた街路に、空を凝視して立っていた。秋の星々の間に、細長い不気味なツェッペリンが浮かんでいる。それはくすんだ黄色だった。実りの時期の月の色だ。都市の屋根から伸びる幾本ものサーチライトの長い指が、その白い先端部で、死をもたらす使者のあちこちを撫でまわしていた。幾つもの凄まじい爆発音がロンドンを揺るがす。ツェッペリンの爆弾だ。投下され、殺し、燃やしている。

…『頼むから、そんなことは止(よ)してくれ!』一人の男が、タバコに火とつけようとマッチを擦った別の男に懇

願する。
囁きや、低い声が首都のあちこちを駆け回る。あたかも、その音が上空から聴き取られたが最後、その声を沈黙させるため、燃え盛る破壊が降り注ぐとでも言わんばかりだ。
突如、あなたは気づくだろう。世界最大の都市が、七百万もの罪のない男や女、子供の生命を巻き込んで、夜間戦闘の巷と化したことに」

ロンドンの象徴的な建物であるセントポール大聖堂から北に数百メートルの地点で、マティは彼が「愛の贈り物」と呼んだ巨大な300キロ爆弾を投下した。これはL 13によって初めて英国上空に持ち込まれたものである。巨弾は聖バーソロミュー病院にほど近い場所に命中し、着弾地点には深さ2.4メートルのクレーターが穿たれた。衝撃波と飛散した破片により、窓ガラスは吹き飛ばされ、四方を囲む建物の壁は粉々になった。上空からこの様子を見たマティは強い印象を受けた。
「光の束がクレーターに消えた後、300キロ爆弾の爆発効果が大変なものであることが分かった」

同じ頃、ロンドンに配置された26門の高射砲の殆どが反撃の猛射を始めた。だがそのうちの5門ないし6門は“ポンポン砲”の愛称で知られるQF 1ポンド砲であった。同砲は有効射高1,000メートルに過ぎず、その数倍の高さを飛ぶL 13に対しては威嚇以上の意味を持たなかった。配備が開始されて間もない最新鋭のQF 3インチ 20cwt高射砲は、有効射高4,880メートルを誇る優秀な兵器であったが、この時点では目測で照準しており、命中率は決して高くなかった。英軍の公式記録は、控えめな表現で次のように述べている。「飛行船の高度とサイズに対する見解は、幾分の難点があることが明らかとなった」

ロンドン市民の男性は、より生き生きとした回想を残している。
「周囲の人々は、『あそこだ！あそこにいるぞ！』と興奮して声を上げていたが、私が目にしたのは空中で炸裂する砲弾だけだった。ブーヴェリーストリートまで来たところで、一人の見知らぬ人懐こい男が、私に向かって空を指して見せた。彼はよほど目が良いのであろう、その指の先には、『それ』があった。かんしゃく玉くらいの大きさの、銀色にギラギラ光るグレーの船体が、幽かに北の方角に向けて動いていく。最も高いところで炸裂する砲弾より遥かに上方だ。対空砲火を気にも留めないその動きには、なにか心を震わせる魅力があった。」

砲弾がL 13の周辺で炸裂し始めた時には、ロンドンはあちこちで炎上していた。マティは安全のため艦を高度2,600メートルから3,400メートルまで上昇させ、薄い雲の層に身を隠したが、これによってイングランド銀行とタワー・ブリッジという二つの最重要目標に対する攻撃の機会を逸してしまう。

L 13は北方に転針し、さらに爆撃を続ける。機関士を務めたピット・クラインはこう回想する。
「我々の爆弾は雨のように降り注いだ。艦は速力を上げ、敵首都直上でジグザグ運動を行った。凄まじい爆発が空を引き裂く。巨大な火柱が幾本も空中へ撃ち上げられる。砲弾の破片が飛び去る。火炎が花開き、辺りを染める。

ロンドンが痛みに耐えかねて叫び声をあげるかのように、サーチライトが急に活気づく。命令を待つ数秒の間隙に、私は幽かに見えるサーチライトの台座を数え上げた。その数、22。…数えきれない砲火が空を血の色に塗りたくる。街の四分の一は真昼のように明るく照らし出された」

地上は凄惨な様相を呈していた。リバプール駅周辺に着弾した複数の爆弾が、多大な人的被害を引き起こしたのだ。

ある兵士の述べるところを引用しよう。
「我々がリバプール駅に近づくと、数百ヤード(1ヤードは0.91メートル)前方の路上で最初の爆弾が炸裂した。それは35Aルートのバスに直撃した。一人の臨時警察官とともに、爆発地点へ駆けつける。バスの運転手は自分の手を見つめながら道路に立ちすくんでいた。指が何本も無くなっていた。彼は何が起きたか分かっていないようだった。そして言った。『バスで誰かを踏みつけてしまったように思う。その人を助けるのに手を貸してくれ』。私がバスの下に目を遣ると、人の頭部と肩が見えた。死体の多くの部分がバラバラになって散らばっていた。

どうやら爆弾は運転手の頭をかすめてバスの中に入り込み、床を転がり、車体の後方で爆発したらしい。真上にいた車掌は殺された。乗客達はバスの前方に向かって吹き飛ばされ、惨い有様で傷ついたり、死んだりしていた。唯一の例外は9歳くらいの女の子で、焼け残った床面に座り、泣いていた。両足の下側が無くなっていた。」

別のバスにも爆弾が直撃し、運転手と乗客8名が命を落とした。こうして積み込んだ2トンの爆弾を投下し終えたL 13は、ロンドン上空を離脱し、帰投した

最も英国に惨禍をもたらした飛行船、L 13。キリスト教では忌まわしいとされる13という番号に、クルーは不安を感じた。これに対しマティは英国にとって不吉なのだ、と述べ、士気を鼓舞したという。

第1節　戦力の拡充と緒戦の活躍（開戦から1915年末まで）

のである。

この夜、英国海軍航空隊（RNAS）は7機の航空機を発進させたが、敵飛行船を視認することすら出来ず、1機が夜間着陸に失敗して全損、操縦士は落命した。

L 13の襲撃で民間人26名が死亡し、物質的損害額は約50万ポンドを超えた。これは第一次世界大戦の全期間を通じて英国が被ったドイツ飛行船の戦略爆撃による全損害額の、三分の一に達する。

50万ポンドという金額は、戦争後半に活躍した英軍の戦闘機、ソッピース キャメルの価格にして500機分相当であるから、被害の凄まじさが分かろうというものである。

マティの攻撃はロンドンがツェッペリンの攻撃に対し、いかに脆弱であるかを明らかにした。航空機の迎撃は悉く失敗し、高射砲は敵に何らのダメージを与えることが出来なかったばかりか、地上に落下した砲弾が損害を引き起こすほどであった。

英国の政治家や新聞、そして民衆は怒りを顕わにした。しかし、ドイツ側が期待したパニックは遂に生じなかった。

今や英国防空隊はドイツ飛行船に復讐を果たすべく、戦力の飛躍的な強化に乗り出すであろう。

独軍の損害：無し
英国の損害：死者26名、負傷者94名、
損害額534,287ポンド夜間着陸の失敗により
航空機1機喪失、搭乗員1名死亡。他1機損傷

2　東部戦線とバルト海における陸海軍飛行船の活動

1914年の活動

開戦時、中央同盟国にとっての東部戦線は、オーストリア＝ハンガリー帝国と、北に向け突き出している東プロイセンが舞台となった。ドイツ軍の計画では、当初西方で攻勢、東方は防勢と決められており、東プロイセンのドイツ軍は、わずか1個軍であった。しかし、8月17日、ロシア帝国軍は2個軍約41万人もの部隊をもって、東プロイセンに攻勢をかけ、所謂タンネンベルクの戦いが生起する。飛行船は、この戦いにおいて、少なからぬ役割を果たした。開戦当初、東部戦線に配備されていた飛行船は、Z Ⅳ、Z Ⅴ及びオーストリア＝ハンガリー軍の行動を支援していたSL Ⅱの3隻であり、この内、Z Ⅳ及びZ Ⅴが第8軍の支援に当たった。

7日、 Z Ⅴがウェンチツァ、クトノ等ワルシャワ西部の地域に対し偵察及びビラ散布に出撃。10日、Z Ⅳがムワヴァを攻撃した他、Z Ⅴがポーランド西部を偵察。

11日、Z Ⅴがワスクからスキエルニエビツェのワルシャワ西部地域を偵察。

22日、Z Ⅳが何らかの目的をもって出撃した可能性があるが、細部は不明。だが同日、Z Ⅴがトルンを、SL Ⅱが、ワルシャワ方面を偵察している。この内、Z Ⅴのもたらしたロシア第2軍の展開状況に関する情報は、事前に入手していたロシア軍の通信情報を裏付け、ドイツ第8軍が反撃に移るための重要な手助けとなった。

21日から24日にかけて、SL Ⅱは、オーストリア軍を支援するため、何らかの偵察飛行を行っているが、その内、22日のものは、オストロビエツまで赴き、ルブリンを通ってリーグニッツの基地に帰るという長距離飛行で、これにより、攻勢準備中のロシア第4軍を発見している。

25日、Z Ⅴがポーランド西部を偵察。

26日、Z Ⅳがノルキのロシア軍宿営地を攻撃。

27日、Z Ⅴがムワヴァ及びイロヴォを攻撃。

28日、Z Ⅳがペレヴァロヴォのロシア軍宿営地を攻撃するとともに、Z Ⅴがムワヴァの鉄道操車場を攻撃する等、ドイツ軍によるロシア第2軍への攻勢と連動して、陸軍飛行船はロシア軍の前線から後方地帯を攻撃し、その行動を支援している。しかしその代償として、Z Ⅴは敵を攻撃中に撃墜され、搭乗員は捕虜となる。

これらの事例はありつつも、資料不足などにより、タンネンベルクの戦いにおいて、飛行船の活動がどの程度影響を及ぼしたかを図ることは難しい。結局、8月30日までにはロシア第2軍は壊滅し、タンネンベルクの戦いはドイツ軍の勝利に終わった。

とは言え戦いは続き、残った飛行船は9月も活動している。

2日、 SL Ⅱがウッチからピョトルクフを偵察。

9日、 Z Ⅳがケーニヒスベルク（カリーニングラード）東方のチェルニャホフスクを偵察。この時点で既に、ロシア第2軍は東プロイセン南方で殲滅されており、ドイツ第8軍を包囲すべく機動していたロシア第1軍は、8月31日より撤退を始め、ドイツ軍は引き続きこれを攻撃すべく前進。これにより、所謂第一次マズーリ湖攻勢が開始され、結果、9月14日には、ロシア軍はプロイセンから完全に追い出されていた。

20日、Z Ⅳがオソビエツを攻撃。

23日、Z Ⅳがワルシャワ一帯を攻撃。

この月においては、これ以上の活動は記録されていない。

10月、SL Ⅱが西部戦線に配置換えになったことにより、東部戦線における飛行船はZ Ⅳのみとなる。彼女は第一線で戦うには辛い老兵ではありつつも、数回にわたり任務を遂行している。

12日、Z Ⅳがワルシャワを攻撃。

19日、Z Ⅳがタウラゲを偵察。

25日、Z Ⅳがワルシャワ一帯を攻撃。

27日、Z Ⅳが再度ワルシャワ一帯を攻撃。

11月の活動については不明なことが多い。Z Ⅳ、若しくはこの月に東部戦線に投入されたかもしれないZ Ⅺにより、ワルシャワが攻撃されている可能性があるが、細部は不明である。

12月9日、Z ⅣまたはZ Ⅺにより、ワルシャワ攻撃が行われている可能性はあるものの、これも詳細はわからない。20日、ムワヴァに対してZ Ⅳによる攻撃が行われたのが、1914年の東部戦線における陸軍飛行船の最後の任務であった。

1915年の活動

1915年1月、陸軍飛行船の活動はない。しかし、同月末、西部戦線からの戦力転用がなったドイツ軍は、ポーランドに所在するロシア軍を攻撃するなど、第二次マズーリ湖攻勢が開始される。

2月1日、Z Ⅳは、第二次マズーリ湖攻勢を支援するためか、エウクを攻撃。Z Ⅳは性能の旧式化や、船体そのものの寿命のため、これを最後に第一線を退くこととなった。代わりに、「ザクセン」(戦前、DELAGにて旅客輸送に従事していた飛行船を徴用したもの)、Z Ⅺ、LZ 34が東部戦線に投入される。2月18日、第二次マズーリ湖攻勢はドイツ軍の勝利に終わり、戦線を東に前進させたが、南方のオーストリア＝ハンガリー軍の攻勢は失敗した。

新たに投入された飛行船の運用態勢の不備、または天候のためか、3月の活動は低調である。

4日、「ザクセン」がチェハヌフを攻撃。

10日、LZ 34とZ Ⅺも出撃したが、これは攻撃に失敗している。

これに加え、4月の出撃も全て未遂に終わっている。

5月2日、中央同盟国は新たにゴリツィエ＝タルノフ攻勢を開始し、ロシア軍を東方の本国へと押し出し始めた。飛行船も、これを支援するため、敵地後方の鉄道拠点や、交通の結節点となる都市へと攻撃の手を広げる。

5月1日、LZ 34がグロドノを攻撃。

5日、LZ 34がグロドノを攻撃。

20日、LZ 34がコヴノを攻撃

21日には、コヴノを攻撃したが、その際に損傷、喪失している。しかも、同時期、Z Ⅺも事故の為喪失している。

6月、陸軍飛行船の活動は記録されていないが、攻勢作戦は継続していた。

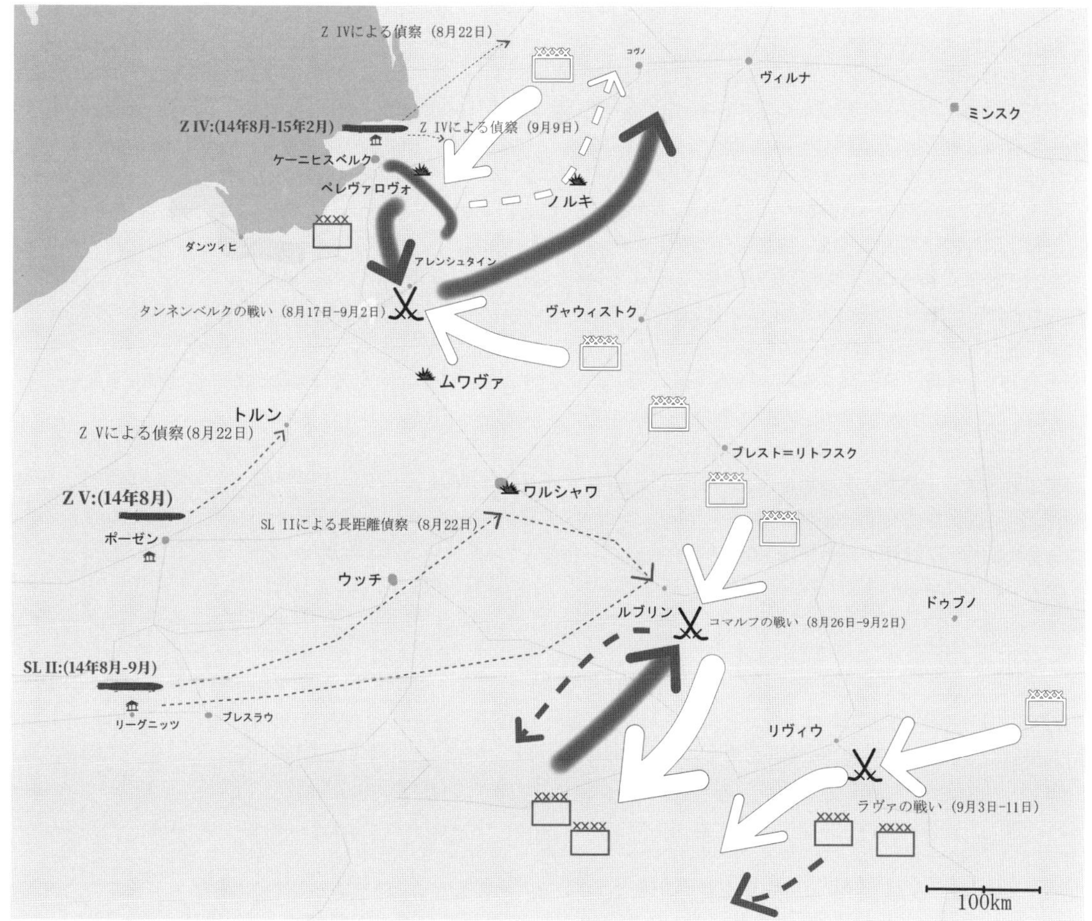

1914年の東部戦線における飛行船の配置と活動。開戦初期においては、当初、陸軍が想定していた通りの運用が行われ、積極的に昼間の飛行を行い、敵の行動を偵察するとともに、敵部隊を目標とした攻撃も行った。しかし、その代償として、Z Ⅴを喪い、乗員は捕虜となった。

7月、時期不明ながら、「ザクセン」によるウォムジャ攻撃の可能性がある。

20日、新たに西部戦線から転用されてきたZ XIIがマウキニャ及びビャウィストク等を攻撃。

22日、LZ 39がワルシャワを、Z XIIがマウキニャを攻撃する。

このころまでに、攻勢作戦は中央同盟国優勢で推移しており、ロシア軍は、体制を立て直すため、大撤退と呼ばれる行動を行い、前線を更に東方へと下げた。

陸軍飛行船は、8月から9月にかけて、あらゆる場所で後退しているロシア軍の行動を妨害すべく、ポーランドからベラルーシにかけての鉄道操車場を目標とした攻撃を行う。

8月2日、「ザクセン」がヴャウィストク及びヴィルナを、Z XIIはヴャウィストク、マウキニャ及びシェドルツェを攻撃。

5日、Z XIIがヴャウィストクを攻撃。

6日、LZ 39がヴャウィストク及びミンスク・マゾビエツキを、Z XIIがシェドルツェを攻撃。

7日、LZ　39がノヴァ・ミアスト、Z XIIがモドリンを攻撃。既にワルシャワは、5日、ドイツ軍が占領しており、陸軍飛行船は、その目標をより遠方、ベラルーシまで射程に収める。

10日、LZ 79がブレスト＝リトフスク及びコーベリ、Z XIIがヴャウィストク及びワピ、LZ 39がモドリン要塞を攻撃。

11日、Z XIIがヴャウィストクを攻撃。

12日、LZ 39がノヴォグルジエフスを攻撃。

13日、Z XIIとLZ 39がミンスク及びその一帯を攻撃。

25日、Z XIIがヴャウィストク及びマウキニャ、新たに投入されたLZ 39がブレスト=リトフスクを攻撃した。

9月も引き続き、飛行船の行動は活発である。

10日、13日、16日とZ XIIはヴィレイカを攻撃。

9月19日までには、ドイツ軍はリトアニアの首都ヴィルナを占領するが、漸く態勢を整えたロシア軍は、ここでドイツ軍に対し攻撃を行い、東部戦線全域で行われた中央同盟国による攻勢は一旦停止することとなった。

とはいえ、10月の飛行船の行動は活発である。

12日、新たな飛行船であるLZ 85がダウガフピルスを攻撃。

13日、LZ 39がウォブネを攻撃。

14日、LZ 85がミンスクを攻撃。

22日、LZ 85がリガを攻撃。

11月9日、LZ 81は、中央同盟国側に立って参戦していたブルガリアへと特使を輸送する特別任務を遂行した。

15日、LZ 86がダウガフピルスを攻撃している。

そして12月17日、LZ 39がロウネを攻撃するが、これが、記録を見る限り、1915年最後の任務飛行となった。

東部戦線で陸軍飛行船が活躍していたのとは対照的に、開戦当初から1915年にかけて、海軍飛行船は目立った活動がない。この時期、そもそも、海軍飛行船隊自体の戦力が揃っておらず、1914年中に任務に投入できたのは、パーセヴァル飛行船のPL 6とPL 19くらいのものである。両者はともにキールに配備されており、その主要な任務は、キール周辺の対潜哨戒や機雷の捜索であった。

それらの記録が見られるのは、1914年9月からである。

25日、PL 19が偵察に飛び立ったのを皮切りに、10月9日、14日、15日にPL 6及びPL 19が、18日にPL 19が、19日にはPL 6及びPL 19がそれぞれ出撃している。

12月、PL 6は除籍され、海軍へと移管されたM IVが配備されている。また、25日、PL 25はケーニヒスベルクへと移動する。そこを拠点にリバウのロシア海軍基地や工廠を攻撃する任務を与えられたが、小型の軟式飛行船にとっては、冬のバルト海で遠方の目標を攻撃するのはあまりにも荷が重かった。

1915年1月25日、攻撃任務のために出撃したPL 19は、無事目標上空へとたどり着き、爆弾は投下したものの、ロシア軍により撃墜され、乗員は捕虜となる。かくて、しばらくの間、バルト海からは海軍飛行船の姿が消える。

PL 19が抜けた後、キール周辺の哨戒任務は、グロス＝バーゼナッハ式のM IVにより担われた。M IVは、3月18日に初の偵察飛行に出撃。4月18日、22日、29日、5月4日、8日、18日、24日、6月3日、7日と、合間にデモンストレーションや各種の実験を挟みつつ、バルト海の偵察を行っている。

8月に入り、海軍は偵察任務を行えるだけの飛行船を、バルト海に投入し始めた。

2日、L 5がこの地域で偵察任務を実施。

6日、L 5はリガへの攻撃を実施。

9日、PL 25が、外洋艦隊出撃に伴う支援のために、リガ湾に出撃。

また、8月11日にはそれまでノルトホルツで活動していたSL 4がセッディンへと異動し、以降バルト海を中心に活動することになる。同月の偵察任務は、以下の通り。

13日、SL 4が偵察後リガを攻撃

16日　M IV

17日及び18日　SL 4

19日及び20日　M IV

21日　SL 4

22日及び25日　M IV

9月に入った後も、間隙を挟みながらも、バルト海での偵察活動は継続している。

4日　SL 4

8日　M IV

9日　SL 4がゼレルを攻撃。

10日、偵察任務中のM IVが、バルト海に侵入していた英潜水艦を発見。これを攻撃、撃退する。

12日、M Ⅳ
23日、SL 4
25日、M Ⅳ
10月のバルト海における偵察活動等は以下のとおりである。
3日　M Ⅳ
5日　SL 4
6日　M Ⅳ
11日　SL 4
14日　SL 6（9日にセッディンに新たに配備された）及びM Ⅳ
15日、SL 4がゼレルを偵察後、攻撃。
16日　M Ⅳ
18日　SL 6及びM Ⅳ
19日　SL 4
23日　SL 4
24日　SL 4
11月に入り、天候のため、偵察の出撃回数は減少している。
2日、SL 4
16日　SL 6
18日　SL 4及びSL 6
同月、バルト海での間隙を埋めてきたM Ⅳは、性能不足と老朽化のために除籍され、グロス＝バゼナッハ式飛行船は戦場から姿を消した。
12月の出撃記録はない。しかしながら15日、SL 4は風にあおられて船体を損傷、そのまま除籍となった。

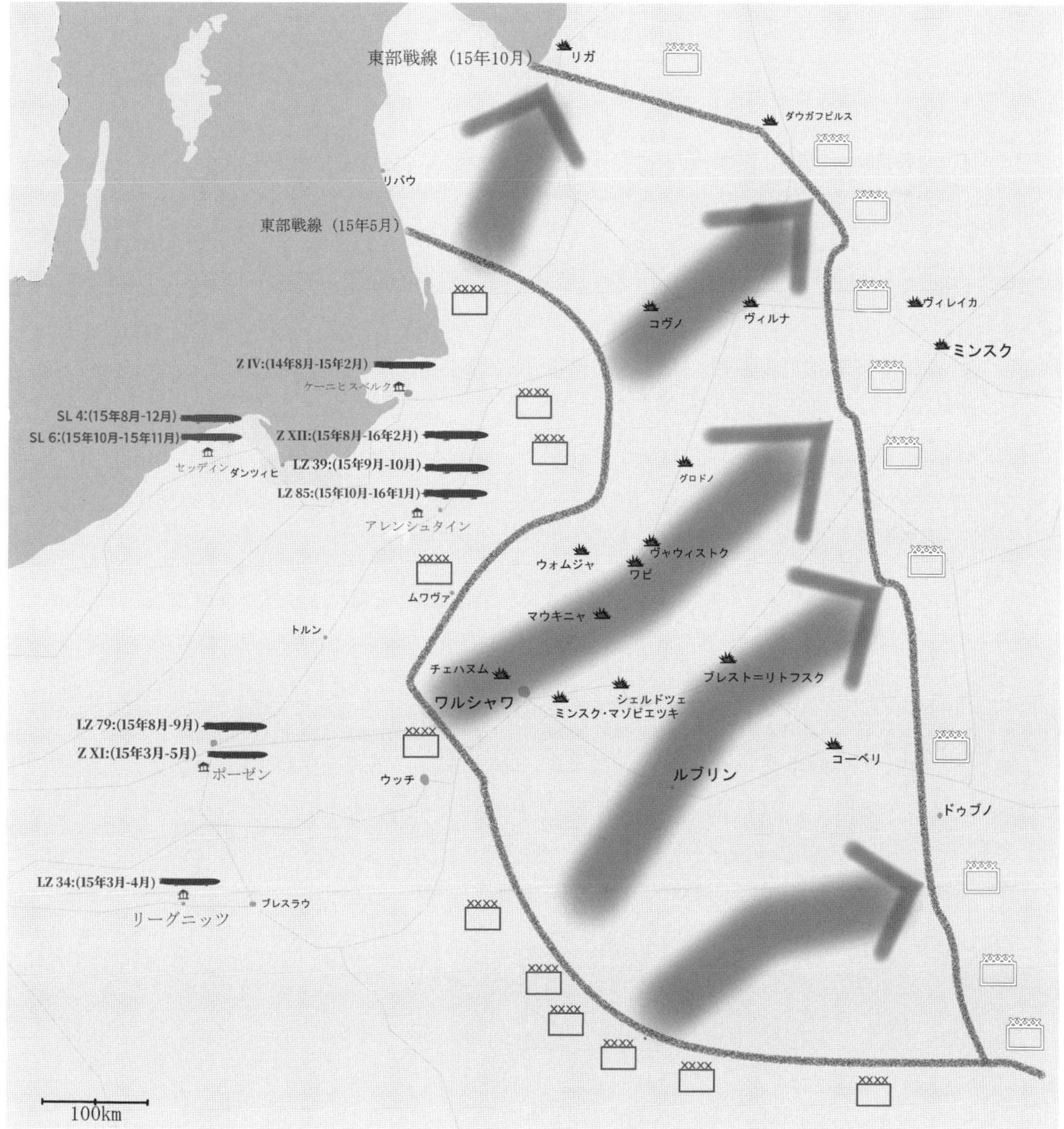

1915年の東部戦線における飛行船の配置と活動。中央同盟国軍の前進とロシア軍の撤退にあわせ、飛行船は、ポーランドからベラルーシにかけての交通の要衝にあたる都市の攻撃を行った。一方、バルト海に振り向けられた海軍飛行船の数は少なく、バルト海の哨戒が主な任務だった。

DOCUMENT▶戦略爆撃の始まり

戦争手段としての、「都市空襲」

敵国の継戦能力を破砕することを目的として、後方の都市や産業地帯を攻撃する所謂「戦略爆撃」は、他ならぬドイツ軍の飛行船によって、人類史上初めて本格的に実行された。

今日、米国空軍国立博物館のウェブサイトでは、以下の文言が掲げられている。

「戦略爆撃の誕生――戦略爆撃は、その端緒を第一次大戦下のドイツ飛行船によるロンドン空襲の開始に求めることが出来る。戦争の初期には、英国に対する複数の小規模な攻撃が行われたが、1915年の10月までには、多数のツェッペリンによる『編隊規模』の空襲が始まったのである」

事実、ドイツ陸海軍の飛行船は大戦中繰り返し英国本土を襲い、夥しい人命と財貨の損失を強いた。

しかし、ドイツの飛行船が容赦なき無差別攻撃の尖兵と化すのは、軍事的・政治的な紆余曲折を経た末のことであった。その過程は、換言すれば第一次大戦が、当時の人々に「近代的総力戦」として認識され、かつ実際そのように遂行されるまでの血塗られた物語そのものなのである。

ドイツの陸海軍は当初、飛行船に対し、偵察・哨戒や軍事目標（地上部隊・艦船）への攻撃を主たる任務として求めており、敵国の後方を標的とする大規模な空襲、という発想は軍上層部とは離れた所で発生し、醸成された。

皮肉なことに、英国の世論もその一つである。新聞をはじめとするメディアは、開戦前からドイツの飛行船が自国に及ぼす脅威について、盛んに喧伝していたのだ。例えば、1913年3月20日付けWhitby Gazette紙は、「敵が我々の島帝国に侵入するとき――海洋はもはや防壁ではない」と題する記事を掲載、この中でツェッペリン飛行船が空からの一方的な攻撃によりロンドンを破壊する惧れが現実のものになりつつあると論じている。かかる危機感は政府にも共有されており、海軍大臣のチャーチルは同時期、本土に対する爆撃を阻止すべく、飛行機によるドイツ飛行船基地への先制攻撃の必要性を唱えていた。彼の主張は、大戦勃発後に実行に移されるであろう。

1914年8月、第一次大戦の戦端が開かれ、英国が連合国側に立って参戦すると、ドイツ国民の間に激しい憤激が巻き起こった。迫りくる開戦に際し、英国が好意的中立を保つだろうという一縷の希望が打ち砕かれたからだ。そして、四方を海に囲まれ、強力な艦隊を擁するイギリスに裁きを下せるのは飛行船をおいて無かった。秋になる頃には国中の子供たちがこう歌っていたという。

Zeppelin,flieg,　飛べ、ツェッペリン！
Hilf un sim Krieg,　我らが戦に助力せよ、
Flieg nach England,　飛べ、英国へ！
England wird abgebrant,　彼の国は業火に包まれん、
Zeppelin,flieg!　いざ飛べ、ツェッペリン！

しかし、軍中枢は世論に迎合しなかった。ティルピッツ海軍大臣は次のように述べている。

「敵を畏怖させるという考えには賛成できない。多少の爆弾を落としたところでどうなるものでもなかろう。年老いた女性を打ちのめしたり殺したりするなど、ぞっとする。そして、敵も間もなくそれに慣れるだろう」

彼はヒューマニズムに依って、英国空襲を否定したわけでない。ただ、飛行船戦力の現状に鑑み、その種の軍事行動が、民間人を散発的に死傷させる以上の「戦果」を挙げえない、と理解していたのである。それ故ティルピッツは、「ロンドンの数十か所に火災を生じさせ得る」ならば、「良好かつ強力な」戦争手段になるだろうと、含みを残している。

一方、海軍軍令部副部長のパウル・ベーンケ少将は、開戦直後からロンドンへの空爆を主張していた。彼の意見によれば、主目標はテムズ河畔の港湾施設と、なにより大英海軍の頭脳たるホワイトホールの海軍本部(Admiralty)である。これらを破壊することで、敵の首都をパニックに陥れると同時に、強力なロイヤルネイビーの指揮統制を打ち砕こうというのだ。しかし、これには軍令部長のポール提督が異を唱えた。現実問題として、当時のドイツ海軍は2隻のツェッペリン型飛行船を保有しているのみであり、主要任務である洋上哨戒もままならない中で、貴重なフネを危険に曝すわけにはいかなかった

ワルシャワを爆撃するSL II

のだ。

しかし、国民感情の大きなうねりは、ある人物を味方につけた。フェルディナント・フォン・ツェッペリン伯爵その人である。彼は大いに発奮し、11月25日には、皇帝ヴィルヘルム２世へ手紙を書き、初の飛行船によるイギリス攻撃に個人的に参加させてほしいと頼んでいる。この訴えは、貴重な人物を万が一にも失うわけにはいかないという名目で却下されたが——実際のところ、軍としては退役して久しい老人が指揮に容喙（口を挟むこと）するのを好まなかったのであろう——英国空襲に対する伯爵の渇望は、海軍飛行船隊の指揮を執る若きカリスマ、ペーター・シュトラッサーを感化するに至った。シュトラッサーは未熟な海軍の飛行船戦力の強化に身命を捧げており、その使命を全うするためにツェッペリン伯爵とその部下たちとの間に太いパイプを築いていたのだ。大戦中、海軍飛行船のエース艦長の一人として活躍したブットラーは、後年、感嘆の念を込めて語っている。

「シュトラッサーの信念を打ち砕くなんて、誰にも出来やしませんよ。ある日、ツェッペリン老伯爵やエッケナーと話し合いをしていたかと思えば、次にはもう、海軍上層部へ宛てて個人的な報告や提案を送り付ける。そして提督連の言い分に反駁する、といった有様です。しかも大半の時間を空で過ごし、上昇できる限りの高度でエンジンのパフォーマンスを調査したりしながら、ですよ」

こうして将来の海軍飛行船団総司令官にして、英国本土空襲の指導者としてのシュトラッサーが、その姿を現すのだ。軍における飛行船の第一人者として、彼はその利点をはっきりと認識していた。即ち、夜間飛行能力と抜きんでた上昇限度、当時の飛行機械としては桁外れの航続距離・積載能力である。これらを十全に活かす用途は、夜の闇に紛れて敵国の奥深くへ侵入し、戦争経済の心臓部へ致命的な一撃を与えることに他ならない。

1915年の初頭、海軍の提督たちはシュトラッサーを批判した。戦艦はより多くの砲弾を搭載でき、弾薬投射量の点では、英国沿岸へ艦隊を派遣して艦砲射撃を行うほうが遥かに有効だというのだ。彼はその指摘が部分的には正しいと認めつつも、こう反論した。空からの攻撃は、あらゆる地点が対象となりうる点において、英国民の戦意を打ち崩すが出来よう。

「我々は英国の産業施設を稼働停止に追い込み、…兵器や軍需物資の生産に深刻な打撃を与えることが出来るだろう。敵国の後方を叩くことが出来る我が飛行船隊は、心理面と物質面の双方において、連合国を弱体化させる切り札となるのだ。」

今や目標は海軍本部ではなく、目的は敵艦隊の混乱ではない。飛行船は戦略兵器となり、敵の戦争経済を破壊する。人類は煉獄の扉を開こうとしていた。

その頃、陸軍の飛行船部隊は苦い経験を味わわされていた。開戦直後、満を持して西部戦線へ送り出した飛行船が、敵の反撃により相次いで失われたのだ。やむを得ず、彼らは生き残ったフネを用いて後方の敵都市に対する爆撃に手を染めた。対空防御の脆弱な敵の後方を夜間に攻撃する戦法は、犠牲を最小限に留めるものと考えられた。意外なことに、ドイツ軍にとって初めての本格的な都市空襲は、場当たり的な、そして消去法的選択の結果であったのだ。

早くも1914年9月にはベルギーのアントワープが、翌月には帝政ロシア支配下のワルシャワ、そして1915年の3月までにはパリも攻撃を受ける。だが、東西両戦線に拡大したこれらの作戦行動を、「戦略爆撃」と呼ぶのはあまり適切ではないだろう。陸軍はあくまで地上戦で仏露と雌雄を決するつもりであり、飛行船による都市への攻撃は一種の「プロパガンダ」に過ぎないからだ。ただ、そうした効果は確かにあり、ロンドン市民は「次は自分たちの番だ」と慄いたという。タイムズ紙は次のように報じた。

「月曜日の夜に行われたツェッペリン飛行船のアントワープ襲来は、これまでの戦争で生じた最も重要な出来事であることが明らかとなろう。それは、人類の闘争における新しい変革の始まりを示している。歴史上初めて、巨大でギラギラ輝く飛行物体の一つが、眠れる都市の甍の真上を航行し、空から死を振りまいたのだ」

かくして1914年10月10日、参謀総長のファルケンハイン将軍は海軍に対し、共同での英国空爆を持ちかけるに至る。

海軍の空気も変わりつつあった。強大な英海軍との戦いを回避し、港に閉じこもるドイツ海軍の提督たちは、フラストレーションを高めていたのだ。何らかの新兵器を用いて英国艦隊が厳重に防護するブリテン本土を攻撃し、世界を震撼せしめる様な戦果を収め、ドイツ海軍の威信を取り戻したい。彼らがそう望むようになるまで、時間はかからなかった。

感情論だけではない。11月に開始されたロイヤルネイビーによる海上封鎖のため、ドイツは食料と天然資源の輸入が途絶し、長期間の戦争継続が危ぶまれた。従って、劇的な勝利による早期和平の望みが薄れ、凄惨な長期持久戦が現実のものになるにつれ、英国を戦線から脱落させることは、ドイツ海軍にとって最優先事項となっていったのだ。1914年の晩秋に記された海軍のメモランダムには以下の文言を見ることが出来る。

「英国に屈服を強いる手段は、いかなる物でも見落としてはならない」

飛行船による空爆が相応の効果を持つことは、アントワープでの経験が既に証明していた。

こうして彼らは、陸軍との交渉のテーブルにつく。

陸軍同様、海軍が敵国の後方に対する攻撃に向けて大きな一歩を踏み出したのは、個別具体的な事情によるところが大であったのは興味深い事実である。現代に生きる我々は、それなりに完成された飛行機械が登場し、大規模な戦争が行われれば、一種の普遍的現象として都市を徹底的に破壊する空襲が自ずと行われるであろうと考える。しかし、ドイツ人をかかる闘争に駆り立てたのは、その時々の特殊な状況であった。一方で、ドイツ海軍飛行船隊に課せられた重圧は、陸軍のそれよりも、他のあらゆる参戦国の航空戦力よりも、遥かに大きなものであった。祖国の生存を賭して英国を覆滅しなければならないからだ。さもなくば海上封鎖のため、いずれドイツのあらゆる戦争努力は破局を迎えるであろう。ドイツ飛行船の英国空襲が、国家の継戦能力を破砕することを企図した世界初の戦略爆撃となる理由は、畢竟(ひっきょう)ここに胚胎(はいたい)する。

アントワープ上空の陸軍飛行船

攻撃目標、ロンドン

しかし、英国爆撃に向けた陸海軍の調整は難航した。両軍とも使用できる飛行船の数は少なく(それ故陸軍は共同作戦を提案したのであるが)、主導権を巡る政治的駆け引きも加わり、議論は暗礁に乗り上げたのだ。10月末、陸軍が余剰飛行船の譲渡を海軍に求めると、ロンドン空爆を提唱していた軍令部副部長のベーンケ提督さえ、海軍が一定数(10隻)の艦を有するのは早くとも翌1915年以降であり、しかも、そのうちの多数を洋上哨戒に振り分ける必要があると反論している。11月、ファルケンハイン将軍は新しい作戦構想を打診したが、シュトラッサーを伴って協議に出席した海軍航空隊司令官のフィーリップ提督は、陸軍サイドが飛行船の専門家を欠き、意思決定者が不在のまま計画を進めようとしていると見て取り、却って不信感を募らせた。

一方で彼は、当時の主力であるM級飛行船ならば単艦でもロンドンに相応の打撃を与えられると分析し、海軍が同級を4隻保有する10月半ばには、そのうちの1隻をもって作戦開始が可能であると考えていた。フィーリップ提督はシュトラッサーの指揮のもとこれを実行せんと、海軍大臣ティルピッツや軍令部長ポール提督へ意見具申を行っている。ベーンケ提督もこれに呼応し、ポール提督へ10月の良好な気候を逃すべきでないと進言、また外洋艦隊司令官インゲノール提督へ直ちにロンドン空爆を行うべきであると説いた。

上層部に理解者を得たシュトラッサーは、この時期戦力の拡張に全精力を傾けていた。のちに数々の旅客飛行船を指揮するハンス・フォン・シラー(当時はフォン・ブットラーの下で当直士官として勤務)の叙述を引用しよう。

「シュトラッサーのやり方は、主として反対意見をすり減らそうとするものだった。そのために彼は、要求に次ぐ要求、提案、報告、会議、その他徹底的な要望のマラソンを続けた。彼はいかなる権威者を前にしても慌てることなく、いかなる委員会が数の有利にものを言わせようとも少しも恐れなかった」

まさにこの手法によって彼の飛行船隊はクリスマスまでに新造のM級を6隻有し、25隻分の搭乗員を養成したのである。

おそらくシュトラッサーにとって戦略爆撃は喫緊の課題だった。開戦劈頭(へきとう)、陸軍の飛行船部隊が大打撃を受けたことを知ったとき、こう述べている。

「一体何時になったら、飛行船を低高度での偵察や哨戒に用いるべきでないと、陸軍は学ぶのだろうか? …そのような任務は飛行機に引き継がれるべきだ。…ツェッペリン型飛行船は高く飛び、夜の闇や雲を隠れ蓑にして運用するよう設計されている。そして大量の爆弾や焼夷弾を運ぶことが出来るのだ」

彼の焦燥にも関わらず、陸海軍の協議はなかなか前へ進まなかった。10月、そして11月が空費され、12月に入ると陸軍は攻撃の主目標をフランスに転換、海軍へも協力を求める。当時、同国の飛行機がドイツの都市へ散発的な攻撃をしかけ、民間人に犠牲者が出ていたのだ。苛立ちを募らせたシュトラッサーは、軍令部長のポール提督へ打電さえしている。

「天候は、英国に対する長距離攻撃に対し、全面的に好適なり」

しかし、陸軍は英国爆撃で海軍に後れを取ることを望まなかった。結果、ポール提督が12月25日に外洋艦隊司令官へ宛てて送った電文は、政治的妥協の色が濃いものとなる。

「陸軍参謀本部は彼らの飛行船に対し、フランス国内の要塞を攻撃するよう命じている。気候条件の有利を活かすべく、海軍飛行船隊はロンドンを除く英国東岸に対する作戦行動を行うことを提案する。ロンドンへの攻撃は、今後陸軍との協働によって実施されるであろう」

これに対して、ティルピッツ海軍大臣は、攻撃をロンドンに集中してこそ、敵国の戦争継続の意思を減殺出来るとして、ポール提督を窘めた。空爆を地方に分散し、各所で少数の民間人を殺傷しても、戦局の変転には寄与しないというのが彼の持論だったのだ。

しかしこの直後、更なる「障害」が姿を現す。皇帝ヴィルヘルム2世その人である。ヴィクトリア女王を祖母に持つカイザーは英王室と縁戚関係にあり、英国空爆には初めから及び腰であった。加えて、戦場から遠く隔たった場所で民間人を殺傷することも望んではいなかった。フランスの飛行機がドイツに小規模な爆撃を行い、臣民を殺し傷つけると、彼の思いは強まった。皇帝は血塗られた報復より、自らの軍が同じ類の蛮行に手を染めないことを願ったのである。第一次大戦初期の様々なエピソード（西部戦線で、両軍の兵士が自発的に戦闘を中断し、互いに交流した「1914年のクリスマス休戦」は、よく知られる）が示す通り、当時は封建的な「騎士道精神」やキリスト教的「博愛主義」の残滓が、最期の輝きを放った瞬間であったことは、留意する必要があろう。

陸軍参謀総長のファルケンハイン将軍は、英国攻撃に際して民間人への誤爆が生じれば、カイザーの怒りを招くであろうと憂慮の念を表明している。12月26日、ポール提督は「至急の要件につき」、指揮系統を飛ばしてシュトラッサーへ直接電報を打ち、作戦中止を命じた。翌27日になって、ポール提督は外洋艦隊司令官インゲノール提督へ事情を説明している。

「ロンドン空爆に関して、現段階では、皇帝陛下の深刻な罪の意識をまず解消しなくてはならない」

実際、この時期のドイツ皇帝は苦悩の淵に沈んでいた。軍部より従来の戦争の在り方を根本から変えてしまう提案が、相次いでなされたのだ。具体的には、ツェッペリン型飛行船によるロンドン爆撃、Uボートによる無警告の商船撃沈、そして最前線における毒ガス兵器の実戦投入である。はじめの二つはそれまで二次元（陸上、海上）で行われていた戦闘を三次元（空中、海中）に展開し、かつ、それによって戦線を超えて敵国の後方に大規模な破壊を齎すことが企図されていた。また、毒ガス兵器は残酷な手段で敵兵を根絶やしにするものであり、いずれも戦時国際法の精神（個別の条文の解釈はどうあれ）に著しく反するものであった。皇帝はこれらの提案に躊躇し、時に反対を唱えるが、最終的に全て承認するであろう。

総力戦の惨禍は、想像を絶するものであった。開戦から1914年末に至る僅か4か月余りで、ドイツ軍の死傷者は68万人に及んだ。しかもこれは、西部戦線のみの数字である。ある新聞では、前線での戦死者の名前を伝える広報欄が毎日のように40ページを超えた。とても許容できる事態ではない。「戦争はクリスマスまでに終わる」そう無邪気に信じていた多くのヨーロッパ人の一人であったカイザーは、その日を大いなる失望を持って迎えたに違いない。そして、いつ果てるとも知れない死闘と膨大な犠牲を前に、遂に非情なる決断を下す。

年が改まった1915年1月7日、軍令部長のポール提督は皇帝に海軍の計画を上奏した。彼はロンドンの軍事目標のみを攻撃することを提案し、また陸軍との連携は実践的ではないと述べた（背後には海軍航空隊司令官のフィーリップ提督がおり、彼は陸軍との協力に見切りをつけ、海軍単独でロンドンを攻撃することを主張している）。同月10日、外洋艦隊司令官へ宛ててポール提督は電文を送っている。

「英国への航空攻撃は、大元帥閣下により裁可さる」

ただし、皇帝は条件を残していた。ロンドン中心部は攻撃対象から外されるよう命じられたのだ。それを知ったとき、シュトラッサーは怒ったという。「これでは戦えない！」だが、とにもかくにも、英国空爆は実行へ向けて大きく動き出す。

国際的な交戦法規との整合性については、軍令部副部長のベーンケ提督が既に見解を纏めていた。それによれば、対空砲台や兵営はもちろん、港湾ドックや兵器工場などの「軍事施設」への爆撃は禁止されておらず、それらが多数存在するロンドンへの攻撃は正当化される。もちろん、実際に空襲を行うとなれば民間人が巻き込まれることは避けがたいが、戦争の全期間を通じてドイツは対外的に「軍事施設」のみを目標にしていると主張するであろう。しかし、ドイツ飛行船は間もなく、公然とロンドンの市街地へ爆弾を投下するのである。

国内の世論は全く問題とならなかった。民衆は、自分達をロイヤルネイビーの卑劣な海上封鎖の犠牲者であると見做し、英国への復讐を求めていた。1915年3月に出版された書物はこう記している。

「海上封鎖は今や、我が国の産業の崩壊と国民の飢餓の恐れをもたらし、我々を脅かしている。幸運なことにドイツ産業界はツェッペリン型空中巡洋艦を発展させ、英国爆撃を可能とした。英国人に、彼ら自身が我々に向けて解き放った『戦争の本質』を味わわせてやるのだ」

1月10日、シュトラッサーは早くも対英爆撃のプランを外洋艦隊司令官インゲノール提督へ提出している。6隻ある飛行船のうち、3隻が空襲に、1隻が洋上哨戒に割かれるものとされ、目標はタインやグレートヤーマス、ローストフトなど東岸の地方都市であった。

ブリテン島初空襲、そしてロンドンへ

1月19日、英国は遂に初の空襲を受ける。この日3隻の海軍飛行船、L 3、L 4、L 6が出撃し、L 6にはシュトラッサー自身が搭乗した。しかし同艦はエンジントラブルのため洋上で引き返している。残る2隻は夜の闇に紛れて英国東海岸の諸都市に爆弾を投下し、帰還した。攻撃によるダメージは大英帝国の国力に鑑みればごく僅かであったが、心理的な影響は大きかった。「大艦隊(グランド・フリート)」がある限り、ブリテン島が戦場になる筈が無い。つい昨日までイギリスの善男善女はそう信じていたのだ。彼らにとって欧州大陸の戦禍はまさに、「対岸の火事」だった。それが迷妄に過ぎないことが、否応なく明らかになった。2隻の飛行船から降り注いだ25発の爆弾は、かくしてイギリスの安全神話を跡形もなく吹き飛ばしたのである。2日後のデイリー・メイル紙は悲観的な見方を示す。

「今日の飛行船はまだ新しく、不完全な装置であるが、改善が施された暁には、あらゆる町や村が、空からの攻撃に対して全く無防備となるであろう。これに対し防御手段を講じることは極めて困難である」

民間人が標的となったことに、英国民は戦慄し、また憤激した。ドイツの飛行船を呪い、蔑む呼び名である「赤ん坊殺し(Baby Killer)」という言葉が早くも人口に膾炙(かいしゃ)し、新聞にも頻出する。実のところ、19日の空襲における最年少の犠牲者は17歳の少年であったが、攻撃が続く限り赤ん坊が殺されるのは時間の問題に過ぎないであろう。

イギリスの報道機関は、住民の生命と財産に対する攻撃は、国際法に反するドイツの戦争の中でも特に野蛮な行為であると非難した。ドイツはこのプロパガンダに対して、フランスによる空襲や、ロイヤルネイビーによる海上封鎖を強調し、ドイツ国民を飢えさせようとしていると主張した。ドイツ軍の公式発表では、飛行船は軍事施設のみを攻撃するように指示されている筈だった。しかし、実際には、ピンポイントで爆弾を投下することは不可能である。

だが、ドイツ側はもはや英国の批判など歯牙にもかけはしない。空襲から数日後、ドイツ系アメリカ人ジャーナリストの取材を受けたツェッペリン伯爵は、民間人に犠牲者が出たことについてこう答えている。

「私ほど残念に思っている者はいないだろう。しかし、非戦闘員の犠牲を伴わない戦争手段など存在しない。ならば何故、英国はこれほど騒ぐのか?それは、ただ単にツェッペリン型飛行船が、彼らを戦禍から隔てている飛びぬけた地理的優位性を、打ち崩してしまうことを恐れているからに他ならない。そしてまた、同様の兵器を建造しようという彼らの努力が無に帰したため、英国は国際世論を喚起し、彼らには真似のできないドイツ製兵器の使用に対し制限を掛けようと目論んでいるのだ。…ツェッペリン型飛行船の搭乗員とて、人間である。砲兵部隊の将兵に較べて、女子供を殺めることに特別熱心であるわけではない。むしろ、犠牲を最小にとどめるため、常時心を砕いているのだ。」

ペーター・シュトラッサーも母親へ宛てた手紙の中で、自らの見解を披歴している。非公式の私信ということもあり、それはより鋭く、本質的である。

「英国の心臓部で敵に打撃を与える我々は、『赤ん坊殺し』や『女性を狙う殺人者』などと誹謗されています。…任務は我々にとっても忌まわしいものですが、しかし必要な、本当に不可欠なものなのです。今日、非戦闘員などというものは存在しません。近代戦とは総力戦なのです。前線に立つ兵士は、工場労働者や農民、その他あらゆる後方の生産者がいなければ役に立ちません。…我々の行為がどれほど醜悪なものであったとしても、それによって我が国民は救済されるのです」

ドイツの民衆は歓喜に沸き立っていた。1月20日、初空襲を終えて帰還した2隻の飛行船は大歓迎を受けた。まもなく、搭乗員全員に鉄十字章が授与されるであろう。1月21日付のケルン・ガゼット紙からは、彼らの興奮がありありと伝わってくる。

「遂に最初のツェッペリン型飛行船が英国に現れ、我らの敵に燃えるような挨拶をくれてやったのだ!英国人が長きにわたって惧れ、恐怖に駆られて幾度も頭を悩ませてきた事態が、遂に実現したのだ。最も近代的な航空兵器であり、ドイツ人の創造性の勝利の象徴であり、ドイツ軍だけが所有するこの武器は、海を越えて戦争の惨禍を英国本土に持ち込む能力を見せつけた!…目には目を、歯には歯を。これこそが、我々が敵に対して取りうる唯一の態度である。そしてまた、戦争を早期に終わらせる唯一の途であり、とどのつまりは最も人道的なやり方である。今日、我々はツェッペリン伯爵に祝辞を贈る。彼が生きてこの大勝利を見届けたことに。そしてまた、ドイツ国民として賛辞を贈る。我らをしてかくも素晴らしい兵器の独占者たらしめたことに」

実のところ、ドイツ政府上層部には懐疑的な意見も存在した。民間人への攻撃は、特に米国をはじめとする中立国との関係を悪化させる懸念があったの

だ。だが、国民の熱狂という追い風を受けて走り出した暴力装置を止めることなど、もはや誰にも出来はしない。

カイザーとて、その例外ではなかった。2月12日、彼は勅令を下している。

「1. 皇帝陛下は、英国に対する航空戦が最大限の努力を以て遂行されるべきであると、大いなる希望をお示しになった。

2. 陛下は、次の攻撃目標を指定しておられる。即ち、あらゆる種類の軍需物資、軍事施設、兵営、そしてまた燃料タンク、およびロンドンの港湾施設である。ロンドンの市民居住区、及び、全ての王室の宮殿は、攻撃してはならない」

効果は覿面だった。日和見的な態度に傾いていたドイツ陸軍は、ライバルに後れを取ったことを悟り、再び英国空爆を真剣に検討し始める。勅令は——限定的とは言え——ロンドンへの攻撃を許可したと解釈し得た。少なくとも、陸軍参謀本部はそう考えた。彼らは、チャリング・クロス駅以東を目標とする作戦、コードネームFILM FETWAを立案する。2月23日以降、陸軍が保有する主要な飛行船4隻が相次いで臨戦態勢に入った。

一方、海軍もただ指を咥えて見守るつもりなど、微塵もありはしなかった。2月18日、参謀本部の意向を知ったバッハマン提督——フォン・ポールの跡を継いで軍令部長に就任した人物である——は、外洋艦隊司令部へ宛てて、同様の命令が海軍飛行船部隊に下されるであろうと書き送っている。かくしてロンドンへの道が開かれる。ドイツ陸海軍は相次いで大英帝国の首都に向け、爆装した飛行船を出動させるだろう。彼らは競ってロンドンを目指したが、2月から5月中旬までの作戦行動は、——地方都市への数回の爆撃を除き——悉く未遂に終わる。

この経験から、シュトラッサーは開戦以来の主力であったツェッペリン型M級飛行船が力不足であることを悟る。スピード、高度、耐久性。つまりは性能の全てが、英国爆撃には未熟だった。寒冷な気候のもとですら、0.5トンの爆弾を搭載してブリテン島に至るのがやっとであり、気温が上がると爆弾搭載量はさらに減った。後継のP級(ツェッペリン飛行船製造会社は1914年8月に海軍省へ同艦級の開発提案を行っている)は2トンの爆弾を積んで高度3,000mから英国を襲うことが出来るだろう。1915年の4月から配備が開始されたこのタイプは、マイナーチェンジを施されたQ級と併せて、英国におけるドイツ飛行船による空襲の死者の、実に67%を齎すのだ。

陸海軍は、イギリス本土空襲の切り札たる新しいツェッペリン型P級飛行船の獲得のため、激しい暗闘を繰り広げたが、開戦当初に甚大な損害を被り戦力再建の途上にある陸軍飛行船隊が、優先的にこれを受領することとなった。1915年4月の第一週に、陸軍は一番艦LZ 38を配備する。方や、海軍は二番艦L 10を受け取るまでに約40日を足踏みして待たなければならなかった。この時間差を、陸軍は見逃さないであろう。

4月の終わりに、皇帝は新しい承諾を下し、5月5日に公表される。それは、ロンドン塔以東に広がる敵首都の外郭エリアへの攻撃を許可するものであった。時は満ちた。5月31日、陸軍に所属するP級一番艦LZ 38は、単独でロンドンへの初空襲を果たす。人的損害は限られたものであったが、各所で大火災が発生した。英軍当局は報道管制に踏み切り、その詳細が報じられることは無かった。しかし、大英帝国の首都が攻撃されたという事実は、世界を震撼させた。各国の新聞は競ってこれを取り上げ、大きな反響を呼び起こした。本邦の大阪毎日新聞の記事(6月12日付)からは、次のようなセンセーショナルな一文を見て取ることが出来る。

「独飛行船の今回の暴行はこれ実にいわゆるドイツ文化の神髄をいかんなく発揮したるものなると同時に、これを破壊するがため英国民が最良の国民的努力をなさざるべからざるとを教うるものなり」

ロンドン上空は今や、英独の「国民精神」の陰惨な

ブリテン島を目指す独飛行船(当時の絵葉書より)

る黙示録的闘争の巷と化したのである。だが、より重要なポイントは、目立たないところにあるかもしれない。LZ 38の目標は、対外的発表であれ、戦術的指令であれ、テムズ川沿いの港湾施設に他ならなかった。しかし、「正確な爆撃が不可能なことから」、投下された炸裂弾と焼夷弾の大部分は一般の街区に降り注いだのである。それでも、参謀本部とカイザーはこれを特に問題としなかった。沈黙のうちに、戦争は新しい段階へと突入したのだ。

果てなき戦禍

ドイツ海軍も直ちに追随した。ロンドン爆撃の翌々日(6月2日)、軍令部は海軍航空隊司令官のフィーリップ提督に対し、旧式艦(M級)を洋上哨戒等に振り向け、新型のP級は英国空襲にまわすよう命じている。6月6日には、フィーリップ提督は外洋艦隊司令官に転じていたポール提督に宛てて、6隻が洋上哨戒を、残りの3隻ないし4隻が対英作戦を担当するとの提案をした。当時の海軍飛行船隊は旧式のM級等を4隻、新型のP級を3隻保有し、毎月1隻ないし2隻のP級を受領していたことから、これは近いうちに複数の新型P級が編隊を組んでロンドンを襲うことを意味した。

同じ頃、軍令部内では、バッハマン提督のイニシアチブのもと、ロンドンのシティが攻撃目標として本格的に検討されようとしていた。いうまでもなく、其処は大英帝国が誇る世界的金融センターに他ならない。工業生産力で米独の後塵を拝した英国が依然として覇権国家の地位に留まっていられるのは、広大な植民地や世界各国への投資が、莫大な額の利子や配当となって還流するグローバルな集金システムがあってこそなのだ。

従って、この英国金融資本主義の中枢を破壊すれば、同国の戦争経済は致命的な打撃を受けるであろう。銀行や証券会社が集中する街区を「軍事施設」と見做し得るものなのか、甚だ疑問であるが、軍や政府から表立った異論が出ることは無かった。強いて言えば、帝国宰相のテオバルト・フォン・ベートマンが、シティの焦土化自体には賛成しつつも、空爆は労働者や事務員の多くが不在となる週末に行われるべきとの見解を示した程度である。ここでも、戦闘は次の局面へと移りつつあった。むしろ海軍を制約したのは、5月に公表された勅令において「ロンドン塔以西」への攻撃を禁じた皇帝の意思である。シティは、まさしくそのエリアに所在していたのだ。

7月20日、バッハマン提督は皇帝に拝謁し、大英帝国の経済的心臓部へ「曜日に関係なく」——これは宰相ベートマンが唱える慎重論の払拭を念頭に置いたものである——攻撃することへの許可を求めた。ヴィルヘルム2世は完全に同意し、英王室の宮殿および歴史的・文化的価値のある建物を除き、あらゆる目標への空爆を認めたのである。かくして戦

ロンドン上空の独飛行船

1915年当時の外洋艦隊司令官フーゴ・フォン・ポール提督

略爆撃は檻から解き放たれた。それは人類にとって、決して引き返せない道であった。

1915年7月末までにドイツ海軍飛行船隊は英国の地方都市に対し6回の小規模な空爆を行っていたが、これらは依然として実験的な色合いが強かった。同年秋、飛行船司令のエース、マティはこう回想している。

「初めてツェッペリン型飛行船を指揮して英国へ向かった時は、未知の国を探索するかのようであった。印象は今よりもずっと鮮烈だった。私の初めての出撃と、その後の幾つかの空襲は、ある程度実験的な物であった。それまでの訓練と経験にも拘らず、我々は多くを学ぶことが出来た。それは全く新しい種類の戦闘で、これを通じ、手探りで戦略や戦術、或いは暗闇の中で自艦や攻撃目標の位置を特定する方法を習得したのである」

今や、学びの時は終わりを告げた。シュトラッサーは麾下の諸艦を、満を持して念願のロンドンへ送り出そうとしていた。絶好の機会は8月9日の新月の夜。空前の「編隊規模」の大戦力で敵の首都を襲おうというのだ。それは、英軍の防空能力を遥かに凌ぐ数の飛行船を投入することで、味方の損害を抑え、破滅的なダメージをイギリスに与えようとするシュトラッサーの新しい戦略だった。

この日の昼、4隻のP級と1隻の旧式O級がブリテン島を目指し出撃する。シュトラッサーはP級のL 10に搭乗し、指揮を執ろうとした。しかし、機械的不調と天候不順のため、ロンドンへの侵入は失敗し、さしたる戦果を挙げることは出来なかった。それでも彼は落胆の色を見せず、来るべき成功のため有益な戦訓を引き出そうとした。彼は作戦に参加した全士官とその他のキーパーソンを集め、各艦の経路や行動を分析し、どうすれば成功につながったかを説いている。「あと少しだ」シュトラッサーは言った。「ロンドンに対するほとんど完璧な空襲は手の届くところにある」。彼は正しかった。

8月17日、4隻のP級が出撃し、そのうちの1隻が海軍飛行船としては初めてロンドンを爆撃する。9月7日にはライバルである陸軍飛行船2隻（P級およびSL型各1隻）が敵の首都を襲う。そして、来る9月8日、想像を絶する災厄が遂にこのメトロポリスにもたらされるのだ。

この日、海軍は3隻のP級と1隻のO級を英国へ向け飛び立たせた。ロンドンへ侵入したのは1隻のP級のみだったが、その艦こそは、ハインリヒ・マティが指揮を執るL 13に他ならない。彼はシティに猛爆を加えた。市民120名が死傷し、50万ポンド以上の財貨が灰燼に帰した。金融街に立ち並ぶ名立たる銀行は、あちこちで粉砕された。最重要目標の中央銀行（イングランド銀行）はからくも難を逃れたが、帝都は殺戮の巷と化し、この夜を境に戦争はそれまでとは全く別のものになるだろう。

公式的には英国政府は平静を装っていたが、海軍本部に提出された報告書には深刻な危機感が色濃く滲んでいる。そこからは、次のような指摘を見て取ることが出来る。もし2隻かそれ以上の数の飛行船による空襲が行われた場合、理論的には今回に数倍する損害が生じうる。より重要なことには、地上の対空要員は大混乱に陥るだろう。また、ドイツ軍は英国の都市に対する空襲をより効率的に行うようになると大なる確信をもって予測できる。それは、より大規模な攻撃が計画され、爆撃装置が改良され、飛行船がより多くの爆弾を積んでより高く飛ぶことが可能となるからだ。

ドイツの諜報機関はこの報告書を密かに入手し、母国へ送った。シュトラッサーは敵国の苦悩を知り、狂喜したという。また、彼は文書の示唆するところを正しく読み取った。英国への空爆がより効果的に行われるようになれば、敵は膨大なリソーセスを本土防空に割くことを強いられ、最前線の戦力はそれだけ痩せ細るに違いない。

10月13日、ドイツ海軍飛行船隊は再びロンドンへの大規模な空襲を成功させる。この日、5隻のP級が発進し、3隻が敵の首都へ侵入を果たしたのだ。ブライトハウプト司令のL 15はまたもシティに痛打を与え、市民の死傷者は149名に上る（ロンドン以外の地域を加えると199名）。シュトラッサーの空中艦隊は、確実に技量を高めつつあった。

本コラムの冒頭で引用したように、アメリカ合衆

1915年9月9日、マティのL 13の攻撃で破壊されたロンドン都心部

国空軍国立博物館が、「1915年10月までに、『編隊規模の』ロンドン空襲が開始され」、それが戦略爆撃の端緒となったとの見解を示しているのは、かかる事実に基づいてであろう。意図、規模、および手法の全てにおいて、それは紛れもなく世界初の本格的な戦略爆撃となった。換言すれば、対英航空作戦は国家の継戦能力の破砕を目的とした、後方に対する大規模な無差別攻撃と化したのである。

ブライトハウプトのロンドン空爆をもって、1915年の作戦行動は終わりを告げた。天候が不順となる冬季は、行動を控える決定が下されていたのだ。この年、英国への空爆は21回を数え、民間人の死傷者は636名、物質的損害額は80万ポンドに上った。一方、襲来したドイツ飛行船のうち、戦闘で失われたものは僅かに2隻を数えるのみ。かくして凱歌をあげたドイツ空中艦隊であったが、それは飽くまで戦術レベルの話であり、英国の戦争経済を破壊するには遠く及ばず、国民の士気を阻喪せしめることも出来なかった点において、戦略爆撃としては成功とは言い難かった。

翌1916年、彼らは敵国の覆滅を期し、規模を遥かに拡大してイギリスを襲う。同年、巨大な硬式飛行船は月に2隻のスピードで生産され、1915年6月に16隻だった陸海軍のツェッペリン型飛行船保有数(P級5隻、M級・N級・O級5隻、旧式艦4隻)は、1年2か月後には30隻(R級4隻、P級・Q級20隻、M級・N級・O級3隻、旧式艦3隻)に達する。英軍が「スーパーツェッペリン」と呼ぶ最新鋭の巨艦、R級の配備も開始され、年内に10隻が就役した。同級のテストフライトを行ったシュトラッサーはこう述べている。

「この巨大な艦が有する性能は、英国は飛行船によって征服されるという私の信念を強めた。都市や工場、造船所、港湾、鉄道その他に対する破壊活動は拡大されていき、英国はその生存基盤を奪われるであろう。…飛行船こそは、戦争を勝利のうちに終わらせる確かな手段となるものなのだ」

無差別爆撃は、ますます露骨なものとなった。ツェッペリン伯爵は1915年後半にある将軍と会見した際、「イギリス全土を燃やせ！」と口走り、16年半ばにはプロイセン王国議会の集会で「最も破壊的な戦争は、究極的には最も慈悲深いものである」として無制限の飛行船作戦を求めたという。

1915年に47隻だった英国への出撃数は、16年には187隻へと跳ね上がり、空襲1回あたりの出撃数も15年の2.2隻から8.1隻へと伸びている。前年よりも遥かに大きな編隊を組んでブリテン島を襲うようになったのだ。

しかし1916年の英国の被害は、民間人の死傷者984名、物質的損害額60万ポンドに留まったのである。これは英軍の防空能力向上、特に戦闘機と高射砲の性能および運用の進歩によるところが大きく、ドイツ飛行船団は同年9隻(うちR級4隻)を撃墜されている。これは、耐え難い損失であった。今や、陸軍は飛行船による英国空襲を断念し、重爆撃機の整備に邁進する。一方、海軍は敵戦闘機や高射砲の手が届かない高空を飛行するハイトクライマーに一縷の希望を託した。

1917年の戦闘は、両者の明暗をはっきりと分けた。陸軍の重爆撃機隊は英国に手痛い損失を強いる一方、ハイトクライマーは高空に特有の様々な悪条件に悩まされ、さしたる「戦果」を挙げ得ないまま事故等で多数が喪われたのである。1918年に入ると英軍はドイツ飛行船を高高度で迎撃可能な戦闘機を配備し、シュトラッサーが搭乗する最新鋭の巨艦L 70を撃墜した。希代の指揮官を失った海軍飛行船部隊は事実上瓦解し、ここに飛行船による英国空爆は終焉を迎えたのである。

かくして、人類初の戦略爆撃は、飛行船によって開始され、完成されるも、最終的には飛行船の攻撃兵器としての命脈を絶ったのであった。だが、それは「始まりの終わり」に過ぎない。都市に対する空襲は、ますます残酷に、徹底的に行われるであろう。第二次世界大戦では巨人爆撃機や原子爆弾が登場し、無数の都市が焦土となった。冷戦期にはジェット爆撃機や大陸間弾道ミサイル、水素爆弾が出現する。「20世紀の悪夢」たる戦略爆撃。総力戦の象徴であるこの闘争手段に、人類はそれぞれの時代の最先端科学と叡智を惜しみなく注ぎ込んだ。その輝ける第一号こそ、飛行船であったのだ。

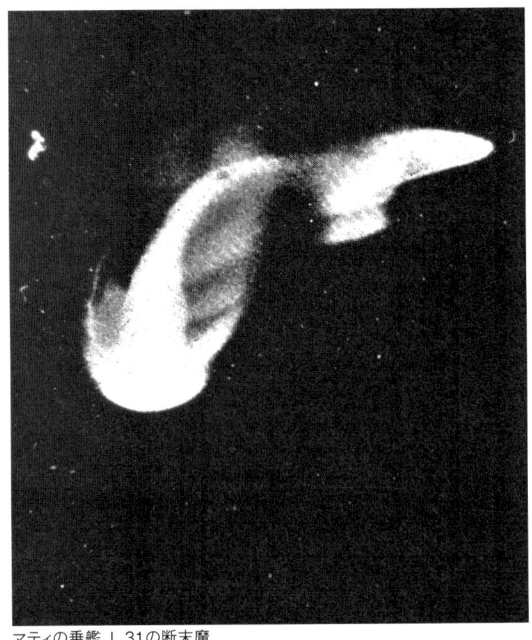

マティの乗艦、L 31の断末魔

第2節　“分水嶺”——戦略兵器としての飛行船の敗北（1916年）

1　西部戦線と北海における陸海軍飛行船の活動

陸軍飛行船の活動

陸軍は、西部戦線の膠着状況を打破するため、フランス軍を消耗させることを目的とした、ヴェルダン要塞の攻略作戦を計画していた。

1916年1月、彼らは西部戦線での活動を再開し、フランス諸都市への攻撃を開始する。これには、首都であるパリも含まれていた。

25日、LZ 77がル・クーゾとエペルネーを攻撃。

29日、LZ 79がパリを攻撃するが、不時着後大破し失われた。

30日、LZ 77がパリを攻撃。

2月、陸軍飛行船によるフランスの都市への攻撃は、21日にヴェルダン戦が開始されたことで、より激しさを増す。ヴェルダン周辺への攻撃は、陸軍が飛行船の攻撃目標として重視した、敵兵站、ならびに連絡線の破壊を狙って行われた。

7日、SL 7がナンシーを攻撃。

21日、LZ 77がルヴィニー＝シュル＝オルネンを、LZ 88がシャロン＝アン＝シャンパーニュを、SL 7がヌフヴィルを攻撃。

22日、LZ 95がヴィリー＝ル＝フランソワを、23日にはLZ 87がエピナルを攻撃した。

この2日間の攻撃は高くつき、22日にLZ 77が被撃墜、LZ 95は不時着後大破という損害を受けている。この数日の攻撃で、成功を収めたのはSL 7のみであった。しかも、LZ 77は、無線による交信を傍受されており（SL 7以外の飛行船全てが傍受されていたようだ）、交信のたびに位置を標定され、結果、フランス軍の誇る移動式対空砲が構成する防空火網に打ち取られているが、これは、最も初期の電子戦の例の一つである。この結果を受け、陸軍は、特に西部戦線において、飛行船を戦術的な用途に使用することを取りやめた。そして、その矛先を、海軍の実施するイングランド攻撃の支援へと切り替えたのである。とは言え、フランスへの爆撃が完全に無くなった訳ではない。イングランド攻撃の帰りがけ、あるいは、イングランドまで到達できず、連合国軍がいるであろうフランスの町に爆弾を落とす、という事は度々あった。

3月も引き続き、陸軍飛行船は攻撃任務を遂行している。

1日、LZ 81がヴェルダン（仏）を攻撃。

6日、LZ 90がバール＝ル＝デュク（仏）を攻撃

17日、LZ 90がノリッジ（英）を攻撃。

31日、同じくLZ 90がノリッジを攻撃。

4月、陸軍飛行船の主な攻撃目標は引き続きイングランドだった。

2日、LZ 88がエディンバラを、LZ 90がアルダートンやハリッジを、LZ 93がウィンミル・ヒルなどを攻撃後、英仏海峡を渡り、ダンケルクを攻撃。

24日、LZ 93がダンケルクなどフランス沿岸部を攻撃。

25日、LZ 81がフランスのエタプルを攻撃。その他は英国を襲い、LZ 87がウェルマーやラムズゲート、マーゲイトを、LZ 93がハリッジを、LZ 88がプレストンとマーゲイトを、そして、LZ 97がロンドン郊外に到達しこの一帯を攻撃した。

5月から7月の間、陸軍飛行船については目立った動きがない。これは、陸海軍に共通することであるが、5月、6月、7月などの夏至に近い時期は、イングランド上空のみならず、夜間、敵地上空での長時間滞在が難しいため、積極的な攻撃は控えていることが多い。6月に入っても、変わらず、ヴェルダンでのドイツ軍による攻勢は継続していたが、西部戦線の別の正面では、イギリス大陸派遣軍が主体となったソンムの戦いが始まる。

8月、陸軍飛行船は、西部戦線での活動を再会する。ヴェルダンでは攻守交替し、フランス軍が逆襲に転じた上、ソンムでの連合国による攻勢は継続していた。

23日、LZ 97がロンドンを狙い、サフォーク地方一帯を爆撃したが、ほとんど被害はなかった。

9月に入り、陸軍は、海軍と協同し、ロンドン攻撃のために飛行船戦力を投入した。

陸軍飛行船LZ 77。初期の電子戦の犠牲者である。フランスは第一次世界大戦中、エッフェル塔を活用し、通信情報の収集やドイツ軍の電波妨害など、活発な通信電子活動を行っている。（写真:Harry Redner）

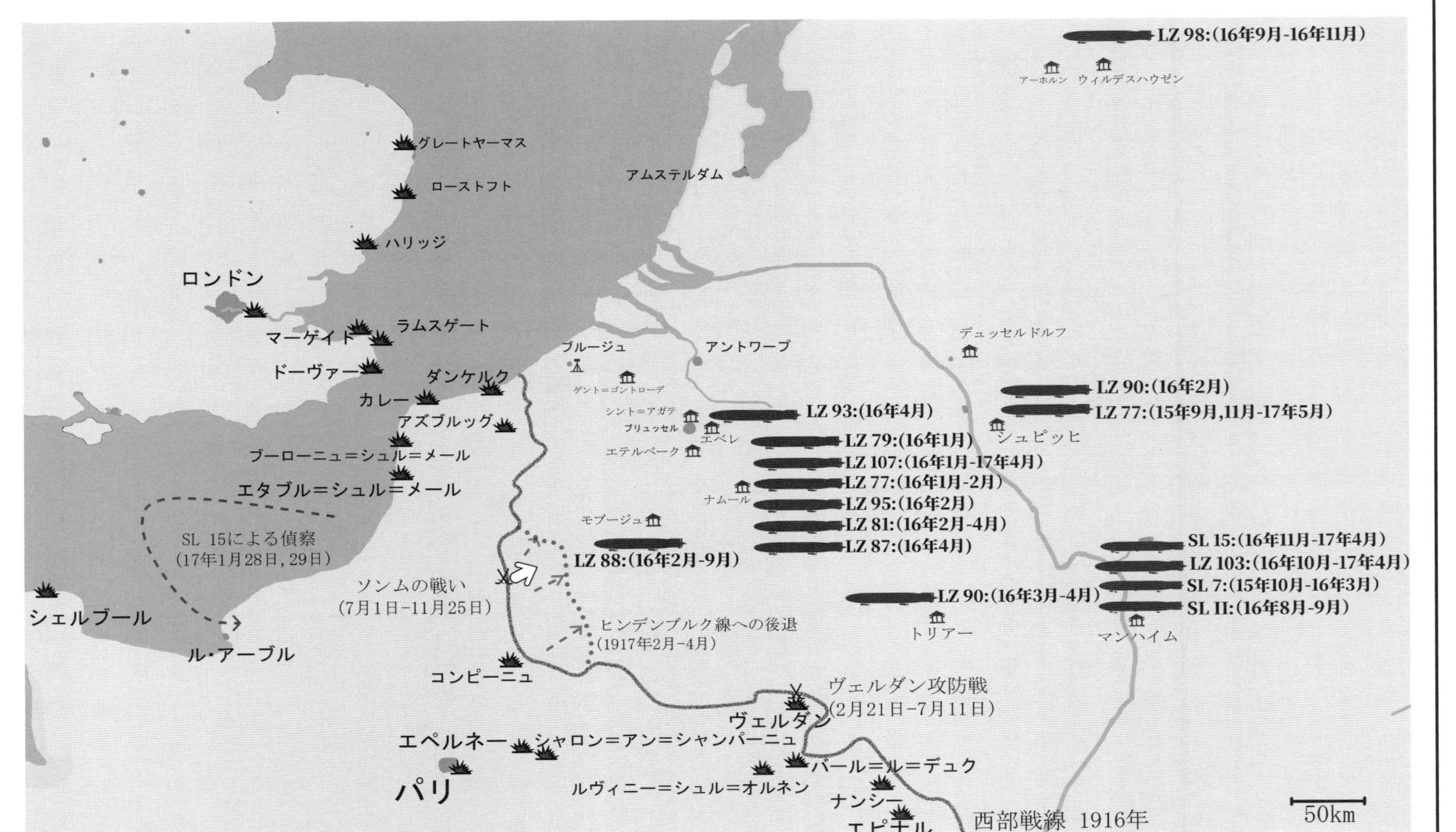

1916年から1917年初頭の西部戦線における飛行船の配置と活動。ヴェルダン攻防戦に伴う陸軍飛行船の活動は、直接的な要塞への攻撃へと向かわず、後方の兵站線を目標とした攻撃となったが、それでも対空砲により損害が生じた。また、同時に、パリ近郊、カレー周辺を攻撃している。1916年の春季～夏季のイングランドへの攻撃においては、海軍飛行船と協同してイングランドへの同時攻撃を行ったが、SL 11の撃墜が、陸軍における飛行船運用を終わらせるきっかけを作った。それでも陸軍飛行船は、運用停止の日まで活動を続けた。1917年初頭には、新たに参戦した米軍の兵力投入の兆候となる輸送船団の活動を探るとともに、それへの攻撃を試みていたようである。

2日、LZ 90がハリッジ及びローストフトを、LZ 98がダートフォード及びティブリーを、そして、SL 11がロンドンを攻撃する。しかし、英国市民が見守る中、SL 11が新しく開発された焼夷機銃弾により撃墜され、燃え盛る巨大なランタンとなって落下した事は、飛行船の凋落を示す象徴的な出来事と認識された。これ以降、陸軍はイングランドへの攻撃をとり止めるとともに、兵器としての飛行船の運用停止へと舵を切ることになる。それでも、西部戦線での活動は、従来の運用の範囲で続けられ、22日、LZ 97が25日、LZ 98がブーローニュ＝シュル＝メール(仏)を攻撃している。

10月に入り、ヴェルダン戦におけるフランス軍の攻勢は激しさを増し、ソンムでも未だ攻撃は続いていた。陸軍は、1日、LZ 103をもってカレー(仏)を、LZ 98をもってエタブル＝シュル＝メール(仏)を攻撃した。

これ以降、年内の陸軍飛行船の活動は見られない。既に、陸軍は、戦前の想定通りに彼女らを運用できないと気づき、飛行船の新たな調達を大幅に減らし、開発中の大型爆撃機に期待を寄せていたのである。

海軍飛行船の活動

1916年1月8日、外洋艦隊司令長官フーゴ・フォン・ポール提督はがんのために職務遂行が困難となり、ラインハルト・シェア中将が後を襲った。シェアは積極出撃主義を唱え、潜水艦による通商破壊を主張し、あわせて空からの艦隊の支援と、より大規模な英本土攻撃に、飛行船を使おうと考えていた。18日、シュトラッサーとシェアは会談し、可能な限り多くの飛行船をイギリス本土攻撃に使用すること、この攻撃には陸軍も参加し、参謀本部と軍令部が協力して行う事が決められる。また、イングランドを北部、中部、南部に分割して、目標の割り当てを行う事とした。シュトラッサーは、16年に実施される攻撃により、空からイングランドを征服することができると考えていたのである。

しかし、海軍による攻撃任務は、1月31日まで実施されなかった。

31日の攻撃は、中部イングランドの工業地帯へと向けられており、L 13がトレント川流域のストックトンを、L 14がウィズビーチ、ナイプトンなどの中部から東部イングランドを、L 15がバートン、L 16がグレート・ヤーマス、L 17がレザリングセット、L 19がバートンやウェンズベリーを、L 20がラフバラーやバートン、L 21がバーミンガム郊外のティプトン等を攻撃している。この攻撃では、少なくとも、イングランドの広範囲で、53,832ポンドと70人の死者、113人の負傷者という被害が記録されている。一方、L 19は、帰還途上で不時着、漂流しているところを英国籍のトロール船に発見されたが、トロール船側の救助要請拒否により、搭乗員全員が死亡するという事件が生起した。

2月、海軍は、イングランドへの攻撃は行っていない。偵察・哨戒任務としては以下のとおりである。

10日　L 9、L 11及びL 21
11日　L 16、L 17及びL 20
20日　L 13、L 16及びL 17
21日　L 9、L 11及びL 15
22日　L 14及びL 16

また、特筆すべき任務として、16日、北海沿岸の島々に対する補給のため、L 16がハーゲから飛び立っている。これは、海上凍結によって、定期船が運航できなくなったことによる措置ではあったが、大戦中に行われた数少ない輸送任務の一つである。

3月に入ってからも、海軍飛行船の活動は継続する。

5日、L 11がロサイスを目指したものの目標を変更し、ハルを攻撃。またL 13がグレート・ヨーマス

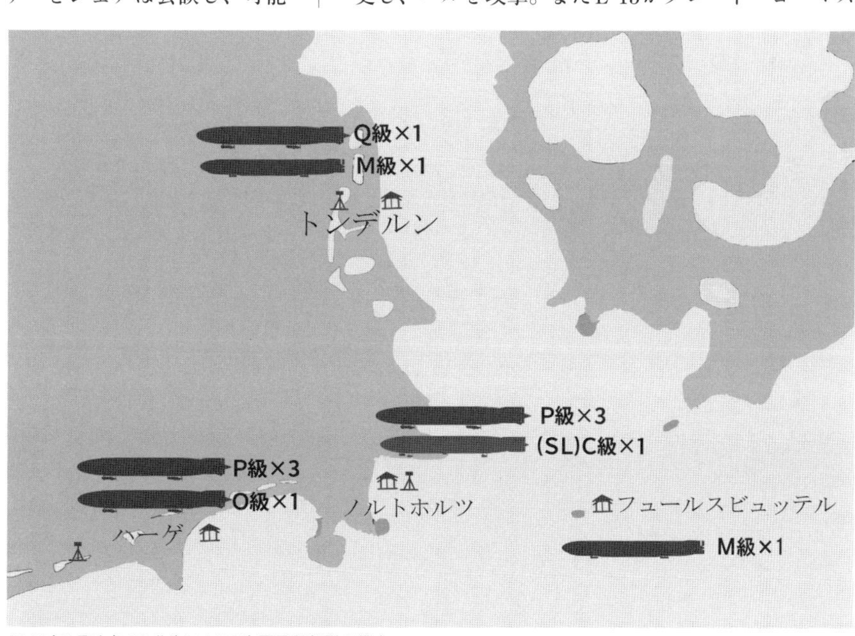

1916年1月時点での北海における海軍飛行船隊の戦力

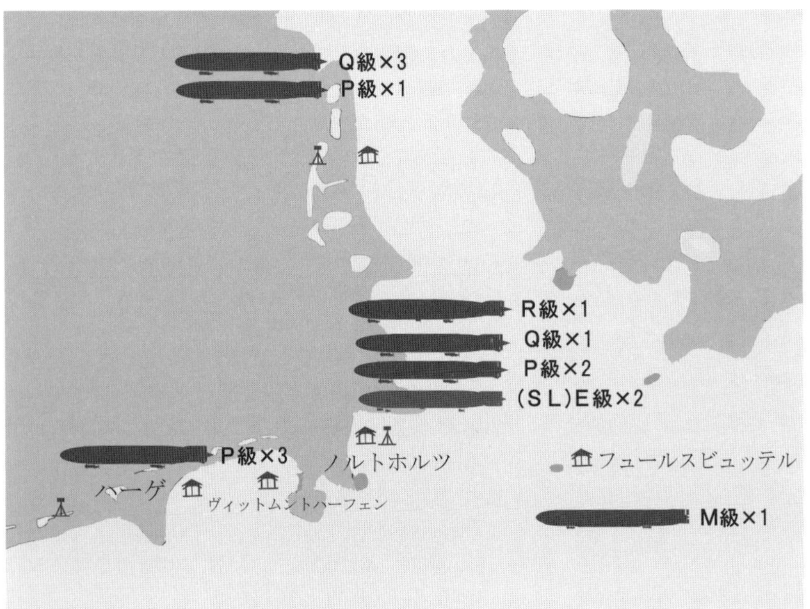

1916年3月時点での北海における海軍飛行船隊の戦力

及びハルを、L 14がハル及びその近郊のバーバリーを攻撃。

31日、L 13はストウマーケット及びワングフォードを、L 14はスプリングフィールドとスタンフォード＝ル＝ホープ等を、L 15がロンドンを、L 16がホーンジー及びローストフト、そして、L 22がハンバーストン等を攻撃した。しかし、L 15は損傷し不時着、搭乗員は捕虜となった。

4月、前月に引き続き、海軍はイングランド中部一帯への攻撃を続ける。

1日、L 11がサンダーランドやミドルズブラ等の中部イングランドの都市を攻撃。

2日、L 14がエディンバラを、L 16がニューキャッスルやベリック・アポン・ツイードなどを攻撃。

3日、L 11がグレートヤーマスを、L 17がカイスターを攻撃。

5日、L 11がウィトビー等を、L 16はリーズ及びヨーク等を攻撃。

24日、L 13がハリッジ及びノリッジを、L 16がケンブリッジなどを攻撃した。また、この日、L 17がアフォード等を、L 21がオールドニュートン等を、L 23がバクトンなどを攻撃した可能性がある。

4月の哨戒任務は以下のとおりである。

4日　L 7

5日　L 6及びL 7

17日　L 16、L 17、L 21及びL 22

22日　L 9及びL 20

24日　L 6、L 7及びL 9。これは、ローストフト襲撃を企図する巡洋戦艦4隻を支援する目的で出撃したものであり、L 9は艦隊の目として、接近する敵艦隊の発見に成功する。

5月2日、海軍飛行船は、北部から中部イングランドを広範囲に攻撃した。L 13がヨークなどを、L 14がアーブロースを、L 16はリールホルムを、L 17がウィトビーなどを、L 20がスコットランドのクレイグ城を、L 21がヨークを、L 23がスキニンググローブなどを攻撃したが、L 20は針路を失い、ノルウェーの海岸に墜落した。

偵察・哨戒任務においては、5月4日、トンデルン爆撃を企図したイギリス艦隊に対応すべく、L 7及びL 14が出撃したものの、L 7がホーンズレフ付近で撃墜された。

13日、L 11、L 16及びL 17が偵察・哨戒任務のため出撃。

31日、ユトランド沖海戦におけるイギリス艦隊を捜索するため、海軍飛行船隊は全力で出撃した。同日だけでも、L 9、L 11、L 13、L 14、L 16、L 17、L 21、L 22、L 23そしてL 24が偵察任務を行った。この任務は、戦闘が継続していたために、月をまたいで行われており、6月1日、L 11、L 13、L 14、L 16、L 17、L 21、L 22、L 23及びL 24が、英艦隊捜索のために出撃した。

6月、夏至で夜が短くなるこの時期は、既に述べたように、攻撃任務は控えられ、海軍飛行船隊は哨戒任務や掃海作業の支援に全力で従事していた。

3日　L 9(機雷の捜索)。

9日　L 9(機雷の捜索)。L 14(通常の哨戒)

10日　L 16、L 17が機雷捜索、L 23が哨戒任務を実施。

11日　L 9、L 13、L 14、L 20及びL 24(いずれも機雷の捜索)

14日　L 13(機雷の捜索)。L 23(通常の哨戒)

19日　L 16、L 17及びL 22(通常の哨戒)

25日　L 9、L 13、L 17及びL 22(通常の哨戒)

26日　L 11、L 14、L 16及びL 22(通常の哨戒)

28日　L 9、L 21及びL 23(通常の哨戒)

7月の海軍飛行船による対英攻撃は、28日と31日に実施された。

28日、L 11がクロマー、L 13がニューアーク一帯、L 16がハンスタントン、L 17とL 24がイースト・ハルトン、L 31がローストフトを攻撃。

31日、L 11、L 13、L 14、L 17、L 22及びL 23がノーフォーク及びサフォーク一帯を、L 16がリンカンシャー及びノッティンガムを、L 31がラムズゲート及びサンドイッチを攻撃している。

しかし、これらの攻撃は、イギリス側の防空能力の向上、灯火管制などにより、目標の特定が困難となり、被害はわずかなものであった。

一方、7月中の偵察・哨戒任務への出撃はかなりの回数に昇る。

3日　L 11、L 14、L 16及びL 24
5日　L 9、L 14、L 16及びL 30
9日　L 9、L 22、L 23及びL 30
10日　L 14、L 16、L 21及びL 24
11日　L 9、L 17、L 22及びL 30
16日　L 13、L 22及びL 23
17日　L 21
18日　L 11、L 14及びL 22
19日　L 16、L 17及びSL 9
20日　L 9、L 13およびL 30
22日　L 14、L 21及びL 22
23日　L 16、L 23及びL 24
24日　L 9、L 13及びL 17
27日　L 13 、L 21、L 22及びL 30
29日　L 9

このように、気象条件さえ許せば、ほぼ毎日飛行船の出撃が可能なほど、この時期の戦力は整備されていたのだ。

8月、海軍は、陸軍よりも積極的にイングランド攻撃へと出撃した。

2日、L 11がハリッジを、L 13、L 16、及びL 17がノーフォークからサフォーク地方一帯を、L 21がセットフォードを攻撃。

8日、L 11とL 13、L 17、L 21、L 22、L 30及びL 31がウィトビーからタインマスを、L 14がバーウィックを、L 16がノーフォーク地方一帯を、L 24がハルを攻撃。

24日、L 16がハリッジ近傍のウッドブリッジ及びビーリングスを、L 21がハリッジ近傍のグレートオークリー及びペウェット島を、そして、L 31がロンドンを攻撃した。この、24日の攻撃では、事前に配置された海軍の艦艇により、多くの飛行船は途中で引き返す羽目になった。最新のL 31と経験豊かなクルーたちのみがロンドンに到達し、13万ポンドもの物的損失をもたらしたが、この攻撃は、損害なくロンドンに打撃を与えられた最後の攻撃任務となった。

海軍の偵察・哨戒任務の回数は少ない。記録の限りでは、1日、L 14とL 24が偵察任務で出撃しているのみだが、18日から19日、外洋艦隊のサンダーランド砲撃への出撃に伴い、海軍飛行船隊は全力で偵察のために出撃した。

18日　L 11、L 13、L 21、L 22、L 24、L 30、L 31及びL 32

19日、L 14、L 16、L 17及びL 23が北海全域に出撃、または出撃待機し、英艦隊を捜索した。この任務は、気象条件が良く、飛行船が艦隊の行動を支援した中では、最も成功を収めたものとなった。ユトランド沖のような直接対決はなかったが、英艦隊の行動に制約をもたらし、独艦隊が必要とする情報を（時宜に適ったとは言い難いが）提供することができたので

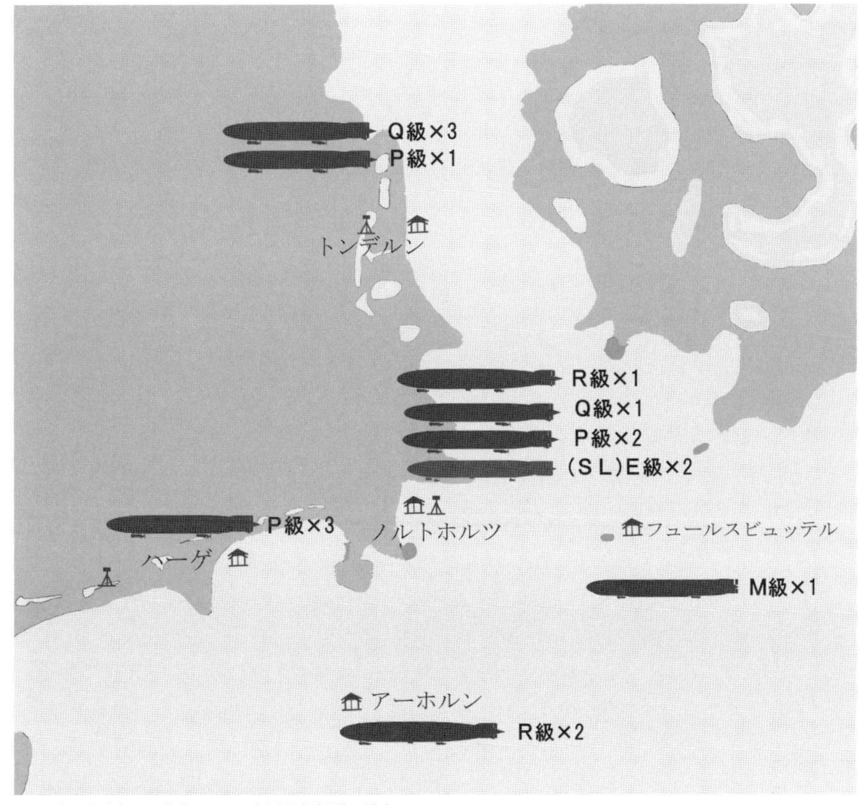

1916年8月時点での北海における海軍飛行船隊の戦力

1916年、北海における海軍飛行船の配置と活動。海軍飛行船隊は、定期的な哨戒任務が実施可能な、同時18隻運用体制の確立に向けて一層の拡張がなされた。英国への攻撃任務は、ヴェルダン戦での行き詰まりの打開を狙った戦略の一つとして、1916年1月から4月にかけて、イングランド中部からスコットランドまで拡大するとともに、前年に引き続きロンドンへも戦力は指向されたが、英国の防空体制確立に伴って損害が拡大し、10月のL 31撃墜をもって一つのクライマックスを迎えた。延べ111隻が、18回にわたりイングランドに到達したものの、英国に与えた損害額は£594,523に留まった。一方、偵察任務においては、対潜哨戒、掃海任務支援などを続けるとともに、外洋艦隊出撃のための上空援護任務及び偵察任務が実施され、一定の有効性を見たものの、気象条件に左右される飛行船の出撃状況は、飛行船の兵器としての有効性に疑念を投げかけるものであった。

ユトランド沖海戦
1916年5月31日
L 24:(16年5月-16年12月)
L 23:(16年4月-17年8月)
L 22:(16年3月,4月-9月,17年4月)
L 20:(15年12月-16年2月,4月-5月)
L 17:(16年8月-12月)
L 7:(15年4月-16年4月)
トンデルン
L 37:(16年12月-17年5月)
L 36:(16年11月-17年2月)
L 34:(16年9月-11月)
SL 9:(16年8月-9月)
SL 8:(16年8月-9月)
L 33:(16年8月-9月)
L 32:(16年8月)
L 31:(16年7月)
L 22:(16年3月-4月,9月-17年4月)
L 30:(16年5月-8月)
L 21:(16年4月-11月)
L 17:(15年10月-16年8月)
L 14:(15年8月-16年7月,17年4月-18年11月)
L 11:(15年6月,7月-16年8月,9月-17年4月)
SL 3:(15年2月-16年1月)
ハーゲ
ノルトホルツ
フュールスビュッテル
L 6:(15年9月-16年9月)
L 9:(15年4月-16年7月)
L 11:(15年6月,16年8月)
L 13:(15年7月-16年3月)
L 14:(16年7月-17年4月)
アーホルン
L 15:(15年10月-16年4月)
L 16:(15年9月-17年3月)
L 30:(16年8月-17年4月)
L 31:(16年8月-10月)
L 32:(16年9月)
L 35:(16年10月-12月,17年1月-3月,6月-9月)
SL 12:(16年11月-12月)
L 37:(16年11月-12月)
L 38:(16年11月-12月)
L 39:(16年12月-17年2月)
アムステルダム
50km

ある。

9月、海軍飛行船隊は陸軍と協働して、イングランドへと大挙押し寄せた。

2日、L 11がグレートヤーマス等を、L 13はノッティンガム、L 14はハングリー、L 16がロンドン、L 21がノリッジ等を、L 24がムンデスリーを、L 30がローストフトを、L 32はクロマー、ロンドン等を、SL 8がノーフォーク地方を攻撃したものの、SL 11の被撃墜を確認して、多くの飛行船は反転し、出撃した規模の割に大きな損害は与えられなかった。この攻撃により、陸軍はイングランド攻撃を取りやめるが、海軍は攻撃を継続する。

23日の攻撃では、性能の優れたR級がロンドンを、それ以前のP及びQ級は、中部の都市を攻撃するように任務を区分して、被害の軽減を図る。L 13とL 22はグリムスビーを、L 17はノッティンガム一帯を、L 21はチェルムフォード及びサフォーク地方を、L 14はノーフォーク一帯を、L 23はリンカンを攻撃する一方、L 30、L 31、L 32及びL 33はロンドンを攻撃した。

L 30は沿岸部で爆弾を投棄して帰還したが、他の3隻はロンドンを狙い内陸部へと進む。しかしL 32は撃墜され、搭乗員全員が戦死。L 33はロンドンを爆撃するも、損傷を受けて不時着し、搭乗員により破壊。その後、搭乗員は捕虜となった。唯一、L 31のみが、ロンドン市街の攻撃に成功して無傷なまま帰還し得た。この攻撃におけるR級2隻の喪失は、現行の飛行船の性能でのロンドン攻撃を危険視させ、攻撃に当たっては、特に高度を保つよう、海軍飛行船隊司令官が特別命令を出すほどであった。

25日、L 14はヨーク等を、L 16はヨークシャー一帯を、L 21とL 22はマンチェスター一帯等を、L 30はラムズゲート及びマーゲイトを、L 31はドーヴァーを攻撃した。

9月の間、イングランド攻撃が行われていなかった時期でも、偵察・哨戒任務は実施されている。

8日　L 11及びL 24
10日　L 11及びL 24
12日　L 13及びL 24
16日　L 6とL 9が事故で炎上、喪失。
17日　L 11、L 17及びL 22
19日　L 16及びL 24
20日　L 13及びL 22

10月1日、海軍は、再度、イングランド各地と、ロンドンを狙った大規模攻撃を実施する。L 14、L 16及びL 21がリンカンシャーを、L 17がノリッジを、L 30及びL 34はコービー等を、L 24とL 31はロンドンを攻撃する。しかし、L 31が撃墜されたことで、他の飛行船はイングランド上空から離脱。最新鋭の飛行船の中でも最も精鋭とみなされていたL 31の被撃墜は、海軍飛行船隊に、ロンドン攻撃、つまり「空からのイングランドの征服」を再考させるとともに、既存の飛行船のさらなる改良を促す事となった。

10月19日、L 13、L 14、L 16、L 17、L 21、L 22、L 23、L 24、L 30及びL 34が、北海へと出撃した外洋艦隊の支援を行った。L 14が一部の英艦を見つけたが、外洋艦隊は対決を避け、帰還した。

21日、L 13及びL 24が偵察任務のために出撃。

22日、L 13、L 14、L 16、L 17、L 21、L 22、L 23、L 24、L 34及びL 35が偵察任務のために出撃している。

11月、海軍飛行船隊司令官のシュトラッサーが、海軍飛行船団総司令官(Führer der Marine-Luftschiffe:通称FdL)の地位につき、バルト海管区飛行船隊司令の職を新たに設置する等、海軍飛行船隊で組織改編が行われた。これは、一介の中佐であるシュトラッサーが、将官級の役職に就いたことを意味する。

27日、南部イングランドより防備が薄いと思われた、北部イングランド攻撃のために数隻が出撃する。L 13がヨーク一帯を、L 14がマップルトンを、L 16及びL 21がリーズ南方を、L 34がダラムやハートルプールを攻撃したが、L 34が撃墜される。これは、イングランド全体の防空能力の向上を海軍飛行船隊に強く印象付けた。結局、1916年中のイングランド攻撃は、これが最後となった。

偵察・哨戒任務は以下の通りである。

3日　L 11、L 23及びL 30
9日　L 16
14日　L 14及びL 24
15日　L 13、L 17及びL 34
16日　L 16、L 21、L 23、L 24及びL 35
17日　L 14、L 17、L 30及びL 36

12月は、偵察・哨戒任務しか行われていない。

5日　L 17、L 35及びSL 12
11日　L 14、L 16、L 17、L 22及びL 24
18日　L 16及びL 24
28日　L 16及びL 24。同日、L 24は格納時に後部を破損し出火。そのまま、格納庫に入っていたL 17もろとも喪失した。

戦闘記録▶対英艦隊決戦構想と飛行船 ～ユトランド沖海戦とサンダーランド砲撃～

第一次大戦中、ドイツ海軍の飛行船は主として二つの戦略的任務を担った。一つは、言うまでもなく英国本土などを目標とする都市空襲である。そしてもう一つは洋上任務とでも呼ぶべきものだ。これはソーティ数の多くを占めるもので、様々な活動が含まれる。英軍が洋上封鎖のため北海に設置した機雷を除去すべく、味方の掃海艇と連携して行う哨戒活動もその一つであるし、あるいは艦隊決戦時に敵の動静を探る偵察行動も不可欠のものであった。本稿では、後者の「艦隊の目」としての役割について概観したい。

巡洋戦艦「ザイドリッツ」と、ツェッペリン飛行船

【Semper Supra】

開戦以来、ロイヤルネイビー（英海軍）に戦力で劣るドイツ外洋艦隊は、現存艦隊主義の原則に立ち、積極的な交戦を回避してきた。しかし、1916年1月、艦隊長官のフーゴー・フォン・ポール大将が病により引退すると、後を襲ったラインハルト・シェア中将は英国主力艦隊に闘いを挑み、その戦力を減殺しようと試みる。英国は戦時下でも超弩級戦艦の建造を推し進め、彼我の戦力の懸隔は広がる一方だったのだ。また、陸上では一大消耗戦であるヴェルダンの戦いが生起し、夥しい血が流されつつあった。

今や、ドイツ海軍としても何らかの行動を起こし戦局に寄与する必要が生じた。シェア提督の構想によれば、目標は主に英国の「大艦隊」（グランドフリート）の「前衛」を担う巡洋戦艦群。これを巧みな艦隊機動で誘引、敵主力の弩級戦艦群から引き離し、自軍の総力を挙げて叩こうというのだ。前路哨戒や威力偵察を担う巡洋戦艦が喪われれば、鈍足の弩級戦艦がいかに健在であったところで、敵は作戦遂行能力を大幅に低下させるだろう。そしてドイツの巡洋戦艦はライバルの牽制から解放され、北海を縦横無尽に駆け巡ることが可能となるのだ。そうなれば、ロイヤルネイビーの洋上封鎖には深々と楔が打たれよう。一方、英軍もまた、ドイツ艦隊に一撃を与えようと欲していた。バルト海を敵に抑えられたロシア政府から救援要請を受けていたのである。かくて、戦機は熟した。

5月30日、弩級戦艦16隻、巡洋戦艦5隻を基幹とする総勢99隻のドイツ艦隊は北海を目指し出動。無線傍受によりこれを察知した英国艦隊も、敵を迎え撃つべく急ぎ港を後にする。その戦力は、弩級戦艦28隻、巡洋戦艦9隻を中核に、合計151隻にも上った。二つの巨大な艨艟の群れは、翌5月31日から6月1日にかけて激しく干戈を交える。世に名高いユトランド沖海戦である。

ここで、いったん時を遡ろう。その年の春から、海軍飛行船隊はロイヤルネイビーとの決戦に備え外洋艦隊との協働に戦力を投入していた。搭乗員達の士気は、大海戦の最中に絶頂を迎えるであろう。また、ルシタニア号事件を契機に無制限潜水艦作戦を一時中断したUボート部隊もまた、艦隊との共同任務に勤しんでいた。

このとき、前哨戦は既に始まっていた。1916年4月24日、日曜日。キリスト教圏では復活祭に当たるこの日、大英帝国支配下のアイルランドで大規模な暴動が発生する。ドイツ政府は直ちに反英勢力へロシアから鹵獲した小銃数千挺を供与するとともに、亡命の身であった独立派の指導者、ロジャー・ケースメントをUボートで帰国させた。

シェア提督は一連の動きに呼応し英軍を牽制すべく、配下の巡洋戦艦群を用い、ブリテン東岸のローストフト港への艦砲射撃を試みる。同日午前中、5隻の巡洋戦艦（「ザイドリッツ」「リュッツオウ」「デアフリンガー」「モルトケ」「フォン・デア・タン」）がヤーデ（北海に面するドイツ北西の港湾都市）を出撃。彼女たちを援護すべく、海軍飛行船隊からはL 7がトンデルン基地を離陸した。

15時48分、「ザイドリッツ」はドイツ湾上で機雷に接触して損傷する。当初艦上では敵の魚雷攻撃を受けたとする見方が有力であったが、上空を飛ぶL 7の艦長カール・ヘンペル大尉は敵の水上艦艇や潜水艦が見当たらないことから、機雷が原因であると正しく見抜いた。L 7はその後撤退する「ザイドリッツ」に付き添って帰投している。

残された4隻の巡洋戦艦は英国を目指し進撃を続け、新たにL 9がハーゲ基地から飛来、艦隊に随伴した。翌25日午前5時、ドイツ艦隊はローストフト沖に出現、6分間にわたって砲撃を行った。彼女たちはその後北上、グレートヤーマスにも攻撃を加える。時を同じくして、L 9は敵の小艦隊が急速に接近しつつあるのを発見、巡洋戦艦群に報告している。これはハリッジから来援した英軍のレジナルド・ティアウィット准将率いる軽巡3隻、嚮導艦2隻、駆逐艦16隻の部隊で、煙幕を展張して砲撃を妨害した。艦砲射撃後、L 9は2機の英軍機と遭遇するも辛くも逃げ延び、艦隊と共に無事ドイツへ帰還した。

この戦闘は、飛行機が未だ発展の途上にあった当時、長距離・長時間洋上部隊に随伴できる飛行船が、「艦隊の目」として比類ない戦略的価値を持っていたことを端的に示している。加えて、英軍が大型の硬式飛行船をほとんど運用できず、情報の非対称が生じていた事実も忘れてはならない。彼らはもっぱら、艦艇による索敵に頼らざるを得なかった。即ち、速力と視界の広さに、強い制約をかけられていたのだ。

大海戦の予感が日増しに高まる中、かかる状況はロイヤルネイビーの上層部に相当のストレスを与えていた。過ぎし1915年8月には、こうした大戦前半期の状況を象徴する悲観的な観測が、ビーティ提督（英巡洋戦艦群の指揮官）がジェリコー提督（「大艦隊」指揮官）に宛てた書簡のなかで書き綴られている。

「…海軍本部は、あなた方が戦わねばならない不利な状況を十分に理解しているのでしょうか？私はそのことを恐れています。一体どうなってしまうのでしょう。我々には優越性を持つ砲があります。対して、敵にも砲はありますし、加えて彼らはツェッペリンによって我々のあらゆる明確な情報をいち早く得ることが可能で、魚雷艇や魚雷の数で勝り、ツェッペリンによる価値ある情報を得られる掃海艇があり、図上演習が示したように相当数の潜水艦が難なく攻撃に良好な戦略的配置を得ることが出来るのです」

1916年の艦隊出撃を決定した男。ラインハルト・シェア提督

こうした状況から、英軍はドイツの飛行船基地に対する先制攻撃に踏み切るのだ。

5月3日、英海軍の水上機母艦「エンガディン」と「ヴィンデックス」が巡洋艦と駆逐艦の護衛の下、トンデルン基地空爆に出港した。この作戦には、ドイツ外洋艦隊をおびき出し、待ち伏せる英「大艦隊」の射程距離まで引き込む目的もあった。翌4日払暁、ユトランド半島のジルト島沖で、両艦は11機のソッピース・ベビー水上機を発艦させようとしたが、8機が離水失敗、1機が護衛艦のマストに衝突、1機がエンジントラブルで早期に引き返すという有様であった。結局ドイツに侵入したのは僅か1機に留まり、同機は誤ってオランダ領に爆弾1発を投下して帰投している。

一方、英軍の接近を察知したドイツ海軍は飛行船を索敵と反撃のために出動させる。4日午前8時35分にはL 9がハーゲから、同8時50分にはL 7がトンデルンから飛び立った。前者は何も発見できずに午前中のうちに基地へ戻ったが、L 7は消息を絶った。9時58分にジルト島近辺を通過し、10時39分にホーンズレブ沖に到達したことを打電したのが最期であった。まさに英艦隊が遊弋していた海域である。シュトラッサーは無線装置の故障を疑ったが、午後遅い時刻になっても飛行船は帰らなかった。このため、午後16時20分、L 14がノルトホルツを飛び立つ。

午後19時23分、ホーンズレブ沖の同艦から通信が入る。「見ゆるものなし、霧濃く、視界5,000メートル」。まもなくL 14は回頭し、昇降舵の故障による深刻なアクシデントに見舞われながらも、5日午前5時20分にトンデルン基地へ着陸した。結局のところ、L 7はどこへ消えたのだろうか？ それは、英軍が知っていた。

午前11時30分ごろ、L 7は水上機母艦を護衛していた英海軍の軽巡洋艦「ガラテア」および同「フェートン」と接触、交戦したのである。1時間に及ぶ戦闘の後、艦隊から離れすぎた2隻の英艦がUボートを恐れて踵（きびす）を返した直後、敵飛行船が炎上しながら海に墜ちるのが見えた。最後に放った砲弾の幾つかが、彼女を捉えたのだ。その後、英潜水艦E31が7名の生存者を救助している。結局、ドイツ外洋艦隊は4日夕刻まで出撃せず、その時には英「大艦隊」は帰還の途上にあったため、ロイヤルネイビーの企図は果たされずに終わった。

英軍の奇襲を凌いだドイツ海軍であったが、予期しない事態が生じていた。5月初旬時点での外洋艦隊の対英艦隊決戦構想では、ブリテン島東岸のサンダーランドに艦砲射撃を加え、敵艦隊を誘引する計画であった。そしてそのためには、飛行船の支援が必須とされる。敵本土目前まで進出する水上艦隊を優勢な英国海軍が捕捉し、甚大な損害を与えることを避けるためだ。しかし、作戦決行予定日から1週間にわたり、北海は悪天候に閉ざされる。

結果、ドイツ海軍は決戦海域を急遽ノルウェー沖に変更することを強いられたのだ。この海域ならば、北海上の開けた空間とは異なり、少なくとも、艦隊の側背をユトランド半島という、陸地（しかもスカゲラク海峡には機雷原も敷設されている！）に委ね、英艦隊の活動領域を狭められるからだ。これにより、飛行船の偵察能力が限られた状況でも作戦遂行が可能になろう。つまり、次善の策であった。しかし、飛行船を重視した計画の変更は、Uボート部隊（哨戒のため、英国本土前面に事前配置された）の能力低下を招いた可能性があり、寧ろ決戦当日に偵察力の低下をもたらしただろう。

そして、運命の大海戦を翌日に控えた1916年5月30日。シュトラッサーは5隻の飛行船に対し、翌朝午前3時から午前9時にかけて順次離陸するよう命じる。ユトランド半島沖へ大挙進出する外洋艦隊を上空から援護するためだ。今や海軍飛行船隊は、ドイツ近海に行動範囲を制限していたポール提督（前外洋艦隊司令官）時代のドクトリンを葬り、遠洋での戦略的哨戒活動に踏み出したのだ。これらの飛行船は遥かな北海へと戦力投射されるであろう。その範囲はスカンジナビア半島の南端から、オランダ北岸、ブリテン島南東部にまで及ぶ。飛行船の飛びぬけた航続力と滞空時間、機動力、そして強力な通信装置が、外洋艦隊との協働のもと、遂にその真価を発揮するかに思われた。

ユトランド沖――世紀の大海戦

しかし、5月31日の朝になると、天候は俄かに不安定になった。ノルトホルツ基地では、通常の格納庫に収容されたL 11とL 17が逆風のため離陸を見合わせざるを得ず、風向きに応じて向きを変えられる回転式格納庫にあったL 21とL 23は予定より大幅に遅れて正午過ぎに飛び立つも（「回転式格納庫の有用性はなんと大きいことか！」とシュトラッサーは記している）、すぐに霧と低空に立ち込める雲海に遭遇、午後15時30分になってもドイツ近海を飛んでいた。ユトランド沖で英独それぞれの大艦隊の先陣を務める巡洋戦艦隊同士が交戦を開始し、空前の大海戦の幕が切って落とされたまさにその時に、である。

L 21は戦闘海域の西方に当たるドッガーバンク上空まで進出したが、プロペラの断裂のため、午後16時28分に任務を打ち切っている。同じ頃、L 23は味方の巡洋戦艦群を支援しようと飛行を続けていたが、視界不良のためにこれを見つけられなかった。飛行船司令のフォン・シューベルト大尉が午後15時には高度約750メートルで視界が約800メートルと記録していることから、このときの偵察の困難さが想像できるだろう。この他の艦も（L 9、L 14、L 16）、悪天候のため敵味方いずれの艦影も見ることが出来ず帰投する。

そのころ、英独両海軍は死闘を演じていた。虎の子の巡洋戦艦5隻からなるドイツの前衛は、外洋艦隊主力に先行し、遥かに強力な戦力を有するイギリス巡洋戦艦群（巡洋戦艦6隻、高速戦艦4隻）を相手に敢闘する。彼らもまた、「大艦隊」の前方を進んでいたのだが、通信の不徹底等から戦力を分散し、砲術で勝る独軍が一時優位に立ったのだ。午後16時過ぎ、英巡洋戦艦「インディファティガブル」が撃沈され、間もなく同「クイーン・メリー」がこれに続く。ドイツの前衛は英巡洋戦艦群の誘引にある程度成功し、一時彼らは敵巡洋戦艦群のみならず、弩級戦艦群からなる外洋艦隊主力とも交戦しなくてはならなかった。しかし、英軍は次々と増援を送り込み、午後18時30分ごろには遂に「大艦隊」の弩級戦艦群が戦闘に参加する。

圧倒的な火力に曝された独巡洋戦艦は次々と戦闘能力を喪失し、「リュッツオウ」は大破・落伍した（後に自沈）。それでも彼らは力を振り絞り英巡洋戦艦「インヴィンシブル」を撃沈し、全艦満身創痍となりながらも午後19時過ぎ「大艦隊」に突撃し、形勢不利に陥っていた外洋艦隊弩級戦艦群の離脱を支援した。その後、独巡洋戦艦群は大損害にも拘わらず、「リュッツオウ」を除く4隻が辛くも本国へ帰投したことは良く知られるところであろう。彼らの奮戦により独外洋艦隊と英「大艦隊」の弩級戦艦同士によるヘヴィー級の殴り合いは下り坂に向かい、日没を迎えた20時30分ごろには完全に終結した。この時点で、大海戦の趨勢は決した。英軍は巡洋戦艦3隻を失い、独軍は同1隻に留まったのだ。

続いて翌6月1日未明まで夜戦が行われ、英独共に旧式艦（前弩級戦艦、装甲巡洋艦）と小型艦艇を沈められた。5月31日夕方から6月1日深夜までの一連の戦闘では、ドイツ側、イギリス側双方が戦場特有の情報の不足や不確かさに悩まされている。その意味では、もしドイツの飛行船がもっと有効に味方艦隊を援護できていれば、という問いは興味深いIFであろう。

両艦隊が暗闇の中、手探りで散発的戦闘を行って

ユトランド沖海戦で轟沈する英巡洋戦艦「クイーン・メリー」

いた5月31日午後22時、シェア提督はシュトラッサーへ宛てて夜間から早朝までの偵察を要請するが、英軍のジャミングにより妨害される。しかも、この無電は英軍に傍受され、一歩間違えば海戦の帰趨を覆しかねなかったが、詳細は後述する。命令が届かなかったにもかかわらず、シュトラッサーは昼間に飛行した第一陣の飛行船5隻が手ぶらで帰還した後、新たに4隻の艦(L 13、L 17、L 22、L 24)を深夜の北海へ送り出していた。

視界は幾分回復し、L 22とL 24は戦闘海域上空へ進出した。L 24の司令、ロベルト・コッホ大尉は午前1時6分、ホーンズレブ沖で北東の方角に砲火を視認する。彼はそれを目指しノルウェー沿岸へ向け艦を進めたが、何も見つけられなかった。L 22のマーティン・ディートリッヒ大尉はドイツの弩級戦艦群と英軍駆逐艦が交戦するのを目にし、午前3時10分には船首左舷に巨大な火柱を見る。それは前弩級戦艦「ポンメルン」が、英水雷戦隊に魚雷で仕留められた時のものであった。

一方、コッホのL 24は北進しながら会敵情報を続々と打電した。午前2時38分にはボブビヤー(ユトランド半島北部)沖で魚雷艇や潜水艦から攻撃を受けたことを知らせ、日の出直後の午前4時にはハンストルム(同半島北端)沖で12隻の大型艦と多数の巡洋艦を含む艦隊を発見したと伝えた。この報を受けたシェア提督はロイヤルネイビーの「大艦隊」が戦力を二分し、その片方をコッホが見つけたものと考えたが、実際にはそのような事実はなく、彼は英軍の輸送船団を誤認したものと考えられる。時を同じくして、L 11のヴィクトル・シュッツェ司令は正真正銘の英「大艦隊」を捉えた。4時10分、位置はオランダ北岸のテルスへリング沖60キロである。彼は触接を維持し、詳報を送った。

「多数の小型艦を伴う12隻の戦艦よりなる有力な敵艦隊見ゆ。針路北北東、高速にて航進しつつあり。…本艦はまた、座標043β(最初の艦隊の東方)にて4時40分に6隻の戦艦と複数の小型艦より成る第二の敵戦力を認む。…これは明らかに第一の艦隊に合流せんとするものの如し。…座標029βでは4時50分に3隻の巡洋戦艦と4隻の小型艦が北東より来る。…視界は悪く、触接を保つは困難なるも、高度1,100メートルから1,900メートルに在る本艦より敵は容易に見ゆ」

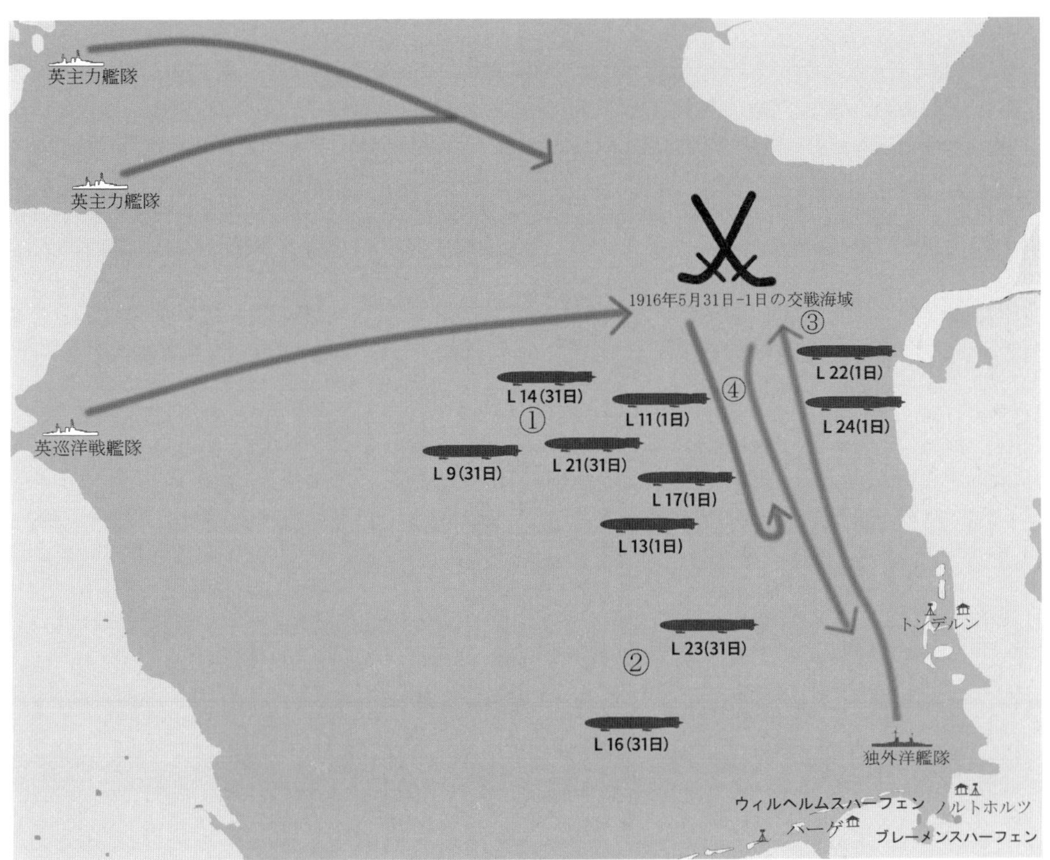

ユトランド沖海戦と飛行船に関する概要図。飛行船の位置については資料不足のため推測。
① 5月31日に出撃した飛行船の内、L 9、L 21及びL 14は海戦が行われている西側の海域に展開したが、悪天候のために英艦隊と接触できなかった。
② L 16及びL 23も同様、出撃したものの悪天候に阻まれて、ドイツ湾付近に留まった。
③ 1日深夜から早朝に出撃した5隻は、海戦の展開に従い、ホーンズレフからノルウェー沿岸部を偵察し、L 22及びL 24は、夜戦により生じた火災等を確認。
④ 午前4時10分、L 11が英主力艦隊の一部を確認。

英艦隊は視界が回復する6月1日の夜明けを期し、ドイツ外洋艦隊を再度捕捉・撃滅せんと意気込んでいた。6隻の巡洋戦艦よりなる前衛は、本隊に先行して進む。シュッツェ司令が午前4時10分に発見した第一の敵はこれである。巡洋戦艦「インドミタブル」はL 11に対して攻撃を試み、主砲塔から徹甲弾を射出する。弩級艦が誇る巨大な12インチ（30.5センチ）砲の砲声は彼方まで轟き、「大艦隊」には激震が走る。巡洋戦艦隊が敵主力と交戦を開始したと考えられたのだ。

各艦は直ちに巡洋戦艦群の方角へ舵を採る。その中には4隻の軽巡を擁する第3軽巡洋艦戦隊の姿もあった。シュッツェが接触した第二の艦隊である。しかし、巡洋戦艦がドイツ飛行船と戦っていると知った時の彼らの落胆は大きかった。彼女はシェア提督へロイヤルネイビーの位置を打電したに違いなく、それはドイツ艦隊が逃避する上で決定的に重要な役割を果たすであろう。今や、前日の雪辱を果たす機会は喪われたのだ。なお、L 11が最後に捉えた「3隻の巡洋戦艦」は「大艦隊」第6戦隊に所属する弩級戦艦4隻であった。

方や、ドイツ外洋艦隊司令官のシェア中将は、L 24からの報告に鑑み、「大艦隊」はユトランド半島北方に位置するものと考えていた。それ故、L 11が発見した敵勢力は、英仏海峡方面から送られた新手の増援と判断する。シュッツェ司令は対空射撃を受けつつ危険を冒して敵艦に接近、こう打電している。

「マスト、煙突、舷檣（げんしょう）に損傷なきものと見ゆ。各艦は高速にて航進す。其は明らかに5月31日の戦闘に参加しおらざるものの如し」

午前5時7分、シェアは麾下の全艦に対し、戦隊単位で離脱するよう下命した。「新たな敵の出現」と、飛行船による航空偵察が十分に機能しない状況では、成功は覚束ないと考えたのだ。午前7時26分、彼はシュトラッサーに対し、これ以上の偵察は不要、と打電する。

かくて戦闘海域におけるL 11の出現は、英独両海軍の最高意思決定に影響を与え、結果的に大海戦を

戦艦オストフリースラントとL 31 (1916年)

L 30（またはL 11）から撮影された外洋艦隊第2戦隊

終結に導いた。この戦いでイギリスはドイツ側を戦力で優に上回っていたにも拘らず、より大きな損害を受けた。すなわち巡洋戦艦3隻、装甲巡洋艦3隻、駆逐艦8隻を失ったのだ。一方、ドイツは巡洋戦艦1隻、前弩級戦艦1隻、軽巡洋艦4隻、駆逐艦5隻を沈められた。独巡洋戦艦「リュッツオウ」はしぶとく浮かび続け、乗艦していた将兵の多くが生還したのに対し、3隻の英巡洋戦艦はいずれも轟沈で、生存者はほとんど無かった。英艦の抗堪性に深刻な欠陥があるのは火を見るより明らかだった。

しかし、英国の失血は、ロイヤルネイビーの覇権を揺るがすほどのものでは無く、海上封鎖も続行された。それ故、ユトランド海戦は一般的に「戦術的にはドイツの優位、戦略的には英国の優位」と評される。

海戦後、シェア提督は飛行船による戦略的偵察任務の重要性について、次のように述べている。「この戦法は予期しない強力な敵戦力の出現に対し、可能な限りで最大限の保証を提供し、奇襲攻撃を抑止するものである。…それ故、飛行船による偵察は遠海での作戦行動にとって必要欠くべからざるものなのだ」。確かに、飛行船は5月31日の戦闘に直接関与できなかったし、誤った情報をもたらしもした。しかしシェアが期待していた以上の働きを見せたのである。そもそも、レーダーが存在しなかった当時、霧や靄といった天候上の悪条件は、飛行船に限らず艦艇にとっても偵察上の致命的な障害となった。故に、5月31日の「失態」は、不可抗力であっただろう。そして、ユトランド海戦を契機に、ドイツ海軍は飛行船を「艦隊の目」として、それまで以上に大規模に運用するのだ。

なお、前述の英軍に傍受されたシェア提督の電信(シュトラッサーへ偵察を求めるもの)は、「第40号室」によって解読された。この、外洋艦隊が帰還する経路を強く示唆する手がかりは、英艦隊の追撃の成功をもたらしうる、極めて重要なものであった。にもかかわらず、ジェリコー提督その人には伝わらなかったのである。

その原因は、解読した暗号の転送を行っていた海軍本部が、この情報を、ジェリコーに向けて発信しなかったことにある。彼らは、ドイツ海軍が飛行船による偵察にどれ程依存しているかを認識せず、電文の重要性を理解できなかったのである。海軍史家マーダーが「犯罪的な怠慢」と評した、この連携ミスが、海戦の行方を大きく左右したのだった。

ロイヤルネイビー、見ゆ！
—サンダーランド砲撃においてのドイツ飛行船—

1916年8月中旬。外洋艦隊の各艦はユトランド海戦で受けた損傷の修復を概ね終えていた。シェア提督はこれを受けて英国に対する新たな作戦行動を企図する。飛行船の重要性を認識した彼は、当初の構想に立ち返った。敵本土北東部にある港湾都市サンダーランドに艦砲射撃を加え英「大艦隊」を誘引、待ち伏せするUボート群の前に引きずり出し、罠にかけようというのだ。8月16日、9隻のUボートが出撃し、ドイツ艦隊を追って南に出てくるであろう「大艦隊」を迎撃すべくブリテン沿岸に2重の攻撃ラインを構築する。シュトラッサーの飛行船部隊は、英艦隊を探索するべく戦略的に運用される。シェア提督は作戦命令に記した。

「飛行船による長距離偵察の遂行こそは、前提条件である」

事実このプランの成否は全て、飛行船の哨戒に懸かっており、シュトラッサーが「天候が良好」と判断して初めて、作戦行動が開始されることになっていた。シェアは、ユトランド沖海戦の轍を踏むつもりはなかったのだ。8月17日と18日には、天候観測のために飛行船が出動した。17日、シュトラッサーはシェアに報告する。「天候は不順なれど、明らかに明日には好転に向かわん」。翌18日、彼は結論を下す。「気候条件良好。持続的な北東の風」。同日午後9時、外洋艦隊は出撃した。サンダーランド海戦の火蓋が切られたのだ。

8月19日の午前1時30分から同4時40分にかけ、8隻の飛行船が北海を目指し離陸する。L 22、L 24、L 30、L 32の4隻は、スコットランドが北海に突出するピーターヘッドとノルウェー南端のリンデスネスを結ぶ警戒ラインに展開した。英国の北端、オークニー諸島のスキャパ・フローを母港とする英「大艦隊」の南下を捕捉するためだ。L 32にはシュトラッサー自らが搭乗した。この他、L 31は英巡洋戦艦群根拠地のフォース湾へ飛び、L 11は英国北東のタイン河口、L 21は英国中部のハンバー河口、L 13は北海南端のオランダ沿岸をカバーした。第一陣の上記8隻に続き、L 14、L 16、L 17、L 23に出撃が命じられ、第二陣として19日深夜から翌20日にかけて哨戒を行う予定であった。

北方の警戒ラインに向かった4隻は19日の午後を通じて配置に就いていたが、英艦隊を発見できないまま帰還する。実のところ、英軍はドイツ軍の無線通信から外洋艦隊の出撃が迫っていることを察知し、18日午前11時30分には出港準備を終えていた。「大艦隊」は同日午後、スキャパ・フローを後にし、その日のうちに「警戒ライン」を越えた。飛行船団が到着するほぼ丸一日前である。巡洋戦艦群は18日午前11時30分にフォース湾に面するロサイスを出、19日午前6時に「大艦隊」と邂逅した。フォース湾の東北東160キロの地点であった。その戦力は弩級艦(戦艦、巡洋戦艦)33隻に膨れ上がり、外洋艦隊を迎え撃つべく南下を開始する。

午前7時30分、南方を警戒していたL 13艦上のエドゥアルト・プロルス司令は、ティアウィット准将率いる軽巡洋艦艦隊と遭遇する。これは英国南東部のハリッジを出撃、「大艦隊」と合流すべく北進中であった。

プロルスは小型艦からなる戦力を発見し、攻撃を受けたことを報告したが、シェア提督は大きな注意を払わなかった。L 13からの無電には敵が南西に向けて高速で進んでいる旨が記されていたが、これを見た彼は英軍がまだドイツ艦隊の接近を知らず、件の小艦隊は英仏海峡方面へ向かっていると判断したのだ。しかし、当然のことながら南西への航行は一時的なものに過ぎなかった。プロルスは午前9時40分に再びこの軽巡洋艦隊を発見したが、シェア提督は低地諸国沿岸部へのパトロール任務に就いていると解釈した。

その間Uボート群は午前6時56分に最初の戦果を挙げた。U52が「大艦隊」の軽巡「ノッティンガム」に魚雷を2本命中させ、これを屠(ほふ)ったのだ。敵潜水艦による更なる損害を恐れた「大艦隊」は午前8時、針路を北に採ったが、U53によって視認される。同艦は午前9時10分、3隻の大型艦を含む艦隊が英国東岸のファーン諸島東方130キロを北進中であると打電した。シェアは初めて、北方の英軍主力の動きに接したのである。

マティのL 31はU53が報告した地点にアプローチを試みた。周辺海域は、北海の典型的な天気となっていた。すなわち、高度200メートルの低空に雲が垂れ込め、断続的な雨は視界を1.6キロ以下に制限したのだ。マティは、対空砲火を浴びる危険を冒して雲の下を飛んだ。そして午前9時45分、敵艦隊との接触に成功し、2隻の軽巡と2隻の駆逐艦を発見したと報告する。これは英巡洋戦艦群の一部であった。

直後に激しい攻撃を受けたL 31は雲中に退避せざるを得なかったが、再度降下を敢行し、遂に強大な

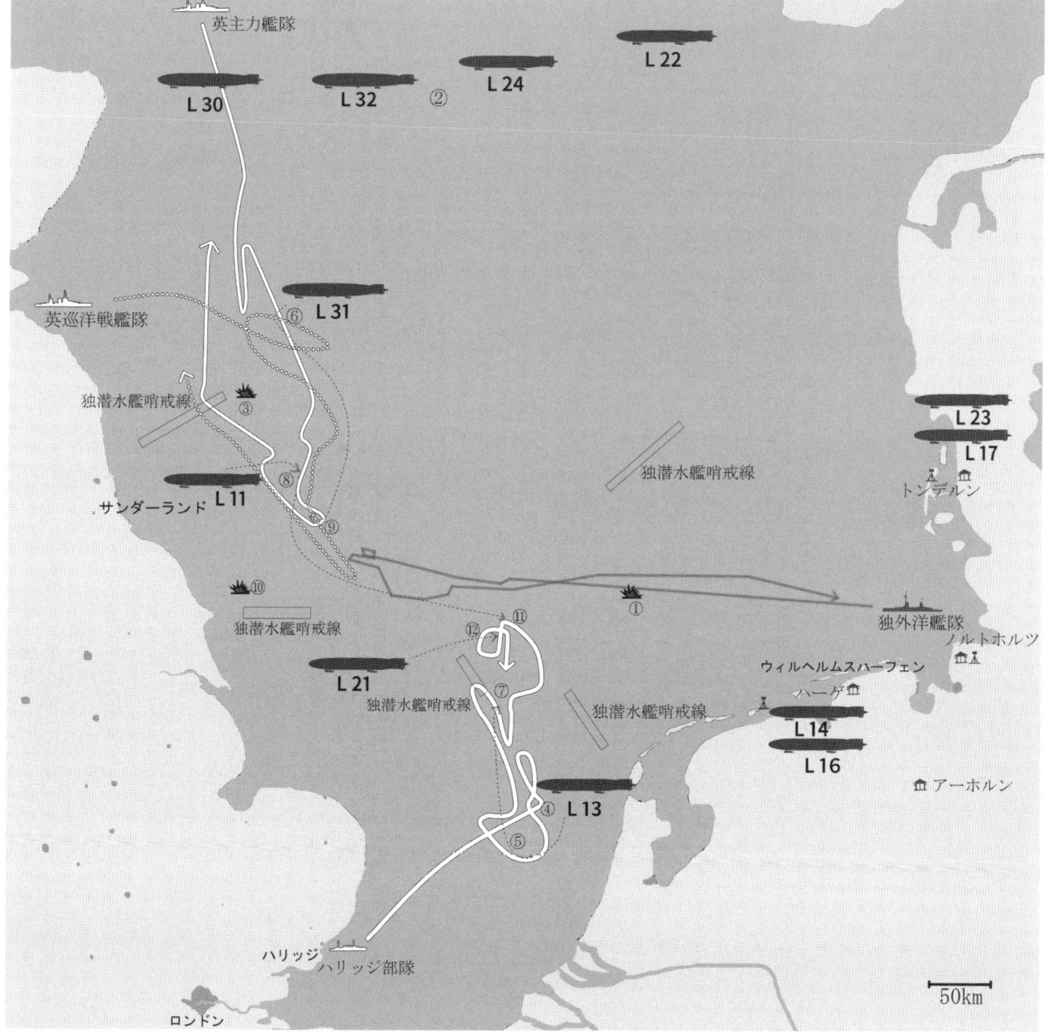

1916年8月19日のサンダーランドへの出撃に当たって、飛行船が関連する事象。飛行船の位置、針路等については記録からの推定である。
① 19日午前4時5分の英潜水艦による独戦艦「ウェストファーレン」への攻撃　② 独飛行船による北の哨戒線。既に英主力艦隊は南下した後であった。
③ 午前6時56分。U52による「ノッティンガム」攻撃　④ 午前7時30分。L 13とハリッジ部隊の接触
⑤ 午前9時40分。L 13とハリッジ部隊、2度目の接触　⑥ 午前9時45分。L 31と英巡洋戦艦隊との接触　⑦ 12時頃。L 13とハリッジ部隊、3度目の接触
⑧ 午後2時時～3時頃(?)L 11の英艦隊の一部との接触　⑨ 午後5時頃。L 31と英主力艦隊の接触。英主力艦隊の反転
⑩ U 66による軽巡洋艦「ファルマス」攻撃　⑪午後6時40分。L 21とハリッジ部隊の接触　⑫ 午後7時30分。L 11とハリッジ部隊の接触

敵戦力が北東へ航行中であることを突き止める。午前10時50分、マティはシェアへ無電を打った。しかし、悪天候のため、間もなく英艦隊を見失う。彼は敵が南に転針したのだと正しく推測したが、再発見は叶わなかった。一方、英軍がドイツ艦隊の出撃を察知しているとは知らないシェア提督は、マティが発見した敵が想定よりも南方に位置することから、これを独立した存在と見做した。英海軍に関する飛行船からの報告は、以後暫く途絶える。

同じ頃、ロイヤルネイビーの指揮官たちは、ドイツの飛行船に付きまとわれ、監視されていると感じ、苛立ちを募らせていた。「大艦隊」司令官のジェリコー提督の叙述を引用しよう。

「8時28分以降(英国時間、本コラムのドイツ時間では9時28分)、ツェッペリン型飛行船が戦艦群、巡洋戦艦群双方の視界にしばしば入り、砲火を浴びたが、彼らは対空砲火が効果を減ずるに十分な距離を保った。…午前10時、ハリッジ艦隊(軽巡洋艦艦隊)を率いて洋上に出ていたティアウィット准将もまた、ツェッペリン型飛行船に追跡されていた。彼は後に、19日の昼の間ずっと、敵飛行船に尾行されたと述べている。」

実際、L 13のプロルス艦長はハリッジを出撃した軽巡洋艦艦隊について繰り返し報告している。正午を過ぎて間もなく、L 13はティアウィット艦隊に三度目の接触を果たす。午後1時にプロルスが打たせた電文は、独外洋艦隊を興奮の渦に叩き込んだ。彼は軽巡洋艦と駆逐艦からなるこの小艦隊を、どうした訳か複数の巡洋戦艦と戦艦を含む有力な戦力と誤認し、そのまま報告したのである。その時まで北方の水平線上すれすれにまで迫りつつある真の脅威、すなわち「大艦隊」の存在をつゆ知らぬまま、シェア提督は薄暮時にサンダーランドを砲撃せんと、外洋艦隊を北へ走らせていた。しかし、敵の戦艦群が南方から接近しているとのプロルスの報に接し、彼は直ちに偵察部隊を南転させる。

これが事実なら、英国の主力艦を葬る一大チャンスである。しかし、真偽のほどは明確ではない。そこでシェア提督は、L 13に対し、「敵艦の艦種を伝えよ」と打電する。時に午後13時48分。しかし、同艦が応答したのは漸く午後14時30分になってからであり、しかも返信は「濃い雲海のため艦種の判別は能(あた)わず。雷雲により触接を逸せり」というものであった。痺れを切らして回頭した外洋艦隊は、とうとう幻影の英艦隊を捕捉することは出来なかった。午後15時35分、シェア提督は敵が離脱したものと判断する。この間の時間的、距離的浪費により、サンダーランド砲撃を予定通りに行うことは不可能となっていた。かくてドイツ艦隊は作戦を中断し、母港ヴィルヘルムスハーフェンへと舵を切る。プロルス艦長が見た幻は、外洋艦隊によるブリテン砲撃の意図を挫き、同時に彼らを恐るべき「大艦隊」の脅威から引き離したのである。実に、皮肉と矛盾に満ちた幕切れと言えよう。

この間も、北方に有力な敵艦隊が存在することを示唆する情報が、飛行船とUボートから送られていた。午後15時3分、シェア提督はU53からの連絡を受けた。同艦は、サンダーランドの沖合130キロにあり、「午後14時15分に強力なる敵が南下せり」と伝える。L 11は4隻の軽巡洋艦が雲間から姿を現すのを確認し、午16時3分には再びU53が10隻の戦艦を見つけ出す。しかし、シェア提督は「本物」のロイヤルネイビー主力との交戦を避ける判断を下す。小型の駆逐艦は燃料が少なくなっており、夜戦となれば敵の魚雷艇にも警戒しなければならない。結局、彼は手ぶらで帰ることを選んだのだ。

それでも、L 31のマティは目覚ましい働きを成し遂げた。フォース湾口を飛んでいた彼は午後14時30分、U53からの無電を解読し、外洋艦隊が窮地に陥りつつあることを察知する。彼らは前衛の偵察艦隊を幻の敵へ向けて南に送り、背後となる北側はがら空きになっていた。このままでは、サンダーランド沖を通過した強力な敵は、友軍主力をまさにこの方向から襲うであろう。

「最大戦速!」

L 31は敵艦隊中核へ向けて疾駆する。午後15時25分、前方に濃い煙雲が見え、午後16時45分、マティは英軍巡洋戦艦群を目視する。彼は直ちにシェアへ無電を打ち、敵の大戦力が北方から接近していることを伝える。午後17時、英巡洋戦艦群は南下を打ち切って北へ進路を採る。危機は去ったのだ。その10分後、触接を維持していたL 31はシェア提督へ宛て、「敵艦隊は北方へ向かい、高速で進みつつあり」と報告する。シェアは記す。「これらの報告は、更なる前進が無意味であると証明した。何となれば、敵は既にブリテン沿岸に近づき、北上しているからだ」。20分後、マティは任務を完了し、帰途に就く。

北へ戻る英「大艦隊」は再びUボートの襲撃を受ける。U66は軽巡「ファルマス」をフラムバラ・ヘッド沖に葬った。そして、サンダーランド海戦の最後には、帰還途上の外洋艦隊と、ティアウィット艦隊のニアミスが記録されるであろう。午後18時40分にはL 11が、午後19時30分にはL 21が、敵の小艦隊発見を報告。その後、外洋艦隊は数時間にわたってこの軽巡洋艦艦隊を視界に入れつつ進むが、午後20時、彼らは速力を挙げると南方へ去った。夜襲を覚悟した外洋艦隊には意外な結果であった。

ここに戦闘は終結した。外洋艦隊と独海軍飛行船隊の得たものは少なく、第二次大戦下の飛行機と艦隊の協働を知る者からすれば、その実態はお粗末と感じられるかもしれない。しかし、艦隊が空中からの本格的な支援を不可欠な要素と位置付けて戦ったのはこれが初であり、新しい時代の到来を十分に予感させるものであった。

殊に、ロイヤルネイビーは危機感を募らせた。彼らは洋上での飛行機の運用に注力する。敵飛行船を駆逐し、かつ自分たちの艦隊を空中から支援するためだ。初めは艀(はしけ)から戦闘機を発艦させることから始まったこの試みは、最終的に世界初の空母「フューリアス」の誕生に結実する。同艦が初めて行った地上攻撃が、ノルトホルツの飛行船基地空襲であったのは偶然ではない。ここでもドイツ飛行船は善かれ悪しかれ、新たな戦闘ドクトリンの扉を開いたのである。

英海軍が生んだ世界初の空母「フューリアス」の1918年の姿。艦の前部、後部が飛行甲板で、中央部には艦橋と煙突が立っていた

戦闘記録▶総力を挙げた空爆と、SL 11の喪失

日付:1916年9月2日〜3日(夜間爆撃)
攻撃目標:ロンドン
参加兵力

独軍:海軍飛行船:12隻【L 11/P級(ヴィクトル・シュッツェ少佐)、L 13/P級(エドゥアルト・プロルス大尉)、L 14/P級(クノ・マンガー大尉)、L 16/P級(エーリヒ・ゾンマーフェルト大尉)、L 17/P級(ヘルマン・クラウシャー大尉)、L 21/Q級(クルト・フランケンベルク中尉)、L 22/Q級(マーティン・ディートリッヒ大尉)、L 23/Q級(ヴィルヘルム・ガンゼル大尉)、L 24/Q級(ロベルト・コッホ大尉)、L 30/R級(ホルスト・フォン・ブットラー大尉)、L 32/R級(ヴェルナー・ペーターソン中尉)、SL 8(ギド・ヴォルフ大尉)】
陸軍飛行船:4隻【LZ 90/P級、LZ 97/Q級、LZ 98/Q級(エルンスト・レーマン中尉)、SL 11(ヴィルヘルム・シュラム大尉)】

英軍:航空機:14機(B.E.2:12機 等)発進、ソーティ数16。2機が夜間離発着に失敗、いずれも大破
高射砲:QF 3インチ 20cwt高射砲18門が185発発砲、その他高射砲24門が211発発砲。

天候:相当量の雲と小雨、英国南東では霧と秒速4.4mの風

戦況悪化の中、空中艦隊が起死回生を狙う

1915年、ブリテン上空で凱歌をあげたドイツ空中艦隊であったが、その「戦果」は大英帝国の戦時経済を破砕するには程遠く、また英国民の士気を阻喪せしめることも出来なかった。これに対し、ドイツ陸海軍は飛行船部隊の戦力を大幅に強化し、英国に致命傷を与えようと企図した。1916年、ドイツの飛行船生産はピーク(2週間に1隻が就役)を記録し、同年9月初頭には陸海軍の飛行船保有数はツェッペリン型のみで27隻に達する。このうち、P級以降の一線級の艦は24隻に達した。ロンドン初空襲が行われた1915年6月初頭の飛行船保有数は16隻で、P級以降の艦は僅か5隻に過ぎなかったから、空中艦隊拡充の急速さが理解できよう。

同時期、英国防空隊は劇的にその能力を高めつつあった。戦闘機隊には新鋭のB.E.2の配備が進み、上昇限度の不足を補うべく背負い式に取り付けられたルイス式機関銃には、飛行船の水素を誘爆させるべく、炸裂弾と焼夷弾を組み合わせた対ツェッペリン弾が装填された。また、夜間戦闘技術も実用の域に達する。高射砲部隊は新式のQF 3インチ 20cwt高射砲を受領し、それまでの目測に替えて飛躍的に命中精度を高める射撃管制機器も導入された。

1916年の春、ドイツ空中艦隊と英国防空隊の雌雄を決する死闘の火ぶたが切られた。ドイツ飛行船団は大挙して英国を襲撃、多大な失血を強いたが、一方で3月31日の空爆では対空砲火によってマティの乗艦L 13が大破、ブライトハウプトのL 15が撃墜されるなど、戦局の趨勢は確実に変化しつつあった。

夜が短くなる夏至前後の作戦中断を経て、ドイツ空中艦隊はブリテン島への戦略爆撃を再開。そして9月2日、その総力を挙げて16隻の飛行船を出撃さ

せる。これは第一次大戦中最大の規模であるとともに、ドイツの陸海軍が共同して行った唯一の敵首都への爆撃作戦となったのである。

その日の昼から夕刻にかけ、海軍飛行船12隻、陸軍のそれは4隻が出撃した。ハーゲからは4隻（海軍飛行船L 11、L 13、L 14、L 16）、ノルトホルツから4隻（同L 21、L 23、L 32、SL 8）、トンデルンから3隻（同L 17、L 22、L 24）、アーホルンから1隻（同L 30）、ドイツ西部の4か所の基地から陸軍飛行船がそれぞれ1隻ずつである。

攻撃の対象はイングランド南部、主たる目標はロンドンであった。シュトラッサーが非公式に表明したところによれば、彼の狙いはロイヤルネイビーの司令塔、海軍本部に他ならない。敵の指揮系統と情報の中枢を叩くことで、戦意と統制を粉砕しようというのだ。シュトラッサーは、この大規模な攻撃が、英国を降伏させる決定的な一打となることを期待していた。

大戦の戦局は、今やドイツ側の頽勢（たいせい）の兆しを見せ始めていた。ユトランド沖海戦の結果、ドイツ海軍には英国海軍の海上封鎖を打破する力が無いことが明らかとなった。陸上では、ヴェルダンにおいて独仏両軍が何か月にもわたって血みどろの戦いを続け、その間ソンムでは英国の大陸派遣軍を主力とする連合軍が新たな反攻を開始。西部戦線で先の見えない消耗戦が続く中、東部戦線ではロシア軍がブルシーロフ攻勢を発動、弱体なオーストリア＝ハンガリー帝国軍の戦線を粉砕した。

画期的な性能を有する最新鋭の巨艦、R級──後に英軍はそれを「スーパーツェッペリン」と呼ぶであろう── の配備が開始されたのは、ドイツが各方面で苦しい戦いを強いられていたまさにその時──すなわち1916年の夏であった。一番艦L 30と二番艦L 31を用いた飛行試験を終えてすぐ、シュトラッサーはシェア提督に報告している。

「この巨大な艦が有する性能によって、英国は飛行船によって征服されるという私の信念は確固たるものになりました。都市や工場、造船所、港湾、鉄道、その他に対する破壊活動は拡大されていき、英国はその生存基盤を奪われるでしょう。…飛行船こそは、戦争を勝利のうちに終わらせる確かな手段となるものなのです」

飛行船は、Uボートに並ぶ、ドイツに残された数少ない切り札に他ならなかった。2隻のR級を含む空の無敵艦隊（アルマダ）は、かくて英国の抵抗を粉砕すべく飛び立った。各艦が搭載する爆弾の総量は合計50トン。ちょうど1年前、マティがL 13単艦でロンドンを襲撃、2トンの爆弾を投下してロンドンに大打撃を与えたことに鑑みれば、空前の大戦果は目前にあるかに思われたであろう。

16隻の大艦隊、悪天候により5隻に

ところが、この目論見はたちまち困難に直面する。艦隊は北海上空で強い逆風と、雨や雪に見舞われたのだ。各艦は氷の層に覆われてしまい、陸軍のLZ 97は洋上で、海軍のL 17は英国沿岸部で、踵を返し基地へ帰投している。

もう一隻の陸軍飛行船、LZ 90は午後23時頃（英国時間、以下同様）、テムズ河口北方のフリントン近傍で上陸を果たしたが、まもなくスパイゴンドラが脱落して地上に激突するアクシデントが発生。このため、ロンドンの北東70キロに位置するヘーバリル上空で6発の爆弾を投下した後、北東へ反転し、各所で爆弾をばら撒きながら午前1時45分、ヤーマス北方をかすめてブリテン島から離脱した。LZ 90の攻撃による物質的損害は軽微で、死傷者は生じていない。

ここに、ロンドンへ向かう陸軍飛行船は、レーマン司令のLZ 98とシュラム司令のSL 11、2隻となった。

一方、洋上で引き返したL 17を除く11隻の海軍飛行船も悪天候のため散り散りとなってしまう。このうち、L 14は午後21時50分に海岸線を突破、残る10隻

SL 11(写真:Harry Redner)

もその後2時間のうちに相次いで英国本土へ侵入を果たす。しかし、気候条件や航法および技術上の問題のため、7隻（L 11、L 13、L 14、L 22、L 23、L 24、SL 8）はロンドン攻撃を断念し、主にイースト・アングリアやその周辺地域の地方都市および集落に散発的な攻撃を仕掛けた。

このうち、L 13はノッティンガムシャーのガス工場に損害を与え、L 23はリンカーンシャーのボストンにある鉄道施設を破壊した。後者では3名の死傷者が発生したが、これは1か所での失血としては、この空襲で最大のものである。

また、L 30は午後22時40分、イースト・アングリア南部のサフォークに上陸。艦長のブットラーは敵の首都を攻撃したと主張したが、実際のところ彼の艦はイースト・アングリア周辺を遊弋しただけで、ロンドンに最も近い位置で投下された爆弾は、都心から北東に140キロ以上離れたバンゲイに降り注いだ。

かくして敵首都へアプローチする海軍飛行船は、L 16、L 21、L 32の僅か3隻に絞られたのである。

陸軍のLZ 98とSL 11、海軍のL 16、L 21、L 32。ロンドンを目指すこれら5隻のうち、目標に真っ先に肉薄したのは、エルンスト・レーマンが指揮するLZ 98であった。

同艦は深夜0時、ドーバー海峡に面するダンジネス付近を通過して英国に侵入。その後針路を北西へ採り、約70キロを飛行。午前1時13分、テムズ河畔にほど近いハートレイに到達した。ロンドンの中核部から東南東に30キロの地点である。ここで同艦はダートフォードの高射砲台から激しい射撃を受ける。新鋭のQF 3インチ 20cwt高射砲2門が47発を発砲したのである。続いて午前1時20分、テムズ北岸に位置するティルベリーの高射砲も火を噴く。これは12ポンド砲1門が12発発砲と記録される。

レーマンは自分の艦が都心に隣接するロンドン・ドック（港湾施設）の上空に在ると誤認し、爆撃を開始した。LZ 98の実際の位置はドックから東へ25キロほど離れた近郊部だったが、投下された爆弾は鉄道施設などに命中、一定の損害をもたらした。

このときの戦闘を、レーマンは後年こう叙述している。「LZ 98が英国の首都郊外に到達したとき、他の艦はまだほとんど戦闘行動に移れていなかった。投下された爆弾の鈍い炸裂音が、高射砲の砲火に応える。敵の高射砲はその数も、射高も、相当に増していた。銀色に輝く霧の下には家並みが果てしない海のように広がり、そこから絶え間ない爆発の閃光と燃え盛る焔が立ち上っていた。…幾つものサーチライトが放つ円錐形の光線が、亡者の群れのようにあちこちを行き来している。そして炸裂する無数の砲弾が、ロンドンを花火大会のように彩っていた。…私の艦は三度サーチライトに捕捉されたが、そのたびに高射砲に狙われる前に雲の中へ逃げ込むことに成功した。最終的に、高度3,000メートル付近を漂う雲の群れが、私にとって大いに助けとなった。私は雲に向かって艦をジグザグに航行させ、雲から雲へと乗り移りながら、テムズ直上に達した。ドックに爆弾を投下し、最も近いところにあった雲に身を隠しながら高度4,200まで上った。我々は安心し、攻撃の結果を見届けようと

SL 11の搭乗員達。前列椅子に座った人物の内、左から2人目がSL 11の飛行船司令、ヴィルヘルム・シュラム陸軍大尉(写真:Harry Redner)

したが、これは余計な試みであった。サーチライトが直ちに我々を再発見し、砲弾が我々めがけて撃ち出される。しかし、それらは遥か下方で爆発した」

その後、LZ 98は随所で爆弾を投下しつつ北東の方角へ退避した。かくして午前2時35分、LZ 98はロンドンの北東135キロにあるオールドバラの北を通過して北海に離脱、帰途に就いたのであった。

新鋭艦SL 11を待ち構える英迎撃戦闘機隊

続いてロンドンに侵入したのは陸軍飛行船SL 11であった。就役したばかりの同艦はこれが初の任務である。34歳のヴィルヘルム・シュラム飛行船司令はロンドン生まれであり、以前はLZ 93を指揮して不成功に終わった二度のロンドン空襲に参加していた。

SL 11は午後22時40分、ロンドンの真東70キロにあるテムズ川の河口に達する。その後同艦は北側に大きく弧を描いて敵首都の北方に回り込んだ。ロンドンの北北東65キロのサフロン・ワルデンを経由し、午前1時20分、同北北西25キロのロンドン・コルニーに到達。ここからロンドンの郊外を爆撃しつつ、蛇行を繰り返して都心を目指した。そして午前2時、シティから北へ6キロのフィンズバリー・パーク近辺に姿を現したのである。帝都に配置された多数の高射砲が、直ちに凄まじい射撃を開始した。英軍の公式戦史は次のように記す。

「爆弾を投下しつつ、トッテナムから南方へ向かう敵飛行船は猛射を浴びた。それらはロンドンの北部および中核部の対空防御網の大部分によるものであった。その中には、リージェント・パークやパディントン、そしてグリーン・パークなど、砲火が届かないほど遠方に所在するものも含まれていたが、それでも、それらは疑いなく敵飛行船をフィンズバリー・パークにおいて転針することを強いたロンドンの膨大な量の対空砲火に寄与したのである」

この夜の対空射撃は激しく、無数のロンドン市民が聞いたこともない砲火の轟きで目を覚ますほどであった。シュラム司令は都心への侵入を諦め、艦を反転させると、爆弾を投下しつつ北方へ向かった。午前2時15分ごろ、SL 11はロンドン北方約15キロの地点を飛行していた。高度は3,300メートル。間もなく、同艦は英軍夜間戦闘機の襲撃を受けるであろう。

実際、英国の戦闘機隊は手ぐすねを引いて待ち構えていたのだ。この日の午後、海軍情報部は10隻を超えるドイツ飛行船が格納庫を出て北海に向かっていることを察知した。本土防空隊は、監視哨と聴音機を駆使して敵の動静を探ろうと努める。飛行船の無電を傍受し、分析した結果、ドイツは陸海軍合同の大規模な戦力を持って英国を攻撃せんとしていることが明らかとなった。

午後21時50分、空襲警報が発令される。L 14がブリテン島に一番乗りを果たした、まさにその時刻であった。同じ頃、ノーフォークの沿岸に展開する監視船から海底ケーブルを介した有線電話で防空司令部に連絡が入った。二隻の飛行船を目視したのみならず、聴音機が夥(おびただ)しい数の「マイバッハエンジンの忌々しい響き」を拾ったというのだ。

まもなく、情報部には聴音機や監視哨、無線局からの報告が相次いでもたらされる。午後22時15分、海軍航空隊(RNAS)ヤーマス基地から最初の戦闘機が発進した。E.キャドバリー中尉操縦のB.E.2 8626号機である。同機は午後23時、ローストフト付近で飛行船を視認するが、敵は雲の中に姿を消した。これは、L 30またはL 11であったと推測される。午前0時58分、バクトン基地から離陸したプリング中尉のB.E.2 8625号機は、数キロ南西の飛行場が爆撃されるのを目にした。この近辺にはL 24が飛行していたが、プリング中尉はその姿を見ていない。陸軍航空隊(RFC)ビバリー基地は、16キロ南方を通過したL22を迎撃しようとホーム大尉のB.E.2 2661号機へ出動を命じたが、離陸に失敗して大破している。

ドイツ海軍の飛行船は、英国南東部へ散発的な攻撃を繰り返したため、英軍防空司令部の意識はこの方面へ引き付けられていた。そこへ、陸軍の飛行船がダイレクトにロンドンを目指しているという情報が入る。RFCは直ちにロンドン近郊の基地から戦闘機を発進させた。その中には、リーフェ・ロビンソン中尉が搭乗するB.E.2 2092号機の姿もあった。

飛行士たちは、灯火管制のため漆黒の闇に塗りつぶされた夜の空を駆けた。午前1時8分、ロビンソンはLZ 98を視認する。敵飛行船はダートフォードやティルベリーの高射砲台から激しい対空砲火を浴びながらテムズ川を越え、爆弾を投下すると急速に速度と高度を上げて去っていった。ロビンソンの機は全速でこれを追跡するも振り切られてしまう。次のチャンスは午前2時に訪れた。首都上空の砲火を目印に進んだロビンソンは、ロンドンの北部を爆撃するSL 11を捕捉したのだ。RFCに所属する別の2機のB.E.2(マッケイ少尉機とハント少尉機)もほぼ同時にSL 11に迫っていた。同艦の命運は、ここに尽きたと言えよう。

SL 11の断末魔

ロビンソンは、次のように報告している。

「私はスピードのために高度を犠牲にすることにし、ツェッペリンの方角へ向かって機首を下げた。砲弾が炸裂し、曳光弾が周囲を飛び交うのが見えた。近づくと、対空砲火の狙いは高すぎるか低すぎることが分かった。…私は飛行船の下方800フィート(240メートル)を首尾線上に沿って飛びながら、ドラム型弾倉1つ分の対ツェッペリン弾を浴びせた。なんの効果も無いようだった。そのため、片側に移動し、敵飛行船の船腹に弾倉もう一つ分の弾を撃ち込んだ。それでも目に見える効果はない。そこで、飛行船の後方に付けると1か所に集中して射撃を行った。…ドラム型弾倉が空になるよりずっと早く、その箇所に焔が輝いた。わずか数秒後には船尾全体が燃え上がっていた」

午前2時23分、火だるまとなったSL 11はロンドンの北20キロのカフリーに墜落。シュラム司令以下16名の搭乗員は全員が死亡した。

ロンドンに迫っていた3隻の海軍飛行船（L 16、L 21、L 32）はSL 11の断末魔を見て、任務を中断、帰途に就いている。

L 16の搭乗員はこう述べる。「数十を超える無数のサーチライトの光が、南から北へと移動する飛行船を捉えた。その周囲には対空砲弾や焼夷銃弾が飛び交い、船は燃え上がった。都心上空を離れたところで船尾に火が付き、巨大な焔に包まれながら墜ちていった。火炎は真昼のように明るく輝いた。L 16はその船から僅かに1,000メートルないし2,000メートル北にいた」

L 32の司令ペーターソン中尉もその光景を目にした。「首都上空で、友軍飛行船の一隻が突如炎上した。火炎は黄色がかった紅の光を放ち、周囲を明るく照らしながらゆっくりと下降していく。我々が視界外に逃れるまで、焔は地上で燃え続けていた」

L 21の艦長は何がSL 11を撃墜したのかを確認している。「炎上したSL 11は、私が見たところでは、2機のはっきり目視できる航空機の襲撃により破壊されたのである。これは、搭乗員の証言とも一致する。この内の1機が、まず赤く輝く銃弾を、続いて白または薄緑のそれを射出した」

SL 11の悲劇は、この他に撤退中の陸軍飛行船LZ 98や、2隻の海軍飛行船（L 14、SL 8）からも目撃された。

レーマン艦長は海図室で帰路を検討しているとき

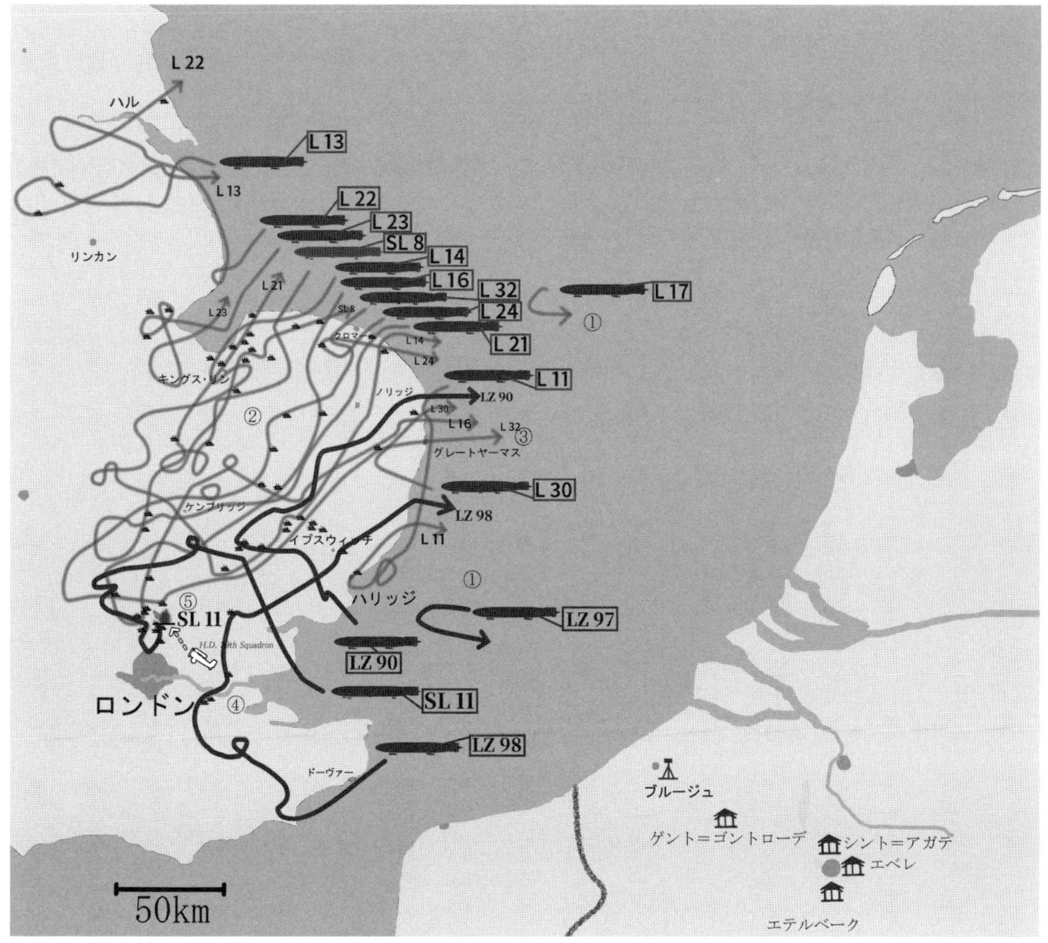

① LZ 97及びL 17は早期に英国到達をあきらめ反転。
② L 11、L 13、L 14、L 22、L 23、L 24、SL 8はロンドン攻撃をあきらめ、イーストアングリア及びブリテン島東岸を攻撃
③ L 30は首都へ向かわず海岸線を少し超えたところで爆弾を投下し、反転
④ LZ 98はロンドン東部25キロ一帯を爆撃した後北東に退避　⑤ SL 11は午前2時10分からロンドン北部を爆撃。午前3時23分、英戦闘機により撃墜

に乗員の叫び声を聞いた。「私は我々が来し方を振り返った、そしてはるか後方に輝く焔の玉を見た。私が推定するに60キロもの距離があったにも拘らず、我々はロンドン周縁部上空にある火を噴く流星が、友軍飛行船の1隻に他ならないことを悟った。…炎の塊は、一分以上空に在った。そして、各部がバラバラに剥がれ落ち、地上に降り注ぐ。哀れな戦友達よ、飛行船が炎上したときに、その死は定まったのだ。我々は全てが終わるまで沈黙を守った。そして理解したのだ、もし我々が雲を必要としたまさにその時に、それを見出すという幸運に恵まれなかったならば、彼らと同じ宿命が如何にも易々と我々を襲ったであろうことを」

SL 11が撃墜されると、ロンドンは歓喜に沸いた。人々は街路で踊り、「ランド・オブ・ホープ・アンド・グローリー」を歌った。クラクションやサイレンが叫び、鐘という鐘は打ち鳴らされ、列車は汽笛を鳴らした。一夜が明けると幾千幾万もの群衆が飛行船の残骸を見るために墜落地点へと押し寄せた。

有識者は「それ」がシュッテ・ランツ型であると見抜いたが、興奮した大衆が「ツェッペリンを墜とした」と語るのを訂正しなかった。彼らにとってシュッテ・ランツは耳慣れなかったが、ツェッペリンは誰もが知り、ベイビー・キラーとして蔑み、恐れていたからである。

5日後、リーフェ・ロビンソンはウィンザー城において国王ジョージ5世から直々にビクトリア勲章を授与された。最前線で勲功を挙げた将兵に送られる最高の勲章である。今やロビンソンは英国民のヒーローであった。

一方、ドイツ軍は強い衝撃を受けた。後年、レーマンはこう記す。

「悲劇的な結果を受け、帰投後直ちに会議が開かれることとなった。新しい行動の方針を決定するためだ。我々の見解は一致していた。敵の防空能力は向上しており、高度3,000メートル程度でのロンドン空襲はもはや不可能である。少なくとも、4,500メートルの高さが不可欠だ。しかし、当時の飛行船の発展段階にあっては、これだけの高度をとろうとすると、爆弾搭載量を2トンから1トンにまで減らさなくてはいけない。従って、リスクを冒してのロンドン攻撃は殆ど意味をなさなくなる」

実際、対空砲火一つをとっても英軍の戦闘力向上は明らかであった。1年前、LZ 38がロンドンに初空襲を行った際には高射砲は1発も発砲せず、マティのL 13がシティを襲撃したときには19門の高射砲(無力な1ポンドポンポン砲除く)が185発を発砲したが、この空襲では42門が396発を発射している。

ドイツ陸軍は建造費93,750ポンドの新鋭艦SL 11と訓練された乗員16名を喪ったのに対し、英国の損失は21,072ポンドと死者4名、負傷者12名である。ロンドンの市域に投下された爆弾は約2トンであった。陸軍の飛行船は二度と英国を攻撃することは無く、彼らは重爆撃機隊の整備に邁進することになる。翌1917年にはゴータ機がブリテン島に対する戦略爆撃の中核をなすであろう。

こうして第一次世界大戦中最大規模の対英攻撃は、ドイツ側の敗北で幕を閉じた。

独軍の損害:SL 11を喪失、シュラム司令以下16名の搭乗員全員が死亡
英国の損害: 死者4名、負傷者12名、損害額21,072ポンド　航空機2機大破

SL 11の搭乗員を埋葬する英兵

戦闘記録▶R級2隻の喪失

日付：1916年9月23日～24日(夜間爆撃)
攻撃目標：ロンドン、英国中部
参加兵力
独軍：海軍飛行船：12隻【L 13/P級(フランツ・アイヒラー大尉)、L 14/P級(クノ・マンガー陸軍大尉)、L 16/P級(エーリヒ・ゾンマーフェルト大尉)、L 17/P級(ヘルマン・クラウシャー大尉)、L 21/Q級(クルト・フランケンブルク中尉)、L 22/Q級(マーティン・ディートリッヒ大尉)、L 23/Q級(ヴィルヘルム・ガンゼル大尉)、L 24/Q級(ロベルト・コッホ大尉)、L 30/R級(ホルスト・フォン・ブットラー大尉)、L 31/R級(ハインリヒ・マティ大尉)、L 32/R級(ヴェルナー・ペーターソン中尉)、L 33/R級(アロイス・ブッカー大尉)】
英軍：航空機：24機(B.E.2：18機 等)発進、ソーティ数26。1機が海上に不時着、もう1機が夜間離陸に失敗し搭乗員1名死亡
高射砲：QF 3インチ 20cwt高射砲10門が111発発砲、その他高射砲30門が351発発砲。3インチ 5cwt高射砲1門で尾栓が吹き飛ぶ事故が発生、砲手1名死亡、3名負傷
天候：平静かつ快晴。北海南部では高度1,500mにおいて秒速4.5mから6.7mの風。風向は南および南東。夜間に入ると東海岸では風は平静

SL 11がロンドン上空で失われた後も、シュトラッサーの闘志は衰えを見せなかった。1916年9月、海軍飛行船隊は4隻の最新鋭飛行船R級を保有し、同年末までにさらに6隻が就役する。シュトラッサーはこれらの巨艦に期待を寄せ、依然勝利を確信していたのだ。

手痛い敗北以後初めての新月となる9月23日、彼は12隻の飛行船をブリテン島へ向け出撃させた。このとき艦隊は大きく二分され、旧式化しつつあったP級とQ級からなる8隻は、北海を経由して英国の中部および北部の工業地帯を襲った。一方ハインリヒ・マティが先任将校として指揮を執る新型のR級4隻は英仏海峡上空に進出、追い風を受けつつ、守りを固めたロンドンを目指した。

旧式艦の一隊の中では、北部を爆撃したL 17が最も大きな「戦果」を挙げた。同艦は午前0時30分過ぎにノッティンガムへ攻撃を開始。投下された爆弾のうちの一つが防空システムの電話網を破壊し、高射砲やサーチライトは各個に行動せざるを得なくなった。結果、英軍は効果的な反撃が不可能となり、鉄道施設や市街地が破壊され、死者3名と負傷者20名が生じた。その他の7隻は複数の地方都市や集落を空爆したが、さしたる損害を与えていない。その後、8隻の旧式艦は全艦無事に帰投している。

一方、敵の首都へ向かった4隻のR級の前途には、筆舌に尽くしがたい戦禍が待ち受けていたのである。もっとも、ブットラーのL 30は「幸運」な例外であった。彼の主張によれば、彼の艦はロンドン上空に一番乗りを果たし、その東部に爆撃を加えた筈であったが、実際のところ彼女はロンドンから北北東に180キロも離れたイーストアングリア北部の海岸を遊弋し、投下された爆弾は全て洋上に着弾したのである。その後、ブットラーとL 30 は帰還した。

続いてロンドンに侵入を試みたのは、アロイス・ブッカー大尉が率いるL 33であった。3週間前に就役したばかりの同艦にとって、この爆撃は初の戦闘任務である。22時40分(本コラムは英国時間で表記する)ごろ、L 33はロンドンから東へ70キロのファウルネス島近辺でブリテン島に上陸する。ここはテムズ川の河口北岸にあたり、同艦は大河に沿って一直線にメトロポリスを目指した。それはドイツの飛行船乗りにとって、通いなれたコースであると同時に、今や英軍の高射砲とサーチライトがひしめく茨の途でもある。しかし、ブッカーはR級が誇る高速力を武器に、強行突破を成功させたのだ。

23時55分、L 33はロンドン郊外のチャドウェル・ヒース南方に到達する。都心から東に20キロ足らずの地点だ。この地でブッカーは針路調整のために照明弾を投下。これに気付いたサーチライトが一時L 33を捕捉するが、高射砲が発砲する前に振り切っている。また、先立つこと25分前の23時30分ごろ、チャドウェル・ヒースの東南5キロに位置する陸軍航空隊(RFC)サットンズファーム基地からB.E.2が発進したが、未だ上昇中であり、高空を飛ぶL 33に手出しをすることは出来なかった。

深夜0時過ぎ、ベクトンとノース・ウールウィッチの高射砲台の間をすり抜けたブッカーは、0時10分ごろからロンドン東部への爆撃を開始する。L 33は2発の300キロ弾を含む42発の炸裂弾と、20発の焼夷弾を投下した。これらは市街地や工場、倉庫に降り注ぎ、石油貯蔵所と木材保管庫では深刻な火災が発生した。

一方、英軍の高射砲部隊も反撃の猛射を開始、寝静まった街はたちまち闘いの巷と化す。対空射撃の

狙いは正確で、高度4,000メートルを飛行していたにも拘らず、飛行船は激しく揺さぶられた。そして0時12分ごろ、一発の至近弾の破片が前部エンジンゴンドラの後方にある気嚢を破壊した。空襲が始まってから、僅か数分後の出来事である。飛散した別の砲弾の破片は、4つの気嚢に損傷を与えた。ブッカーは高度を上げるため直ちにバラスト水を放出し、爆弾を投下しつつ北東に転針、戦闘空域からの離脱を図った。

しかし、複数の気嚢が損傷したため多量の水素が漏れ出し、艦は毎分240メートルのスピードで降下しはじめた。乗員は船外に出て損傷個所を縫合しようとしたが、0時25分ごろには高度2,700メートルを切り、一層激しさを増した対空砲火のために損傷は深まった。

空を満たす光と音は新たな敵を呼び寄せた。夜間戦闘機である。RFCに所属するブランドン少尉操縦のB.E.2は午前0時12分に敵飛行船を視認、20分にわたり追跡・攻撃し、回転弾倉一つ分の対ツェッペリン弾を浴びせかけた。このときの射撃は、飛行船の水素を誘爆させることは無かったが、船体には多くの穴が穿たれた。ブランドン少尉は弾倉を交換し追い打ちをかけようとしたが、ルイス機銃が弾詰まりを起こしてしまう。間もなく、ツェッペリンは雲の中に姿を消した。

L 33は既に満身創痍であった。乗員は高度を保つためにあらゆる努力をし、艦内の装備を次々に擲(なげう)った。その中には、スペアのパーツや4挺の機関銃、その弾丸などが含まれる。ブッカーは艦が敵に鹵獲されるのを防ぐべく、何とか海岸線を超えて洋上に着水・水没させようとしたが、予期せぬ突風のため、遂にL 33は地面に叩きつけられた。場所は北海まで僅か数キロを残すばかりのリトル・ウィグボロー、時計の針は午前1時15分を指していた(なお、乗員を溺死のリスクに曝さないため、敢えて陸地に不時着したと記述する資料もある)。

幸いにも、21名の乗員は全員無事であった。彼らは艦の残骸に火を放つと、港を目指して歩き始めた。小舟を奪取して海を渡り、ドイツの勢力圏に戻ろうというのである。やがて一人の臨時警官が自転車に乗っ

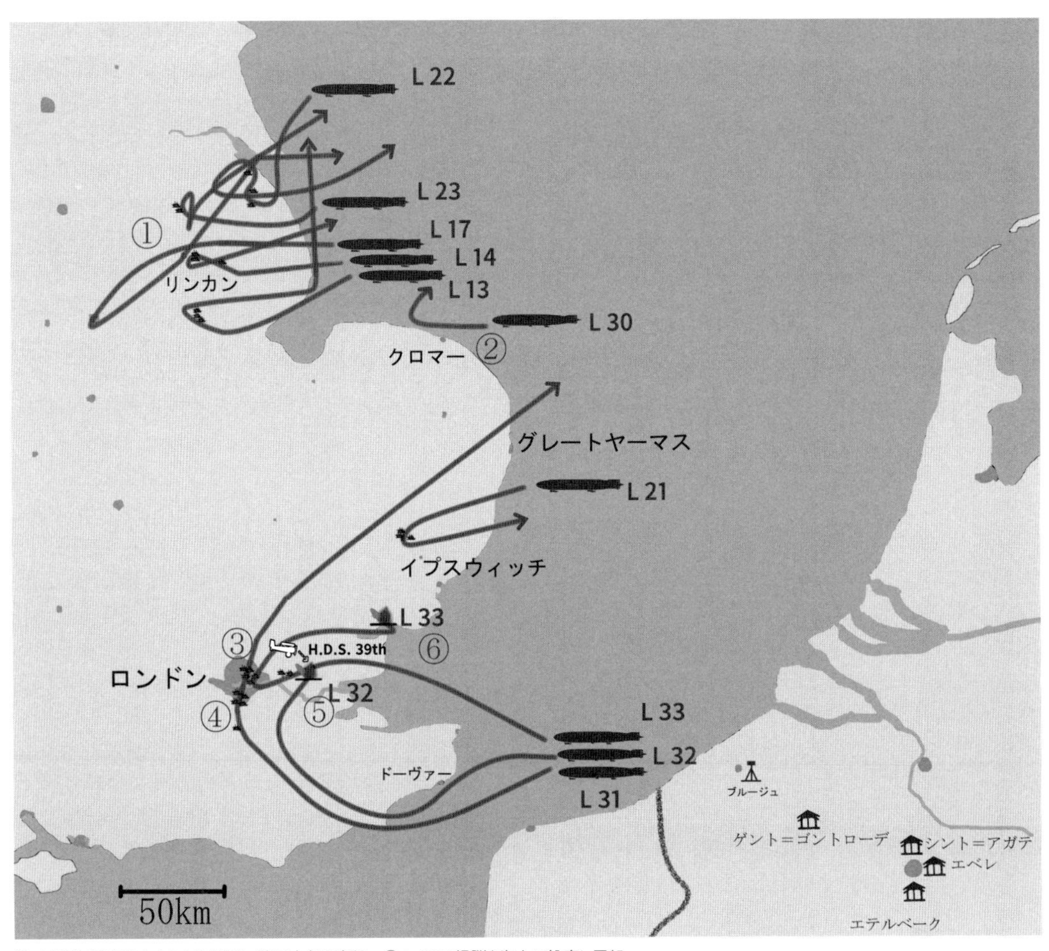

① Q級及びP級を中心とする8隻は、英国中部を攻撃　② L 30は爆弾を海上に投棄し反転
③ 23時55分、L 33はロンドン外縁部に到達、工場地帯を攻撃するも、高射砲弾により損傷を受ける
④ 24日0時10分頃、L 31はロンドン南部に到達し、市を縦断する形で市街地を爆撃。1時10分頃、ロンドン上空を離脱　⑤ 1時頃、L 32は戦闘機により撃墜
⑥ 1時15分、L 33は不時着、破壊

て現れた。L 33を焦がす焔をみて駆け付けたエドガー・ニコラス巡査である。どこへ向かっているのかというニコラスの問いかけに、ブッカーは答えた。「我々は特別な任務を帯びている。どうやったら港まで行きつけるか教えてくれたまえ」巡査は丁寧に、しかし断固たる態度で応じた。「港のことなど忘れて、私についてくるんだ」こうして一行は捕虜となったが、この奇妙な出来事は第一次世界大戦中に武装したドイツ兵が英国本土を行進した唯一の事例となったのである。

マティのL 31は、ペーターソンのL 32を伴って英仏海峡に進出し、南方からロンドンへアプローチした。両艦は22時45分、ブリテン島南海岸のダンジネスに到達する。敵の首都から南東に100キロの地点である。ここでL 32はエンジントラブルに見舞われ、1時間以上空中で旋回し続けることを余儀なくされる。

L 31は先行し、北西にあるロンドンへ向け一直線に航行、午前0時10分から0時30分の間に都心から南へ15キロのクロイドンへ辿り着いた。当初5トン近い爆弾を搭載しオーバーウェイト気味だった同艦は、その間、60キロ弾10発を投棄、高度3,800メートルまで上昇している。クロイドン上空で北に転針しロンドンの中核へ迫るL 31に対し、サーチライトの照射や対空砲火が繰り返し浴びせられたが、マティはその度に照明弾を投下し、英軍防空隊地上要員の目を眩ませた。

そして午前0時35分ごろ、L 31はメトロポリスの南部へ爆撃を開始する。高速で飛行する同艦からは25発の炸裂弾と32発の焼夷弾が投下され、市街地へ降り注いだ。これにより、市民14名が死亡、44名が負傷した。その後ロンドンブリッジ直上でテムズを超え、都心を通過したL 31は、午前0時46分、メトロポリスの北部を攻撃。10発の炸裂弾が投下され、死者は8名、負傷者は31名を数えた。

僅か20分前後の間に、マティはロンドンに猛爆を加えつつ大胆にも南から北へと縦断し、97名を死傷させたのである。直前に襲来したL 33の爆撃で大規模な火災が発生し、黒煙が空を覆っていたことも幸

ロンドン南部を爆撃し、テムズ川を越えて北西へと離脱を図るL 31

いした。L 31はその陰に隠れてサーチライトをやり過ごすことが出来たのだ。英軍の高射砲も戦闘機も、マティの攻撃の前には無力だった。

かくて大英帝国の首都に深い傷跡を負わせたL 31は、北方へ脱出し、深夜1時10分にはロンドンの北40キロにあるビショップス・ストートフォード上空に在った。搭乗員たちが僚艦L 32の悲惨な最後を目にしたのは、まさにこの地点に於いてであった。

L 32は23時45分ごろ内陸へ侵入し、敵の首都へ向け北西へ針路を採った。そして午前0時50分、都心から南東へ20キロのクロッケンヒルに姿を現した。マティが空襲を終えた直後である。ここでサーチライトの照射を浴びた同艦は、爆弾を投下しつつ北方へ向かい、午前1時、テムズを渡る。そして都心から東へ25キロのパーフリート付近で英軍高射砲部隊と激烈な交戦を開始したのである。ロンドン外郭東端に当たるこの地域では、英軍の対空防御網は最も稠密であった。テムズを遡上して首都を目指す敵飛行船を撃退するためだ。おそらくは航法の拙さにより、南東から都心へ向かったL 32は幾分か東へ偏ってしまい、不運にも死地へ自ら足を踏み入れたのだ。

同艦は繰り返しサーチライトに捕らえられ、対空砲火を浴びた。高度4,000メートルを飛行していたにも拘らず、英軍は2発の命中弾を主張している。ペーターソンは爆弾を投下して応戦した後、残った弾を投棄して東へ逃れようとした。この間わずか10分前後。英軍戦闘機が襲い掛かったのは、まさにその時であった。

その機こそは、ブッカーのL 33を迎撃すべく、23時30分にRFCサットンズファーム基地を発進したソウリー少尉操縦のB.E.2に他ならない。最初の獲物を逃したソウリー少尉は、ロンドン東部で警戒飛行を続け、砲声とサーチライトに導かれてL 32を捕捉したのだ。若き飛行士はこう報告している。

「飛行船はサーチライトによって照らし出されていたが、対空射撃の砲火は絶えていた。私は敵に向け発砲したが、対ツェッペリン弾の最初の弾倉二つは、明らかに何の効果も無かった。しかし、三つ目にいたって昇降舵のあちこちが発火した。昇降舵の焔の先を銃撃した。対ツェッペリン弾の弾倉は、炸裂弾と焼夷弾、曳光弾を混ぜ合わせて収めている。私は、燃え上がる飛行船が大地に叩きつけられるのをこの目で見た」

L 32の最期は、ノッティンガム爆撃を終えて帰還中のL 17からも捉えられた。ロンドンから北に約200キロも離れたリンカーン上空で目にした光景を、クラウシャー艦長は報告書で記述している。

「南の方角に、激しく燃える飛行船が墜落していく。…その姿は、地上を覆う霧の中に、船首を先にして消えていくまで見ることが出来た」

かくしてペーターソン艦長以下、22名の搭乗員は全員が戦死したのである。

ロンドン市民は快哉の声を挙げた。目撃者の一人は次のように書き記す。

「それはもう素晴らしい見ものだった。艦尾と舷側から火焔を噴き出し、飛行船は墜落していく。堕ちる怪物のスピードに弾みがつくと、炎は長い舌のように跡を引き、実にファンタスティックだった」

2隻のR級、L 32とL 33が一夜で失われたことは、ドイツ海軍飛行船隊に深い衝撃を与えた。彼らは保有する4隻のR級を全て出撃させたが、実際にロンドンに迫ったのは3隻。その中で生還を果たしたのがマティのL 31のみとあっては、敵首都に対する攻撃が事実上不可能になりつつあるのは明白であった。

数週間前、SL 11が撃墜された

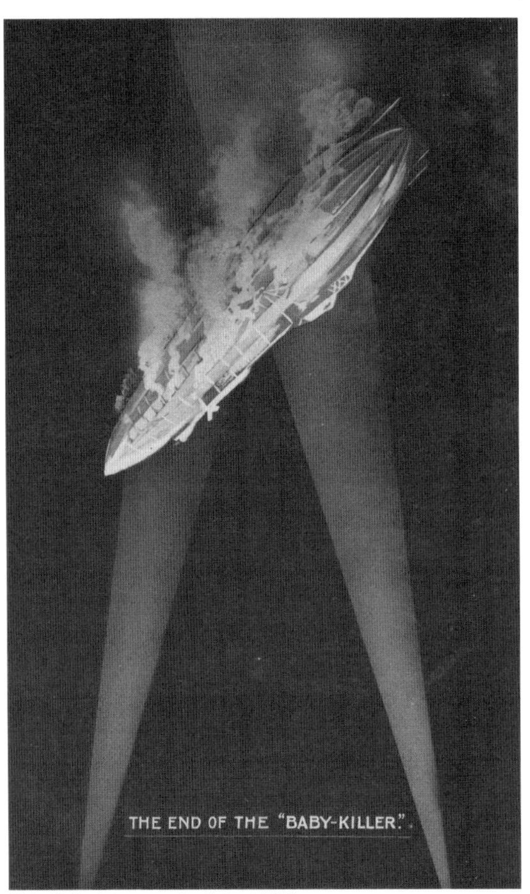

堕ちる怪物、あるいは、ベビー・キラーの最期

L 32の飛行船司令ヴェルナー・ペーターソン

ときには、シュトラッサーはそれを深刻に受け止めなかった。同艦はP級に相当する凡庸な性能のフネであった。シュッテ・ランツ型特有の木製の船体構造も、炎上と結びつけられた。ジュラルミンを用いたツェッペリン型には無縁の筈であった。海軍飛行船隊の将兵は努めてそのように考え、自らを鼓舞した。最新鋭艦2隻の喪失はしかし、かかる希望的観測を粉砕するに充分であった。

L 31の搭乗員、ピット・クラインの記述を引用しよう。「兵営の食堂においてすら、昔日の快活さは失われた。我々は、深刻な損失、とりわけ直近の戦闘で失われた還らぬ戦友たちについて議論を交わした。我らの神経はもう限界で、最も精力的で決断力に富んだ者にすら、陰鬱な空気を振り払うことは出来なかった。…『次は俺たちの番かも知れねえな、ピット』第一昇降舵手のペータースが嘲るように言う。『気でもおかしくなったのか！』私は身構えるように言い返した。『俺たちは、もう120回もの戦闘任務を無事にこなしてきたじゃないか。それに飛行船司令のマティ大尉はドイツ帝国海軍最高だぜ。俺たちの幸運の星を、俺は信じてるんだ』彼は真剣な目で私を見た。『ピット、お前も知る通り、俺は腰抜けじゃない。もし東洋にいるんだったら、台風のど真ん中で、髪の毛が逆立つような航海を何度でもやってやるさ。だけど俺は、ツェッペリンが墜ちる夢を何度も繰り返し見るんだ。上手くは言葉にできねえが、目の前に嫌な感じのする真っ暗な洞穴があって、無理やりそれに引き込まれようとしてる感じだ』」

一方、英国も勝利に酔うには程遠い状況にあった。ブリテン北部・中部およびロンドンに対する爆撃により民間人41名が死亡、138名が負傷し、物質的損失は13.5万ポンド(これは大戦後半の英軍戦闘機ソッピース　キャメル130機分の価格を上回る)に上ったのだ。

史上初の本格的な戦略爆撃は、総力戦の惨禍をいよいよ顕わにしつつあった。

独軍の損害：R級L 32、L 33を喪失。死者22名
英国の損害：死者41名、負傷者138名、損害額135,068ポンド(うちロンドン　死者28名、負傷者80名、損害額64,662ポンド)航空機2機喪失

戦闘記録▶マティの死

日付：1916年10月1日～2日(夜間爆撃)
攻撃目標：ロンドン、英国中部
参加兵力
独軍：海軍飛行船：11隻【L 13/P級(フランツ・アイヒラー大尉)、L 14/P級(クノ・マンガー陸軍大尉)、L 16/P級(エーリヒ・ゾンマーフェルト大尉)、L 17/P級(ヘルマン・クラウシャー大尉)、L 21/Q級(クルト・フランケンブルク中尉)、L 22/Q級(マーティン・ディートリッヒ大尉)、L 23/Q級(ヴィルヘルム・ガンゼル大尉)、L 24/Q級(ロベルト・コッホ大尉)、L 30/R級(ホルスト・フォン・ブットラー大尉)、L 31/R級(ハインリヒ・マティ大尉)、L 34/R級(マックス・ディートリッヒ大尉)】
英軍：航空機：15機(B.E.2：10機 等)発進、ソーティ数15。3機が着陸に失敗し大破
高射砲：QF 3インチ 20cwt高射砲3門が94発発砲、その他高射砲3門が13発発砲。
天候：平静。多くの雲が出ていたが、靄や霧は多からず。

R級2隻の喪失は、ドイツ海軍飛行船部隊に衝撃を与えた。シュトラッサーは、旧式化しつつあったP級とQ級の用途を比較的防備の手薄な中部の工業都市群への攻撃に転換し、新鋭のR級は引き続きロンドンを目標としたが、「気象条件が適切な時」という限定条件が課された。

10月1日、11隻の飛行船が英国本土爆撃に出撃する。ドイツが保有する3隻のR級は、4日前に就役したばかりのL 34を含めすべてが参加した。しかし彼らは北海上空で強風と厚い雲に遭遇し、4隻(L 13、L 22、L 23、L 30)が敵地に辿り着く前に脱落を余儀なくされる。

午後20時(英国時間、以下同様)、マティの乗艦L 31はローストフト付近でブリテン島に一番乗りを果たす。ロンドンから北東に165キロの地点である。その他の6隻の艦は、午後21時20分から午前1時45分の間にかけて断続的に上陸した。場所はクロマーからセドルスロープまでの間の、英国中部の海岸である。

ブリテン上空は厚い雲に覆われ、雨や雪が降ってお

り、霧も出ていた。このため各艦の航法は妨げられ、その多くが不正確な無線測定に頼らざるを得なくなった。L 21はマンチェスターやシェフィールドを目指したが、実際には中西部の街はずれに爆弾を投下しただけに終わる。この他、L 14、L 16、L 17、L 34の4隻が中部ないし中西部に散発的な爆撃を行ったが、それによる被害は僅少であった。

L 24もマンチェスターを目指したが、無線測定に問題があり遥かに南方へ流されてしまう。天測航法でこれを知ったコッホ司令は近傍にあるロンドン攻撃を決意するも、目標上空で友軍飛行船が壮絶な最後を遂げるのを目撃し、敵首都の北方50キロで爆弾を投棄、退避した。

マティのL 31はただ1隻、着実にロンドンを目指していた。ローストフトから目的地へ向け真っすぐ南西に120キロ飛んだ同艦は、午後21時45分ごろ、ロンドンの北東50キロのチェルムスフォード上空でエンジンの回転を落とし、無線方位測定を行った。そして敵の目を欺くため敢えて西に舵を切り、迂回機動を行う。午後23時10分ごろ、まんまと首都北方30キロのハートフォード付近に姿を現したL31は、再度の無線方位測定により位置を確認、エンジンを切ると北北西の風に身をゆだねて静かにロンドンへ忍び寄った。

20分後、都心まで20キロに迫ったマティの艦は、ようやく英軍のサーチライトに捉えられた。対空砲火が開始されたのは23時38分のことであった。マティの巧妙な策略に不意を衝かれた高射砲部隊であったが、その火力は凄まじく、たった十数分の間に新鋭のQF 3インチ 20cwt高射砲3門が94発を発射する。

今やロンドンの外郭に差し掛かっていたL 31は、反撃の猛射を受けそれ以上の進撃を断念、爆弾のほとんどを投棄すると、高度を挙げつつ西へ離脱しようとした。しかし、その時には既に4機の英夜間戦闘機が敵飛行船を追跡していたのである。

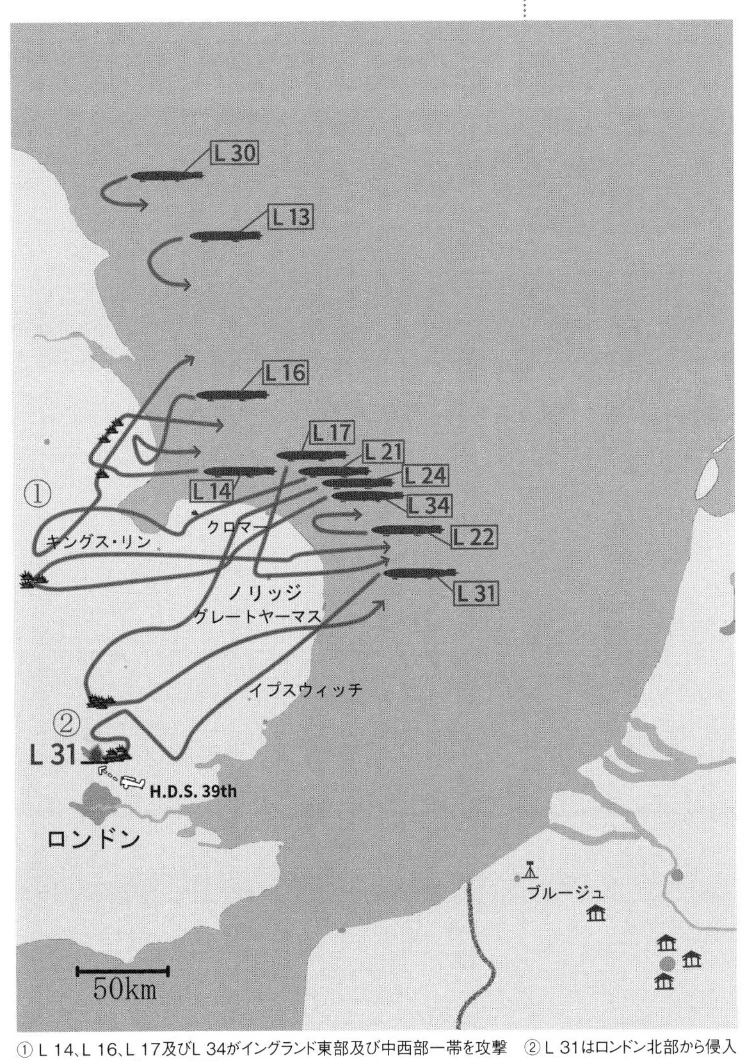

① L 14、L 16、L 17及びL 34がイングランド東部及び中西部一帯を攻撃を試みるが、戦闘機により撃墜　② L 31はロンドン北部から侵入

陸軍航空隊（RFC）第39飛行隊に所属するテンペスト少尉操縦のB.E.2 4577号機は、23時40分ごろ地上の防空部隊と交戦するL 31を発見、直ちにこれをめがけて突き進んだ。当初はテンペスト機より低く飛んでいた同艦は、ジグザグ航行で対空射撃を回避しながら急速に高度を上げていく。10分後、高射砲の砲声が途絶えた時には、飛行船はテンペストの頭上にあった。

彼はその船腹などに向け下方から2連射を浴びせたが、目に見える効果はなく、却って敵艦は船体に取り付けた機関銃で反撃した。そこでテンペストは自機を防御用銃座の死角となる船尾の下に付けると、対ツェッペリン弾を叩きこんだのである。

この時のことを、彼はこう述べている。

「射撃を行っていると、敵艦の内部に赤い光が灯るのが見えた。まるで巨大な中国のランタンの様だった。続いて船首から炎が噴き出す。飛行船は火焔に包まれていた。そして200フィート（60メートル）ばかり急上昇すると、静止し、すごい音を立てながら私の方に落下してきた。回避する時間が無かったので、全速力で急降下した。背後で引き裂かれるツェッペリンが、刻一刻と炎に飲まれることを期待した」

かくして火だるまとなったL 31はロンドンの北部郊外に墜落した。午後23時56分のことである。マティ艦長以下、生存者は一人もいなかった。ドイツ海軍飛行船隊は、深い衝撃を受けた。ある士官は記す。

「私が共に飛んだことがある飛行船司令達の中で、手痛いミスを犯さずに英国上空で正しい道を見出せると信用できる者は一人しかいない。それこそはハインリヒ・マティその人だ。…航空機の焼夷弾射撃によって、彼は破滅した。そしてマティと共に海軍飛行船隊の生命と魂はかき消された」

以後、ロンドンは主要な攻撃目標から外され、ただ一度の偶発的な事例（1917年、1隻の飛行船が強風に流されてロンドン上空に進入している）を除けば、再びドイツ軍の飛行船がこのメトロポリスを襲うことは無かった。新たな標的は守りの手薄な中部の工業地帯である。

1916年夏から秋にかけてのブリテン上空における一大失血は、いずれもロンドン攻撃で生じていたから、地方都市への目標の転換は、犠牲を最小限に抑え、既存の兵力を有効に活用するうえで妥当な判断であるはずだった。しかし、10隻を投入して行われた11月27日夜の空襲は惨憺たる結果に終わる。英国にさしたる損害を与えられないまま、2隻が邀撃戦闘機によって撃墜されたのである。そのうちの1隻はR級のL 34

テンペスト中尉の操縦するB.E.2c戦闘機により撃墜されるL 31。爾後、ブリテン上空の戦いにおける攻守は、逆転する。

であった。最新鋭の巨艦ですら、地方都市を攻撃するのに多大なリスクを冒さなければならない。それが1916年末の英独航空戦の実相であった。今やドイツ海軍飛行船隊の頽勢は明らかであった。

しかし、シュトラッサーは自らの信念を曲げなかった。彼は待っていたのだ。当時ツェッペリン会社は全く新しい飛行船の開発を進めていた。後に英軍が「ハイトクライマー」と呼ぶその新兵器は、既存の高射砲や迎撃戦闘機では手が出せない高度6,000メートルを完全武装で航行でき、ブリテン島の防空システムを無効化するものであった。これが実現した暁には、英国の抵抗は粉砕されるであろう。

2隻の飛行船を失った11月27日の空襲から一夜が明けた28日、象徴的な出来事が起こる。ドイツ海軍に所属する1機の複葉機（LVG C.Ⅳ）が大陸の基地を発進し、ロンドン上空に侵入したのだ。同機の狙いはホワイトホールの海軍本部であったが、高度4,000メートルから投下された6発の10キロ爆弾は目標を逸し、市街地に命中。10名を負傷させた。

英軍はこの攻撃にさしたる関心を払わなかったが、翌年にドイツ陸軍がゴータ重爆撃機の編隊による爆撃を開始すると、戦いは新しい局面を迎えることになる。

ハイトクライマーに賭けるドイツ海軍と、重爆撃機隊の整備に邁進するドイツ陸軍、そして新鋭迎撃機で対抗しようとする英軍防空隊。1917年以降のブリテン上空の航空戦は、英独両国の存亡を賭けたものであるだけでなく、飛行機と飛行船の生存闘争になっていくであろう。

独軍の損害：R級L 31を喪失。マティ司令以下、死者19名

英国の損害：死者1名、負傷者1名、損害額17,687ポンド

L31の残骸　優秀な飛行船司令と搭乗員は、還らない

L 31の搭乗員達。一番左端が飛行船司令のハインリヒ・マティ。その右側にいるのが当直士官のフリーメル中尉。彼は、最後の出撃の直前、別の飛行船へと異動していたために、マティらと運命を共にすることはなかった。同じく、機関員だったピット・クラインも、諸事情により下船していたため難を逃れたが、彼は一種の心的外傷を負い、二度と飛行船で前線に出ることはなかった。（写真:Harry Redner）

2　東部戦線とバルト海における陸海軍飛行船の活動

前年(1915年)、バルカン半島のセルビアを支援するため、ガリポリ戦から抽出された英仏軍が、ギリシャの都市テッサロニキに上陸していた。1月5日、バルカン半島へのオーストリア=ハンガリー軍の攻勢が開始され、追い散らされたセルビア軍は、英仏軍の支えるテッサロニキに収容され、12月には、英仏軍とともに、この一帯に押し込められた。

1月31日、LZ 85が出撃し、港湾施設及び宿営地を目標として攻撃している。

2月4日、LZ 86がタウガフピルスを攻撃。

3月、ロシア軍が、西部戦線でのドイツ軍の圧力を弱めるために始めたナーロチ湖の戦いは、ロシア軍の敗北に終わる。

7日、LZ Ⅻがストーブシーを攻撃。

17日、LZ 85がテッサロニキを攻撃。

29日、LZ 86がミンスクを攻撃。

4月も引き続き、陸軍飛行船の攻撃任務は続く。

2日、LZ 86がミンスクを攻撃。

26日、SL 7がダウガヴグリーヴァ及びヴェンデンを攻撃。

28日、SL 7がヴェンデン、LZ 86がダウガフピルスを攻撃。

29日、SL 7がダウガヴグリーヴァ及びヴェンデンを攻撃。

5月、東部戦線の飛行船は、バルカン半島へもその出撃範囲を広げる。

3日、LZ 85がテッサロニキを、LZ Ⅻがルニネツ、LZ 86がミンスク及びマラジェチナを攻撃。

4日、Z Ⅻがルニネツを、LZ 86がプロイエシュティを攻撃。

5日、LZ 85が再度テッサロニキを攻撃するも、対空砲により損傷し不時着後大破。搭乗員は捕虜となる。

6月、東部戦線でのロシア軍の攻勢、所謂ブルシーロフ攻勢が始まるが、そちらの方面における、陸軍飛行船の活動に関する記録はない。一方、LZ 87は海軍を支援するため、バルト海の偵察・哨戒任務を一部担っている。海軍飛行船の多くが北海を主戦場としていたため、バルト海方面の同種の任務は、一部陸軍飛行船により担われることがあった。

12日、LZ 87が偵察に出撃。

23日、LZ 87が偵察に出撃。

24日、ダンツィヒ沖において、LZ 87が英潜水艦E 18を攻撃した。同艦は、その後喪われるが、LZ 87の攻撃が影響したかは不明である。

27日、LZ 87が偵察に出撃。

また、7月に入っても、1日、17日、23日、25日、27日にLZ 87は偵察に出撃している。

同様の事例としてSL 10の活動も挙げられる。6月、SL 10は黒海沿岸でのトルコ海軍支援の任務を行うため、ブルガリアのヤンボルに配備され、7月2日、15日及び20日に洋上での偵察を実施する。27日、セヴァストポリ攻撃のために出撃するも、嵐のために恐らく洋上で大破、搭乗員もろとも失われた。

8月、LZ 87は6日、11日及び14日まで、この任務に就いている。

一方、バルカン戦線においては、ルーマニアが連合国として参戦し、戦いはさらに激化する。この、ルーマニアの宣戦布告への反応として、28日、喪われたSL 10の代りにヤンボルに配属されたLZ 101がブカレストを攻撃した。

ルーマニアに対する攻撃は、9月に入っても続けられた。

3日、LZ 86がブカレストを攻撃。

4日、LZ 101がブカレストを攻撃。

14日、LZ 81がブカレストを攻撃。

24日、LZ 81がブカレストを攻撃。

26日、LZ 81が再度ブカレストを攻撃。

10月、飛行船の目標は、ブカレスト以外にも広がり始める。

5日、LZ 101がチェルニツァ及びカララシを攻撃。

23日、LZ 97がブカレスト及びフェテシュティを攻撃。

25日、LZ 101がフェテシュティを再度攻撃。

11月に入り、1日、LZ 97がブカレストを攻撃。

12月25日、LZ 101がオデッサを攻撃する。既に、ルーマニアの首都ブカレストは、中央同盟国の攻勢により12月11日に陥落しており、ロシア軍と連携した反撃はありつつも、この方面での戦いは翌1917年初頭には一応の安定を見る。

1916年のバルト海における海軍飛行船の活動は、訓練飛行や、飛行船の湿気を飛ばすための飛行を除けば、4月から始まる。

30日、SL 8がパルヌを攻撃。

5月1日、SL 3が緊急着陸により大破し、そのまま除籍となる。

本格的な偵察・哨戒任務は、記録を見る限り、6月に始まる。

5日　SL 9　(偵察任務。以下、本節末まで、特に断りの無いものは偵察任務)

13日　SL 8

18日　SL 9

26日　SL 8

7月のバルト海は、シュッテ=ランツ型の2隻が主力であった。

3日　SL 8及びSL 9

8日　SL 8及びSL 9

19日　SL 8
23日　SL 8
24日　SL 9
25日、SL 9がオーランド諸島のマリエンハムンを攻撃。
27日、陸軍から移管されたL 25（陸軍での名称はLZ 88）が偵察のために出撃。
8月以降もバルト海での任務は、この3隻が担う。
6日　SL 8
10日　SL 8
11日　SL 8及びSL 9
13日　SL 9
14日　L 25
23日、SL 14がウーゼル島を攻撃。
9月に入り、バルト海での戦力拡充と、ドイツ軍の前進に伴い、次第に攻撃任務の回数が増えている。
4日、SL 14がウーゼル島を攻撃。
6日、L 25がウーゼル島のアレンスブルクを攻撃。
8日　SL 7
9日　SL 7
12日　SL 9
23日　SL 7
26日、SL 8がウーゼル島のアレンスブルクを攻撃。
27日、SL 9がウーゼル島南端、サーレ半島を攻撃。
28日　SL 8
10月、海軍飛行船の任務飛行は記録されていない。
11月に入り、活動は再開した。
7日　SL 8
10日　SL 8
17日　SL 8
12月、L 35及びL 38がサンクトペテルブルクを攻撃すべく出撃したが、悪天候のため、両者とも任務を中止する羽目となった上、L 38に至っては不時着、大破して除籍された。

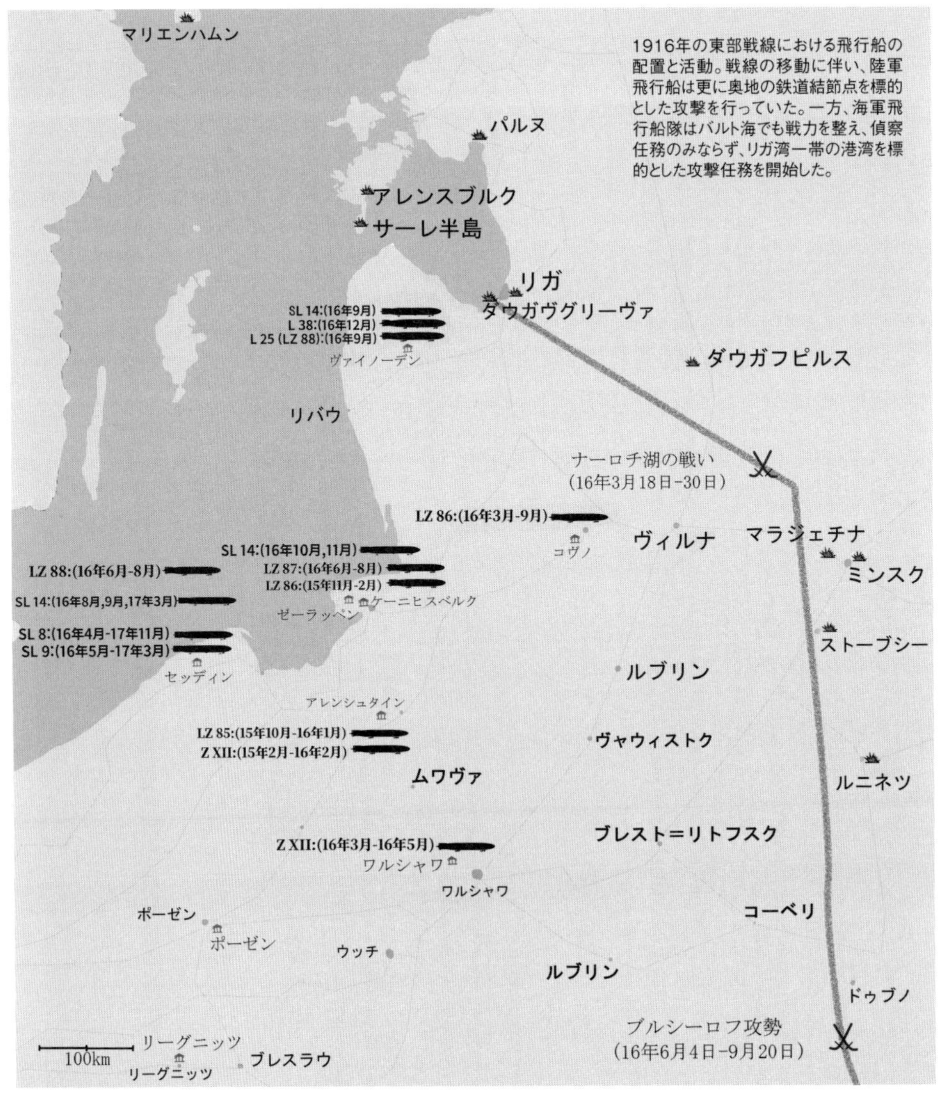

1916年の東部戦線における飛行船の配置と活動。戦線の移動に伴い、陸軍飛行船は更に奥地の鉄道結節点を標的とした攻撃を行っていた。一方、海軍飛行船隊はバルト海でも戦力を整え、偵察任務のみならず、リガ湾一帯の港湾を標的とした攻撃任務を開始した。

戦闘記録▶バルカン戦線における飛行船の活動及び8月28日のブカレストに対する攻撃

日付：1916年8月28日～29日(夜間爆撃)
攻撃目標：ブカレスト(ルーマニア)
参加兵力
独軍：陸軍飛行船 LZ 101/Q級（飛行船司令：ガイサート陸軍大尉)
羅(ルーマニア)軍：市街を守る高射砲及び探照灯(細部不明)
天候：晴天で視程良好
風向・風速：北西方向からの12m/sを超える風の予報あり

東部戦線の内、バルカン半島は主にオーストリア＝ハンガリー軍の正面であったが、ドイツ軍は1915年11月に、ハンガリーのテメスヴェル(現ルーマニア：ティミショアラ)、次いで、ブルガリア国内のヤンボルに飛行船基地を建設し、バルカン諸国やトルコといった国々との連絡に飛行船を使用できるようにしていた。

1915年11月には、テメスヴェルにLZ 81(飛行船司令：ヤコビ陸軍大尉)が配備され、同8日には、ブルガリア皇帝フェルディナントと会談を行うために、ヨハン・アルブレヒト・フォン・メクレンブルクを特使として輸送する等の任に当たっていた。また、1916年の1月にはLZ 85(飛行船司令：シェルツァー陸軍大尉)がLZ 81と交代して配備され、同年5月に撃墜されるまで、英仏軍が駐留していたテッサロニキを3回爆撃している。

ヤンボルにも、1915年末には飛行船基地が建設された。ここは、ドイツ軍最南端の飛行船基地であり、大型格納庫やガス製造工場、発電所や、無線方位探知施設も備えた設備の充実した基地で、1916年6月からSL 10(飛行船司令：ウォベザー陸軍大尉)が配備された。

この基地に配備された飛行船の任務は、トルコ海軍に対するロシア黒海艦隊の偵察船や駆逐艦の優位に対抗する事であり、トルコ海軍に編入された、巡洋戦艦「ゲーベン」こと、「ヤウズ・スルタン・セリム」及び軽巡洋艦「ブレスラウ」こと「ミディリイ」の活動を支援することも含まれていた。この基地は当初から陸軍基地であったにもかかわらず、この基地に配備された飛行船の任務は、トルコ海軍と連携して、ボスポラス海峡での機雷原の捜索、セヴァストポリへの爆撃といったものが想定されていた。もっとも、ブル

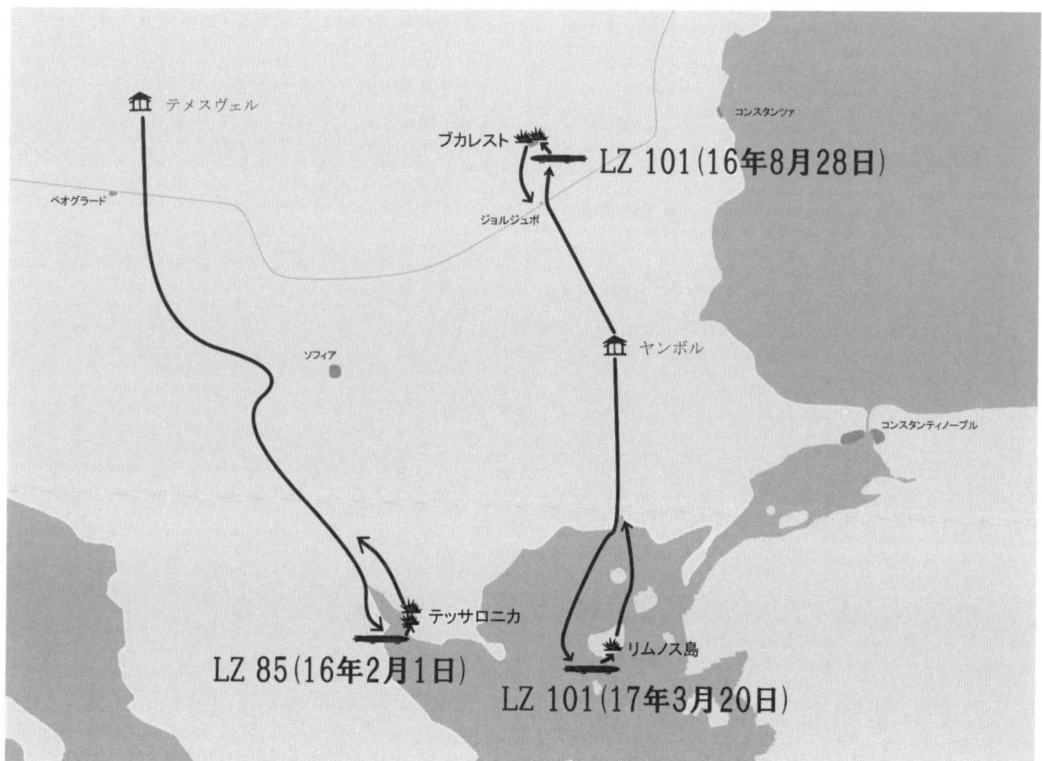

バルカン戦線におけるドイツ飛行船の主要な攻撃活動。このほかにも、LZ 101はルーマニアの鉄道に対する複数回の攻撃を行っているほか、LZ 85もまた、撃墜されるまでに、テッサロニカへの攻撃を行っている。

ガリアやトルコの当局者との折衝、特に気象情報の獲得については、トルコ側に誤解もあり苦労したようである。

SL 10は、黒海で活動するUボートとの連携や偵察任務を数回行ったものの、1916年7月、セヴァストポリ爆撃に向かう途上で嵐に遭遇し遭難。後に流れ着いた燃料タンクと一体の整備士の死体から、墜落したと判定された。

LZ 101は、6月に完成したばかりの新造Q級ツェッペリン型飛行船であり、8月3日にヤンボルに配備されてきた。飛行船司令であるガイサート大尉は、戦前から飛行に乗り組んでいた将校ではあるが、これまでに2隻の飛行船を不時着して失っていることから、飛行船搭乗員としての能力を疑う証言も残されてはいる。とはいえ、この時点で、彼は疑いようもなくベテランの飛行船司令の一人であった。

8月27日、ルーマニアが連合国の一員として中央同盟国に宣戦布告したことは、ヤンボル基地にも伝達されていた。翌日、ガイサートがブカレストへの攻撃命令を受けたのは、ドイツ、オーストリア、ブルガリア軍等、基地に関連する将校たちが会食していた最中の事であった。彼はすぐさま電報のうわさを聞きつけ、既に格納庫で集合していた搭乗員たちに出撃準備を指示し、午後7時にはその準備を完了し、北に向かい飛び立った。既にルーマニア軍は、27日の夜、カルパチア山脈及びトランシルバニア方面で攻勢を開始し、また、オーストリア軍のドナウ河川艦隊へと攻撃を開始しており、両軍の間での交戦は既に始まっていた。ブカレスト攻撃は、これらの攻勢に対応した動きとして命じられたものと思われる。

ヤンボルから飛び立ったLZ 101は、旋回しつつ高度を稼ぎ、日が落ち、闇の中に沈むバルカン山脈を飛び越えて進む。戦線の方角には、時折照明弾が確認され、23時25分を過ぎたころには、ドナウ河へと至った。ちょうどその時、ドナウ河岸のルーマニア側の町、ジョルジュボを、オーストリア軍の河川砲艦が砲撃し、製油所が炎上していたため、その黒煙と炎を道標として利用することができた。

ドナウ河を渡った時、飛行船に気付いたルーマニア人たちは、一斉に照明を消し、対空砲による射撃を行ったが、パリやロンドンを攻撃した経験を持つガイサートらにとってみれば、探照灯なしの射撃など、脅威ではなかったようだ。ただし、北西方向から12m/sの強風を伴う嵐の予報が、無線でもたらされたことは、ブカレストに向かうにあたっての不安材料にはなった。飛行船は、強い向かい風の中を進むという事であり、速度の低下や航法にとっての不利であるが、構わずLZ 101は北上を続けた。

既にブカレスト上空に着いたと思しき頃、LZ 101は高度3,500メートルを飛行していた。ブカレストはもうすぐだと思われたが、眼下は闇の中で、街の手がかりを見つけることはできない。ゴンドラ内の搭乗員たちが焦る中、ルーマニア軍はサーチライトを何度か瞬かせるというミスを犯す。これにより、LZ 101は、明白な目印を得て、ブカレストへと進路をとることができた。

LZ 101が向かい風の影響で速度が中々出ないところを狙い、ルーマニア軍は対空射撃を行ったが、逆にその発射炎は、LZ 101には格好の目標となった。闇の中とは言え空気は澄んでおり、砲台の閃光目掛けて投じた2発の100キロ爆弾は、砲台の射撃を止めさせた。そこからは、警察の兵舎へと爆弾を投下してこれに命中させ、続いて、わずかな明かりが漏れているブカレスト北駅へと最後の数発を投下し、すぐさま反転した。

帰還の途上、星の光を飛行機と見間違えるほどの星空の中、背後では、合計1.8トンの爆弾を投下されたブカレストが、更なる爆発と共に、煌々と燃え上がっていた。

LZ 101は、翌朝、大勢の将兵の歓迎の中、ヤンボルへと帰還に成功する。

この後、ブカレストへは、テメスヴェルからも併せ、記録で明らかになっている限りでも、10月末までに6回の空襲が行われた。とはいえ、9月5日、LZ 86(ヴォルフ陸軍大尉)は損傷により不時着、その後に再配備されたLZ 81(Q級と同等の性能となるよう、ガス容量及びエンジンを改造された)は9月27日に損傷により不時着、解体された。このようにルーマニア軍の防空能力の向上により、2隻の飛行船が撃破された結果、新たにLZ 97(飛行船司令：ヴァイトリンク中尉)が配備されるなど、飛行船は必ずしも無敵の存在ではなかった。

それでも、両基地から出撃する飛行船は、ルーマニアと地中海沿岸部の連合軍拠点を爆撃し続けた。やがて、ブカレストは12月に中央同盟国によってほぼ制圧。ルーマニアは引き続き抵抗を続けるも、1918年5月、中央同盟国と講和して、この方面での戦闘は終わりを迎える。LZ 101は、10月までブカレストへの攻撃を行い、以降は12月まで、ルーマニア各地の鉄道拠点を攻撃するなど、ヤンボル基地からの出撃を続けていた。最後は、1917年3月にリムノス島の英軍基地を攻撃したが、陸軍の飛行船運用終了に伴い、本国へと帰還、そのまま除籍された。

陸軍飛行船による、ブカレスト及びその周辺への爆撃がどの程度の効果を与えたのかは不明である。恐らくそれは、開戦前から陸軍が想定していたような、兵站の混乱、動員の妨害及び後方地域への戦力の振り分けなど、敵軍の活動に影響を与えることを狙ったものだとは思われるが、戦争の帰趨を左右する効果があった訳ではなかっただろう。しかし、ここで展開された光景は、開戦劈頭から首都が攻撃されるという、新たな時代の戦争を象徴するものだと言える。

この、一連のブカレストへの航空攻撃については、2人の著名人による証言がある。1人は、ルーマニア王族の一人で、作家としても有名な、マルテ・ビベスコ。彼女はブカレストに、飛行船を撃墜して英軍の英雄となった、リーフェ・ロビンソンのようなパイロットがいないことを嘆く文章を残している。

もう一人は、当時の英国のルーマニア駐在武官、クリストファー・トムソン卿である。10月16日、彼の屋敷は爆弾の直撃を受け、犠牲者こそなかったものの、自身も頭部を負傷した。この日の空襲は公的記録になく、LZ 97とLZ 101のどちらがブカレストを空襲したのかはわからない。しかし何の因縁か、後に彼は101と名の付く飛行船によりその命を絶たれることになる。1930年10月、マクドナルド内閣の航空大臣だった彼は、英国が威信をかけて建造したR101飛行船の、インドへ向かう処女航海に乗り組み、10月5日、その墜落により死亡したのだった。

LZ 101の飛行船司令ヴィクトル・ガイサートは、この年の9月末にLZ 101の飛行船司令を交代。大戦を生き延び、第二次世界大戦では陸軍中将としてドイツ国防軍に勤務したが、1945年に病死した。

結果(8月28日の空襲のみ)

物的被害：警察兵舎の破壊、対空砲台破壊の可能性

民間被害：駅施設の破壊　その他人的被害、損害額等不明

ヤンボル基地の格納庫に収まるLZ 101 (写真:Harry Redner)

DOCUMENT▶連合軍の対抗策

開戦から1915年末まで

英国では開戦前から、ドイツ飛行船の脅威が新聞等のメディアによって盛んに喧伝されていた。これに対し海軍大臣のウィンストン・チャーチルは、「攻撃こそ最大の防御である」という考えのもと、海軍航空隊(RNAS：Royal Naval Air Service)を用いた敵飛行船基地の爆撃・破壊を企図する。1914年8月4日に英国が参戦すると、その5日後、彼の構想を実行に移すべくRNASは大陸へ展開。同月には3個飛行隊(Squadron)が移動を完了した。各隊の定数は12機であったが、機材および整備能力の不足から実際の稼働機数はそれぞれ2～3機に過ぎなかった。

ドイツ陸軍の急速な進撃に伴う混乱や悪天候のため、海軍航空隊の作戦行動は遅延した。9月22日、漸くドイツ国内の飛行船基地を目標に、4機の航空機がアントワープを発進。第1飛行隊の2機はデュッセルドルフ、第2飛行隊の2機はケルンを目指す。しかし、「戦果」は1機がデュッセルドルフの格納庫に至近弾3発(うち2発は不発)を投下したに留まる。とはいえ、この事例は飛行機が戦略的任務を帯びて作戦行動を遂行した最初期の事例となった。

10月8日、アントワープの陥落が迫る中、同市郊外の基地から2機のRNAS機がデュッセルドルフとケルンを目指し再び出撃。デュッセルドルフへ向かった機は、格納庫内の陸軍飛行船Z Ⅸを破壊することに成功した。

11月21日には、飛行船生産の心臓部であるフリードリヒスハーフェンが攻撃を受ける。この日、フランスのベルフォートを離陸したRNASに属する3機のアブロ504は、「リングシェッド」として知られるツェッペリン飛行船製造会社の工場に損傷を与えた。この中には完成したばかりのL 7が水素を充填した状態で待機しており、一つ間違えば大惨事となるところであった。

RNASの欧州大陸における拠点でもあったアントワープの陥落後、チャーチルは新しい基地を探し求めていた。その答えの一つが、世界初の「機動部隊」の創設である。北海沿岸にあるクックスハーフェンはドイツ海軍飛行船団の主要な基地の一つであったが、陸上基地から飛行機を飛ばして攻撃するには遠すぎた。このため、ロイヤルネイビーは3隻の水上機母艦(HMS「エンガディン」、HMS「リビエラ」、HMS「エンプレス」、それぞれ3機の航空機を搭載)からなる「航空艦隊」を結成、クックスハーフェンを攻撃すべく作戦コード「プランY」を発動する。

12月25日、北海に出動した艦隊から7機の水上機が発進、敵基地へ向かう。これを察知したドイツ海軍も飛行船と潜水艦を用いて応戦。結果的に両軍ともさしたる損害を受けなかったが、敵味方の双方が軍艦と航空機を協働させて戦った最初期の戦闘となった。

開戦直後から1914年末まで行われた先制攻撃のための一連の作戦行動は、結果的にドイツ飛行船団に大打撃を与えるには至らず、1915年1月には英国初空襲を許す。この時点で、ブリテン島の対空防御は(他の列国と同じく)全く不完全なものであった。空からの攻撃は、人類にとって未経験の事態だったのだ。14年8月、本土防空を司るRNASは英国内の基地に雑多な50機の航空機を有するに過ぎず、機

イギリス水上機母艦HMS「エンプレス」

イギリス水上機母艦HMS「エンガディン」

関銃を装備するのは僅か2機。対空砲は30門で、うち25門までが有効射高1,000メートルに過ぎない1ポンドポンポン砲であった。

同年末には、RNASの戦力は陸上機40機、水上機20機に拡充され、主力を大陸に送り出した陸軍航空隊(RFC：Royal Flying Corps)も約30機を本土防空に配置した。しかし、これらの機体の多くは練習機レベルで、上昇速度および最高高度の点でドイツ飛行船に酷く見劣りした。英軍上層部は、内陸の基地から発進する機は、上昇のための時間を確保でき、沿岸部から飛び立つ機は帰還途上の敵を攻撃出来ると考えたが、間もなくこれは画餅に過ぎないことが明らかとなる。英軍の操縦士はほとんど、あるいは全く夜間飛行の経験が無かったのだ。

対空砲も年末には48門に増強(1ポンドポンポン砲除く)されたが、ブリテン島全土を網羅するには程遠く、ロンドンには6門しか配置されなかった。

1915年、ドイツ軍飛行船団は英国に大規模な空襲を開始したが、ブリテン島に展開する英軍防空隊は敵にほとんど損害を与えることが出来なかった(対空砲が1隻を不時着させたに留まる)。航空隊は機体の性能不足と夜間戦闘技術の欠如により、敵を捕捉すること自体がほとんど不可能であった。

当時のドイツ軍主力飛行船、P級は高度3,000メートル程度でロンドンに来襲したが、新鋭の迎撃戦闘機B.E.2ですら、この高さに上昇するまで46分を要したのだ。加えて、闇の中での離着陸は極めて危険で、1915年だけで15機が損傷または全損、搭乗員3名が死亡している。友軍機を敵位置へ誘導する方法も存在せず、搭乗員は自らの目で敵を探していた。結果、ロンドン初空襲時には15機の戦闘機が発進したにも関わらず、敵飛行船を視認したのは1機に留まり、3機が着陸に失敗、搭乗員1名が死亡した。

対空砲は目測照準で発砲しており、まぐれ当たりを別にすれば威嚇以上の効果を持たなかった。実際、対空砲の発砲には1発辺り数十秒を要し、また射出された弾丸が高度3,000メートルに達するには約15秒かかる。この間、飛行船は数百メートル～数キロを移動してしまうので、目標の未来位置を正確に計算できないと命中弾は得られない。さらに、発射された砲弾は真っすぐ飛ぶのではなく、重力や空気抵抗の影響で歪な放物線を描くので、その補正も必要となる。かかる高度に数学的な計算は、実戦下において人力でなし得るものではなかった。このような困難の克服は、英軍にとってとりわけ重要な課題となる。しかし、彼らはそれを成し遂げるであろう。

1915年における英軍防空隊唯一の輝かしい勝利は、6月7日にRNASダンケルク基地所属のモーラン戦闘機(レジナルド・A・J・ウォーンフォード中尉操縦)がLZ 37を撃墜したことであろう。ウォーンフォードはベルギー上空で低高度を飛行する敵を発見(悪天候で英国空襲を断念、帰還の途上にあった)、上方から爆弾を投下して戦果を挙げた。彼はビクトリア十字章を授与されたが、飛行機事故により10日後に死亡する。

ウォーンフォードの戦訓は、対飛行船用航空爆弾の開発を加速させる。その頂点が所謂(いわゆる)ランケン・ダートである。これは1916年の初頭に実戦投入されたが、ドイツ飛行船は通常、英軍機よりも高く飛ぶため役に立たなかった。

英軍はまた、フランスが観測気球を攻撃するため

1ポンドポンポン砲

英国のポスター「自宅に留まって空襲の爆弾で死ぬより、銃弾に身をさらした方がよっぽどました。直ちに軍に入隊し、空襲を阻止する一助となろう──国王陛下万歳!」

に開発したル・プリエールロケット(飛行機から発射されるロケット弾)を採用したが、ドイツ飛行船に損害を与えることは出来なかった。ランケン・ダートやル・プリエールロケットは、初期の技術的試行錯誤を示す事例と言えよう。

分水嶺としての1916年

ブリテン上空で恣に猛威を振るうドイツ空中艦隊を駆逐すべく、英軍は防空体制の刷新を図った。1916年に入るとその成果は見事に花開き、対空戦力は飛躍的な向上を遂げる。

まずは、飛行船を迎撃するために英側がどのような努力をしたのかを、情報の観点から述べよう。ツェッペリンやシュッテ=ランツを始めとするドイツの先進的な飛行船技術は戦前から英側の関心を呼んでおり、駐在武官や訪独した軍人たちが飛行船に搭乗し、その内容を報告していた。

開戦後、"敵"の情報は更に獲得しづらくなる。とは言え、英側が収集できる情報には、次のようなものがあった。

1 人的情報

人的情報は、捕虜とした飛行船搭乗員や、現地の協力者を通じて収集された。

前者については、LZ 85、L 33そして、L 45搭乗員の尋問記録が残されており、陸海の飛行船に関する情報が収集されている。

後者については、詳細は必ずしも明確でないものの、飛行船基地内部において、スパイが活動していた兆候が遺されている。このような活動は、ドイツ側に疑念を抱かせ、複数の基地において、容疑のかかった者が処刑されたという記録がある。とはいえ、ドイツ軍の飛行船基地に行かずとも、もっと簡単に情報をもたらすことはできた。フリードリヒスハーフェンの飛行船工廠は、中立国のスイスから大量の労働者を受け入れており、彼らへの聞き取りから、どの様な飛行船を建造しているのか、と言った情報を獲得し得たし、また、試験飛行でボーデン湖上空に浮かんでいる飛行船は、対岸から見ることも可能だったのである。

2 公開情報

公開情報の入手先として挙げられるのは、中立国経由で入手した新聞、ドイツ軍が発表する公報だ。これらを通じて、飛行船司令の名前や写真などを獲得することは可能だったし、当然、それは独側も承知していたことである。

3 信号情報

英側が行った情報活動の中でも、特に興味深いのは信号情報、特に、通信情報を巡るものだ。1914年11月、英海軍はウィンストン・チャーチル海軍大臣の肝いりで「第40号室(Room 40)」と呼ばれる通信情報や暗号解読の専門部署を立ち上げていた。英軍は戦前から通信情報を重視しており、英海岸沿いに傍受と方位測定所を複数設置して、独側の発信する無電の解析を行っていた。その成果は、短期的には、出撃した飛行船の位置の特定と追跡に役立て、空襲時や哨戒飛行時においても、発信される飛行船の無電から、迎撃、あるいは洋上での撃破に役立てた。また、長期的には、飛行船の呼び出し符合とその他の情報とを一致させ、ドイツ軍の飛行船戦力の規模などを分析するのに役立てたのである。

この分野は、初期の電子戦とも関連する。無線の傍受と分析は、フランス軍でも行われ、エッフェル塔が使用されていたのだが、周波数を探り当てたフラン

ニューポール11戦闘機に装備されたル・プリエールロケット

ウォーンフォード中尉により撃墜されるLZ 37

ス軍により、飛行船が使用する周波数に対して、妨害が行われていた可能性がある。

その他にも、英軍は、撃墜された飛行船を調査することで得られる技術情報や、死亡した搭乗員から獲得される内部文書や暗号書を獲得し、戦争遂行に役立てていた。

一方、直接的な防空情報を獲得するため、原初的な早期警戒管制システムの構築が行われた。接近する敵飛行船を探知すべく、多数の監視哨と監視船(これは、灯台船の活用も含まれる)が配置された。微かなエンジン音から方角と距離、高度を割り出す高性能の聴音機も開発され、夜間や曇天であっても情報が得られるようになる。同時に、各地方ごとに防空管区とその責任者が決定された。英軍は、こうして獲得した視覚(これには、沿岸部住民の通報も含まれる)、音響、電波といった情報を統合して、時々刻々と変化する敵の位置をかなり正確に把握し、戦闘機隊や高射砲台に指示を出すことが出来るようになったのだ。

情報に加え、兵器も進歩する。戦闘機隊には1915年夏からB.E.2が新鋭機として配備され始めていた。この機種は原型が開戦前(1913年)に完成しており、機動力の不足が顕著だったため、所謂「フォッカーの懲罰」以後は敵戦闘機の脅威が付きまとう西部戦線では使用に耐えないと判断された。しかし、飛行船迎撃用の夜間戦闘機として評価した場合、動きが鈍重であるという欠点は、操縦が容易で安定性に富むという長所に転じた。そもそも1915年の時点では英国であろうが、他の列強であろうが、まともな夜間飛行技術を持っておらず、安全に戦闘機を離発着させるのが最初の関門という有様だったのだ。

英軍は度重なるトライアルの結果、速度を抑えた緩やかな操縦が重要であると理解した。それには抜群の安定性を誇るB.E.2がうってつけだった。翼に照明灯を取り付け、計器飛行を徹底すると、この課題は一応の克服を見た。

それでも、機動力の不足に伴う問題が無いわけではなかった。敵飛行船が英国に来襲する際に採る高度3,000メートルにまで上昇するには45分もかかったのだ。より強力なエンジンに換装したB.E.12では35分～40分に短縮され、雑多な旧式機の半分となったが、それでも十分とは言えなかった。1915年に英軍はB.E.2を小型のSS型飛行船に吊り下げ、空中から発進させる実験を行ったほどである。しかし、「早期警戒管制システム」が構築されると、戦闘機は予め出撃して空中で待機できるようになり、問題は軽減された。

B.E.2はまた、他の点でも限界を抱えていた。同機の上昇限度は3,000メートル。対するP級ツェッペリンのそれは3,500メートルである。そこで英軍はB.E.2にルイス機銃を斜めに取り付け、数百メートル上方へ弾丸を射出できるようにした。いわば「空飛ぶ対空機銃座」である。B.E.2は安定性に富むため、このやり方は非常に効果的であった。

弾丸も改良された。飛行船の気嚢に充填された水素を誘爆させるため、炸裂弾(信管と炸薬を備えており、命中すると爆発する)と焼夷弾(銃弾の内部に薬品が詰めてあり、射出されると炎を噴き出しながら飛翔する)が導入されたのだ。これらの銃弾は別個に開発され、いずれも試験では満足な成績を出せなかった。というのは、十分な量の酸素が無ければ、水素は燃焼しないのに対し、気嚢には水素のみが詰まっているからだ。炸裂弾は表皮に穴を穿つばかりで、焼夷弾は気嚢を突き抜けた。

しかしこの二つを併用すると、効果は抜群であることが明らかとなる。炸裂弾が空けた穴から空気中の酸素が侵入し、水素と混じりあう。そこに焼夷弾が飛来すると、激しい燃焼反応が生じるのだ。そうなれば、最悪の運命が敵飛行船を襲うであろう。英軍戦闘機部隊は、遂に切り札を手にしたのだ。なお、実戦では炸裂弾、焼夷弾に加えて、射手に弾道を示すための曳光弾の三つを混合して装填した弾倉が使用されている。この「対ツェッペリン弾」は1916年の春に投入される。

長足の進歩は、しかし、ハード面のみにあるのではない。ソフト面でも、戦闘機隊は大きな成果を挙げていた。それは友軍機を敵飛行船へ誘導する手法である。1915年、ブリテン島の基地からは多くの航空機が迎撃に出動したが、敵を捕捉・攻撃した機は1機も無かった(LZ 37を撃墜したレジナルド・A・J・ウォーンフォード中尉の機はダンケルク基地に所属している)。飛行船がいかに巨大であっても、10キロ

大戦初期の英軍の主力機だった、複葉複座戦闘機B.E.2(写真はB.E.2c)

も離れれば小さな点にしか見えない。闇夜に襲来する敵を目視で確認するのは至難の業なのだ。そして、どれほど優秀な武器を手にしていようが、接敵できなければ宝の持ち腐れである。

航空無線が未発達であった当時、英軍は飛行中の友軍機に対する指示や警告を、巨大な信号旗で伝達した。これは長さ10メートルを超える記号を描いた布を地面に敷くもので、高度4,000メートルからでも明瞭に見分けられた。記号は20通りあり、つまりメッセージも20種類であった。これにより、防空司令部の意思は個々の戦闘機の搭乗員に、的確に伝えられるようになったのだ。

英軍が設置した聴音装置の遺構(コンクリート壁にエンジン音を反射させる)

QF3インチ20cwt高射砲

自動車に牽引される3インチ砲

1915年12月、ブリテン島に配備されたB.E.2は14機に過ぎなかった。同月、RFCは正式に本土防空の役割をRNASから引き継ぎ、RNASはその任務をRFCの補助と沿岸部洋上の防空にシフトする。1916年6月初頭の時点でRFCはB.E.2とその改良型であるB.E.12を約50機保有している。そして、同年夏には、RFCとRNAS合計で80機のB.E.2およびB.E.12をブリテン島に配備するに至る。質に加えて、量の点でも防空戦闘機隊は大幅に強化されたのである。

高射砲部隊も、その陣容を一新していた。有効射高僅か1,000メートルの1ポンドポンポン砲に替わって主力の座に就いたのは、新鋭のQF3インチ20cwt高射砲。有効射高は4,880メートルにも達し、最新鋭のツェッペリン型R級飛行船をも攻撃することが出来た。

1916年6月までに258基の探照灯と共にブリテン島へ配置された271門もの高射砲のうち、実に203門が本砲だった。なお、大戦終結時には402門の高射砲(うち257門が3インチ砲)が本土にあり、西部戦線のそれは348門(うち102門が3インチ砲)だった。

3インチ砲は世界に先駆けて自動車化され、迅速な展開を可能にした。また、ソフト面でも目覚ましい革新があった。それは初歩的な射撃管制技術の導入である。高射砲部隊は砲2門を最小単位として組織され、これに射撃観測班が付随した。射撃観測班は敵飛行船の高度や速度、針路を割り出すUB2測距儀1基と、それらのデータを用いて射撃用の諸元を算出する機械式コンピュータのウィルソン-ダルビー照準儀2基を有した。これにより、従来の目測とは別次元の命中精度を実現したのである。

また、複数の砲をまとめて運用することで、効果的に弾幕を形成する戦術も生み出された。今や、高射砲部隊も狩りの準備を終えたのである。

かくして1916年、英軍防空隊は一大失血をドイツ空中艦隊に強いる。3月31日にはL 15が3インチ高射砲の餌食となる。そして9月から12月にかけては6隻が相次いで屠られた。そのうち1隻(L 33)が高射砲による損失、5隻(SL 11、L 21、L 31、L 32、L 34)がB.E.2戦闘機による損失であった。だだし「戦闘機と高射砲のどちらが有効な対空兵器であったか」というような問いは意味をなさないであろう。本章の各コラムで紹介した通り、英軍の戦果は多くが戦闘機と高射砲との協働によるものと言えるからだ。

こうして16年末までに英軍防空部隊はR級を含む既存のドイツ軍飛行船を効果的に迎撃できるようになった。独軍にとってそれは、現有戦力で英国を空爆することが不可能になったことを意味した。紛うことなき英軍の勝利である。この年の民間人の犠牲者は依然として大きかったが、雪辱は果たされたのである。

しかし、シュトッラサーは諦めなかった。翌1917年、ハイトクライマーの登場と共に、戦局は新たな局面へと突入するのだった。

高射砲に撃墜されたR級のL 33

1917年から1918年の終戦まで

1917年初頭、英軍防空司令部は楽観的な空気に包まれていた。前年末、彼らがドイツ空中艦隊に与えた打撃の大きさに鑑みれば、それも自然なことであったろう。同年3月のはじめには、RFCは本土に11の飛行隊、147機の実働機を有しており、その一部を西部戦線に転出することさえ検討されていたのだ。

3月16日、シュトラッサーはハイトクライマーの1番艦たるL 42(S級)に搭乗、改装によりこれに準じる高空性能を付与された4隻のR級を率いて英国を襲う。ドイツ飛行船はいずれも高度5,000メートル以上を航行し、英軍の戦闘機や対空砲では手が出せなかった。この日の空襲では英国はさしたる損害を受けなかったが、その後もハイトクライマーによる空襲は繰り返され、防空部隊は危機感を深めていく。

巡洋艦HMAS「シドニー」の主砲塔の上に載せられた陸上機発艦用のプラットフォーム。HMS「ヤーマス」等、全ての巡洋艦に装備されて、使い捨てではあるが、艦上での陸上機の運用を可能にした。(写真:Knud Jacobsen)

一方、独軍は高空特有の悪条件に苦しめられていた。とりわけ酸素の不足や酷寒は、搭乗員の身体や推進システムにダメージを与え、雲海や強風は航法上の重大な障害となった。また、英軍のジャミング電波は無線航法を妨げ、ドイツ飛行船は思うように戦果を挙げられなかった。

第一次世界大戦後半の英軍主力戦闘機であったソッピース キャメル

こうしてハイトクライマーは、その技術的な先進性にも拘わらず、英国に大きな失血を強いることには失敗した。しかし、それは飽くまで現代の視点から見た結

複葉複座の軽爆撃機エアコーDH.4も、飛行船の夜間迎撃に使用された

英海軍航空隊が運用していたH-12"ラージ・アメリカ"飛行艇

L 62を撃墜したとされるフェリックストウF.2飛行艇

果論に過ぎず、英軍防空隊にとっては間違いなく重大な脅威に他ならなかった。さらに、1917年秋にはドイツ陸軍重爆撃機隊の空襲が開始される。主力のゴータ機は上昇限度6,500メートルを誇り、英軍は否応なく高高度で敵を迎撃可能な戦闘機の開発を迫られるのだ。

1917年の春、ソッピース パップが本土防空隊に装備される。同機の上昇限度は5,300メートル、上昇速度は高度3,000メートルまで14分、4,900メートルまで35分であった。同年の夏までにパップを装備する1個飛行隊が西部戦線から呼び戻され、2個飛行隊が新設されている。また、艦載機としても利用され、8月21日には巡洋艦HMS「ヤーマス」のカタパルトから射出された機が洋上哨戒中のL 23(ノルウェイ帆船ロイヤルを拿捕したことで知られる)を撃墜している。ただし、同艦はハイトクライマーではない。

続いて1917年夏、ソッピース キャメルの配備が開始される。もっとも、この時期は昼に来襲するドイツ陸軍の重爆撃機の迎撃を主任務としていた。だが、爆撃機隊が夜間に空襲を行うようになると、キャメルの夜戦型が開発され、対飛行船戦闘にも投入される。この夜戦型キャメルこそは英軍防空隊の本命で、高度6,000メートルに31分30秒で到達でき、しかもその高さで軽快な機動が可能であった。夜戦型は1918年以降RFCに導入され、8月には14個の本土防空飛行隊のうち7つが本機を運用していた。(なおRFCは1918年4月にRNASの主要な基地航空隊と統合され、英国空軍(RAF：Royal Air Force)が発足している)。

艦載型キャメルの1機は1918年8月11日、駆逐艦に曳航される艀(はしけ)から発進し、高度6,000メートル付近で洋上哨戒を行っていたL 53を撃墜した。これはドイツ海軍飛行船団最後の戦闘による損失である。このときの機体は現在、帝国戦争博物館に展示されている。

この他、西部戦線で爆撃機として運用されたDH.4も、1918年以降、少数が本土防空任務に投入されている。同機は上昇限度6,700メートル。高度5,000メートルで時速197キロを誇り、8月6日、シュトラッサーを乗せてブリテン島に来襲したL 70を屠った。シュトラッサーは戦死し、飛行船による英国空襲は終焉した。

外海で敵飛行船を駆逐すべく、飛行艇も運用された。代表的な物は米国カーティス社設計のHタイプで、特にH-12は「ラージ・アメリカ」として知られる。同機の上昇限度は3,300メートルに過ぎなかったが、双発機ゆえの長大な航続力と、無線装備を活かし、洋上に警戒ラインを構築する役目を担った。英国防空司令部は、敵飛行船の電波を傍受してその位置を割り出し、無電で飛行艇に伝えた。この方法で H-12は1917年6月14日、北海において低空で哨戒を行っていたL 43を捕捉、撃墜している。RNASは17年4月からH-12を配備しはじめ、改良型のH-16と合わせて合計146機を受領した。

シュトラッサーは敵飛行艇の手が届かない高度4,000メートルで哨戒活動を行うよう命じたが、この高さではしばしば視界は雲や霧に遮られ、天候が良い時でも敵潜水艦や機雷を見つけることは困難だった。飛行船は、戦略爆撃だけでなく哨戒においても、その価値を大きく減じていた。

175機が生産された飛行艇、フェリックストウF.2も同様の役割を果たした。1918年5月10日、同機は哨戒中のL 62を電波傍受による逆探知で捕捉し、撃墜したとされる。ただし、これについては異説もある。

先制攻撃の手段として、機動部隊も用いられた。1918年7月19日には世界初の航空母艦HMS「フューリアス」から6機のソッピース キャメルが発進、トンデルンの飛行船基地を空爆した。これは空母艦載機による初めての地上基地攻撃であり、ドイツ飛行船団は格納庫内のL 54とL 60を破壊された。

この事例は、戦争末期に至っても、なおドイツ軍の飛行船が英軍にとって脅威であったことを示している。一方で、1914年の艦載機による攻撃が不首尾に終わったことに鑑みると、飛行機の運用技術が短期間でいかに長足の進歩を遂げたのかを理解できよう。

ハイトクライマーは終戦までに合計23隻が建造されたが、戦闘による損失は8隻(または、L 62を除いて7隻)であった。そのうち、フランス軍による撃墜は1隻(L 44/地上砲火)で、残りの7隻は全て英軍の手によるものである。L 44は英国爆撃からの帰還途上に喪われているから、ハイトクライマーの闘いは本質的に対英戦(洋上任務、ブリテン島爆撃)であったと言えよう。

英軍戦闘機の戦果は3隻(L 48/B.E.12、L 53/キャメル、L 70/DH.4)、飛行艇の戦果は2隻(L 43/H-12、L 62/F.2→事故との説もあり)、空母「フューリアス」の空襲の戦果が2隻(L 54、L 60)である。こうしてみると、ハイトクライマーがその本領を発揮して高空を飛行する場合、これを迎撃することがいかに困難であったかが理解できよう。実際、5,000メートルを超える高度を飛行中に喪われたのはL 53とL 70の2隻に限られる。両艦が撃墜されたのは1918年8月であった。英国防空隊が切り札となる戦闘機を手にしたのは大戦最末期であり、そのときにはすでに戦争の大局は決していたのである。

トンデルンへ出撃を待つHMS「フューリアス」艦上のキャメル

1918年当時の空母「フューリアス」

第3節　死闘と終焉(1917年から1918年の終戦まで)

1 西部戦線と北海における陸海軍飛行船の活動

1917年の陸軍飛行船の活動

1917年1月、昨年11月にマンハイムに配属されたSL 15は、28及び29日に、英仏海峡へと偵察飛行を行った。これは、西部戦線へと投入される兵力を載せた輸送船団の捜索のためだったようだ。最終的に、この船団はル・アーブルで見つかる。

1917年2月、陸軍のLZ 107はブーローニュ=シュル=メール(仏)への攻撃に投入される。これは、偵察用ゴンドラが活用された最後の爆撃でもあった。

4月、日時は不明ながら、SL 15は、シェルブールを攻撃するため、2回ほど出撃した様だ。しかし、同月15日、SL 15は最後の飛行(それは、外国高官が訪問した有名な温泉街、バートミュンスターの上空を飛ぶ、というものだったらしい)を終え、除籍・解体される。ここに、陸軍飛行船の西部戦線での活動は終了した。

最後の陸軍飛行船の1隻、SL 15。(写真:Harry Redner)

1917年前半、海軍飛行船の活動

1917年1月、海軍の偵察・哨戒任務は再開し、11日、L 13、L 22、L 36及びL 39が出撃。

2月には、海軍は所謂(いわゆる)「ハイトクライマー」を投入する。これは、前年の損害への反省から、飛行船の軽量化やエンジンの改良等を進めたものである。Uボートを使用した無制限潜水艦作戦の再開が決定されたことにより、潜水艦の出撃を支援するための哨戒と、掃海のための機雷帯捜索は、海軍飛行船にとって再び優先されるべき任務となった。

この月、イングランド攻撃は未だ再開されず、偵察・哨戒任務のみが行われている。

2日　L 22及びL 30
3日　L 37
7日　L 14及びL 23
16日　L 37
22日　L 14及びL 22
28日　L 13、L 14及びL 23

3月に入り、攻撃任務は再開された。

16日、L 35、L 39、L 40及びL 41はライ、マーゲイト等のケント州一帯を攻撃したが、ほとんど被害はなかった上、新型のL 42は、エンジントラブルのため、途中で引き返す羽目になった。

偵察・哨戒任務もまた、コンスタントに行われている。

3日　L 13、L 23及びL 30
10日　L 13、L 14及びL 23
15日　L 22及びL 23
16日　L 14及びL 30
22日　L 13及びL 37
28日　L 14及びL 23

4月　攻撃は実施されなかったが、哨戒任務は継続している。

5日　L 13及びL 23
7日　L 13及びL 37
8日　L 30、L 42及びL 43
19日　L 13、L 23及びL 30
23日　L 23が偵察任務、特に、北海上空の通商破壊の支援のために出撃した際、ノルウェーの密輸船、「ロイヤル」を拿捕した。
30日　L 22及びL 37が任務のため出撃。

5月、陸軍は飛行船運用を縮小した代わりに、大型爆撃機を投入してイングランド攻撃を行った。それらは、明らかに飛行船による爆撃よりも大きな被害をイギリスにもたらし、飛行船を攻撃用途に使用する事への懐疑論は更に強まり、皇帝ヴィルヘルム2世ですら、飛行船の能力に疑問を呈するようになった。

23日、海軍飛行船は再びイングランド攻撃を実施する。L 40及びL 45がノリッジを、L 42がミルデンホールなどを、L 43がレセム等ケント州一帯を、L 44がハリッジを、それぞれ攻撃するが、大した損害は与えられていない。

偵察・哨戒任務は以下のとおりである。

1日　L 22、L 23、L 43及びL 45
2日　L 23及びL 41
3日　L 40、L 44及びL 45
4日、L 23がドイツ湾北方へと哨戒任務に赴き、L 42及びL 43が偵察任務のため出撃した。L 43は任務の性質上、その行動範囲を広げ、英海軍の小部隊と交戦することになった。
5日　L 37及びL 41
6日　L 22、L 23、L 44及びL 46

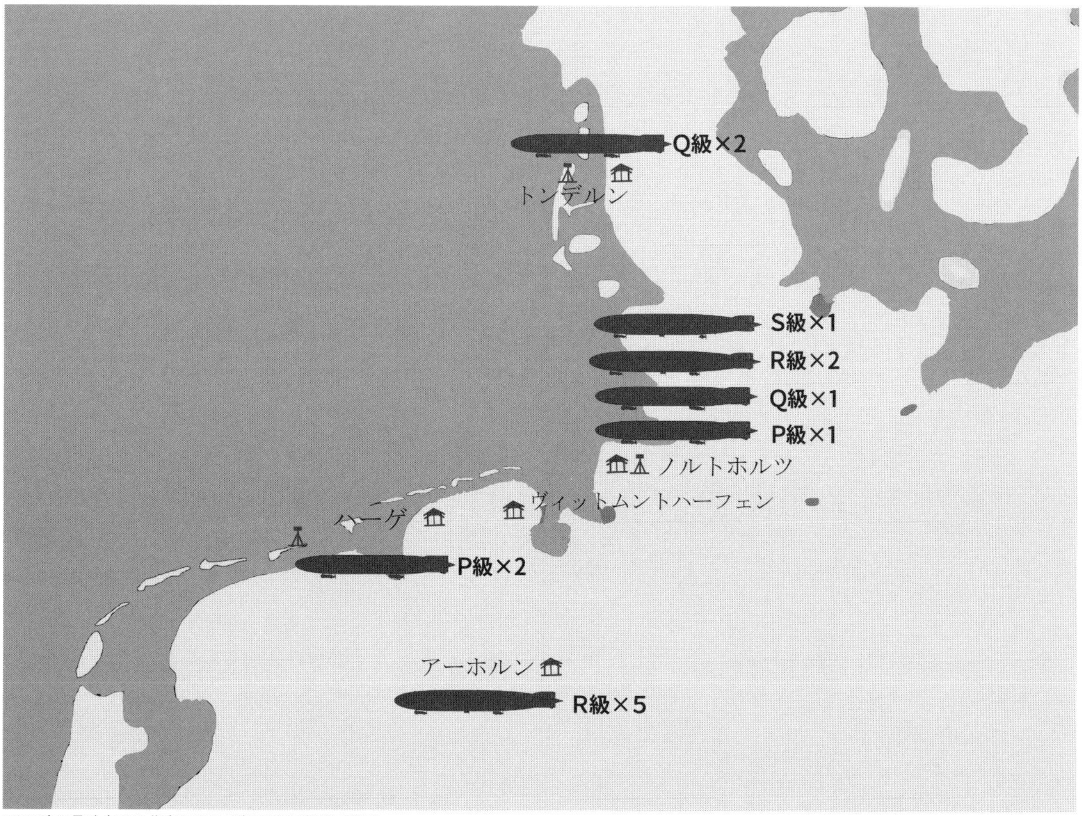

1917年2月時点での北海における海軍飛行船隊の戦力

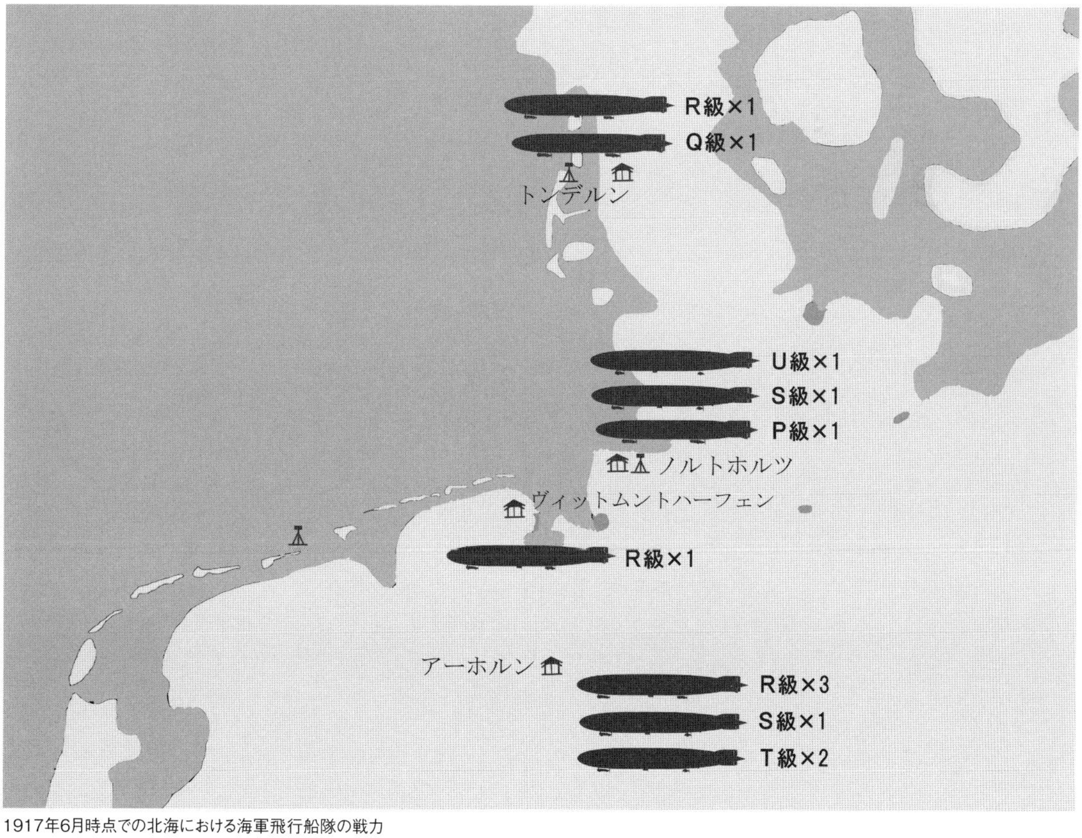

1917年6月時点での北海における海軍飛行船隊の戦力

14日、L 22及びL 23が偵察任務のため出撃したが、この頃投入されたアメリカ製の大型飛行艇により、L 22は撃墜される。

15日　L 16及びL 37
23日　L 16及びL 23
24日　L 37
26日　L 16及びL 37
30日　L 23、L 42及びL 47
31日　L 45、L 46及びL 48

6月、夏至の時期ではあるが、攻撃任務は実施された。

16日、新たに投入されたL 48及びL 42がイングランドを攻撃する。L 42がラムズゲート一帯を、L 48がサフォーク州一帯を攻撃する。L 42はラムズゲートの海軍弾薬庫を吹き飛ばして、港湾地区に損害を与えたものの、L 48は撃墜され、搭乗員3名の生存者を除き、全員戦死した。

偵察・哨戒任務は、気象条件が改善したことから、多数実施されている。

1日　L 23及びL 40
2日　L 44、L 46及びL 48
5日　L 43及びL 47及びL 40
8日　L 23、L 45、L 46及びL 47
10日　L 40及びL 42
11日　L 45、L 46及びL 47

14日　L 23及びL 42が哨戒任務に出撃。同日、L 43及びL 46が偵察任務のため出撃しているが、L 43は飛行艇により撃墜された。

15日　L 16及びL 40
16日　L 23及びL 35
17日　L 16及びL 40
18日　L 23、L 46及びL 47
25日　L 47
26日　L 23、L 44及びL 46
28日　L 42

1917年後半、海軍飛行船の活動

1917年7月、攻撃任務は実施されなかった。偵察・哨戒任務については以下の通り。

4日　L 44、L 45及びL 46

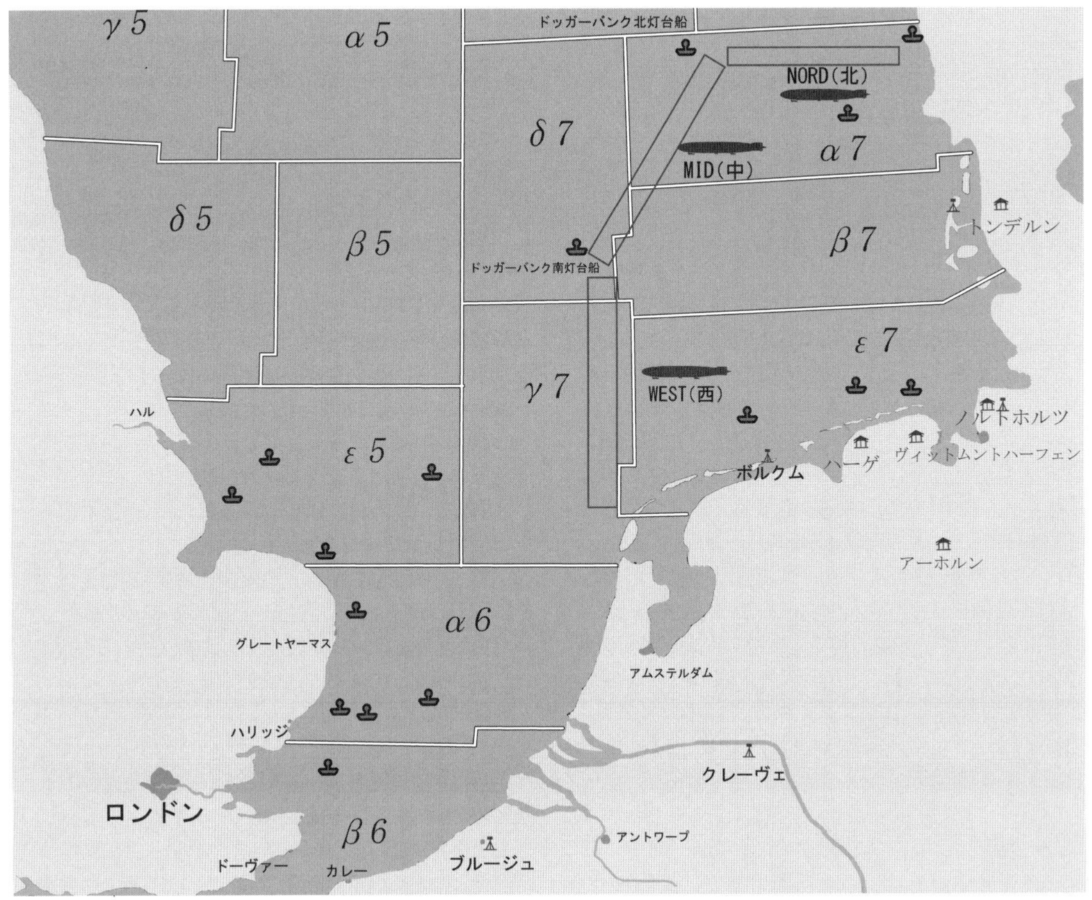

1917年6月、ドイツ湾へ侵入する英艦隊を警戒するため「NORD(北)」、「MID(中)」、「WEST(西)」の哨戒線が設定され、定期哨戒活動の範囲が決められた。ドイツ海軍では、各海域を数字とギリシャアルファベットで区切った、"QUADRATKARTE"と呼ばれる地図を作成し、目標の位置特定に使用していた。図は北海のもの。実際は、これら一つ一つの中を更に200ほどの海域に区切っていた。

8日　L 23及びL 41
12日　L 45、L 46及びL 47
13日　L 23、L 35及びL 41
17日　L 45、L 46及びL 47
18日　L 23、L 35及びL 41
24日　L 44、L 45及びL 46
25日　L 23、L 35及びL 41
26日　L 44及びL 46
27日　L 23、L 35 及びL 47
29日　L 35及びL 41
30日　L 23

8月、航空機製造資源が不足する中、参謀本部は、飛行船への資源割り当てを減らし、飛行船の製造は、月0.5隻、即ち2か月に1隻の規模に抑えられることになり、海軍飛行船によるイングランド攻撃は、損耗を抑えるため、更に慎重にならざるを得なかった。

それでも、21日、数隻の飛行船による攻撃が実施されるが、本土に到達し、ハル一帯を攻撃し得たのはL 41だけであった。

偵察・哨戒任務としては、恒常的なドイツ湾での哨戒任務のみである。

6日　L 35、L 41及びL 50
7日　L 47
8日　L 46及びL 51
10日　L 42
14日　L 23
16日　L 45及びL 47
18日　L 23、L 41及びL 47
21日、L 23及びL 52が出撃するも、L 23は巡洋艦から飛び立った戦闘機により撃墜された。
22日　L 49

9月は英国を対象として攻撃任務が実施されている。

24日、L 35がロザラムを、L 41がハルを、L 42、L 45、L 47、L 51及びL 52がハンバー一帯を、L 44及びL 46がグリムスビーを、L 53がボストンを、L 55がスキニングローブを攻撃した。これ程の大規模な出撃であっても、目標の特定が困難な高高度からの攻撃では、大した損害を与えることはできなかった。

偵察・哨戒任務は以下のとおりである。

5日　L 41、L 44及びL 46
8日　L 49、L 50及びL 51
10日　L 42、L 50及びL 53
11日　L 47、L 52及びL 54
12日　L 41及びL 42
30日　L 50及びL 55

10月の攻撃任務はただ一度だけであった。

19日、大戦最後の大規模戦隊出撃が実施される。L 41がダービーを、L 44がピーターバラを、L 45がノーザンプトンとロンドンを、L 46がノリッジを、L 47がノッティンガム及びイプスウィッチを、L 49がノーフォークを、L 50が、ハル及びロンドンを、L 52がロンドンを、L 53がバーミンガムを、L 54がダービー等を、L 55がハルを攻撃した。

この内、L 45の攻撃は、飛行船による最後のロンドン攻撃であり、ロンドンの中心部に多大な損害を与えたのだが、その代償は大きく、出撃した飛行船

1917年8月、海軍飛行船団総司令官ペーター・シュトラッサーはドイツ軍最高の勲章「プール・ル・メリット」を受章した。写真は、受章を祝い、主だった将校を集め、海軍飛行船隊司令部の置かれていたアーホルンで撮影されたもの。

1917年の北海における海軍飛行船の配置と活動 。海軍飛行船隊は、定期的な哨戒任務の実施を可能とする戦力を整備したが、英国海軍は、飛行船への対抗策として大型飛行艇を出撃させ、飛行船にとっての大きな脅威となっていた。英国への攻撃任務は、飛行船への資源割り当てへの減少と、哨戒任務の実施のために、大きく制約を受け、気象条件と月齢が合致した日のみ、月に1回程度の回数に減少した。加えて、高高度での作戦は、飛行船の性能向上が図られたものの、目標への到達と照準を困難にし、延べ28隻が、6回にわたりイングランドに到達し、英国に与えた損害額は£87,760に留まった。
偵察任務においては、無制限潜水艦作戦実施に伴う掃海任務支援の重要性が増え、哨戒線の設定による運用上の有効性増大が図られたが、英海軍の飛行艇進出は、偵察高度の増大をもたらし、目視による敵の識別を困難なものとした。

77
36
ニューキャッスル・アポン・タイン
スキニングローブ
ストックトン
リールホルム
76
シドニーとの交戦
(17年5月4日)
WEST
ハル
ハンバー
グリムスビー
マンチェスター
ロザラム
33
ボストン
ダービー
ノッティンガム
レザリングヘッド
ナイプトン
クロマー
ピーターバラ
51
ノリッジ
バーミンガム
グレートヤーマス
ミルデンホール
ノーザンプトン
75
イプスウィッチ
ハリッジ
39
37
ロンドン
マーゲイト
ラムスゲート
50
アントワープ
ドーヴァー
78
ライ
カレー
ブリュッセル

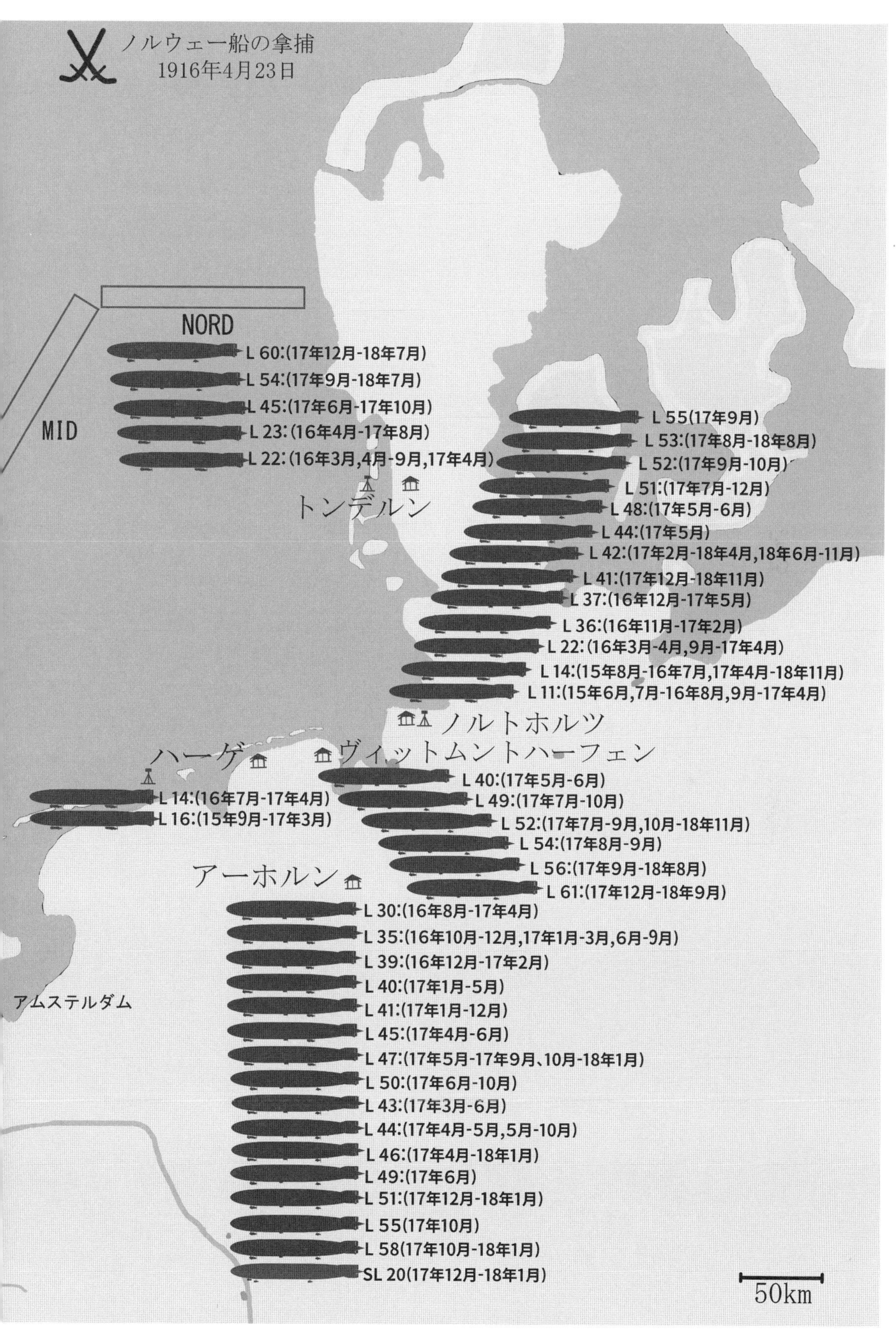
ノルウェー船の拿捕
1916年4月23日
NORD
MID
L 60:(17年12月-18年7月)
L 54:(17年9月-18年7月)
L 45:(17年6月-17年10月)
L 23:(16年4月-17年8月)
L 22:(16年3月,4月-9月,17年4月)
トンデルン
L 55(17年9月)
L 53:(17年8月-18年8月)
L 52:(17年9月-10月)
L 51:(17年7月-12月)
L 48:(17年5月-6月)
L 44:(17年5月)
L 42:(17年2月-18年4月,18年6月-11月)
L 41:(17年12月-18年11月)
L 37:(16年12月-17年5月)
L 36:(16年11月-17年2月)
L 22:(16年3月-4月,9月-17年4月)
L 14:(15年8月-16年7月,17年4月-18年11月)
L 11:(15年6月,7月-16年8月,9月-17年4月)
ノルトホルツ
ハーゲ
ヴィットムントハーフェン
L 40:(17年5月-6月)
L 49:(17年7月-10月)
L 14:(16年7月-17年4月)
L 16:(15年9月-17年3月)
L 52:(17年7月-9月,10月-18年11月)
L 54:(17年8月-9月)
L 56:(17年9月-18年8月)
L 61:(17年12月-18年9月)
アーホルン
L 30:(16年8月-17年4月)
L 35:(16年10月-12月,17年1月-3月,6月-9月)
L 39:(16年12月-17年2月)
L 40:(17年1月-5月)
L 41:(17年1月-12月)
L 45:(17年4月-6月)
L 47:(17年5月-17年9月、10月-18年1月)
L 50:(17年6月-10月)
L 43:(17年3月-6月)
L 44:(17年4月-5月,5月-10月)
L 46:(17年4月-18年1月)
L 49:(17年6月)
L 51:(17年12月-18年1月)
L 55(17年10月)
L 58(17年10月-18年1月)
SL 20(17年12月-18年1月)
アムステルダム
50km

の内5隻を失った。

10月中の偵察・哨戒任務は以下の通り。
2日　L 50及びL 53
15日　L 54及びL 55
16日　L 41
29日　L 42及びL 51
11月中は、攻撃任務はなく、偵察・哨戒任務は以下のとおりである。
1日　L 52及びL 53
3日　L 42、L 46及びL 56
4日　L 51及びL 56
11日　L 47及びL 52
12日　L 41及びL 46
12月12日、数隻の飛行船がイングランドを攻撃しようと試みるが、悪天候のため、全て引き返さざるを得なかった。
12月中、気象条件が悪化する中、回数は減っているものの、偵察・哨戒任務そのものは、気象条件が許す限り継続している。
11日　L 42
18日　L 42
19日　L 46及びL 49
20日　L 41、L 47、L 54及びL 58
21日　L 46、L 49、L 52及びL 53
22日　L 42、L 46、L 56及びL 58

1918年4月までの海軍飛行船の活動

1918年1月5日、アーホルン基地で不慮の事故が発生し、一気にL 46、L 47、L 51、L 58及びSL 20の5隻の飛行船を失った海軍飛行船隊は、大幅に戦力が低下することとなった。既に、バルト海での運用は取りやめており、また、気象条件から、積極的な出撃は不可能だったものの、これ程の損失は哨戒任務のローテーションに穴をあけたと思われる。
この月は攻撃任務はなく、少ないながらも実施された偵察・哨戒任務は以下のとおりである。
29日　L 53及びL 56
30日　L 41、L 42及びL 54
31日　L 53及びL 56
2月も攻撃任務はなし。偵察・哨戒任務もかなり少なく、20日にL 53が出撃したものの、途中で引き返している。
ようやく、活動が十分に可能となったのは、3月に入ってからである。
12日、高高度用エンジンを搭載した、新型V級を含む5隻が、イングランド中部に攻撃を仕掛けた。L 53はハルを、L 54はグリムスビー等を、L 61はハンバー一帯を、L 62及びL 63はハル一帯のシートン・ロス等を、それぞれ攻撃するも、いずれも小規模な損害しか与えられなかった。
13日、L 42、L 52及びL 56の3隻が出撃。途中、L 52及びL 56は、気象条件悪化の情報に基づき発出

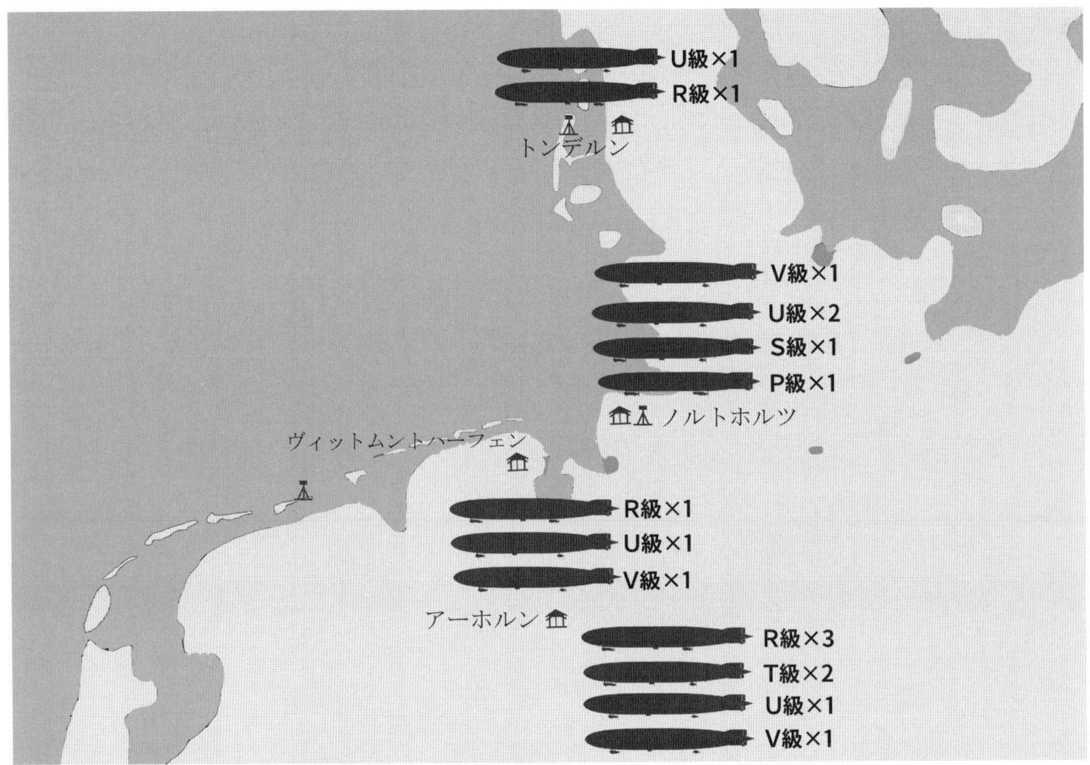

1917年10月19日の"サイレント・レイド"直前の、北海における海軍飛行船隊の戦力

された中止命令に従い帰還する中、L 42のみ命令を無視して攻撃を続行。イギリス本土の防空組織の間隙を突く形でハートルプールへの攻撃を成功させた。

この月(3月)、前年に比して、偵察・哨戒任務の回数は少ない。天候そのものだけでなく、隻数の急激な隻数の変化によるものの可能性はあるが、原因は不明である。

10日　L 52及びL 54

19日　L 63

4月は、3月と同じく、月一度の攻撃任務が行われた。

12日、イングランド中部への攻撃が行われた。L 60はハンバー川河口一帯を、L 61はリヴァプール近郊のウィガン等を、L 62はバーミンガム近郊等を、L 63はリンカン近郊のメザーリンガム等を、L 64はリンカン近郊のスケリングソープ等を攻撃した。飛行船の性能上昇により、イギリス軍の防空部隊は十分な対応ができなかったが、イングランド上空にかかる雲という気象条件や、高高度故の照準困難と言った悪条件により、往時のような大きな被害を与えるには至らなかった。

偵察・哨戒任務は、気象条件が好転するにつれ、徐々に実施されるようになる。

1日　L 42及びL 62

2日　L 52及びL 64

3日　L 63

4日　L 42及び L 56

12日　L 52及びL 53

20日　L 56

28日　L 54及びL 63

シュトラッサーの最期と海軍飛行船隊の終局

5月、陸軍の重爆撃機によるロンドン攻撃は、昼間爆撃から夜間爆撃へと切り替えられていたが、それも19日を最後に終了。海軍飛行船によるイングランド攻撃も、8月まで実施されなかった。そんな中でも、ドイツ湾の偵察・哨戒任務は、海軍飛行船隊にとって重要な任務であり続けた。

3日　L 61及びL 64

10日、L 56及びL 62が出撃するも、L 62は北海上空で爆発、墜落する。

15日　L 60、L 63、L 64及びL 65

16日　L 53、L 54及びL 61

17日　L 52、L 56及びL 60

18日　L 64及びL 65

19日　L 53、L 54、L 63及びL 64

20日、L 52、L 56及びL 60。この日、L 60は敵潜水艦と接触し、これと交戦した。

21日　L 61、L 64及びL 65

22日　L 42、L 52、L 53、L 56及びL 60

27日　L 52、L 53、L 54及びL 64

28日　L 64

29日　L 54

30日　L 53、 L 61、L 63及びL 64

6月も、哨戒任務は継続している。

3日　L 52及びL 65

4日　L 53、L 54、L 56及びL 61

5日　L 65

6日　L 53及びL 56

7日　L 52

10日　L 54及びL 60

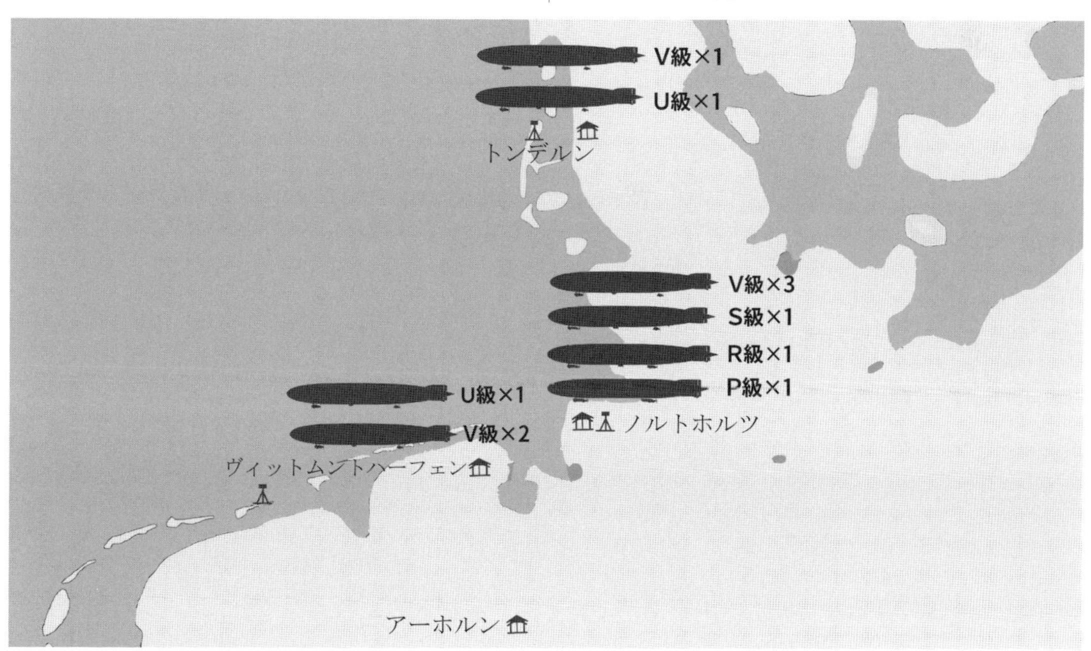

1918年3月時点の北海における海軍飛行船隊の戦力

1918年の北海における海軍飛行船の配置と活動。アーホルンの爆発事故は、多くの飛行船の損失と基地機能の喪失をもたらし、海軍飛行船隊は、哨戒任務と英国攻撃を両立させる事がますます困難となった。
高高度からの英国攻撃は、飛行船のさらなる性能向上と気象条件を加味したより慎重な運用により、目標への到達と損耗の極限を図ることは可能となったものの、相変わらず正確な照準は困難であり、その成果としては、延べ11隻が、4回にわたりイングランドに到達したのみであり、英国に与えた損害額も£29,427に留まった。
偵察・哨戒任務は引き続き実施されていたが、大型飛行艇等の飛行機の性能向上や、英海軍が航空母艦やカタパルト、あるいは曳航筏による陸上機の運用を始めたため、洋上での偵察は更に困難となり、8月以降はほとんど実施されなくなった。

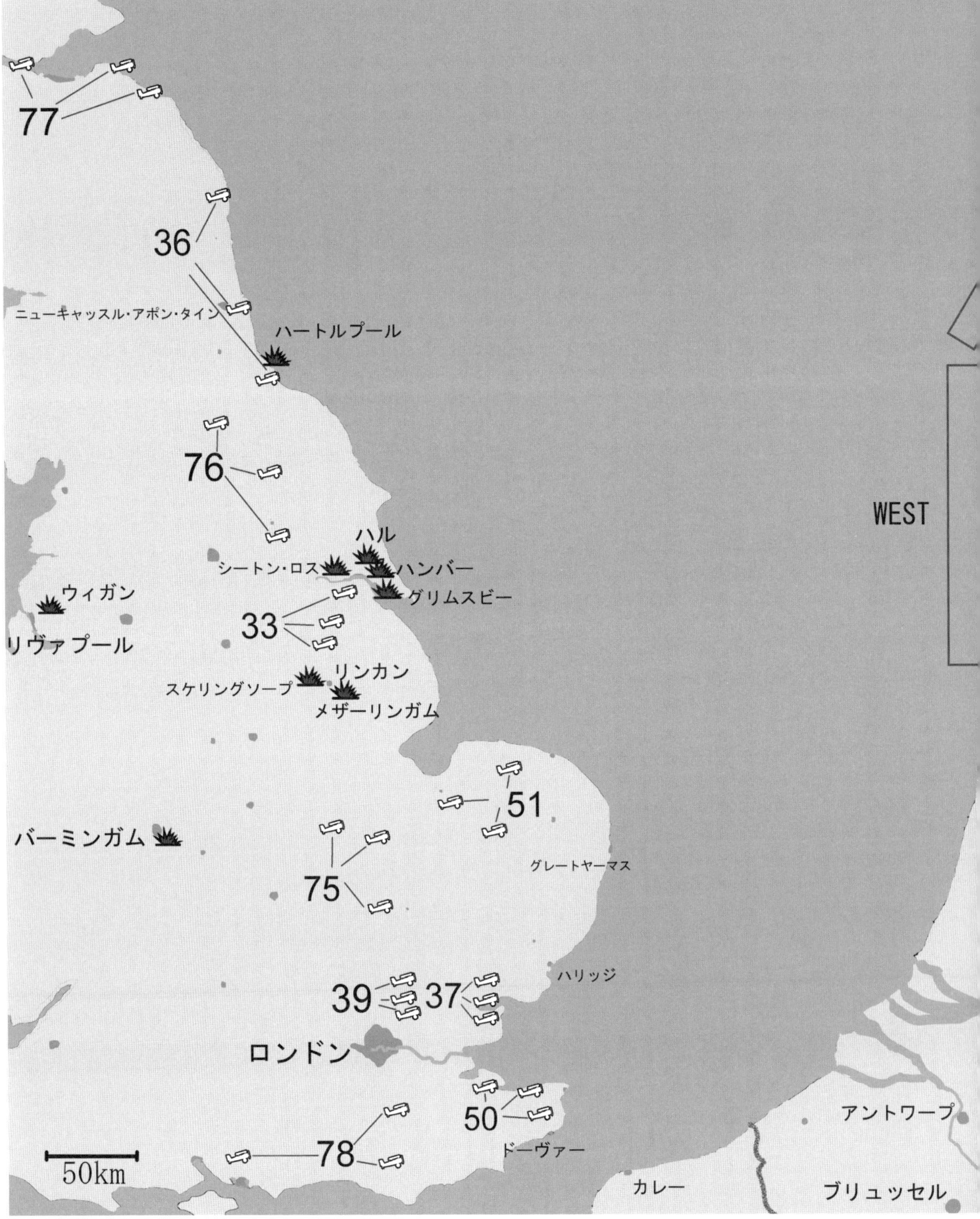

77
36
ニューキャッスル・アポン・タイン
ハートルプール
76
WEST
ハル
シートン・ロス
ハンバー
グリムスビー
ウィガン
33
リヴァプール
リンカン
スケリングソープ
メザーリンガム
51
バーミンガム
75
グレートヤーマス
ハリッジ
39
37
ロンドン
50
アントワープ
78
ドーヴァー
50km
カレー
ブリュッセル

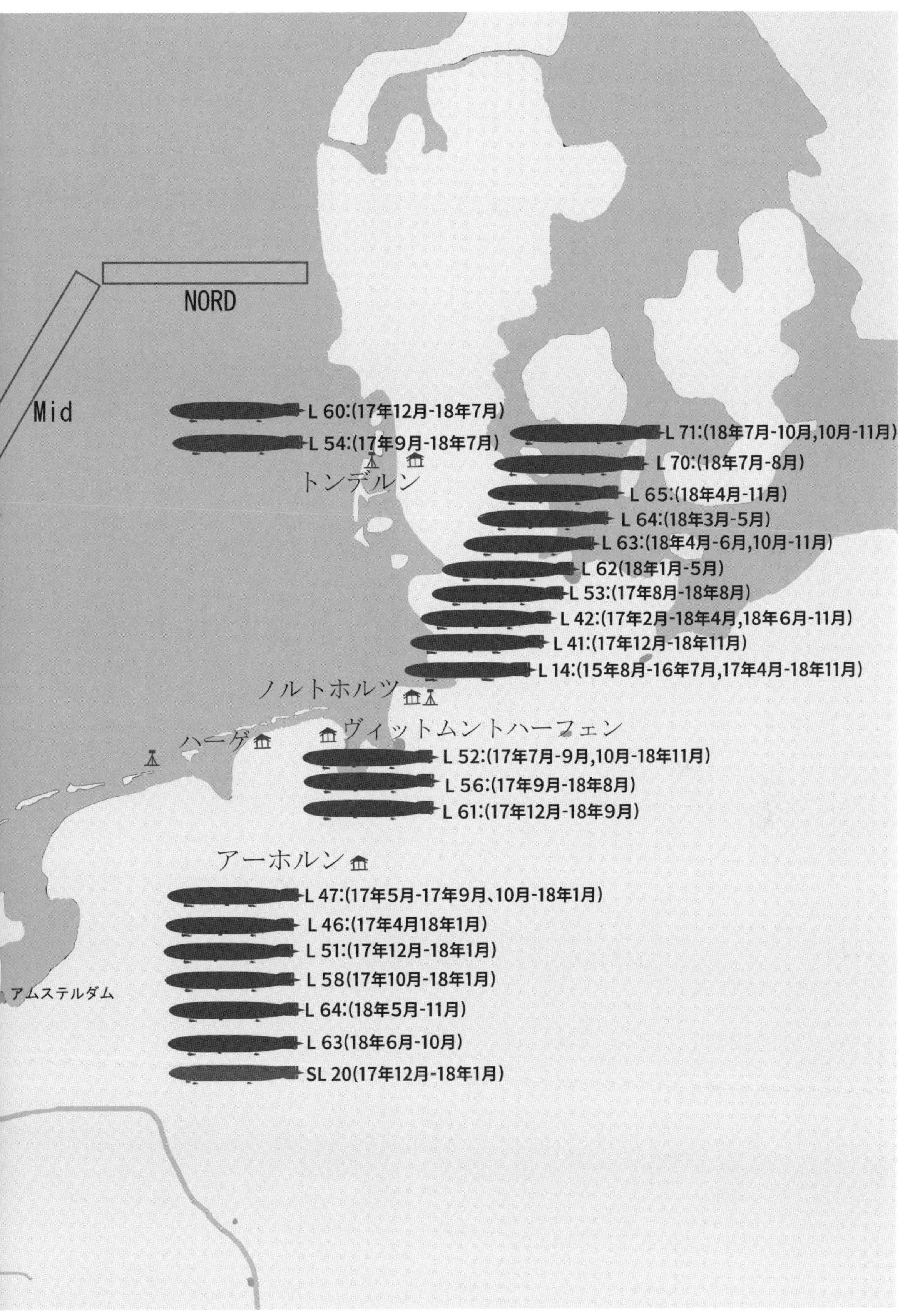

NORD
Mid
L 60:(17年12月-18年7月)
L 54:(17年9月-18年7月)
L 71:(18年7月-10月,10月-11月)
L 70:(18年7月-8月)
トンデルン
L 65:(18年4月-11月)
L 64:(18年3月-5月)
L 63:(18年4月-6月,10月-11月)
L 62(18年1月-5月)
L 53:(17年8月-18年8月)
L 42:(17年2月-18年4月,18年6月-11月)
L 41:(17年12月-18年11月)
L 14:(15年8月-16年7月,17年4月-18年11月)
ノルトホルツ
ハーゲ
ヴィットムントハーフェン
L 52:(17年7月-9月,10月-18年11月)
L 56:(17年9月-18年8月)
L 61:(17年12月-18年9月)
アーホルン
L 47:(17年5月-17年9月、10月-18年1月)
L 46:(17年4月18年1月)
L 51:(17年12月-18年1月)
L 58(17年10月-18年1月)
アムステルダム
L 64:(18年5月-11月)
L 63(18年6月-10月)
SL 20(17年12月-18年1月)

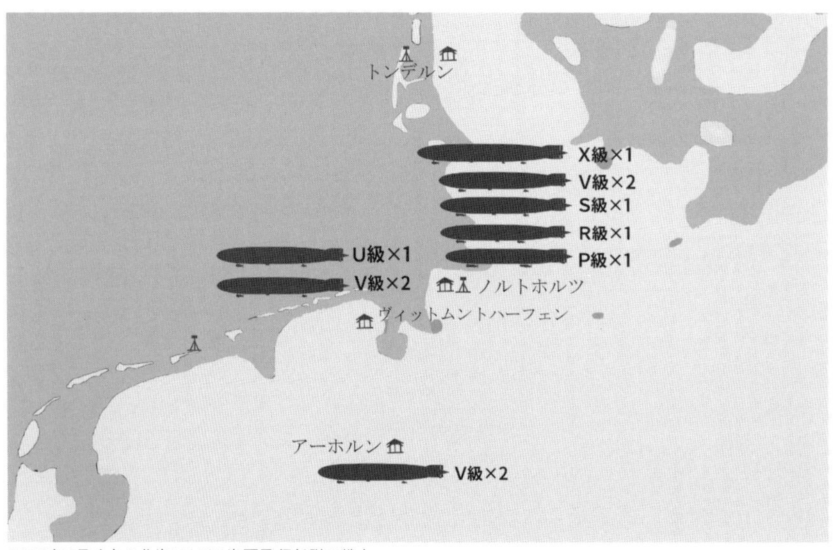

1918年8月時点の北海における海軍飛行船隊の戦力

11日　L 47、L 56、L 61及びL 64
17日　L 56及びL 63
18日　L 52及びL 60
19日　L 63
20日　L 56
7月の哨戒任務としては以下のとおりである。
1日　L 52、L 54、L 56及びL 64
2日　L 61及びL 63
8日　L 53、L 60、L 63及びL 64
10日　L 54、L 61及びL 65
16日、L 54、L 60及びL 61。この日L 60は、戦艦、駆逐艦及び航空母艦からなる敵艦艇群を発見していた。
20日　L 52及びL 64
31日、L 61、L 63及びL 65。この日、L 65は敵潜水艦と接触、これと交戦した。
この月、新型X級の初号船、L 70が投入され、これにシュトラッサーは希望を見出す。一方、19日、史上初の空母「フューリアス」を中心とする英軍機動部隊は、トンデルンの格納庫を爆撃し、L 54及びL 60を格納庫ごと破壊する。

8月5日、5隻の飛行船がイングランド攻撃へと出撃する。既に、ドイツ軍最後の攻勢である春季攻勢（カイザーシュラハト）は失敗に終わり、アメリカから投入される大兵力を前にして、ドイツ軍上層部は戦争終結を模索し始めていたが、シュトラッサーはそのような状況に拘わらず、無謀にも、空からのイングランド征服へと挑んだ。
しかし、ロンドンを目指した飛行船たちは高度が十分ではなく、L 70が、それに乗り込んで爆撃の指揮を執っていたシュトラッサーもろとも英軍戦闘機に撃墜されると、残りのL 53、L 56、L 63及びL 65は、爆弾を投棄して帰還した。かくて、最後のイングランド攻撃は、それを推進した男と共に潰え去った。

8月の哨戒任務については以下のとおりである。
1日、L 52、L 56及びL 70が出撃。ここで、L 70は、この戦争中最後となる、飛行船による対艦攻撃を実施する。
5日　L 61
10日　L 52及びL 63
11日　L 53
13日　L 63
これ以降は、11日にL 53が撃墜されたことと、ドイツ湾勢力圏内の哨戒が可能な大型水上機の数が揃ったことから、飛行船による哨戒任務は大幅に数が減らされることとなった。これはもちろん、シュトラッサーの死による政治力の低下も影響している事だろう。計画されていた飛行船建造計画は大幅に縮小され、X級のL 71は延長改造を受け、飛行性能をアップさせたが、その能力を披露する機会はついぞ訪れなかった。

9月は出撃がなかった。
10月13日、掃海任務を行う艦隊のため、L 63及びL 65により、最後の偵察飛行が実施されたが、天候悪化により、夕方には中止され、ここに、海軍飛行船隊最後の任務飛行は終わった。
11月、外洋艦隊が最後の出撃を行う際は、海軍飛行船の出撃も予定されていたが、水兵の反乱により出撃中止、11月11日の停戦成立により、ドイツ陸海軍の飛行船が出撃する機会は永久に失われた。
彼女らの何隻かは、連合国に引き渡されるのを拒む飛行船搭乗員達により破壊された。残った内の何隻かは、終戦後、賠償として、連合国に引き渡されるために最後の飛行を行い、あるものは破壊されてその生涯を終え、あるものは新しい主人の元で、名前を変えて飛び続けた。

戦闘記録▶1917年4月23日の商船拿捕

日付：1917年4 月23日（偵察飛行中に発見した貨物船の拿捕）
参加兵力
独軍：海軍飛行船 L 23/Q級（飛行船司令：ボックホルト海軍大尉）

海軍飛行船が与えられていた哨戒任務には、中立国船舶の監視も含まれていた。国際法では、中立国が、戦争に使われるであろう禁制品を、紛争当事者に輸出することは禁じられていたが、この当時、密輸船は後を絶たなかったのだ。

1917年4月23日。この日、L 23は、ノルウェー西岸の偵察任務を命じられ、午前2時にトンデルン基地を飛び立った。この時期、L 23は既に旧式となっており、イングランドへの攻撃任務が与えられることもなく、1月に飛行船司令となったボックホルト大尉の下で、搭乗員達は、北海での哨戒任務を日々黙々とこなしていた。ボックホルトは、1903年に海軍に入隊し、艦艇での勤務を経て、1916年10月に海軍飛行船隊に異動し、1917年1月、L 23の飛行船司令となった。L 23は彼が初めて指揮する飛行船であり、搭乗員も、比較的最近集められたメンバーだったと思われる。

この日までに彼らが与えられていた任務は、全て北海の北か西の哨戒ラインでの監視、あるいは、イギリス海軍が設置した機雷障壁の捜索であった。恐らく、空への憧れから海軍飛行船隊に志願した搭乗員たちにとっては、この上なく退屈な日々であったことだろう。そのような感情が、この日、L 23をして史上唯一の行動に走らせたのかもしれない。

午後1時頃、スカラゲク海峡の外界、スカンディナビア半島とユトラント半島のちょうど中間を航行していたノルウェー船籍の帆船「ロイヤル」は、空に一本の線を見つけた。それは、だんだんと大きくなっていき、遂には、ドイツ十字を描いた大きな空飛ぶ葉巻となる。その船体には、L 23という船名すらはっきり読み取れた。「ロイヤル」は、総トン数わずか688トンの木造帆船であり、4月初頭に鉱山用の材木を積み込んで出港したものの、悪天候に悩まされ、航海は全くうまくいっていなかった。目的地はイギリス北部の産業都市、ウェストハートルプールである。戦時における物資不足は、このような船での密輸ですら、十分な利益を上げさせていたのだ。

L 23は貨物船を発見した後、敵対行動がないかどうか確認するため、3,500メートルまで高度を上げて、しばらく上空で待機していた。しばらくすると、船から2艘のボートが下ろされ、500メートル離れた場所まで漕ぎ出してきた。これを見て、ボックホルトは更に2～3時間様子を見て、ボートまで近づき、マストの高さまで飛行船を降下させ、船長から、「ロイヤル」の状況を知ることになる。

ここで、L 23の乗員から、この「ロイヤル」を拿捕してドイツの港に持ち帰ろうという意見が発せられ、ボックホルトはそれに賛成する。禁制品を運んだ船を拿捕するのは、国際法で認められた権利である。これを発案したのは、L 23の航海士を務めていたエルンスト・フェガート上等兵曹だと言われている。彼は、14歳から船員として世界中で働き、航海士として船長資格を持つ生粋の船乗りであった。彼は、他に二人の搭乗員と共に、ピストルと信号拳銃を手にボートに乗り移り、「ロイヤル」の船員と共に船に戻って、古びた帆船の指揮を執った。本来ならば、機関銃を持った兵士が4人目の拿捕要員として準備していたが、急に3人分の体重が失われ、軽くなったL 23が急上昇したために、彼は乗り損ねてしまった。

当初、1時間程度はL 23の援護があったようだが、

商船「ロイヤル」を拿捕した3人。左から、ベルンハルト・ヴィーゼマン、エルンスト・フェガート、フリードリヒ・エンゲルケ。フェガートのようなベテランの船員は、19世紀から大戦勃発まで、帝政ドイツが有した大規模な商船隊によって育てられ、大戦時、海軍の人員供給源となった。（写真:Elisabeth Bliesener）

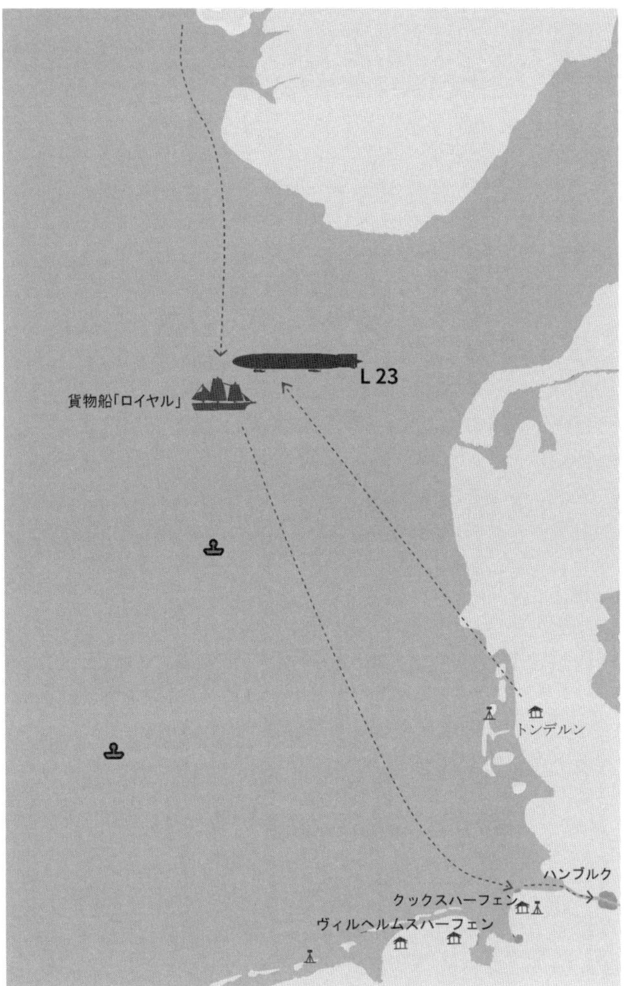

4月23日からの一連の状況。トンデルン基地は、現在ではデンマーク領。北海に面した基地の中では最北端であり、そこに配属された飛行船は、スカラゲクー帯の哨戒を主任務としていた。

フェガートと他の二人は、その間、乗組員たちと共に何とか船を操って、ドイツへと航海を続けていた。拿捕の翌日、「ロイヤル」は水雷艇に遭遇し、武装した兵員の増援を得たものの、相変わらず、乗員たちとともに航海を続け、43時間後、クックスハーフェンに到着した。

ボックホルトは、基地に帰還後、ノルトホルツのシュトラッサーに電話でこのことを報告した。シュトラッサーはと言えば、木造船のために飛行船を危険にさらしたことを評価せず、この事件の後、同様の行為を禁止した。それでも、「ロイヤル」がクックスハーフェンに到着したとき、彼は車を走らせて港でフェガートらを出迎え、ねぎらいの言葉をかけた。

この事件の後、「ロイヤル」は、捕獲審検所のあるハンブルクまで監視付きで回航され、乗組員たちは船から降ろされ、デンマークとスウェーデンを経由して国に帰った。残念ながら、拿捕したことでなんら報酬が出たわけではなかったが、フェガートはすぐさま准士官に昇任、他の二人は鉄十字章を与えられた。「ロイヤル」は、そのままいくつかのドイツの船会社で運用されたのち、1924年に廃船となった。

L 23の搭乗員たちは、6月、ボックホルト以下L 54へと異動。後にはL 57とL 59に乗り組み、アフリカへの輸送任務へと赴くことになる。

この一件は、飛行船が通商破壊において直接役割を果たした数少ない例となった。実際の所、飛行船で水上船舶を臨検するのは、海上近くまで降下することの難しさ、所謂(いわゆる)Qシップの脅威などから現実的とは言えなかったが、それ故に、そのような例はこれ以外になかった。

この事例は、物珍しさから記録され、ボックホルト以下は、アフリカ飛行など、歴史に残る行いから、数多くの本にも取り上げられている。ただ、この拿捕任務を成功に導いたフェガート准尉は、個人的な事情により飛行船から降りていた。このため、L 59が爆発したときもそこに居合わせることもなく、大戦を生き延び、戦後は客船の船長となり、元飛行船搭乗員で構成される戦友会の会長を務め、1937年に没した。

飛行船はすぐに本来の任務であるノルウェー西岸への偵察任務へと戻る。基地には無電で報告し、帰還の際に、ホーンズレフで再び合流するつもりだったようだが、霧のために飛行船から発見することはできなかった。

基地上空を飛ぶL 23

戦闘記録▶L 43と軽巡「シドニー」との対決

日付：1917年5月4日(偵察飛行中の不期遭遇的な交戦)

彼我の目的

独軍：ドイツ湾西側の哨戒線において侵入を企図する敵艦艇の警戒

英軍：フォース湾からハンバー河河口を結ぶ沿岸航路の掃海支援

参加戦力

独軍：海軍飛行船 L 43/S級(飛行船司令：クラウシャー海軍大尉)、L 42/S級(飛行船司令：ディートリヒ海軍大尉)

英軍：チャタム級軽巡洋艦 HMAS「シドニー」、HMS「ダブリン」、アドミラルティ級駆逐艦HMS「オブデュレート」、HMS「ネピーン」、HMS「ペリカン」、HMS「ピレディーズ」

気象：晴天。視程良好。

1917年2月、ドイツ陸軍参謀本部の決定により、無制限潜水艦作戦が開始された。これにより、海軍の任務は、Uボートによる通商破壊が主となり、全ての水上艦艇は、Uボートが英軍の対潜哨戒網と北海に設置した機雷帯を掻い潜り、英本土へと運び込まれる物資を可能な限り海の底に沈める任務を助けるために出撃していた。それは飛行船も同様で、前年、戦争の趨勢を変えるのだと意気込み実施されていたイングランド攻撃は、新月かつ天候が良好という好条件での出撃に限られ、北海上空の哨戒任務や、Uボート出撃のための掃海作業の支援といった、地味だが、本来の海軍飛行船の任務を日々こなしていた。

北海上空の哨戒飛行は、本当に天候の悪化する1月はひどく少数であったが、2月以降は徐々にその出撃回数を増加させている。

イギリス海軍は、大戦を通じてその相対的な戦力の優越を保ち、ドイツ艦隊を港に封じ込め続け、Uボート対策として、ドイツ湾に機雷をばらまくなど、あらゆるレベルでドイツ海軍に対抗し続けていたが、一つの課題を抱えていた、それは、海上における空の覇権は、ドイツ海軍飛行船隊が有していたという事である。

幾分過大評価されていたとはいえ、飛行船による海上監視は、ドイツ海軍に情報の面で優位性を与えていたのは疑いようもなく、イギリス海軍は、自由に行動することが困難であると感じていたのだ。こうして、主力艦同士が衝突する時期は過ぎ、英海軍の戦いの主力は、弩級戦艦や巡洋戦艦から、巡洋艦や駆逐艦、その他補助艦艇へと移り変わる。

輸送船を守るための船団護衛任務は、オーストラリア海軍所属の艦艇を、はるばる地球の裏側まで連れてくることになり、彼女らはそのまま欧州での任務に就いた。その内の1隻である巡洋艦「シドニー」は、北海に配属されるまでの間、船団護衛任務で北大西洋を渡り、この時期には、北海で掃海作業の支援や海上哨戒任務に従事していたのである。「シドニー」の艦長、デュマレスク大佐は、4月2日に着任したばかりであったが、飛行船に対抗するために、航空機を離陸させるプラットフォームを巡洋艦に取り付ける事を海軍本部に具申するなど、新戦術の開発に意欲的であった。

一方、ドイツ軍は、任務を継続する上で必要な処置として、より高高度へと上昇して飛行機の脅威から逃れられるよう、飛行船の改良を図っていた。新型のS級であるL 43は3月に就役し、既に数度の哨戒任

L 43の飛行船司令、ヘルマン・クラウシャー大尉。

格納直前のL 43。彼女は1917年3月からアーホルン基地に配備されており、"アリックス"または"アルブレヒト"と名付けられた格納庫を使用していた。

務に従事していた。飛行船司令のクラウシャー大尉は、1915年4月から飛行船を指揮しており、既に40回以上の出撃任務を果たしているベテランである。

5月4日、シュトラッサーは哨戒線“中”付近での掃海作業を支援すべく、L 23、L 42、L 43にそれぞれ、北、中、西の方向へ哨戒飛行を行うよう命じ、各飛行船は午前5時に離陸した。この内、L 43は、オランダ沿岸、テルシェリンク島の先が視界良好であったため、そして、恐らくは、命令の中に、以前L 43が報告した西側の機雷帯を、可能ならば確認するようにとあったために、通常の哨戒ラインより、わずかに西側、Uボートによる封鎖海域の先へと進出することにした。

同日、「シドニー」は、アドミラルティ級駆逐艦の「オブデュレート」「ネピーン」「ペリカン」「ピレディーズ」の4隻を引き連れ、同型艦の軽巡「ダブリン」と共に、フォース湾からハンバー河へとつながる沿岸航路の掃海任務を行っていた。午前10時ころ、彼らは南方での掃海を終え、ロサイスへと向かっていたところ、10時25分、東約31キロ(17浬)先に、急速に接近してくる飛行船の姿を認めた。「ダブリン」と「シドニー」は、直ちに飛行船へと向かい、随伴駆逐艦に掃海任務を中断するよう命じるとともに、これに最大射程で射撃を開始した。この時、既に、「オブデュレート」は艦艇群から18キロ東方に発見した不明船の識別のために本隊から少し離れ、「ダブリン」は潜水艦から攻撃を受けるなど、十分な脅威にさらされていた。

L 43は無線で英艦艇との接触を報告した後、「オブデュレート」から約6.5キロまで接近して、高度1,000メートルから4,000メートルへと上昇する。その「オブデュレート」はといえば、潜水艦からの攻撃を

「シドニー」からの高角砲弾をかわすL 43

受けたため、これに対して爆雷を投下した後、飛行船を追跡する。しかし、L 43は、一旦距離をとって、英艦艇群から離脱した。

L 43を追う「シドニー」以下の艦は、10時54分に魚雷の航跡を発見、11時12分と15分には、再度雷撃された。このため、デュマレスク大佐は、飛行船は潜水艦による伏撃のために、ドイツ側勢力圏内へと誘導していると判断し、いったん各艦を集合させ、元のロサイスへと向かう針路に戻る。しかし、L 43は、元の針路へと戻る英艦艇を見て、再びこれを追尾しようと接近する。デュマレスクは、各艦を分散させ、巡洋艦2隻は進路を維持、「ピラデス」は北東の「オブデュレート」に合流、「ペリカン」と「ネピアン」は南西に進路を変えて、飛行船の背後に回りこむなどの機動により、飛行船を取り囲むような形になった。この艦艇群に追いついたL 43はいったん高度を下げ、攻撃態勢に入るが、12時20分、巡洋艦が針路を反転して、飛行船へと向かい、距離約6,300メートルまで接近して、取り囲んだ飛行船へと対空射撃を開始する。

L 43はそれらの射撃をかわしつつ、高度を上げ、当初「ダブリン」へと狙いを定める。「ダブリン」の後ろへと回りこんで追尾し、追い抜きざまに爆弾を落とそうとするも、「ダブリン」の右舷急速回頭により照準に失敗。次こそはと「オブデュレート」を狙い、50キロ爆弾を3発投下。命中こそなかったが、いずれも10メートル内に着弾し、駆逐艦の甲板上には至近弾の破片が降り注ぎ、煙突に穴をあけた。

その20分後、クラウシャーは、「シドニー」に狙いを定める。後方から「シドニー」を追尾し、まず3発の爆弾を投下。これは「シドニー」の左舷と右舷に落下。これを受けて「シドニー」は進路を修正するが、L 43は

「シドニー」と交戦するL 43のイラスト

L 43からの爆撃を、急速回頭によりかわすH.M.A.S.「シドニー」

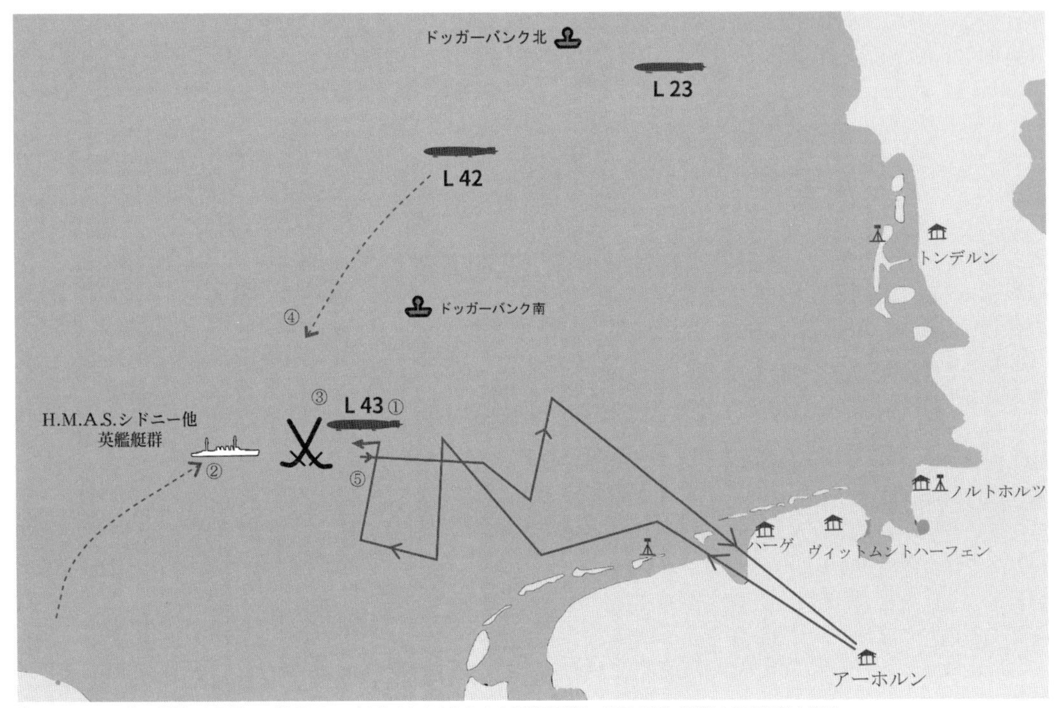

① L 43はドイツ湾の境界から西進。 ②「シドニー」を始めとする北上中の英艦艇群は、10時25分、西進する飛行船を発見。
③ 午前12時20分、「シドニー」ら英艦艇はL 43への射撃を開始。L 43はそれらをかわしつつ、護衛艦艇及び「シドニー」を攻撃。
④ 14時頃、L 42が現場に急行するも攻撃には加わらず。 ⑤ 15時43分、L 43は戦闘海域を離脱。

それを加味して照準を修正し、更に3発の爆弾が投下するも命中はしなかった。「シドニー」が右舷へと回頭し、先ほど爆弾が投下された地点に差し掛かると、L 43は更に2発の爆弾を投下したが、いずれも右舷側に着弾。最後の1発の爆弾も同様に命中しなかった。

結局、両者ともに決定打を与えることなく、15時43分、L 43が同海域を離脱して、この対決は終わりを迎えた。L 43からの無線を傍受したL 42は、14時ごろ、同海域へと急行したが、天候を理由に攻撃には加わらなかった。

この戦いは、水上艦艇と航空機との直接的な対決の先例となり、イギリス海軍をして、従来の課題とされていた艦隊の防空についての最適解、つまり、航空機には航空機で対抗するという方策を後押しすることになった。4月から5月にかけて、カーティスH.12型大型飛行艇がアメリカからもたらされ、海上での対飛行船戦闘の切り札としてドイツ湾へと進出するようになる。また、前述した巡洋艦へのプラットフォームの取り付けは、使い捨てとはいえ、艦上での陸上機の運用を可能にした。

そして、既に改装が進められていた巡洋戦艦「フューリアス」は、世界初の航空母艦として、第一次世界大戦中、唯一実戦に投入されることになるが、それは、クラウシャーたちがかつて配置されていたトンデルン基地への攻撃であった。今日、海上での航空機運用に欠かせない航空母艦と言う艦種は、ドイツ海軍の飛行船が有する海上での航空優勢を打ち砕くために開発され、見事にその役割を果たしたのだ。

この戦いの後、L 43は5月23日に英本土を攻撃した後、6月14日、カーティスH.12飛行艇によって北海哨戒飛行中に撃墜され、クラウシャー以下、全搭乗員は全員戦死した。

1917年の夏、前年に見せたような、飛行船による海上での航空優勢は崩れようとしており、飛行船搭乗員たちにとって、退屈な任務とされていた偵察・哨戒任務は、危険なものとなるだけでなく、飛行機から逃れ得る高度を維持する必要性から、有効性が低下し、これへの決定的な対策もないまま、続けられることになったのである。

戦闘記録▶ 1917年6月17日のラムスゲート空襲

日付：1917年6月16日〜17日(夜間爆撃)
参加兵力
独軍：海軍飛行船6隻【L 42/S級(飛行船司令:ディートリヒ海軍大尉)、L 44/T級(シュタッバート海軍大尉)、L 45/R級(ケッレ海軍大尉)、L 46/T級(ホレンダー海軍大尉)、L 47/R級(ヴォルフ海軍大尉)、L 48/U級(アイヒラー海軍予備大尉／ヴィクトル・シュッツェ少佐座乗)】
英軍：航空機：陸軍航空隊(37戦隊)から10機(ソッピース パップ、ソッピース ベイビー、B.E.2c等)、海軍航空隊から19機 (カーティスH12等)
高射砲：ハリッジの各砲台/3インチ20cwt高射砲、12ポンド12cwt高射砲サネットの各砲台/12ポンド18cwt高射砲、3インチ20cwt高射砲、3インチ13ポンド9cwt高射砲
気象：イングランド中央部に雷雲。沿岸部は晴天で視程良好
風向・風速：イーストアングリア及びイングランド南東部上空600mでは6m/s以下の風

1917年3月から始まったハイトクライマーを使用した攻撃は、夜間灯火管制下の都市を、これまでにない高度から攻撃するという新たな試みであったが、それまでと同様、自己位置の標定が困難な事、そして、各高度において異なる、風向・風速の変化などによって、ほとんど成果を得られないでいた。

1917年6月17日、新月に近い月齢に加え、気象条件が良好であった事から、シュトラッサーは飛行船に出撃を命じる。この日は、新月に近いとはいえ、夏至の5日前でもあり、日没後の完全な暗闇は、わずか4時間しかないという条件であった。R級の相次ぐ喪失から、実際に出撃する飛行船司令達は、シュトラッサーの命ずる無理な出撃にかなり反対していた様だが、損害を軽減するために、月に一回程度に出撃を抑えているシュトラッサーとしては、数少ない出撃日和を逃すことは許さず、結局は出撃命令が下った。この出撃では、シュトラッサーの後を襲って、海軍飛行船隊司令官に任ぜられていたヴィクトル・シュッツェ少佐が、爆撃行全体の指揮官としてL 48に搭乗していた。L 48の搭乗員たちは、かつて、彼が飛行船司令として、L 11やL 36等で生死を共にしたメンバーだった。

6月16日の午後、恐らく14時頃に、L 42とL 48はノルトホルツから飛び立ったが、L 46 とL 47は横風のためにアーホルンの格納庫から出ることができず、L 44とL 45は、エンジントラブルのために引き返すことになった。なおL 48の離陸時、楽隊が『空の提督』を演奏していると、熱膨張で太鼓が破裂したらしく、多くの搭乗員は、これを凶兆と捉えたようだ。そしてその予感は、現実のものとなる。

20時30分、L 42はサウスウォールドから約40浬の地点で海岸を視界に入れるも、攻撃するには未だ明るすぎたため、テムズ川の河口沖合で暗くなるまで待機する。その時、ブリテン島上空では雷雲が渦巻いていた。23時31分、L 48から全飛行船に向け、ロンドンの天候が良好であること、攻撃方向は北と東からであることを指示した無電が発せられた。しかし、そのL 48はと言えば、23時34分の時点でハリッジの北東40浬の海上にあり、しかも右舷のエンジンが故障した上、コンパスの中の液体が凍り、自船からの方位が分らなくなっていた。

一方のL 42は、L 48からの無電を受信後、沿岸部の都市ドーヴァーと、ダンジネス岬との間から英本土に侵入する。ディートリヒはドーヴァーを確認した時点で、10から12m/sの風が南南東から吹いている他、未だ西方では、稲妻が光っていることに気付き、まず、ドーヴァーを爆撃し、可能ならばロンドンに向かうと決める。L 42の存在は、23時30分頃、英国の警戒網により探知されており、加えて、1時20分には、灯台船によって視認されてすらいた。

にもかかわらずL 42は、ひたすらにドーヴァーを目指し、ケント州の海岸線に沿って北上していく。英防空部隊は探照灯を作動させ、何度かL 42を照らし出すものの、夜間迷彩が効果を発揮して、中々捉えきれない。そして午前2時ごろ、遂にL 42は目的地に到達し、攻撃態勢に入る。しかし、ディートリヒは完全に勘違いしていたのだが、彼がドーヴァーだと思って攻撃していたのは、20キロ程北にある港町、ラムスゲートだったのである。

そうとは知らず、L 42はマリーナの桟橋を通過し、港の上空で旋回して狙いを定めつつ、2時15分、爆弾を一斉に、または段階的に投下するが、最初の2発は海上で炸裂した。

だが3発目、最大の威力を誇る300キロ爆弾の一つは、ラムス

この爆撃行を指揮した、第3代海軍飛行船隊司令官　ヴィクトル・シュッツェ少佐

ゲート港の時計台の近傍に設けられていた海軍の弾薬保管所に命中。はるか上空のL 42の搭乗員が、飛行船が撃墜されたかと驚いたほどの衝撃と共に大爆発を起こし、恐らくほぼ同時に投下された5発の爆弾と共に、ラムスゲート港周辺の市街地に被害をもたらした。

しかし、既にロンドンを攻撃するには遅すぎた。L 42は、更に4発の爆弾をラムスゲート周辺に投下して内陸部へと進み、ラムスゲート北東、マンストーンに所在した英海軍航空隊の飛行場目掛け、5発の爆弾と2発の焼夷弾を投下する。しかしこれらは飛行場に命中せず、数戸の家屋の窓ガラスを割っただけであった。2時24分には、ラムスゲート北方の町、ノース・フォアランド付近を通過して、海上へと離脱する。

爆撃の直前から、L 42は英陸海軍航空隊の戦闘機に発見され、その内いくつかに追跡されていた。最も危険だったのは、ビトルス少尉の操るソッピース パップが、飛行船まで27メートルの距離に近づいた時であった。彼はL 42を撃墜せんと、1個弾倉分の焼夷弾頭を叩き込むが、その効果はなく、弾倉を交換している隙にL 42は更に上昇して、戦闘機の射程外へと逃れてしまった。

その他にもL 42は、後に飛行船撃墜のエースとなる、エドワード・キャドバリーが操縦するソッピース パップ機や、同じく後に飛行船撃墜のエースとなる、ロバート・レッキーの操縦する海軍航空隊のカーティスH.12機等に追われていた。しかし英軍戦闘機は、L 42の高度と、恐らくは追い風を受けて速度を増したために、いずれも追いつくことはできなかった。奇しくも、L 42は、後の"ツェッペリン・キラー"二人に追われ、逃げ切った飛行船になったのである。

L 42とは対照的に、エンジン不調とコンパス故障のために風に流されていたL 48は、2時までにエンジンの修理を完了するも、やはり、ロンドンを攻撃するには遅すぎたことから、アイヒラーは、ハリッジへの攻撃を決心し、オーフォード・ネスの海岸線から内陸に侵入。3時23分、ハリッジ目掛けて12発の爆弾を投下するが、これらは全て無人の山野へと降り注いだ。

この時、既に彼女は英軍に見つかっており、命中弾はなかったとはいえ、2時42分から3時17分まで高射砲の射撃を受け続けていた。L 48は無線による自己位置の標定を行い、海上への脱出を図る。恐らく、この無線での自己位置標定の際に、高度4,000メートル付近で南西の風が吹いているという情報がもたらされ、L 48は、その風を利用しようと考えていたのかもしれない。L 48の高度は、L 42に比して低く、高度4,000メートル前後であった。

そして、午前3時35分、彼女を追っていた英陸軍航空隊第37戦隊のワトキンス中尉のB.E.2cが、降下しながら一連の焼夷弾を叩き込むと、L 48は両舷から炎を噴き出し、動きを止めて落下し始めた。最新鋭の飛行船は、彼らが安全と思っていた高度において撃墜される事になったのである。

なおこの時、L 48には3名の生存者がいた。司令ゴンドラにいた当直士官のオットー・ミート少尉、左舷エンジンゴンドラ勤務の機関員ハインリヒ・エッラーカン兵曹及び右舷エンジンゴンドラ勤務の機関員ウィルヘルム・ウェッカー兵曹である。墜落後、彼らは飛行船の骨組みに押しつぶされず、残骸から脱出したり、衝撃で外に投げ出されたりといった形で生存した。炎上した飛行船からの生存は、他にもその可能性のある例が報告されているが、確実に記録があるのはこの3人だけである。

その一人、ミート少尉は、断末魔の飛行船内の様子を、次のように回想している。

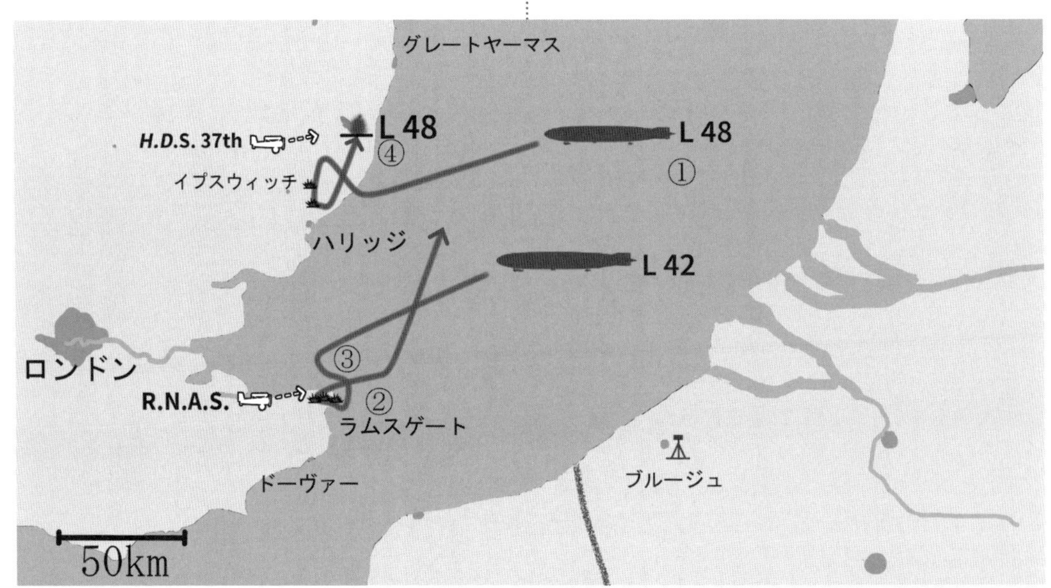

① 23時31分、L 48がロンドン攻撃を支持する無線を発出。 ② 1時20分、L 42はラムスゲートを爆撃。引き続き、マンストーンの飛行場を攻撃。
③ 2時24分。L 42は敵機に追われつつも海上に離脱。 ④ 3時35分、L 48が撃墜される。

「眩い光が司令ゴンドラに流れ込んだ。まるでサーチライトの照射を浴びたかの様だった。…敵の監視船の仕業かと思い、視線を走らせると、数メートル頭上で船体から火の手が上がっているのが見えた。たちまち何百㎥もの水素が燃え上がる。…もう駄目だ。俄かには信じがたかった。私は外套を脱ぎ捨てると、飛行船司令にも同じようにするよう懇願した。海に墜ちれば、泳いで助かるかもしれない。勿論それは、馬鹿げた考えだった。我々は生き残るチャンスなんてないだろう。飛行船司令はそれを理解していた。落ち着いて、微動だにせず、彼は立っていた。その目はほんの暫く、頭上の焔に据えられた。目前に迫った死を直視しているかのようだった。そして、彼は別れを告げるかのように私の方を向き、言った。『一巻の終わりだ』。

恐ろしい沈黙がゴンドラを支配した。聞こえるのは、炎の燃え盛る音だけだ。持ち場を離れる者は、誰一人いない。皆は、立ったまま最期の時を待っていた。

…あっという間に死ぬのが一番だ。大やけどを負って苦しむなんてぞっとする。…火焔とガスが降り注いだ。恐るべき熱さだ。激しい炎から頭を守るため、腕を巻き付ける。早く終わりが来るよう祈った。覚えているのは、そこまでだ」

L 48の炎上は、既に離脱しつつあるL 42からも確認でき、無線によりその第一報がもたらされた。

L 42は、17日の9時10分、ノルトホルツに無事に帰還する。その大半を、高度3,900メートル以上で過ごして疲労の極みにあった搭乗員たちは、着陸するや否や、シュトラッサーが司令ゴンドラに飛び乗ってくるという“歓迎”を受けた。彼は、ディートリヒにL 48撃墜の原因について報告を求め、それが戦闘機により撃墜されたと告げられるや、
「英軍が我々の飛行船に対抗する手段を持っている訳がない！」
と激しく否定しだした。しかしディートリヒが、
「しかしそれは飛行機でした！ 私は見たのです！」
と応じると、司令ゴンドラを打ちひしがれた様子で降り、そのまま、自分の部屋に籠り切りとなった。とはいえ、数日後、彼は飛行船司令達が催した宴会に招待され、そこで慰められることにより再び自信を取り戻すのだが、それはつまり、飛行船の更なる戦闘高度の上昇と、乗組員たちへの肉体的な負担が継続することをも意味していた。

この爆撃では、稀な幸運に恵まれて大きな戦果を挙げたとはいえ、英軍の防護力の向上により、飛行船の行動は大きく制約を受けるだろうことが明らかとなった。ドイツ側は更に軽量化された高高度用飛行船の開発を進めるが、飛行機の能力向上や、当時の技術的限界により、爆撃そのものの実行性はますます薄れていくこととなる。

また、シュトラッサーの持つ強固な信念は、海軍飛行船隊の原動力でもあったが、その信念は最新鋭の飛行船だけでなく、有能な飛行船司令であったシュッツェと、歴戦の搭乗員を失う事にもなった。英軍戦闘機の脅威は、既に他の飛行船司令達から報告されてはいたのだが、シュトラッサーは、英軍が有効な兵器を持っていることを認めず、報告された戦闘機の接近は、不安のために幻影を見たのだと反論していた。また、この出撃については、夏至が近く、夜が短いという反論があったにもかかわらず、シュッツェ自身が攻撃の実施を後押しした可能性がある。もしそうなのだとすれば、彼は、身をもってその代償を支払ったという事になるだろう。

かくて、ドイツ海軍飛行船隊は、夜間、高高度を飛行するにあたっての問題が解決せぬままに、大して戦果を収めることもない、月に1度の中部イングランドへの出撃を継続しつつ、V級の投入と共に、1917年10月19日の大規模出撃を行うに至るのである。

結果
独軍損害
1 人的被害
戦死：ヴィクトル・シュッツェ少佐及びL 48搭乗員アイヒラー予備大尉以下15名
負傷：オットー・ミート少尉以下3名。墜落後全員捕虜
2 物的被害：L 48/U級　1隻

英軍損害
1 人的被害
民間被害：死亡3人（男性2、女性1）
負傷16人（男性7（うち1名は休暇中の飛行士（陸軍少尉）、1名は警察官）、女性7、子供2）
損耗：負傷2人
2 物的被害
民間被害：ラムスゲートの海軍弾薬保管庫と弾薬類及び港湾周辺の家屋　計£28,159相当

フリードリヒスハーフェンのL 48

戦闘記録▶ サイレント・レイド

日付：1917年10月19日～20日（夜間爆撃）
攻撃目標：英国北部
参加兵力
独軍：海軍飛行船：11隻【L 41/R級改（クノ・マンガー大尉）、L 44/T級（フランツ・シュタッバート大尉）、L 45/R級改（ヴァルデマル・ケッレ大尉）、L 46/T級（ハインリヒ・ホレンダー大尉）、L 47/R級改（マックス・フォン・フロイデンライヒ大尉）、L 49/U級（H.K.ガイヤー大尉）、L 50/R級改（ローデリヒ・シュワンダー大尉）、L 52/U級（クルト・フリーメル中尉）、L 53/V級（エドゥアルト・プロルス大尉）、L 54/U級（ホルスト・フォン・ブットラー大尉）、L 55/V級（ハンス・クルト・フレミング大尉）】
英軍：航空機：77機（B.E.2：37機、F.E.2：29機、B.E.12：10機 等）発進、ソーティ数78。3機が着陸に失敗し大破、操縦士1名死亡
高射砲：各種高射砲が24発発砲。
天候：高度3,000m付近では秒速15m～18mの風。高度が上がるに従い風は強くなり、6,000メートル付近では北、および北西の強風。リンカーンシャーやイーストアングリアなどイングランド北東の沿岸部は高度1,500～2,000m付近に雲海。エセックス、ロンドン、ケントなど南部は相当量の霧。

アーホルンで着陸態勢をとるL 41とL 44。L 41はクノ・マンガーの指揮下で一定の戦果を挙げたが、シュタッバートに指揮されたL 44は、帰路で大きく南に流され、仏軍の対空砲火により撃墜された。

1917年6月16日に行われたドイツ帝国海軍飛行船団の英国のラムスゲイト爆撃は、比類ない高空を飛ぶハイトクライマーを実戦で運用することの難しさを明らかにした。

その後、8月21日には8隻の飛行船が、9月24日には11隻が、それぞれ英国の北部と中部を目標として出撃したが、いずれもさしたる戦果を挙げることが出来ずに終わっている。英国のダメージは、二つの空襲を合計しても、負傷者4名、物質的損害額4,500ポンドに過ぎない。自らL 46に搭乗して二度の空爆に参加したシュトラッサーは、深い落胆を味わった。

方や、ドイツ陸軍が整備を推し進めた重爆撃機隊は、英国の上空で猛威を振るい始める。5月25日には初の本格的な英国空襲が敢行され、21機のゴータ機がフォークストンを攻撃。死者95名、負傷者195名、損害額19,405ポンドを記録する。そして6月13日、ついにロンドンが標的となる。18機のゴータ機の空爆により、死者は162名、負傷者432名、物質的損害は129,498ポンドに上った。7月7日、22機のゴータ機が再びロンドン上空に来襲。死者57名、負傷者193名、物質的損害205,622ポンドの失血を英国に強いる。

都市攻撃の手段としての飛行機の優位性はもはや誰の目にも明らかだった。かくして陸軍は1917年6月に自前の飛行船部隊を組織解体し、残存していた艦のうち新鋭の2隻を海軍に譲渡、残る13隻を廃棄処分したのである。

それでもシュトラッサーは英国本土爆撃を断念することは無かった。上層部へ宛てた意見具申で彼は次のように述べている。
「飛行船による攻撃の真価は、直接的・物理的ダメージにあるのではない。…輸送の妨害、社会の幅広い階層に広まる恐怖、そして何より相当量の物資と軍事要員を（防空任務に）割かなければならないこと。これらが攻撃継続の際立った根拠である」

具体的な飛行船の運用として、シュトラッサーは重爆撃機の航続距離圏外にあるイングランド中部および北部の産業都市への攻撃を考えていた。しかし、更なる飛行機の増産を欲する陸軍は、アルミニウムの供給で競合する飛行船生産の大幅な縮小を海軍に要求したのだ。1917年夏の時点で硬式飛行船は毎月2隻の割合で建造されていた。海軍は、洋上任務と

英国本土への戦略爆撃のために最低月1隻が必要であると主張したが、8月17日の皇帝決裁により月0.5隻という数字を呑まされる。これは計算上、英国空襲を放棄して初めて、損失をカバーできる数字であった。

実際、空中艦隊に対する信頼はもはや昔日の物となりつつあった。過ぐる5月23日、シュトラッサー自ら出陣し、6隻の飛行船を率いて行った英国空襲が空振り（英国の損失は死者1名、物質的損害600ポンド）に終わったことを知った皇帝（カイザー）は、「飛行船によるロンドン攻撃は時代遅れなのではないか？」との疑問を呈し、海軍軍令部長から「空爆を停止した場合、ブリテン島に配置されている多数の兵員、高射砲、迎撃戦闘機が西部戦線へ回されることになる」との説得を受け、渋々「好条件の時に限って」攻撃を継続することを認めたのだ。

海軍飛行船団には後が無かった。10月19日、彼らは自らの未来を賭け、総力を挙げて英国に対する最後の大規模な空襲に臨む。各地の基地を発進した飛行船は総勢11隻。搭載された爆弾は22.6トンに上り、英国中部の産業地帯を目指した。

ドイツから北海上空までは天候にも恵まれ、「ゲームチェンジャー」としてのハイトクライマーが遂にその真価を発揮する時が来たかに見えた。出撃を前にしたL 45の飛行船司令、ヴァルデマル・ケッレ大尉との最後の電話で、シュトラッサーはこう述べた「気象条件は良好だ、ケッレ君。敵地深部へまっすぐ進みたまえ。幸運を祈る！」。英国は「裁きの日」を迎えるのだ！

11隻のツェッペリンは全艦が北海を超え、会同地点であるフラムバラ・ヘッド（ブリテン島が北海に面する東海岸のほぼ中央部に位置する）に向かいつつ、徐々に高度を上げていく。だが、高度3,600メートル付近で彼らは予想外の事態に見舞われる。それは強い北の風だ。目標となるシェフィールド、マンチェスター、リバプールはいずれも会同地点から真西に位置するため、艦隊は船腹に横風を受けながら進撃しなければならない。これは非常な悪条件であった。

そればかりではない。高度5,000メートルまで上昇した飛行船の船内では、寒気のために発動機が頻繁に不調を起こし、高山病が搭乗員の身体を容赦なく苛んだのだ。殊に意識障害の影響は深刻で、無線測定の精度不足と相まって、航法を誤る艦が続出。雲海や霧に遮られて地上を観察することが困難だったことも災いし、多くの艦が位置を失した。今や艦隊は散り散りとなり、秒速20～22メートルの暴風によって為すすべなく南方へ押し流されていく。

唯一の例外はフォン・ブットラー大尉のL 54であった。彼は早期にシェフィールド、およびマンチェスターに対する攻撃を断念し、風を避けるため高度を落とすと、20時50分（本コラムの時刻は英国時間である）、航路の途上にあったノッティンガムを爆撃して帰途に就いたと主張した。しかしながら、ブットラーの艦は実際にはブリテン東岸付近を終始遊弋し、彼が言うところの「ノッティンガム」に替わって爆撃を受けたのは、同市の南東185キロの地点にあるイプスウィッチ近傍である。

L 45の飛行船司令、ヴァルデマル・ケッレ大尉。

降り注いだ爆弾は何の被害ももたらさず、間もなく同艦は洋上へ出た。そこでRNASグレートヤーマス基地から発進したB.E.2に捕捉される。この時、L 54は高度1,500メートルという低空を飛行しており、敵機は2,400メートルにあった。英軍機は急降下して攻撃を仕掛けたが、ブットラーは高速を利してこれを回避し、母港へ無事帰還を果たしている。

一方、クノ・マンガー大尉のL 41は英国の最も奥深くまで侵入した。彼は「マンチェスター」を爆撃したと上層部へ報告しているが、彼の艦は強風のために南方へ流されており、実際に攻撃されたのは南に100キロ以上離れたバーミンガム郊外であった。23時前から開始された空襲では、産業施設等に複数の爆弾が命中したが、負傷者は1名に留まるなど英国のダメージはごく僅かに抑えられている。午前1時40分、L 41は洋上に離脱した。

同様に、フロイデンライヒ大尉のL 47も、艦首を北に向けていたにも拘らず急速に南へ流されつつあった。その途上で「ノッティンガム」と思しき都市を発見したフロイデンライヒは、午後21時に1.4トンもの爆弾を投下したが、これらは南東に45キロも隔たったラトランド周辺に着弾した。この空爆による被害は生じていない。その後、午後23時40分ごろ、L 47は海岸線を超え、翌朝ドイツに帰還している。

また、ホレンダー大尉のL 46は高度6,000メートルにあって北北西に舵を採っていたが、徐々に南へ押されていた。22時20分、同艦は艦尾を先にしていささか無様な上陸を遂げる。ブリテン島南部が海に突き出したノーフォーク海岸を越えたのだ。ホレンダーは内陸への侵入を断念し、北海に戻る途上にあるノリッジを目標に定め、22時30分、2.2トンの爆弾を投下した。これらは同市から20キロ離れた地点に命中し、何の被害ももたらさなかった。23時40分、L 46は無事に海岸線に達し帰途に就く。

この他、L 53のプロルス大尉は「バーミンガム」を攻撃したと主張したが、実際に爆弾が着弾したのは東南東に100キロ以上離れたベドフォードであった。

シェフィールドを目指したフリーメル中尉のL 52も南へ吹き飛ばされ、午後21時過ぎには同市から南に130キロのノーザンプトン近傍にあった。彼はシェフィールド爆撃を諦め東へ舵を切ったが、さらに南へ流され、23時頃にはハートフォード付近を飛んでいた。シェフィールドから南南東に200キロ、ロンドンから北に30キロの地点である。ここでサーチライトの照射を浴びたL 52は爆弾を投下し、帰途に就いた。同艦はまもなく英軍のB.E.2に遭遇するが、高度5,000メートルを飛行する飛行船に、英軍機は無力であった。L 52とL 53は無事に母港へ帰投することが出来たが、両艦の爆撃の戦果はごく僅かであった。

こうして、出撃した11隻の飛行船のうち6隻までもが、英国にほとんどダメージを与えることが出来ずに

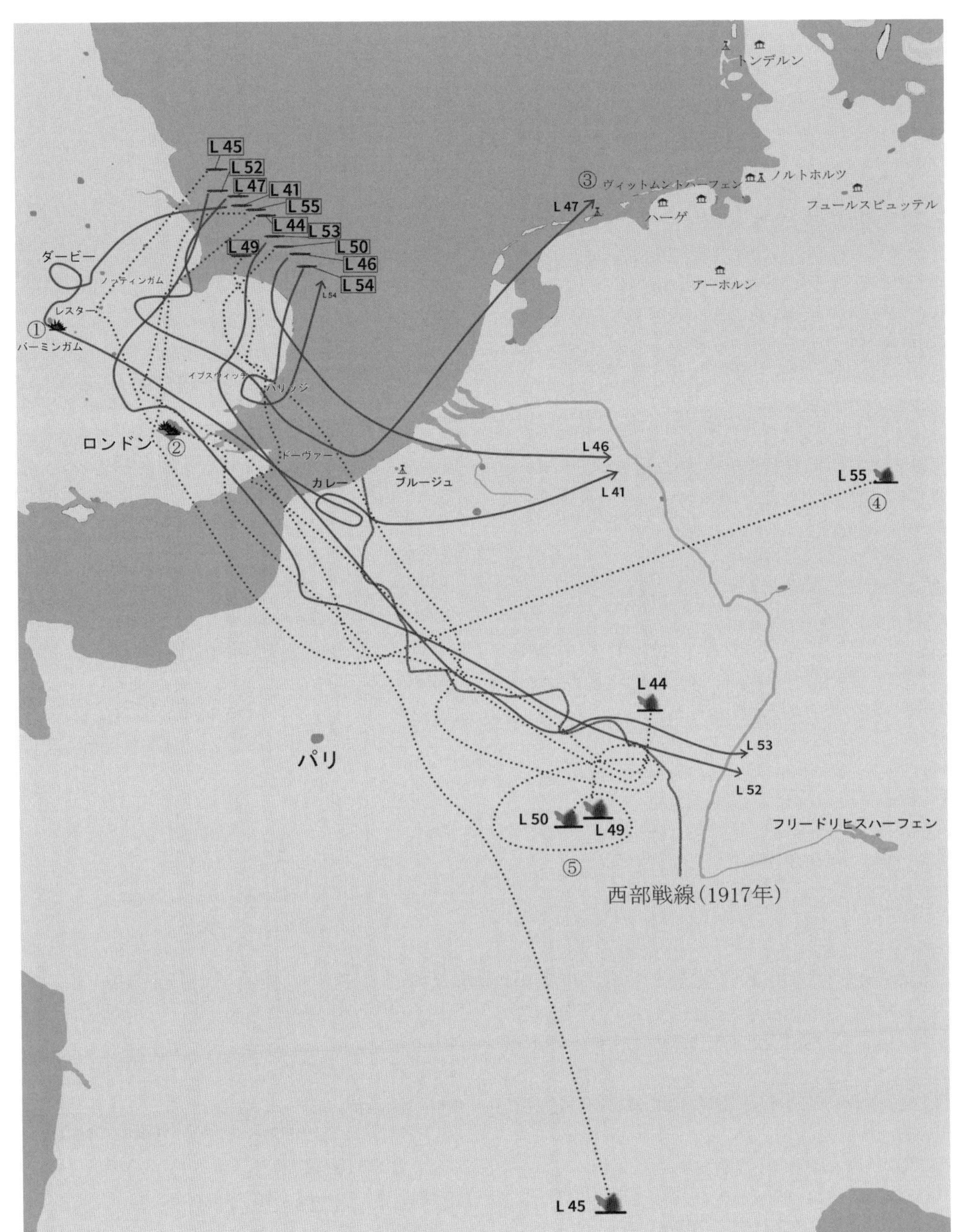

① L 41がバーミンガム郊外を攻撃　② L 45がロンドン西部を攻撃　③ 20日朝、L 41、L 46、L 52、L 53、L 54は、気流に流されつつも、ドイツ勢力圏へと帰還。　④ 20日昼頃、L 55はティーフェンオルト村に不時着。その後悪天候により破壊。　⑤ L 44は西部戦線上空に流され撃墜、L 45は不時着後降伏、L 49は不時着後拿捕、L 50は不時着後、数人の乗員を載せたまま再度浮上し、地中海上へと出ていくところを確認されたのを最後に行方不明。

基地へ戻ったのである。

ドイツ空中艦隊が大自然の力を前に苦しい戦いを強いられているその最中、英軍防空隊もまた混乱の極みにあった。

英海軍本部は16時に予備空襲警報を発令し、ロンドンの防空指揮官ローウィルソン中佐は、東海岸の複数の監視哨から「10隻またはそれ以上の」ツェッペリンが侵入したと報告を受けていた。しかし、敵の足取りはその後、完全に途絶えたのだ。

「10隻もの敵飛行船が這い寄って来たなら、一体全体奴らは何処にいるって言うんだ？」中佐は憤然として部下の通信将校に尋ねたが、もちろん彼にも知る由など無かった。その時、3基の聴音機が遠方を飛ぶ識別不明機のエンジン音を捉えたが、それも束の間であった。一時間後、今度は英国中部の幾つかの監視哨が投下された爆弾の炸裂を確認する。だが、依然としてエンジン音は検出できなかった。防空司令部の苛立ちは頂点に達した。

ローウィルソン中佐は、汗の滴る顔で呻いた。

「神よ！ドイツ野郎どもは、何か新しい手を繰り出して来やがった－こいつはサイレント・レイド（沈黙の襲撃）だ！」

時に午後22時。中佐は次のように推測した。即ち、ドイツ人たちは探知を避けるべくエンジンを停止し、風に乗って移動しているのだろう、と。「このような場合、聴音機はその用をなさない。加えて、地上の監視員や探照灯も、雲海の上を飛ぶ飛行船を見通すことが出来ない。」これが彼の結論であった。せめてもの抵抗として、彼は探照灯の明かりを消すように命じた。ツェッペリンの艦長達に目印を与えないためだ。

中部の諸都市には恐怖が広がった。いつ、どこが目標となり、女性や子供を殺す爆弾が降り注ぐのか？それは誰にも分からないのだ。

しかし、真実はローウィルソン中佐の想定とはかけ離れた所にあった。高空で吹き荒ぶ北の風が、これに抗って全力で稼働するドイツ飛行船のエンジン音をかき消していたのである。

迎撃戦闘機隊も苦杯を嘗めさせられていた。77機が出撃したにもかかわらず、敵艦を視認したのは僅か6機。発砲したのはたった2機に留まり、戦果はゼロ。ドイツの飛行船は戦闘機の頭上遥かを飛んでいたからである。今や英国の空は漆黒の深い闇に覆われていた。

同じ頃、ケッレ司令のL 45はシェフィールドを目指して必死の操艦を続けていた。しかし荒れ狂う暴風の前では、それは無力なあがきに過ぎない。位置を失し、僚艦とともに南の方角へと凄まじい勢いで引き摺られていくL 45。ケッレ艦長の言を引用しよう。

「その時、我々は途切れ途切れの雲の層の上を飛んでいた。間断の無い閃光、あるいはサーチライトの煌めきを見た。そして再び暗闇と静寂に包まれる。地文航法による正確な標定は不可能だった。固定された地点など見出しようがない。現在位置を確認し、状況を把握しなければならない。当直士官が無線室から出てくると、無線方位測定は使用出来ないと告げる。他の艦も皆呼び出し中なのだ。好きにするがいい！視界はどこもかしこも不明瞭だ。そこで、我々は通信状況が再び落ち着くまで、呼び出しを続けながら待つしかなかった。実際、何とかしてシェフィールドを見つけなくてはいけない。」

同艦の操舵手、ハインリッヒ・バーンはこう記している。

「私は、（航海士が考えるより）遥かに南へ流されているという確信めいた感触を得ていた。ケッレ司令は心配そうだったが、心が挫けそうな様子はなかった。私はゴンドラの中にいる士官たちの顔を見た。彼らの考えが読み取れるかもしれないと思ったからだ。しかし、そこにはただ冷気と不安だけがあった。…二時間近くもの間、我々は西へ抜ける針路を維持しようと格闘した。しかし風は今までになく強くなり、航法はますます不確かになっていった。艦は幽かに見える明かりめがけて数発の爆弾を投下したが、それがどこかは天のみが知るであろう」

これは22時50分の出来事で、爆弾はシェフィールドの南方50キロにあるノッティンガムに降り注ぎ、

ロンドン市内の損害

女性一人と子供二人の命を奪っている。
「23時30分頃、眼下に光が見え始め、それは消えることが無かった。ある瞬間、我々は理解した、艦が空気を切り裂いて向かうその光が、ロンドンの市街地に他ならないことを。シュッツ当直士官が突然『ロンドンです!』と叫んだ時には、飛行船司令のケッレ大尉さえもが朧げな光にひどく驚いたように見えた。そしてこの時初めて、我々は荒れ狂う嵐のために艦が針路を大きく外れてしまったことを、はっきり認識したのである。しかし、ケッレ大尉は明らかにある一つの考え以外に頭になかった——もっと高く上昇するのだ!それ故、彼はバラスト水と爆弾を放出した。初めの二発は試射で、それから残りが続いた…幸運なことに、我々は敵に見つからなかった。探照灯は一つも覆いを外されることなく、一発の射撃もなされず、一機の敵機も見当たらなかった。暴風は我々を本来のコースから大きく逸脱させたかもしれないが、それはまた敵首都の対空防御を打ち破りもしたのだ!空は霧がかかったように見え、我々は薄い雲のヴェールの上にいた。テムズは光の輪郭の中に薄ぼんやりと映った。二つの巨大な鉄道駅が目に入ったように思ったが、疾風にのって駆ける艦からははっきりと判別できなかった。我々は半ば凍死しかけていて、同時にこの上なく興奮していた。すべては一瞬の出来事だった。最後の爆弾が投下されると、我々は再び闇に飲まれ押し流されていた」

ロンドンの軍民は完全に不意を打たれた。L 45は高速で敵の首都を北から南へ縦断し、その途上で大量の爆弾をばら撒いた。それらは、地上に深甚な破壊をもたらしたのである。そのうちの一発、最大級の300キロ爆弾は、都心部のピカデリー・サーカスに着弾。路上には直径3.5メートルのクレーターが穿たれ、隣接するデパート「スワン・エンド・エドガー」のファサードを粉砕した。通りにいた人々は突如巻き起こった巨大な爆発に巻き込まれ、25名が斃れ、そのうち7名が死亡した。酷く傷つけられたある女性の遺体は、身に着けていた衣服と宝石で身元の確認をするより他なかった。

郊外も攻撃を受けた。最後に爆弾が投下されたグレンヴュー・ロードでは3軒の家屋が全壊、子供10人と女性5人が死亡した。

ロンドン全体での被害は、死者33名、負傷者50名、物質的損害49,165ポンドにも上る。

爆撃終了後、ケッレ大尉は東に針路を採り、ドイツへ戻ろうとした。しかし、L 45は故国に錦を飾ることは出来ない運命にあった。ロンドン北方で警戒飛行を行っていたRFC第39飛行隊のトーマス・プリチャード少尉が、首都に火の手が上がるのを発見。そして、24キロ南方に敵飛行船を視認したのである。愛機のB.E.2を駆り、彼は敵を追った。そして午前0時10分ごろ、ロンドンの東45キロのチャタム上空でL 45に対し機銃掃射を浴びせたのだ。この時、プリチャード機は上昇限度いっぱいの4,000メートルを飛行しており、敵飛行船はさらにその600メートル上方にあった。

彼我の高度の懸隔のため、プリチャード少尉の渾身の攻撃は目に見える効果をもたらさなかったが、L 45にとっては痛恨の一撃となった。ケッレ大尉は敵機から逃れるため高度を上げるよう命じ、L 45は急速に上昇、一時は6,000メートルにまで達した。これにより敵戦闘機から逃れはしたが、強い北の風に再び捕らえられたのである。こうして彼女は否応なく南へ押し流され始めた。

さらに高空特有の様々な悪条件がケッレの艦を襲った。希薄な酸素濃度は、エンジンの回転数を2割近く低下させ、冷気はラジエターを凍結させた。こうした中で不運にもエンジンの故障が相次ぎ、停止したエンジンはたちまち凍てついた。機関士たちは震える指で修理を試みたが、全て徒労に終わる。結果的にL 45が有する5基のエンジンのうち、3基までもが動かなくなったのだ。

操舵手のバーンの言を再び引用しよう。

「点火プラグの清掃と交換が終わる前に、エンジンは機能を停止した。冷却液は凍結し、ラジエターは引き裂かれた。そして我々にはエンジンを再び動かすための手段は残されていなかった。この瞬間から、我々の旅は悲嘆と苦痛の長い物語となったのである。寒さはさらに酷くなり、英国への爆撃行は失敗に終わるに違いないと皆が考えるようになると、陰鬱な空気が広まった。敵の首都上空を飛んだのだという歓喜は、不

L 45の残骸

安に取って代わられた。船の舵を取る我々は、暴風に駆り立てられて、一層コースから外れてしまうのではないかと感じ始めていた。」

実際、L 45はロンドンから遥か南方にあるフランス中部に迷い込んでいた。10月20日の午前11時ごろ、同艦はロンドンから南南東に900キロ以上離れたシストロン付近に漂着する。生き残ったエンジンは2基のみで、長時間の迷走のため燃料も残されていなかった。ケッレ大尉はドイツへの帰還を諦め、艦を不時着させると、信号弾を用いて彼女に火を放った。彼と搭乗員たちは、間もなく駆け付けたフランス軍によって捕虜となった。

11隻ものハイトクライマーを動員した作戦で、曲がりなりにも「戦果」を挙げたのはL 45のみであった。これに対して、ドイツ空中艦隊が支払った代償はあまりにも大きなものであった。L 45の他に4隻が失われたのである。これらの艦は、生還した6隻同様、ブリテン島の各地に散発的な空襲を行い、英国にほとんどダメージを与えることが無かった。

L 44は南に流され、帰還の途上で西部戦線上空に進入したところで対空砲火を浴び、撃墜（西部戦線上空は非常に危険なためドイツの飛行船乗りはこれを恐れており、ために英国への往復は通常北海を経由して行われていた）。L 49とL 50は、ケッレ大尉のL 45と同様に強風とエンジン故障のためフランス中部へ漂着し、敵地への降下を余儀なくされた。L 55はドイツまで帰り着くも、不時着の後、悪天候により野外で破壊される。たった一度の空襲で飛行船を5隻も喪失するというのは他に類例がなく、甚大な被害を受けたドイツ海軍飛行船団は、以後二度と英国に対し大規模な空爆を行うことはなかった。

過去の幾多の空襲のように、シュトラッサー自身が出撃していれば、彼は北の風の危険性を早期に察知し、災禍を未然に防いだかもしれない。しかし、彼はこの日アーホルンの基地に残った。捕虜となったL 45の搭乗員は、プール・ル・メリット勲章を授与されたシュトラッサーは、もはや自らの命を危険にさらすことが出来なかったのだろうと苦々しげに語っている。

シュトラッサーは無線通信から飛行船団の窮地を察知したが、作戦中止を命じなかった。その結果は、取り返しのつかないものになったのである。

英国人の研究者、イアン・キャッスル氏は次のように記す。「しかしながら、もし荒れ狂う暴風が無かったならば、この空襲は第一次大戦中で最も成功したものの一つとなったであろう。なんとなれば、防空任務に出撃した78機の英軍機は、1機たりとも攻め手と交戦するに足る高度まで上昇できなかったからである」しかし、戦場にIFはない。ドイツ海軍飛行船団は大自然に敗れ、その力を失った。対英空襲に関して言えば、あとは1918年に行われた4回の小規模な爆撃を

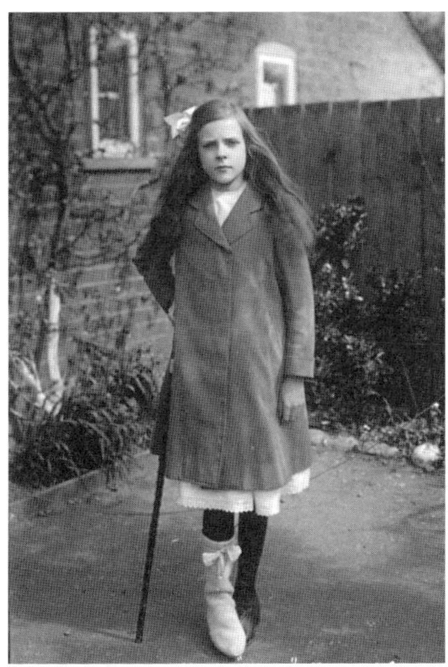
空襲で負傷した英国の少女

LE "L-49" ABATTU A BOURBONNE-LES-BAINS

Clichés de notre envoyé spécial.

Un artiste brossant une étude du Zeppelin. – Les curieux contemplent le mastodonte

Attaqué par cinq avions à 6 h. 10 du matin, le Zeppelin "L.49" lutta pendant deux heures et demie pour échapper à ses poursuivants. Mitraillé, cerné, hors d'état de fuir, il dut, à 9 heures moins le quart, arborer le drapeau blanc et atterrir. Le capitaine Gayer qui le commandait voulut le détruire. Un paysan, M. Boiteu, qui revenait de la chasse, prévint son geste en le couchant en joue avec son fusil. Les Allemands se rendirent. Voici le dirigeable vu de loin et de près avec sa croix de fer.

フランス領に不時着したL 49の姿を掲載した新聞

残すのみである。

一方で、英国防空隊は危機感を募らせていた。ローウィルソン中佐は記す。
「私が経験した全ての空襲の中で、今回のそれは飛びぬけて最も危険な、そして同時に疑いなく最も対応が困難なものであった。…この空襲の一番に際立った特徴は、攻撃が主目標に対し成功裏に行われたならば、それがどの程度の規模であるにせよ、効果的な抵抗を行うには防御策があまりにも無力であるという決定的な証明をもたらしたことである。言うなれば、敵はロンドン上空の決定的に重要なポジションに、空中艦隊を配置することが可能なのだ。それを防止せんとする防御側のあらゆる努力にも関わらず、である」

こうしてハイトクライマーや独軍の重爆撃機を高空で迎撃可能な新鋭戦闘機の開発は、英軍の重大な課題となるのだ。

同じ頃、ドイツ陸軍の重爆撃機は、英国に深刻な損失を強いていた。12月5日には18機がロンドン上空に侵入、36名を死傷させ、物質的損害額は10万ポンド。12月18日には14機が再び首都に来襲、死傷者は97名、物質的損害額は24万ポンド。飛行機の急速な進歩は、攻撃兵器としての飛行船の存続に、暗い影を落としていた。

独軍の損害：飛行船5隻喪失、4隻分のクルー（捕虜、戦死、行方不明）喪失
英国の損害：死者36名、負傷者55名、損害額54,346ポンド

捕虜になったL 50の搭乗員

墜落したL 49の内部

戦闘記録▶1918年3月13日のハートルプール空襲

日付：1918年3月13日～14日(夜間爆撃)
攻撃目標：イングランド中部(ハートルプール)
参加戦力
独軍：海軍飛行船3隻【L 42/S級(飛行船司令：ディートリヒ海軍大尉)、L 52/U級(フリーメル海軍中尉)、L 56/V級(ゼーシュマー海軍大尉)】
英軍：航空機：36戦隊及び76戦隊から15機(B.E.12b、F.E 2b、F.E 2d)
高射砲：第22防空中隊/3インチ20cwt高射砲、第23防空中隊/3インチ20cwt高射砲、第25防空中隊/75mm砲
気象：晴天、イングランド沿岸部は所々霧
風向・風速：当初北風、夜間より北東

1918年3月13日。前日に引き続き天候は良好であり、シュトラッサーは、3隻の飛行船に出撃命令を下した。この3隻はいずれも、高高度飛行に対応したMBⅣエンジンへの換装が終わっていなかったのだが、恐らく、彼は3月12日にV級5隻で行われた攻撃の戦果に満足できなかったのか、あるいは、好機を逃すまいとしていたのだろう。
「イングランド中部を攻撃せよ。目標は工業施設。風向き次第では北部イングランドも可。参加飛行船：L 42、L 52、L 56。午後の天気図は無線で送付されるが、夜間の天気図はなし。離陸は午後1時」と、いつもの様な簡潔な命令文が3隻の元に届けられる。

ノルトホルツからはL 42、ヴィットムントハーフェンからは、L 52とL 56が、時間通りに飛び立つ。L 42は、ヘルゴランド島を経てドッカーバンク南灯台船へと至る針路をとり、他の2隻よりも北側に位置していた。

17時ごろ、3隻の飛行船は英軍の艦艇に発見され、L 42は対空射撃を受ける。これを避けるためにL 42は上昇し、北へと変針。英艦艇が視界から外れた後、再度西進を開始する。

19時13分、風向が東風に変化するという予報を受けて、シュトラッサーは3隻に帰還命令を出した。L 52及びL 56は帰還命令に従い反転したが、この時点で、L 42は、イングランド沿岸部を航行する6～8隻からなる船団を発見しており、帰還する前に、搭載している爆弾で攻撃しようと西進を続けた。だが、L 42は、船団を攻撃することも、反転することもなく、そのまま現地にとどまったのである。

20時40分、シュトラッサーは再び、L 42に向けて無電を送る。「L 42へ　回転式格納庫　飛行船団総司令官」この間接的な攻撃中止を示唆するメッセージにも拘らず、L 42は現地にとどまり続けた。既に、L 42の飛行船司令、マーティン・ディートリヒは、命令に逆らってでも、イングランドを爆撃する意志を固めていたのだ。

彼自身が後に書き記すところによれば、帰還命令を受けた後、せめて一撃をくらわせようと、船団を攻撃するために西進していた所、タイン川からティー川に至る間のブリテン島沿岸部を視認することができたため、これを好機であると捉え、命令に逆らってでも、イングランドの産業施設への爆撃続行を決めたとの事である。これは、久しくL 42がイングランド爆撃を行っていなかったという感情的な理由によるものもあっただろうが、同時に、良好な気象条件や、わずかなりとも月明りが得られるだろうとの見込みから、成算ありと考えたのだと思われる。

彼は、当直士官であるアイゼンベック少尉と相談し、イングランドへの攻撃続行を決心した後、ノーザンバランドの沖合約50浬近辺で、南北を往復しながら待機。日が落ちるとともに、沿岸部の港湾都市、ハートルプール(厳密にいえば、ウェスト・ハートルプールである)を攻撃するため北上した。

英軍は、3隻の飛行船が行動中の艦隊と遭遇した時点で、飛行船が西進している事を知っていた。しかし、レーダーのない時代、完全に航空機の行動を把握するのは至難の業である。大戦を通じて信頼性の高い情報源だった敵無線の傍受は、この時もなされていたはずであり、恐らくは、出撃した飛行船への帰還指示も、確認されていたことだろう。しかも、飛行船を直接視認した艦艇は、それらが引き返した事を確認している。こうした情報から、英軍の防空担当者は、イングランド東部への空襲警報の必要はない、と判断したのだと思われる。こうして、妥当性ある判断の積み重ねによってもたらされた結論により、L 42の行動は、英軍にとっての奇襲となった。

22時頃、L 42はハートルプール付近に到達する。この時の高度は5,000メートル。当時の英軍迎撃戦闘機の性能などを考えれば、決して安全とは言えない高度であったが、空襲警報が発令されておらず、灯火管制がなされていないハートルプールの街は、その鉄道駅、港湾施設、工場の様子がはっきりと識別できたようである。沿岸部にうすい靄がかかっていたことも、L 42には幸いしただろう。英側の記録によると、飛行船は午後10時15分ごろ、ハートルプール北東の海岸部から陸地に侵入した。この際、エンジンを停止し、風に乗って接近したともあるが、独側の証言にその様な内容がなく、事実かどうかはわからない。しかし、英側がL 42の侵入に気付いたのは、22時20分、L

42が市の北西の位置する救貧院の付近に投下した爆弾の爆発音によってであった。

L 42は、そのまま市の北西方向から侵入し、ハートルプールの港湾地区に所在するドックへと狙いを定め、段階的に、あるいは一斉に爆弾を投下した。それらは、鉄道土手やドック内の木材貯蔵庫、ドック内部に着弾したが、水中に落ちたものも多く、決定的な被害を与えることはなかった。

この時、ハートルプールに所在する第22防空中隊の高射砲が、ようやく射撃を開始する。

ドックへと爆弾を投下したL 42は、南へと変針し、ハートルプールの鉄道駅を目掛けて爆弾を投下した。それらは、待機線の付近にも着弾したが、多くは駅の近くに広がる市街地に落下、多数の家屋や店舗、それから街路に損害を与えた。人的被害の多くは主にこの時に発生したものである。

L 42は、そのまま鉄道線路に従い南下する。この頃、シートンに位置する同じ第22防空中隊の対空砲と、ティー河河口の第23防空中隊の高射砲がそれぞれ射撃を行うが、いずれも飛行船に損害を与えなかった。22時35分頃、この日、哨戒のために飛び立っていた1機の英軍機(シートン・カルーから飛び立った第36戦隊のF.E.2d)がハートルプール上空に駆け付け、L 42を確認。性能限界ぎりぎりの高度5,200メートルまで上昇し、L 42に向けて合計330発の銃弾を撃ち込むが、銃弾は飛行船に届かなかった。搭載していた全爆弾を投下して軽くなったL 42は、記録では、最大で高度5,400メートルまで上昇している。

結局、英軍戦闘機は、海上へと逃げるL 42を40浬沖まで追跡したものの、それ以上は断念して引き返した。この夜、この空襲を受けてか、英軍の間ではちょっとした混乱が生じており、ハートルプール爆撃の1時間以上後、より内陸部の地域で、飛行船の侵入と誤解した高射砲部隊が、哨戒中の第76戦隊の戦闘機に誤射を行うといった事態も生起している。

英軍の追跡を振り切ったL 42だったが、帰還は決して楽なものではなかった。天気予報通り、風向は東へと変わり、日が昇るにつれ、ブリテン島が常に視界に存在しているような状態、つまり、ほとんど前進できないような状況へと陥った。やむを得ず、L 42は高度を1,000メートル付近にまで下げたが、幸運にも、彼女は英軍に遭遇することはなく、北海沿岸の都市、ボルクム近辺に至り、9時30分、21時間余りの飛行を終えてノルトホルツへと帰還することができた。ただ、横風が強かったため、自らの格納庫に入ることはできず、回転式格納庫へと船体を収めることにはなった。

命令違反が問題となったのはこの後であった。飛行船が格納庫に収まると、シュトラッサーの副官、フォン・ロスニッツァーがディートリヒの所に来て、飛行船団総司令官は命令不服従に怒っており、3日間の営倉入りの罰を下すことになるだろうとの見解を伝えてきた。長時間の飛行により疲れ切っていた彼には、中々の仕打ちと思われたようだが、「そのお陰でイングランドを攻撃できた」と返してその場をやり過ごし、その日の午後、彼は飛行船団総司令官の執務室で、直接状況を報告した。

最初、厳しい顔つきで黙って聞いていたシュトラッサーは、報告内容を聞いた後、ディートリヒに笑いかけ、皮肉交じりに「爆撃の成功を祝し、ハートルプール伯に任じよう」と返した。前日の攻撃と比較して、確実な戦果が上がったことを評価せざるを得なかったからなのか、海軍飛行船隊の勢力が縮小していく中で、ベテランの飛行船司令を失いたくなかったのか、今となってはその理由はわからないが、ともかくも、命令不服

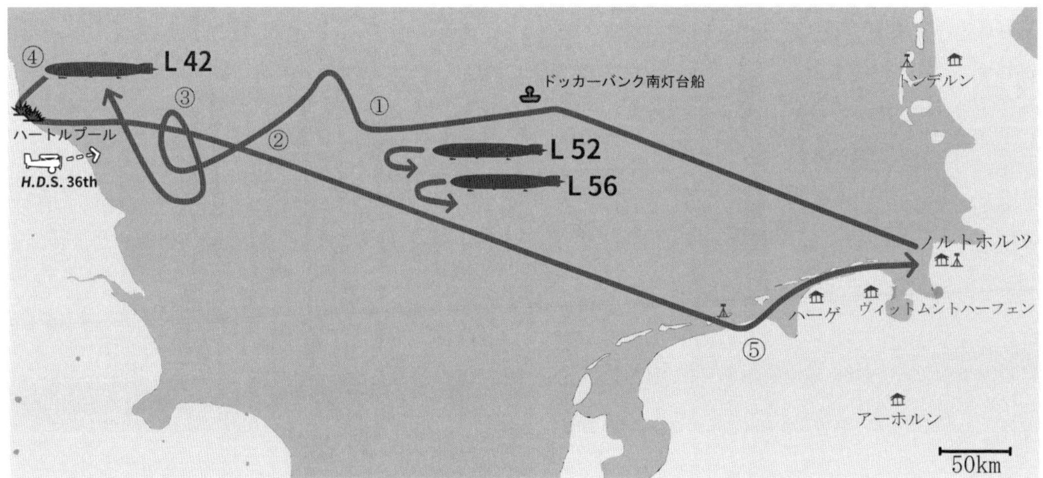

1918年3月13日の概要図。針路は記述に基づく推測であり、判明しているのはハートルプール周辺のみである。以下、推測に基づく生起した事象の時刻と場所 ① 17時頃、L 42が英艦艇より攻撃を受ける。なお、他の2隻も発見され、帰還命令にしたがって反転したことも確認されている。
② 19時13分、最初の帰還命令。 ③ 20時40分の帰還命令に逆らい、L 42は沖合で待機。
④ 22時頃、ハートルプール沖合に到達。地上へと針路を変え、街の北西から侵入し、途中、針路を変えつつ、爆弾を投下、南側で離脱。36戦隊の1機の英戦闘機がL 42を追跡するも断念。 ⑤ 翌日朝、ドイツ本土を確認。9時30分、ノルトホルツに着陸。

従に関する件は不問となった。

この攻撃は、翌日の新聞に「北海での哨戒飛行と連動した爆撃」と言う形で公式発表され、そこにはディートリヒの名前も記載されていた。また、皇帝の目にもとまったらしく、ディートリヒの人事記録には、彼の直筆で「満足である」と一言書かれていたようである。

結果としてこのハートルプールへの攻撃は、飛行船が敵に対して十分な損害を与え得た最後の空襲となった。その成功は、幸運に恵まれたからであることは確かだが、3年間、生き残り続けて飛行船を運用し続けた搭乗員達の練度の高さと、指揮官の果断な状況判断によりもたらされたものでもある。爆弾搭載量の調整による静的浮力の確保、日没までの海上での待機、また、沿岸部の都市を標的にすることで、可能な限り英軍戦闘機に捕捉される時間を減らすなどの行動からは、英軍の持つ防者の優位性を崩すための様々な方策が見て取れる。

一方、現代から見れば不完全な警戒組織とは言え、大戦を通じ、かなりの精度で飛行船の行動を探知することができた英軍の無線傍受は、現地の飛行船司令による、臨機の決心によって裏をかかれることになった。これは、技術面や情報面での優位性を有していたとしても、少しの情報の欠落、あるいは、主動性を有している側の行動によって、それらが覆る可能性は十分にあるという事を意味しており、現代においても心に留めておくべき教訓と言えるだろう。

L 42にとって、この爆撃は大きな成功だったが、それは、当時の爆撃任務における制約事項が取り払われたからこそ実現できたことであった。つまり、通常の爆撃任務で生起するような、夜間の暗闇による目標の確認ができず、自己位置がわからない、と言った制約がなかったという幸運がもたらした成果であって、通常の条件ならば、飛行船は有効な爆撃を行えなかっただろう。実際、これ以降、このような好機は出現することも、また、出現させることもできず、ドイツ海軍の飛行船達は、更なる劣勢の中、大戦最後の年を戦う事になるのである。

結果

独軍損害：なし

英軍損害

1 人的被害

民間被害：死亡8人（男性2、女性2（うち1名は空襲のショック死）、子供4（性別不明））負傷、39人（男性11、女性19、子供9）

損耗：1人（36戦隊のF.E.2bパイロット。着陸時に死亡）

2 物的被害

民間被害：ハートルプールの家屋、店舗及び鉄道施設等に被害。計£14,280相当

損耗：戦闘機2機（36戦隊のF.E.2b及びF.E.2d。着陸に失敗し破壊）

L 42にのみ備わっていた懸架式の銃座。実戦で使用されたかは不明だが、航空機の防護技術という観点からは興味深い事例である。

戦闘記録▶シュトラッサーの最期 或いは、Götterdämmerung——神々の黄昏

日付：1918年8月5日〜6日(夜間爆撃)
攻撃目標：英国中部、ロンドン
参加戦力
独軍：海軍飛行船：5隻【L 53/V級(エドゥアルト・プロルス大尉)、L 56/V級(ヴァルター・ゼーシュマー大尉)、L 63/V級(マックス・フォン・フロイデンライヒ大尉)、L 65/V級(ヴァルター・ドーゼ大尉)、L 70/X級(ヨハン・フォン・ロスニッツァー大尉/ペーター・シュトラッサー中佐座乗)】
英軍：航空機：ソーティ数35(ソッピース・キャメル：5、D.H.4：3、他)
高射砲：高射砲12門が177発発砲

1918年、ドイツ空中艦隊は斜陽の時を迎えていた。過ぎし1916年には飛行船保有数は30隻前後を数えたが、損害の大きさ故、1918年初頭には21隻に低下する。一線級の艦の減少はより深刻だった。1916年9月時点では新鋭艦(P級以降)は27隻に上ったが、1918年初頭には僅か13隻に留まったのである。即ち、ハイトクライマーに分類されるツェッペリン型(S級以降)12隻と、シュッテ=ランツ型1隻(SL 20)だ。

1918年1月5日の夜、更なる悲劇が彼らを襲う。アーホルン基地で突如として爆発事故が発生し、5隻の飛行船が喪われたのだ。その影響は甚大だった。新鋭ツェッペリン型3隻とSL 20、旧式ツェッペリン型(R級)1隻が焼失、飛行船団の新鋭艦は僅か9隻となり、戦力は急落する。

この頃、飛行船の生産も減少に向かっていた。限られたアルミニウム供給を飛行機の生産へ優先的に割り当てるためだ。このため1916年に月に2隻を記録した飛行船生産のペースは、1918年前半には月1隻を下まわり、戦力回復上の深刻な足かせとなった。実際、1918年1月から7月末までの7か月間で新たな飛行船の就役は5隻に留まり、同期間に4隻が戦闘及び事故で破壊される。なお、このうち2隻は7月19日の英空母「フューリアス」によるトンデルン空襲で喪われたものである。このような経過のため、1918年8月初頭における新鋭艦(S級以降のハイトクライマー)の数は10隻に過ぎなかった。そして9月以降、新たな艦が戦力に加わることは無い。ドイツの戦時生産は限界を迎えていたのだ。

破局は、今や目前にあった。

それでも、シュトラッサーの闘志は揺らがない。彼は画期的な性能を有する最新鋭艦の就役に、多大な期待を寄せていたのだ。X級と呼ばれるその艦は、ツェッペリン伯爵が遺したドイツ飛行船産業の精華だった。量産を前提とした戦闘用飛行船としては、大きさ、速力、上昇限度全ての面で過去最高を記録した(アフリカ飛行のため特別に2隻が建造されたW級だけが、大きさでX級を上回る)。

X級は全長211メートル、気嚢容積6.2万㎥、最高速度は時速130キロを上回り、上昇限度は7,000メートルに達する。3.6トンの爆弾を積んで英国本土を爆撃可能だった。18年4月の時点で4隻が建造中であり、1番艦のL 70は7月に就役を果たした。

しかし、ドイツ海軍はもはや飛行船に対して懐疑

シュトラッサーと共に散ったL 70

的になっていた。1918年7月28日にシュトラッサーと会話を交わしたシュターケ提督の回想は、飛行船団のトップと海軍上層部の温度差を浮き彫りにしている。

「私はシュトラッサーと、彼が言うところの飛行船の最終形たるL 70について話し合った。彼は、この艦に対する飛行機の脅威は大きなものでは無いと、私を説得しようとした。最早、私は彼に賛同できない。私はシュトラッサーへ、L 70の性能では攻撃を仕掛けてくる敵飛行機に対して十分な防御を施すことが出来るとは思えないと語った」

シュトラッサーがL 70に搭乗し、英国本土爆撃へ飛び立ったのは、それから僅か1週間後の8月5日であった。その日の午前中、出撃の指令が各艦に通達された。

「英国南部ないし中部を攻撃せよ。飛行船団司令官の命において指示される目標はロンドンである。…参加艦艇はL 53、L 56、L 63、L 65、L 70。…飛行船団司令官はL 70に搭乗す」

敗戦を3か月後に控えたこの時期に至ってもなお、シュトラッサーはロンドン空襲を諦めていなかったのだ。午後18時30分（英国時間、以下同様）、ブリテン沿岸に近づいたドイツ空中艦隊は高度を上げつつ日没を待った。午後21時、シュトラッサーは最期の命令を下す。

「全艦に次ぐ。作戦計画カール727に基づき攻撃を決行せよ。高度5,000メートルにおいては、西南西に秒速6メートルの風。　発：飛行船団司令官」

英軍は敵の接近を察知していた。午後20時10分、監視船が飛行船団の発見を報告。新生英国空軍（RAF）グレート・ヤーマス基地から13機の邀撃戦闘機が発進する。その中には2機のD.H.4が含まれていた。同機はロールスロイス社製375馬力エンジン「イーグルVIII」を搭載、上昇限度は高度6,700メートルに達し、速力は高度5,000メートルの高空でも毎時200キロを誇った。

午後22時20分、キャドバリー少佐操縦のD.H.4がL 70を襲撃した。彼の機はL 70を真正面から捉え、一連射を浴びせたのだ。高度5,000メートル強を飛行していた彼女にとって、それは全くの不意打ちだった。射手のレッキー大尉は対ツェッペリン弾を巨大な飛行船に叩き込む。その時の様子をキャドバリーは次のように述べる。

「対ツェッペリン弾は敵艦の外被に大穴を穿ち、火の手が上がった。それは、たちまちツェッペリンの全身に燃え広がった。敵艦は逃げ出そうとするかのように艦首をもたげたが、その直後に巨大な焔の塊となって海面の方向へ墜ちていった。燃え尽きるまでおよそ45秒だった」

かくして、シュトラッサー以下、L 70の搭乗員全員が戦死した。ドイツ空中艦隊のカリスマ指揮官は、かくて戦いの空に散ったのである。

残された4隻の僚艦はかろうじて逃げ延び、本国へ帰還するが、彼女たちが英国へ飛び立つことは二度となかった。シュトラッサーこそは飛行船団の魂であったのだ。ここに、栄光のドイツ飛行船団は事実上の終焉を迎えたのである。

なお、この攻撃については、その無謀さから、シュトラッサーは自殺を意図していたなどと囁かれる事すらある。空中で無線を何度も発して、敵に自らの位置をさらすという行為は、自らが推し進めた無線方位測定の利点を消すものだ。

実際、終戦まで生き残った飛行船司令の一人であるマーティン・ディートリヒは、後にこの攻撃に関して、L 70の飛行船司令であるロスニッツァーの経験不足や、爆弾搭載量過多、洋上での待機時間の少なさを失敗の原因と評し、いずれも、経験豊かな飛行船司令なら、対処できたであろうと主張している。

もちろん、そのようにうまくいくかどうかはわかろうはずもない。しかし、L 70の飛行船司令であるロスニッツァーはバルト海での任務にしか従事したことのない、明らかに経験不足の人材であり、そのような人物を無理やりに最新鋭の飛行船司令にするという、これまでの慣行とは違う人事がなされていたのは確かであり、

大戦終盤、海軍飛行船団の精神的支柱であったシュトラッサー中佐は志半ばで戦死を遂げ、ドイツ空中艦隊は名実ともに終焉を迎えた。

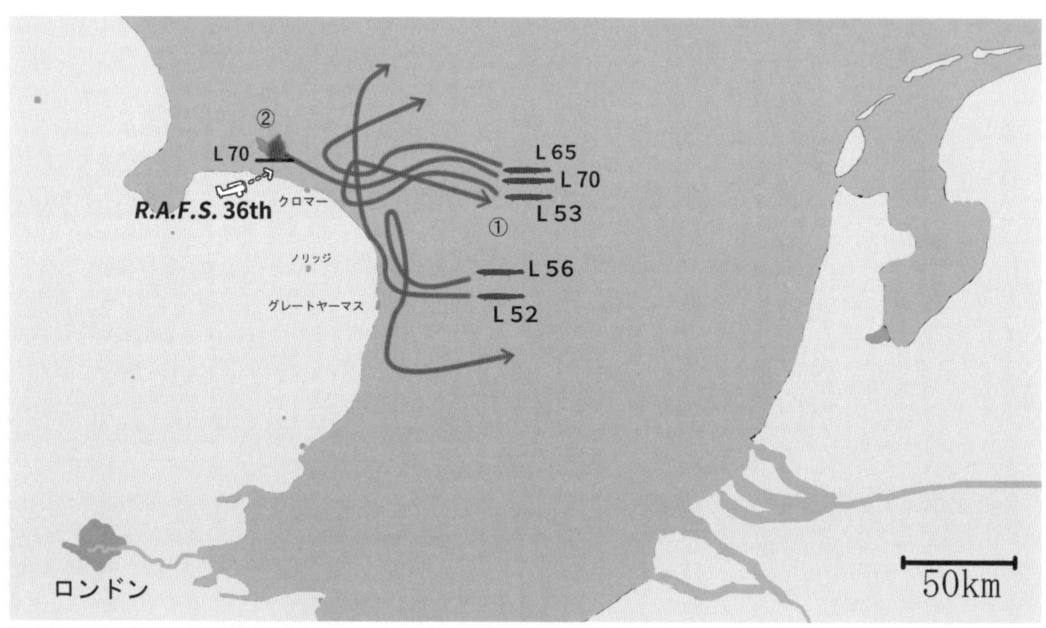

① 午後6時頃、5隻はイングランド沖合に到達。既にその存在は英軍の対空警戒網により探知されていた。
② 午後10時20分、洋上においてL 70が撃墜される。他の飛行船はその場で反転し帰還。

想像を掻き立てる一因にもなっている。

あるいは、これまで何度もあった様に、単にシュトラッサーは、L 70の性能を過信し、英軍の防空能力を過小評価していたのかもしれない。

もはや、今となっては真実が明らかになる事はないだろう。

L 70の飛行船司令、ヨアヒム・フォン・ロスニッツァー大尉

L 70の最期を描いたイラスト

戦闘記録▶L 53撃墜

日付：1918年8月11日(偵察飛行中の飛行船に対する英艦隊の迎撃)

彼我の目的

独軍：ドイツ湾西側の哨戒線における敵艦艇の警戒

英軍：ドイツ湾への定期的な出撃

参加戦力

独軍：海軍飛行船 L 53/V級(飛行船司令：エドゥアルド・プロルス海軍少佐)

英軍：ハリッジ部隊所属の巡洋艦4隻及び駆

逐艦13隻、曳航する筏から発進可能なように改造されたFC2“キャメル”陸上戦闘機

シュトラッサーが戦死してから4日後に、海軍飛行船隊はドイツ湾の哨戒飛行を再開した。8月10日にはL 52とL 63が飛行し、翌11日の午前2時頃にはL 56とL 53が代わって出撃した。

1918年の後半に入ると連合国は、アメリカの参戦を受けて陸では反撃に転じ、海においてもドイツ海軍に対して戦力差を拡大し続けることができていたにもかかわらず、ドイツ湾は良くも悪くもイギリス海軍にとって手の出せない海域のままだった。彼我の機雷により大部隊の行動が制限されることは開戦以来の戦略に適するものだったが、この時期になると重航空機という技術の発展の後押しもあり、ドイツ湾内の急襲を求める声も大きくなっていたのだ。

有利な状況を生み出すためには適切な機雷敷設とドイツの機雷の除去が必要に思われたが、それにはまずドイツ湾を絶えず巡回している飛行船の問題を解決する必要があり、実際、大規模な衝突がないこの時期には、イギリス海軍の活動は飛行船に目が向けられていた部分が大きい。例えば、航空機の必要性の大きさから5月以降には航空母艦に改装されたHMS「フューリアス」が定期的に飛行船との遭遇を求めてドイツ湾の外縁部に出撃していた。もっとも、こうした行動は幾度かドイツ海軍航空隊の飛行機との交戦をもたらしたが、飛行船との接触に至ることはなかった。

「フューリアス」が飛行船狩りを始めた時期に、最近ゼーブルッヘ港襲撃に携わったレジナルド・ティアウィット提督は、ハリッジ部隊が海上で飛行船に対抗するための方法を、新設されたイギリス空軍のチャールズ・サムソン大佐にあたった。当時、大艦隊の多くの艦船には簡易的な飛行甲板とともに戦闘機が装備されていたが、最もドイツ湾に近いハリッジ部隊の艦に戦闘機を装備するものはなかったのだ。サムソンは、イギリス海軍が公式に重航空機を採用し始めた後に飛行を志願した最初の4人の飛行士のうち一人で、この問題にも開拓者らしい斬新な発想で取り組むことができた。

その頃、飛行艇の行動半径を延長するためにハリッジ部隊の駆逐艦は「ライター」と呼ばれる専用の小型艇に飛行艇を載せて任意の地点まで曳航するようになっていたが、サムソンはこれを応用することにした。ライターの甲板にレールを設置して、車輪をレールに合わせた板に換装したソッピース・キャメルをそこから発進させようとしたのだ。駆逐艦が全速力で曳航すれば、ライターのごく短い滑走距離でキャメルが離陸できるだけの合成風力を得ることができると考えられた。

キャメルのエンジンを始動させるなど、いくつかの作業のためにライターは乗組員を必要とした。彼らは体を安全ベルトでライターと固定して、発進の時には甲板の下に潜り込んで安全を確保できた。

サムソンはこの装置の最初の実験で、自ら操縦桿を握って参加したが、結果は失敗だった。キャメルがライターを離れた瞬間操縦不能になり、海面に突っ込んでしまったのだ。実験の見物人は誰もがこの飛行士の死を覚悟したが、すぐにサムソンはライターの航跡に浮いているのが見つかり救助された。ずぶ濡れのサムソンはただ「あれはダメだ、次はもっと上手くやらないと」とだけ言い放ったという。

この実験の後にサムソンは自身の幕僚に促されて、大艦隊の船で甲板から発進したことのあるパイロットを実験に参加させることとした。サムソンと同じく最近空軍に転属したパイロットのスチュアート・カリーは、大艦隊から空軍に異動させられたことに嫌な思いを持っていたが、軽巡洋艦「カサンドラ」から発艦した経験を持つ適任者だった。カリーはサムソンがライターにレールを設置したことを一蹴し、大艦隊の船と同じように小さくても甲板から車輪を持つ戦闘機を発進させることを提案した。

サムソンはこの提案を受け入れ、8月1日の実験で、新たに用いられた極小の空母のような見た目のライターは、見事にキャメルとその搭乗員のカリーを飛行させることに成功したのだった。

実験が行われる間、サムソンはキャメルのパイロットがツェッペリン飛行船を撃墜するための戦術を検討しており、8月2日にはカリーにメモが送られた。

メモの内容は、キャメルが上昇可能と思われる5,500メートルを超える高度にまで敵飛行船が上昇するのを防ぐため、察知される前にライターからの発

サムソン大佐と“ライター”。超小型の航空母艦のような形をした筏であるが、このような奇策を用いるほど、飛行船の持つ優位性は大きな脅威だった

進を行う事、射程距離に捕捉できれば撃墜はほぼ確実であること、防御機銃から逃れるために後部からの接近は避け、直上から急降下しての射撃が理想的であること、などのいくつかの原則で構成されており、カリーに送付したものにサムソンは「この規則に従えば、必ず飛行船を落とせる」と手書きで書き加えていたのだった。

8月10日の夜にハリッジ部隊が4隻の巡洋艦と13隻の駆逐艦からなる部隊で、ドイツの掃海艇を襲撃するために出撃した際、ティアウィットは飛行船との遭遇を期待し、ソッピース キャメルを搭載したライターを駆逐艦「リダウト」に曳航させ、サムソンとカリーを同行させた。

ハリッジ部隊の巡洋艦は、ドイツの水雷艇と交戦するために小型のモーターボートを搭載しており、このときは6隻のモーターボートが本隊とは離れて、オランダ領テルスヘリング島の沿岸を高速で航行してドイツ湾に向かっていた。彼らが残す航跡はすぐ波に攪拌(かくはん)されて先行する艇の航跡を確認することが困難になるので、遠洋を航行することが危険となるからだ。

しかし沿岸を航行することはフランドルに展開するドイツ海軍の水上機部隊に容易に発見される危険性を伴う行動で、この日は何の援護もないモーターボートが執拗に水上機に襲われることになった。

L 53の飛行船司令　エドゥアルド・プロルス予備海軍少佐。彼はドイツ最初の船長協会「トリトニアス」の創設者の一人にして長らく会長を務めた海の男であった。「トリトニアス」は今日でもハンブルクで活動を続けている。

翌11日の7時前にティアウィット率いる本隊はモーターボート隊が航行している辺りにドイツの水上機部隊を視認したため、ヤーマス港から3機の飛行艇を向かわせたが、当のモーターボート隊は無線封鎖に加えて濃い霧と低い太陽のために水上機の存在に気が付くことが出来なかった。

航空支援に向かった飛行艇たちも濃霧の中でまともに海上を捜索することができなかった。彼らは自軍よりも先に遥か上空に浮かぶ飛行船を発見し、捜索を中断して無線封鎖のために直接警告を与えるべく本隊のもとへ向かったのだった。

その後モーターボート隊はドイツの水上機部隊に発見され襲撃を受けて蜂の巣にされた上に、彼らが放つ機関銃の弾丸に一隻の発煙装置を打ち抜かれたことで、戦闘が起こった辺りは煙で何も見えなくなっていた。

この時、遥か上空からこの煙を確認したものがあった。L 53である。戦闘に何らかの方法で介入することを決断したであろう飛行船司令のエドゥアルド・プロルスは、海上の煙幕に飛行船を接近させた。しかしこの行動は、彼と彼の飛行船を確実に死に至らしめることとなる。

午前8時にはL 53を視認した飛行艇がハリッジ部隊に接触するよりも早く、海軍本部からティアウィットのもとにヘルゴラント湾を敵飛行船が巡行していることを示す無線通信が入り、艦隊の誰もが上空を気にし始めていたが、そのおよそ20分後にカリー自身が高度3,000メートルを飛行する飛行船を突然に目にしたのだ。

その後、事態は急速に進展し始めた。「リダウト」はすぐさま作業を開始し、サムソンはライター上のキャメルの発進準備を行い、カリーもキャメルの操縦席に乗り込んだ。ハリッジ部隊の誰もが、死闘を繰り広げるモーターボートのことなど知る由もなく、この小さな複葉機に目を奪われていた。

8時58分にはカリーが搭乗したキャメルがライターの短い甲板から離陸し、数分後には雲の中に姿を消した。艦隊から見ると、飛行船は太陽に照らされ、カリーが飛んでからもしばらくは視認できていたが、9時30分ごろには見えなくなってしまった。

ライターから発進した後、カリーはほとんどL53を捕捉し続けていた。しかし、高度1,500メートルに到達してもなお、自分の小指以上の大きさには見えなかった。これは飛行船が高速で上昇していることを示していたが、たった一人のカリーはひたすらキャメルを上昇させることに集中するほかなかった。高度4,500メートルを超えたあたりで、エンジンが回転するリズムが崩れたが、すぐに元にもどり、高度5,500メートルに達すると飛行船は同じ高度にいるように見えた。

プロルスは、商船乗りとしての経験豊富な予備海軍少佐であり、海軍飛行船隊では、各種任務を遂行した歴戦の飛行船司令である。彼の顔には、船乗りを辞め、消防署長として働いていた際に負った顔のやけどの跡が、勇敢さの証として残されていた。そのような人物が指揮するL 53は、この時、敵機の位置を把握しての行動か、上昇しながらもキャメルの方向に舵をとり、両者は時速300キロにも迫る相対速度で急接近した。カリーがサムソンのメモに従う事は、最早不可能だった。

カリーは当時の状況をこう回顧する。

「あっという間にツェッペリンの巨大な船体が視界を覆ったよ。ゴンドラやプロペラは見えたが、乗組員の姿は全く見えなかった。飛行船が私の上を通過する瞬間、私は小さなキャメルの機首をほとんど機が失速するほど上に向け、2挺のルイス機関銃のトリガーを押す。片方は全弾発射されたが、もう片方は6発くらいで詰まってしまった。飛行船の腹の下で、下に小さな黒いものが落ちて消えるのが見えたが、彼こそL 53からの唯一の生還者で、あの高度からのパラシュート降下は当時の世界記録だっただろう。彼は後でドイツの軍艦に拾い上げられた。

銃弾を撃ち尽くした瞬間にキャメルは失速し、600メートルも落下して完全に制御不能になってしまった。慌てた私は落ち着きを取り戻すまで飛行船の様子を確認できなかったが、上空を見上げると、飛行船は私の挑戦を意にも介さずに堂々と飛行していた。再び操縦桿を握ろうとしたとき、突然、飛行船の船体の大きく離れた3つの場所で、透明な炎が外被から噴出し、1分ほどで尾部を除く飛行船全体が炎の塊となった。炎はあっという間に消え、巨大な金属製の骨組みだけが残り、燃え尽きた骨組みは、尾翼から旗を掲げたまま一体となって落下したが、機首から3分の1ほどの長さのところでキールが折れているのが確認できた。残骸となった飛行船は、30人以上の乗組員を連れて、眼下の霞の中に消えていった。」

艦隊はL 53もキャメルも見失っていたが、この火炎は容易に視認できた。ハリッジ部隊の乗組員たちが自然と歓声をあげると、ティアウィットは、聖歌隊に所属したことのある旗艦の当直士官に、「ああ、幸せな巡礼者たちよ」という歌詞のある讃美歌の番号を訪ね、艦隊の讃美歌集の中から当該のものが見つかると、艦隊に向けて「讃美歌224番の最期の節に注意」と信号を送った。

この日は日曜日であり、ハリッジ部隊の乗組員たちは声を張り上げ、“Oh happy band of pilgrims Look upward to the skies Where such a light affliction Shall gain so great a prize――ああ、幸いなるかな、巡礼者たちよ。天を見よ、そこでは、ごくわずかな受難が、どれほどの恩寵を以て報われることか――”と讃美歌を歌ったという。

翌日、イギリス海軍本部は簡潔に飛行船の撃墜を公表したが、ドイツの発表は、L 53とプロルス以下乗組員の損失を認めつつも多数の艦船との交戦にその原因を求める不正確なものであった。

カリーの証言にあるように、L 53の搭乗員1名が救いあげられ、後に死亡したという話がある。事実であるならば、飛行船は飛行機と違い、場所がよければ墜落しても助かる可能性があったという証拠となるだろうが、詳細は不明である。

この交戦は、シュトラッサー亡きあと影響力が如実に低下した海軍飛行船隊にとっては、引導が渡されたようなものであった。海軍飛行船団総司令官の地位は空席のままとなり、海軍飛行船隊司令官がその代行を続けたものの、攻撃任務はおろか、ドイツ湾の哨戒任務すら10月に1度だけ不完全に行われただけで終戦を迎えるといった有様であった。

図らずも、飛行機が飛行船に勝利したことを示す、航空戦史上のモニュメントが打ち立てられたのである。それは、曳航する筏から飛び立つという無茶をしてまで、飛行船を撃墜し、海上における航空優勢を獲得したいと願ったイギリス海軍軍人たちの、冒険精神の発露でもあった。現在、L 53を撃墜したカリー機（ソッピース　キャメル, N6812）は、ロンドンの帝国戦争博物館に行けば見ることができる。

結果

損害

独：飛行船1隻（L 53）及びエドゥアルド・プロルス少佐以下搭乗員約20名

英：なし

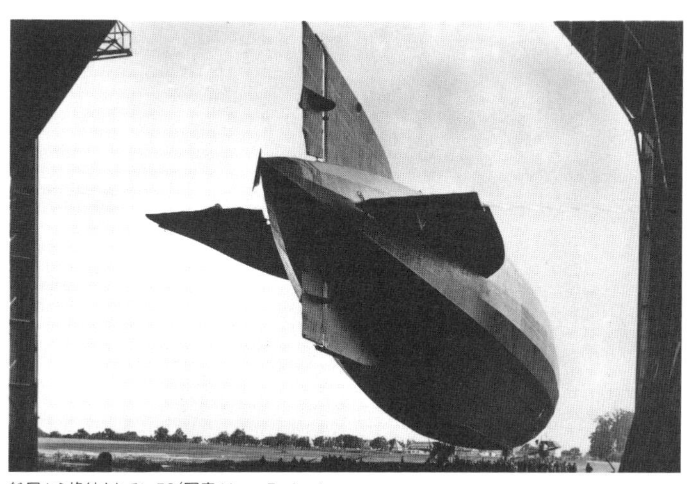

船尾から格納されるL 53（写真:Harry Redner）

column▶ドイツ海軍における飛行船から飛行機への転換

軍事における飛行船の地位は、第一次世界大戦を通じて飛行機(重航空機)に奪われていった。その直接的要因として、一般的には、戦場で英軍の数々の対抗策から大きな打撃を受けたことが挙げられる。だが、衰退の全容を把握するためには、連合国軍との空の闘いに敗れ去る過程で、ドイツ海軍の内部でそれがどう咀嚼され、実際の政策に反映されたか、またはされようとしたのかを知らなくてはならない。そこには、本書で既に言及した飛行船の性能向上や戦い方の変化などに加え、ドイツ海軍自らによる飛行船から飛行機への代替があるからだ。それこそは、より根源的かつ決定的な要因に他ならない。

英海軍同様、ドイツ海軍もまた戦前から重航空機に将来的な可能性を見出し、運用に踏み切った。すでに1911年から1912年の冬にかけて、ダンツィヒ近郊に士官のための陸上機の訓練施設が設置され、また1912年末に協議されたバルト海での戦争計画には重航空機が組み込まれる。さらに1913年にはヘルゴラント沖での艦隊演習に水上機が参加し、これはかなり上手く機能したことで外洋艦隊首脳を喜ばせた。

当時の重航空機が抱える制約条件としては、航続距離の短さが真っ先に挙げられよう。しかし、開戦前のドイツ側の想定では、これはそれほど問題にならないと見做された。英海軍はドイツ近海で海上封鎖を行う筈であり、従って、沿岸部の水上機基地から発進しても、偵察で重要な役割を果たすことができるのだ。他にも機雷や潜水艦の探知など、飛行船とある程度共通した任務も検討される。偵察とこれらのミッションの作戦行動範囲は相当に重なっており、この時点ではある程度は抱き合わせで遂行できると考えられたのだろう。

ところが、実際に大戦が始まると、前述したとおりドイツ近海での彼我の作戦活動は低調で、主戦場は北海となった。そのために、ドイツ海軍は航続距離に優れる飛行船をエアパワーの主役として運用するのである。彼女たちは、ドイツ湾外縁を長時間哨戒することができ、この海域の防御や掃海による航路確保のための不可欠な戦力となった。対して、戦争の初期には、海軍の重航空機はフランドル沿岸での活動を除けば、相対的に重要性が低かった。

遠洋での艦隊との共同が期待できるという点で、飛行船の地位は更に向上する。ユトランド沖海戦の戦訓から、シェア提督は彼女たちを外洋艦隊に完全に従属させることを企図したのだ。彼は、海軍航空部長から飛行船に関する権限を奪取すべく海軍省に激しい要求を行い、その結果、海軍省から妥協を引き出す。これこそが、1916年11月の組織改編で新設された海軍飛行船団総司令官で、それを通じてシェア提督は、北海での飛行船運用をコントロールする一定の権限を手にしたのである。

他方、開戦から終戦に至るまで、ドイツ海軍は重航空機と艦隊の共同に大きな関心を示していない。殊に、艦上での飛行機の運用のための技術開発のテンポは遅かった。1916年には試作カタパルトによる陸上機射出の実験に成功したがそれ以上の開発はなく、客船「アウソニア」の空母化計画の提案も休戦の1か月前に1人の海軍士官によって行われたものに過ぎない。

しかし、1917年以降、重航空機の重要性は明らかに高まっていく。飛行船は艦隊との協同で目に見える成果を残せなかった上に、英国の海上交通を寸断することを目的とする無制限潜水艦作戦の発動が、重航空機への需要を顕在化させたのだ。即ち、彼らのこまめな出撃によるベルギーの潜水艦基地の防護(これらは、英軍の攻撃範囲に所在した)と、潜水艦の航路の安全性の確保が今や必須となった。それこそは、1917年中にイギリスを降伏に追い込むために必要不可欠な措置と見做されたものに他ならない。ところが、このとき海軍には長い航続距離を持つ十分な数の機体がなかったために、陸軍から陸上機の供与を受けて出撃することさえあり、これは彼らに大型の水上機の必要性を認識させるに至ったようである。なお、艦上での重航空機運用で後れを取った海軍は、運用の拠点を

ツェッペリン飛行船会社が18機を生産した、4発エンジンの重爆撃機ツェッペリン・シュターケンR.VI

陸上基地に頼ったが、エンジンの信頼性の低い当時ではトラブル時に着水可能な水上機が求められた。

加えて、1917年秋には北海哨戒にあたる飛行船が英海軍航空隊により撃墜されるケースが増加。ドイツ湾を防護するシステムの脆弱性が高まり、水上機によってその機能を補完する必要性が生じた。結果、北海哨戒を飛行船から代替するため、海軍は大型の新型水上機開発を重視するに至る。

さて、飛行船は戦争の前半には、イギリス本土への戦略爆撃という大きな価値を持った。なかでも、主役となったツェッペリン型に対しては、海軍がその設計や生産に深くかかわるようになるのだが、それは当のツェッペリン伯爵にとって全く不愉快な状況を齎した。彼自身のキャリアにとって戦争は頂点を成すかに思えたが、戦時下の飛行船開発は海軍技術者の主導する厳格で子細な科学によって行われ、老齢の彼はそれについていくことができなかったのだ。自らが指揮する飛行船で英国を爆撃したいという訴えもカイザーに拒否され、彼は戦時中は専ら広告塔であることを求められていた。

飛行船という居場所を失った彼が見出した新たなフロンティアが、飛行機だった。クラウディウス・ドルニエやアレクサンダー・バウマンを筆頭とした優秀な技術者を抱え、長大な航続距離を持つ巨人機(Riesenflugzeuge)の開発に乗り出したのである。

彼の開発への推進力はここでも驚くべき成果を見せた。象徴的な例として、当時ツェッペリン社の技術者だったアルベルト・ザムト(後に最後のツェッペリン飛行船LZ 130の船長を務める人物)が1918年夏に搭乗した試作機は、過給機と可変ピッチプロペラを備え、これは世界で最初の試みであった。

ツェッペリン自身は英本土の爆撃に執着したが、北海を哨戒する飛行船の代わりを欲する海軍は当然に伯爵のもとで開発される大型機に着目、ドルニエもこのニーズを適切に認識して水上機に力を注いだ。とりわけ海軍は、彼が手掛ける巨大飛行艇に強い期待を寄せ、渇望したようだ。

大型の重航空機用エンジンの開発失敗等の技術的な問題から、終戦に至るまで、北海哨戒における飛行船から飛行機への完全な代替は実現しなかったが、海軍航空の発展を研究したデニス・ハスロップが明らかにしたように、シェア提督はその構想を戦中に完成させていた。ドイツ海軍が休戦までには頭の中で飛行船を哨戒任務からほとんど退場させていたことは、特筆に値する。

1918年7月には、シェアは海相カペレに宛てた手紙の中で、沿岸部から出撃する飛行機を北海哨戒の主軸とした上で、同海域の航空機を海上で統括するための司令部を外洋艦隊の艦上に置く構想を明かしている。さらに、シェアが海軍総司令官となった後の9月には、沿岸部の基地の航空機の運用について外洋艦隊の権限を拡大させた。終戦を目前に控えたこの時期には、北海哨戒は飛行船にとってあまりに危険な行動になっていた一方、掃海部隊に協同する水上機母艦は大幅に増強され、高性能な単発機が搭載されていた。

最早、ドイツ湾を囲うように行われる飛行船の哨戒は必須ではない。沿岸の基地から大型水上機が事前に掃海予定地点の偵察を行い、その後に水上機母艦が掃海部隊に局地的な保護を与えるという方法で、ドイツ湾防護の主目的だった掃海には十分な航空支援が成されたのだ。L 53が撃墜された翌日にもL 63によって北海の哨戒が行われたが、既に飛行機が北海のエアパワーの主役であり、以後飛行船による哨戒任務が完遂されることはなかった。

外洋艦隊主力との協同任務については、飛行船はまだ役に立つことができたかもしれない。先述した通り、大艦隊とは対照的に外洋艦隊は陸上機を運用する能力を持たないままだった。キールの叛乱の原因となる出撃命令に当たって、当時シェアの後任として外洋艦隊を指揮していたヒッパー提督は「可能であれば飛行船で偵察せよ」と記している。

ドイツ海軍の航空機政策において、1914年には飛行船と飛行機の能力の差から前者に主要な役割が与えられたが、航空機の能力が増し、同時に飛行船の損失が目立つようになるに伴って柔軟に飛行機の役割を拡大させた。どちらか一方という事ではなく、相互の協力の中で、飛行船と飛行機が担う役割のバランスが徐々に転換され、運用や開発もそれに従ったのである。しかし飛行機の開発や生産が思うようにいかず、その規模も1918年には英軍に大きく見劣りするなど、転換は満足かつ進歩的なものではなかったといえる。

ドルニエは第一次世界大戦中に継続して巨大飛行艇の開発を行った。写真は大戦前期に設計されたRs.II飛行艇

2 東部戦線とバルト海における陸海軍飛行船の活動

1917年、前年の活動から、陸軍は兵器としての飛行船に見切りをつけ、開発に成功した大型爆撃機へと地上攻撃の主力を移そうとしていたが、運用停止の間まで、特に、バルカン半島周辺で、飛行船の運用は続けられた。

1月から2月にかけて、陸軍飛行船が実施しようとしていた東部戦線における攻撃任務は、恐らくは悪天候のために中止されており、再開されたのは3月である。

3月20日、LZ 101が、リムノス島の都市ムドロスを攻撃。

4月24日、LZ 101がムドロスを攻撃した可能性があるほか、25日、LZ 97がブローラを攻撃している。

5月、ロシア軍による、所謂(いわゆる)ケレンスキー攻勢が実施されるも、陸海の飛行船が、これに対応するために出撃した記録はない。6月、陸軍の飛行船運用は完全に終了し、残った飛行船の内、運用できるものは、海軍に移管された。

海軍によるバルト海での活動は、1917年1月から始まっている。

11日　SL 8(偵察任務。なお、本節の末尾まで、特に断る場合を除き、全て偵察任務)
13日　SL 8
16日　SL 8
29日　SL 9

2月のバルト海での任務は以下の通り。

12日　SL 8
13日　SL 8
17日　SL 8
20日　SL 8

3月は任務飛行の記録はない。

4月の任務飛行はただ一度だけである。

24日　SL 14

5月、陸軍から移管されたLZ 113及びLZ 120が活動を開始し、この方面でもツェッペリン型飛行船が活動を行うようになる。

1日　SL 8
4日　SL 14
7日　LZ 120
18日　L 30及びLZ 113
19日　SL 8及びL 30
24日　SL 8及びLZ 120
27日　LZ 113及びLZ 120

6月の任務飛行は以下の通り。

1日　SL 8及びLZ 120
2日　LZ 113
3日　LZ 120
5日　LZ 120
9日　SL 8及びLZ 113
10日　LZ 120
11日　SL 8及びLZ 113
13日　L 30(機雷捜索任務)
14日　SL 8
15日　LZ 120
17日　SL 8、LZ 113及びLZ 120
28日　LZ 120
29日　LZ 113

7月には偵察任務だけでなく、攻撃任務も実施されている。

6日　LZ 113及びLZ 120
7日　SL 8
8日　LZ 120
13日　SL 8
18日　LZ 113及びLZ 120
25日　SL 8
26日　L 37(マリエハムン攻撃)
29日　LZ 113

この間、26日から31日にかけて、LZ 120が120時間にわたる長時間哨戒任務を実施。燃料を節約し、可能な限り搭乗員の疲労度を軽減するための当直勤務を行うなどしつつ、半ば、長時間飛行のための実験として、飛行船運用のための知見を得る事に成功した。

8月の任務飛行は以下の通り。

8日　SL 8及びLZ 120
13日　SL 8
14日　LZ 120

9月1日、ドイツ軍がリガに対する攻勢を実施、4日までにはこれを占領。更に、終戦に向け、リガ湾の北端に位置するムーン島を始めとする島嶼を占領するための水陸両用作戦、アルビオン作戦が実施される。この作戦は、バルト海における飛行船運用のクライマックスであった。飛行船は作戦開始前から、エストニア及びムーン島の軍事目標や港湾施設を攻撃した。バルト海の飛行船は、この作戦準備のため、各種任務を実施している。

8日、L 30、L 37、LZ 113及びLZ 120がパルミアラ及びプルヴァを攻撃。

24日、L 30、L 37、LZ 113及びLZ 120がゼレルを攻撃。

10月、アルビオン作戦に於いて、艦隊を支援するための各種作戦が実施されている。

1日、L 30、L 37がサリスムンデの港湾を攻撃。

11日、ムーン島へと前進する艦隊のため、L 30、LZ 113及びSL 20が出撃したが、悪天候のため途中で呼び戻され、この後、悪天候のために15日まで出撃できなかった。

15日、LZ 113及びLZ 120がパルヌを攻撃。

16日、L 37がパルヌを攻撃。同日出撃したSL 20は、エンジントラブルのために途中で引き返した。

20日、LZ 113及びLZ 120が偵察のため出撃した。

11月5日、SL 20が偵察任務を実施。この後、14日のバルト軍管区飛行船隊司令官の命令により、バルト海での海軍飛行船の運用は停止される。

21日、特別に改造された飛行船であるL 59が、東部アフリカ植民地軍に補給を行うため、ブルガリアのヤンボル基地から出発するが、スーダン付近で引き返し、25日に帰還する。

この後、L 59は、海軍飛行船団総司令官の指揮・監督を離れて、バルカン半島及び地中海方面で活動する唯一の飛行船となる。一度フリードリヒスハーフェンで戦闘用に改造された後、1918年3月10日、L 59はナポリへの攻撃を行い、製鉄所と市街地に損害を与える。20日、ポートサイドを狙ったものの、英軍の対空射撃のために引き返した。

そして1918年４月7日、マルタを攻撃すべく飛び立ったL 59は、アドリア海で突如炎上、墜落して喪われ、ここに、バルカン・地中海方面における飛行船運用は終了した。

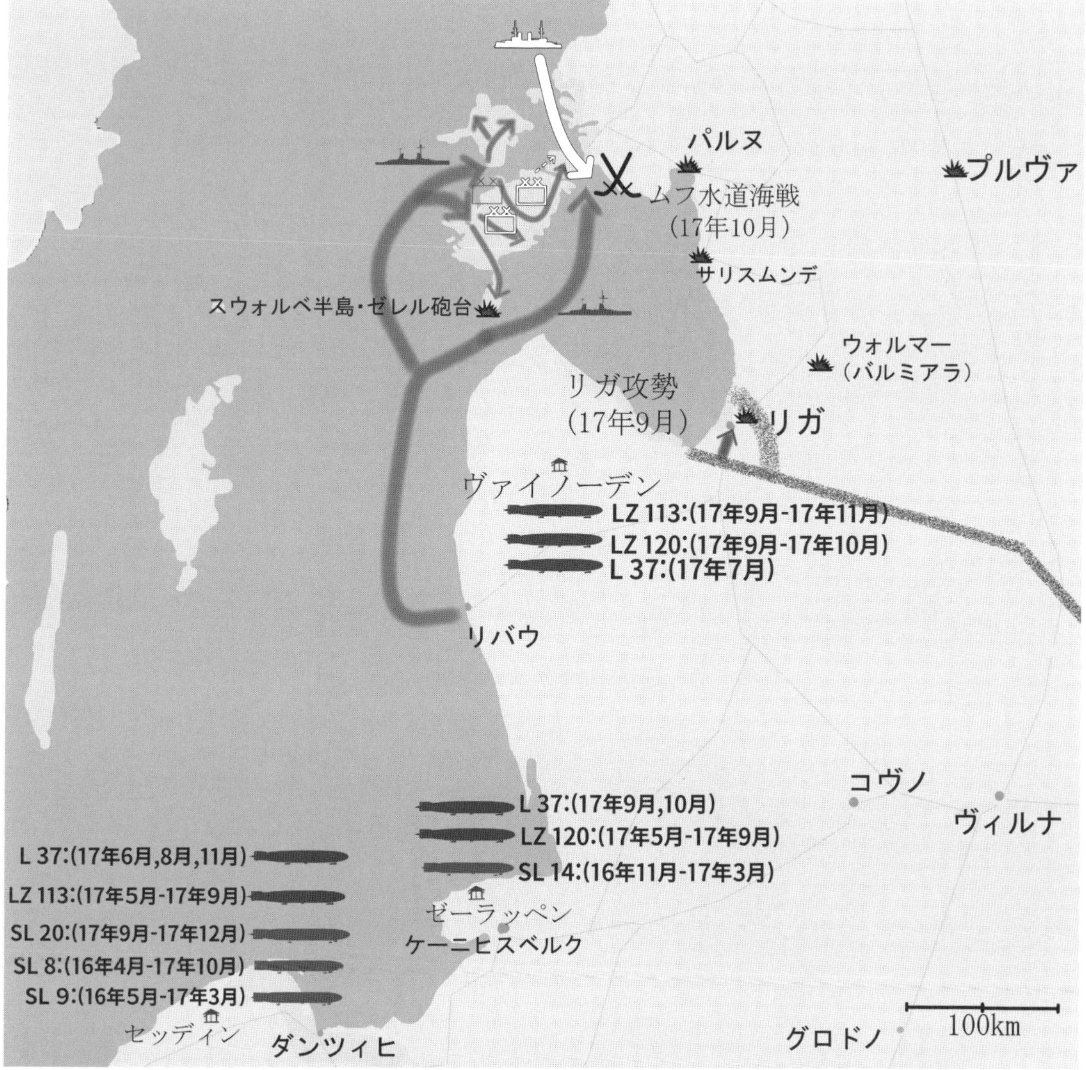

1917年の東部戦線における飛行船の配置とアルビオン作戦の経過。リガ湾の入り口にあたる島嶼を占領することで、ドイツ軍は制海権を獲得した。

戦闘記録▶アルビオン作戦

日付：1917年9月24日～10月16日(着上陸支予定地域への事前火力打撃、艦隊へのエアカバーの提供、作戦地域後方の交通・兵站施設の破壊)
攻撃目標：エーゼル島(サーレマー島)、ヒーウマー島(ダゴ島)、ムーン島(ムフ島)
参加兵力
独軍:海軍飛行船　L 30/R級(飛行船司令:ヴェルメーレン海軍中尉)、L 37/R級(ゲートナー海軍大尉)、陸軍飛行船　LZ 113/R級（海軍飛行船として運用　飛行船司令：ゼシュマー海軍大尉)/、LZ120/R級(海軍飛行船として運用　飛行船司令:ロスニッツァー海軍大尉)、SL 8/E級(ヴァヒター海軍大尉→ 10/1よりラッツ海軍中尉)、SL 20/F級(ヴォルフ海軍大尉)
艦艇：巡洋戦艦1隻、戦艦10隻、軽巡洋艦9隻、水雷巡洋艦1隻、水雷艇50隻、潜水艦6隻、輸送艦19隻
地上戦力：第42歩兵師団基幹(24,000人、馬匹8,500頭)
その他航空機：水上機等16機

SMS「グローサー・クルフュルスト」の上空を飛ぶSL 20。飛行船は可能な限り上空援護を行ったが、悪天候のためにその支援は不十分であった。
(写真:Harry Redner)

露(ロシア)軍：艦艇：戦艦2隻、装甲巡洋艦2隻、防護巡洋艦2隻、砲艦3隻、駆逐艦21隻、潜水艦(英海軍所属)3隻
地上戦力：第118歩兵師団及び第107師団(24,000人)、150㎜級以上の沿岸砲48門、75㎜級の沿岸砲25門、その他大小の銃砲
航空機：水上機約50機、陸上機約10機
天候：10月11日から15日にかけて悪天候の為に飛行船運用不可。それ以外は運用可能

地形上、ドイツ海軍は北海とバルト海の2正面を対処しなければならない。それは、第一次世界大戦でも同様で、北海ではイギリス海軍、バルト海ではロシア海軍を相手にしなければならなかった。とはいえ、ロシア海軍のバルト海艦隊は、日露戦争で壊滅して以来、未だ再建の途上であり、外洋艦隊の主力を差し向けるべきものでもないと判断され、バルト海方面の戦力は、大戦を通じ、それ程大きな戦力が振り分けられていたわけではなかった。

それは飛行船も同様で、第一線とみなしたものは北海での哨戒に使われ、バルト海へは、パーセヴァル型やシュッテ=ランツ型が主に使われていた。

とはいえ、海軍飛行船と、それを補完する陸軍飛行船の活動は決して低調という訳ではなかった。シュトラッサーが海軍飛行船団総司令官となった1916年11月以降、バルト海の飛行船運用のために、バルト海管区飛行船隊司令官の職が設けられてある程度独立した運用がなされるようになるとともに、日々の偵察・哨戒任務や、バルト海沿岸のロシア領の都市と海軍基地への攻撃は、可能な限り行われ続けていた。

1917年、停滞する西部戦線と異なり、着実に東方へ向け歩みを進めるドイツ軍は、アメリカ参戦前に東部戦線を終わらせる必要性を強く感じていた。陸軍は、9月1日の攻勢でリガを占領し、リガ湾一帯の海上優勢を確保しようとしていたが、その北方では、湾の出口をコントロールし得る海軍基地や要塞のある島嶼、サーレマー島(エーゼル島)、ダゴ島(ヒーウマー島)、ムフ島(ムーン島)のロシア軍が健在であった。

これらの島々を占領すれば、ロシア艦隊をフィンランド湾に封じ込め、なおかつ政治的に不安定なロシア政府に圧力をかけることができる。もう一つ、ドイツ軍内部の事情としては、港湾に籠って出撃しない海軍への政治的圧力と言った面もあり、海軍としても、そのような批判をかわすため、陸海軍共同の、一大水陸両用作戦の実施が決定されたのである。

この作戦を行うにあたり、バルト海管区の飛行船は、

全力で艦隊の行動を支援することになる。しかし、バルト海での飛行船運用は、一つの問題を抱えていた。この方面で主力となる飛行船基地は、セッディンとゼーラッペンであったが、両基地の浮揚ガス製造プラントでは、補充すべき浮揚ガスの製造が間に合わず、大量のガスタンク列車を仕立ててガスの供給を行わねばならず、これにはシュトラッサーも苦慮したようである。

作戦の決定がなされた後、軍事目標のあるバルト海の島嶼に対し、航空攻撃が実施された。まず、リガ湾東部のウォークとウォルマーの鉄道拠点に対する攻撃が計画されたが、悪天候のために、24日実施となった。また、サーレマー島南部スウォルベとゼレルの砲台に対し、LZ 113とLZ 120が攻撃を行った。そして、10月1日には、L 30、L 37、LZ 120がリガ湾南部の港湾、サリスムンデとソフィエンルーへを、陽動のために攻撃した。

10月9日、ドイツ軍主力部隊が前進を開始する。L 30、LZ 113、SL 20は艦隊に先行して予定される針路を偵察するが、天候が悪化して帰還することになった。

一方、飛行船による上空からの援護がなくとも、10月12日、主力部隊はエーゼル島への上陸を開始し、10月15日夕には島の大部分を制圧。残りのロシア軍は降伏するか撤退した。これにより、海峡を守る沿岸砲台が無力化され、ドイツ軍は更なる前進が可能となった。

翌10月16日には海峡の掃海を進め、ムーン島の占領を目指すが、17日、ロシア艦隊が出撃し、ドイツ艦隊との間で海戦が勃発する。このムーン海峡海戦で、ロシア艦隊は戦艦1隻を含む損失を受けて撃退される。海上優勢を獲得したドイツ軍は、ついにムーン島へと上陸を開始した。そして、19日には、残るロシア軍は降伏するか、本土へと撤退し、全ての島嶼が占領された。

この間、飛行船は悪天候のために一切出撃できず、再度出撃できたのは、天候が回復した10月15日以降である。15日にL 30とLZ 113、LZ 120がペルナウを爆撃し、市内と港湾施設を破壊した。 16日には、L 37とSL 20が同一目標を攻撃するために出撃するが、いずれもエンジントラブルから、途中で引き返すことになった。

こうして、ロシア艦隊の活動は、冬の到来と革命の混乱によって更に制限され、結局、翌1918年3月18日、ブレスト＝リトフスク条約締結により、独露間に講和が成立し、東部戦線は消滅した。

しかし、東部戦線が終了するそれ以前に、海軍はバルト海での飛行船運用はこれ以上必要がないと判断しており、1917年11月14日、バルト海管区飛行船隊司令官は、バルト海での海軍飛行船の運用停止を命じた。

この戦いは、陸・海・空の戦力が協同して成し遂げた、第一次世界大戦における大規模水陸両用作戦としての意義のある作戦だが、殊、バルト海における海軍飛行船運用の集大成として見れば、飛行船が十全に活躍できたとは言い難い。特に、気象条件悪化により、艦隊に先行して偵察ができなかったため、着上陸のために海峡に侵入した艦艇が、機雷により損傷を受けているなど、本来海軍が期待していた役割を果たす事はできなかった。一方、本作戦中、この大戦を通じて発達した飛行機は、地上攻撃に活用され、沿岸砲台を破壊するという戦果を挙げるとともに、戦果こそなかったものの、ロシア艦隊攻撃のために雷撃機も投入されるなど、次世代の海軍航空の姿を見ることができる。本作戦は、大規模な島嶼に対する水陸両用作戦の戦例として、今日においても研究する価値はあると、強調しておいても損はないだろう。

こうして、バルト海の海上優勢を獲得し、ロシア革命の混乱を利用してブレスト＝リトフスク条約を締結したことで、東部戦線を終わらせたドイツ軍は、大戦最後の年、戦争を終わらせるための決戦に向けて突き進んでいくのであった。

結果(作戦全体)
独軍損害
1 人的被害
戦死：211人
負傷：195人
2 物的被害
魚雷艇1隻、機雷敷設艦7隻、その他補助艦艇

露軍損害
1 人的被害
戦死・負傷：不明
捕虜：201,302人
2 物的被害
戦艦「スラヴァ」沈没、駆逐艦1隻、潜水艦1隻、その他車両、銃砲及び航空機等

サーレマー島に上陸するドイツ軍の兵士

戦闘記録▶「アフリカ号」の冒険

軍用輸送に飛行船を用いる構想は、第一次世界大戦の早い段階から存在した。例えば、1915年には、オスマン帝国が緊急に必要とする物資の空輸が検討されている。そして1917年には、本国から遠く隔たったアフリカの植民地への戦略的輸送飛行が試みられるのだ。それは、過去に類例を見ない危険で大胆な挑戦であった。

同年5月、マクシミリアン・ツピッツァ医師は植民地省に対し、ツェッペリン型飛行船で孤立無援に陥ったドイツ領東アフリカ(現在のタンザニアおよびその近隣地域)の植民地軍に医療品を届けることを提案する。開戦時、彼はドイツ領西アフリカ駐屯軍の軍医長で、1914年に連合軍に降伏、抑留された後、1916年に捕虜交換でドイツに帰国した経歴を持ち、ロイヤルネイビーの海上封鎖によって補給を絶たれた植民地軍の窮状を憂いていた。

分断された海外植民地が連合軍によって次々占領される中、パウル・フォン・レットウ=フォルベック大佐(1917年11月に少将に昇進)が率いる東アフリカ軍は、絶望的な戦力差を覆し、孤軍奮闘していた。彼らは自らの悲壮な使命を理解していた。母国から遥かに離れたアフリカで、一日でも長く抵抗を続け、一兵でも多くの敵を引き付け、己の血と引き換えに欧州の主戦場に割かれる連合国の戦力を削ぎ落すのだ。フォルベックは、大半が現地兵から構成される15,000人の兵力をもって粘り強いゲリラ戦を展開し、のべ30万人もの連合軍の戦力を「暗黒大陸の僻地」へ釘付けにする。その功績を認められ、彼は1916年11月4日にプール・ル・メリット勲章を受勲している。

英雄を支援するため、何隻かの封鎖突破船が送り出されたが、それも限界に近付きつつあった。従って、ドイツ飛行船団が彼らに救いの手を差し伸べることは、単なる局地戦に対する支援以上の、戦略的・政治的効果が期待された。海軍飛行船団総司令官ペーター・シュトラッサー中佐はこう語っている。「作戦の実行は、勇敢な植民地軍を直接的に援助することを意味するだけでなく、ドイツ国民を再び鼓舞し、世界的な賞賛を高めるイベントとなるだろう」。ツピッツァ医師の働きかけを受けた植民地省もまた、たとえ一か所でも海外領土を守り通すことが出来れば、和平交渉で大きな意義を持つと判断した。

植民地省からの打診に応じたドイツ海軍は、海相フォン・カペレと航空隊司令官シュターケ提督の名においてプロジェクトを承認する。彼らは植民地軍の士気を鼓舞するばかりでなく、海軍の威信を高めようと考えていたのだ。

当時中央同盟諸国が保有する最南端の飛行船基地は、ブルガリアのヤンボルに在った。フォルベックの勢力圏の心臓部にあたるマヘンゲとは、最短距離でも5,800キロ隔たっている。しかし、海軍当局は67,000㎥ものガス容積を誇る空前の巨艦をもってすれば、16トンの補給物資を積んで7,000キロを航行可能と判断した。時速64.4キロで108時間(丸4日と半日!)を飛ぶ計算である。

海軍省は直ちに新しい艦の取得を命じた。計画を軍令部へ正式に通達したり、皇帝の承認を取り付けたりする前に、である。急を要するため、フリードリヒスハーフェンで建造中だったV級3番艦のL 57が船体を延伸してガス嚢を二つ追加する改装を受け、「W級」として就役した。初飛行は1917年9月26日である。全長と体積は、それぞれ196.5メートルから226.5メートルへ、56,000㎥から68,500㎥へと拡張された。その巨躯は見る者を圧倒した。

艦長もスピーディに決定された。とは言え、幾分の紆余曲折があったようだ。シュトラッサーは当初、経験豊富で有能なブットラー大尉を候補に考えていたようである。しかし、飛行は片道切符(東アフリカには満足な飛行船基地が無く、水素の補給が不可能であった)で、東アフリカに到着した暁には艦は解体され、資材として活用する予定であったため、優秀な人材を使い捨てにするのは躊躇(ためら)われた。

ここで浮上したのが比較的経験の浅いボックホルト大尉である。彼はL 23の飛行船司令として艦を海面まで降下させノルウェーの帆船を拿捕するという破天荒な行為で知られ、アフリカ行きで自らの名声を高めようとする野心家でもあった。大胆さと自発性、そして海軍飛行船隊にとって必ずしも不可欠な人物ではないという微妙な条件に合致するのは彼をおいて無かった。かくてボックホルトは歴史的飛行のリーダーの地位を射止める。

「中国案件」という秘匿名称を与えられたこの計画の存在を、軍令部長のフォン・ホルツェンドルフ提督が知ったのは1917年9月19日だった。彼は海軍省へ対しカイザーの決裁を要求した。海相フォン・カペレは記している。「皇帝陛下の許可が9月27日までに得られるならば、10月12日から20日にかけての新月の期間にフライトを行えよう」。海軍省と植民地省にとって最大の懸念事項は、陸軍の意向であった。陸軍航空隊主任参謀のトムセン大佐は、飛行船に対して否定的な見解の持ち主だったからだ。彼が強硬に反対すれば、ヴィルヘルム2世にも影響を与えるだろう。

しかし10月4日、皇帝へ計画が奏上された際、トムセンは好意的な態度を取った。それどころか無条件の支援を約束さえしたのである。かくてカイザーはこの日、計画を承認した。その2日後、軍令部は東アフリカ総督に無電をうち、10月の半ばには飛行船が到着する見込みであると伝える。

同じ頃、ボックホルト大尉はL 57の試験を始めていた。彼は同艦が馬力不足で、かつ操縦性が良くないことに気が付いた。ペイロードを拡大すべく、無理を承知で船体を延長したからだ。2度のテストフライトの後、L 57はユッターボルク基地に移され、10月7日の夜、低気圧と雷雨が接近しており、風もかなり強くなっていたにもかかわらず、3度目の飛行に臨んだ。貨物を積載した状態で全速飛行を行うためだ。結果は致命的だった。悪天候のため艦は不時着を余儀なくされ、格納庫へ収容する際に風に煽られて船体が浮き上がった。艦が流されるのを防ぐため、ボックホルトはバルブを開放して水素を抜いたが、それでも足りないとみると彼は地上要員に命じて銃で外被を撃たせた。ガス嚢に穴を穿ち水素を逃がそうというのだ。このため、水素と酸素の混合気が生じ、火災が発生。10月8日未明、L 57は完全に焼失した。

翌10月9日、海軍省はツェッペリン飛行船製造会社に対し、直ちに代船を建造するよう命じた。同社はその日のうちに、シュターケン工場で建造中のV級5番艦L 59へL 57と同じ改装を施すことを決定。同艦は2隻目のW級として就役し、早くも10月25日には初飛行に漕ぎつける。この飛行船はAfrika-Schiffと呼ばれた。直訳すればアフリカ船であるが、わが国では「アフリカ号」と称される場合が多いため、本項もこれに倣う。

L 57のロスは、明らかにボックホルトの蛮勇が招いた人為的過失だった。シュトラッサーはL 59の司令に内定していたエールリヒ大尉にアフリカ飛行を任せようと考えたが、海軍省と軍令部に反対され、止む無くボックホルトを続投させる。現実問題として、指揮官を交替する時間的猶予は無かったのだ。しかし、ボックホルトの失敗は、既に取り返しがつかないレベルで計画そのものを大きく狂わせていたのである。

L 59は15トンの貨物を積み込んだ。このうち医薬品は2.6トンのみであり、残りのほとんどは銃火器(30挺の機関銃含む)と弾薬だった。10月30日、大元帥たるカイザーより、ボックホルト艦長へ東アフリカ行きの命が正式に下される。無事同地に到着した暁には、彼とその部下は艦を棄て、現地の地上部隊に参加するのだ。11月3日、L 59はシュターケンを発ち、翌日ブルガリアのヤンボルに到着する。中央同盟軍が掌握する最南端の飛行船基地である。

L 59は11月13日と16日にヤンボルから発進したが、悪天候によりその都度、飛行を中止しなければならなかった。そして1917年11月21日午前8時55分、L 59は曇天のもと、三度目の離陸を果たす。今や、巨大な飛行船は5,800キロ彼方の東アフリカを目指し、壮途に就いたのである。艦上には連絡将校として搭乗したツピッツァ医師の姿もあった。

午前中、L 59は追い風を受け快調に航行した。午前9時45分、欧州大陸のトルコ領に所在するアドリアノープル上空を通過。日没後にスミルナの東方を経由して小アジア半島に入り、午後22時15分にはクレタ島の東岸をかすめて地中海の洋上を飛行していた。そこでL 59の搭乗員達は黒い雲が前方に広がるのを目にした。雷鳴が轟き、稲光はゴンドラに詰めるクルーたちの顔を真昼より明るく照らし出す。強風のため、対地速度はしばしばほとんどゼロになった。間もなく、船体の上部にある見張り台から報告が飛び込む。「艦が燃えています!」。

それは古より多くの船乗りを畏怖させてきたセントエルモの火であった。科学的には、それはほとんど無害な自然発生的放電現象であり、帆船時代の伝説では船を嵐から守る聖人エラスムスの加護の顕現である。まもなく、L 59は雲海を後にして澄んだ空の下に出た。頭上には星々が煌めき、前方にはぼんやりとした影が見えた。北アフリカの海岸である。数時間にわたる嵐の中の航海で通信アンテナが破損したため、L 59はこれをハンドウィンチで艦内に収容した。今や、

2隻目のW型となったL 59

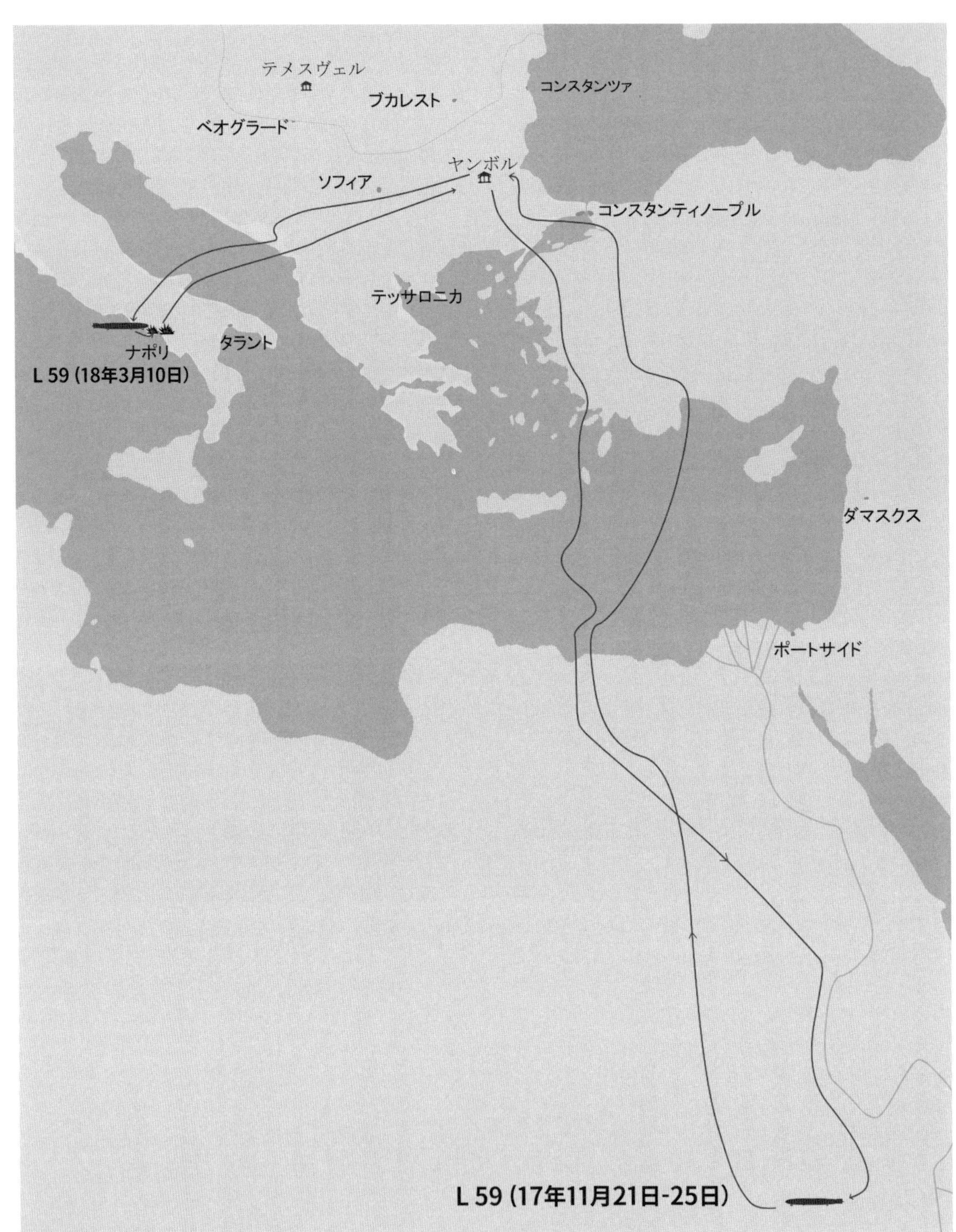

L 59の主要な任務飛行。この他に、ヤンボルとフリードリヒスハーフェンとの往還、失敗に終わったナイルデルタ地域への攻撃任務、最後の飛行となった、マルタへの爆撃など、生涯で19回の飛行を行った。

彼女は外界から隔絶されたのである。

この頃、ドイツ本国では事態が俄かに風雲急を告げていた。L 59が離陸してから僅か3時間半後、植民地省は海軍軍令部に、「植民地軍の支配地域へL 59を安全に着陸させることはもはや保証できない」と通告した。彼らは、英軍の情報を分析し、東アフリカの戦局が決定的に悪化しつつあると結論を下したのだ。同省は軍令部へ、共同で行う作戦の担当者として責任を負うことはできないと伝えた。軍令部長のフォン・ホルツェンドルフ提督は、この見解に同意し、航海の中止を即刻皇帝に上奏する。海軍省もまた植民地省と協議し、事業の放棄で遂に合意を見た。L 57の事故に伴う遅延の代償は、余りにも高くついたのだった。

軍令部はL 59に対し帰還命令を出す。それはヤンボル基地を経由して送信されることになっていたが、同基地からは数時間後に返答があった。前線基地の通信設備ではもはやL 59まで電信を届けられないというのだ。そこで21日夜、ベルリン近郊のナウエンにある強力な海外向け電信局からL 59に宛てて交信が試みられるも、徒労に終わった。そのとき彼女は地中海上にあり、まさに夜闇の中で嵐と格闘している最中だったのだ。

波乱の一夜が明けた11月22日午前5時15分、L 59はアフリカに到達した。上陸地点は、アレクサンドリアの西方250キロのメルサマトルー近辺である。眼下にはグレー一色に覆われた不毛な荒野が広がるばかりとなった。クルー達は月面に連れて来られたように感じたという。一点の曇りもない空からは、ぎらつく太陽の光が容赦なく降り注ぎ、焼かれる砂漠から熱気が立ち上った。かつていかなる飛行船も飛んだことのない、過酷な環境である。

熱気流は船体を激しく振動させ、経験を積んだベテラン達でさえ船酔いに苦しんだ。地上からの強い反射光に長時間曝された搭乗員は耐え難い頭痛に襲われた。それでもL 59はほとんど目印のないサハラの上空を、遥かな昔の隊商さながらに、オアシスからオアシスへと正確に飛んでいく。ボックホルトと部下たちの航法の手腕は、まさに称賛に値する。

午後16時20分、司令ゴンドラ後方のエンジンがギアボックスの故障により停止した。このエンジンは通信機への電力供給を担っていたため、無電の送信が不可能になる。一方、アンテナは再展張しており、受信は可能だった。残る4基の発動機はフライトが終わるまで稼働し続けたが、頻繁に故障を繰り返し、機関士の手を煩わせた。

そのころ、地表はその容貌を変化させつつあった。砂漠は、凹凸に富む峻険な岩場へと移り変わる。空が夕焼けに染まる時、ナイル川はそう遠くないところにあった。午後21時45分、L 59はワジ・ハルファ（現在のスーダン）上空で大河に巡り合う。地中海岸の河口から500キロ遡った地点である。そこは既に英国の勢力圏であった。この先、L 59は敵国の広大な植民地（現在のスーダン、ウガンダ、ケニア）を縦断し、3,200キロ彼方の目的地を目指すのだ。

一方、英国は敵飛行船のフライトを察知し、迎撃の準備を進めていた。植民地軍には近代装備が不足していたが、それでも航空機と高射砲が配置に就いている。厳重に秘匿されていた筈の「中国案件」は、広く知られるところとなっていたのだ。海軍省は、ツェッペリン飛行船製造社に「機密保持のため、文書作成は緊急の場合にのみ行うように」と指示していた。基本的にはすべて口頭で話し合うことになっていた。テスト飛行の目撃者は漏れなく、署名によって守秘を誓った。L 57やL 59の乗組員に至っては、給与明細に命令が記入されておらず、架空の任務を与えられていた程だ。しかし、あらゆる努力は結局無に帰する。

ヤンボル海軍特別分遣隊の指揮官、フォン・マンゲルスドルフ大尉は、「この事業の目的は、ドイツでもバルカン半島でも知られるようになった」と報告している。実際、L 57が建造されたフリードリヒスハーフェンでは、街の人々が東アフリカ行きについて噂していた。バルカンでは、飛行船隊の制服を身に着ていた将校が、アフリカ事業に関わっているのかと尋ねられた。そのような計画は何も知らないと答えたところ、声をかけてきた官吏は、この事業はコンスタンティノープルで一般的に知られていると答えたという。そしてなにより、イギリスでは捕虜となったL 45の艦長、ヴァルデマル・ケッレ大尉が、尋問に当たった英軍将校フレンチ少佐の詳細な知識に驚かされていた。

1917年11月1日、ケッレ大尉は次のように記している。

「少佐は、すべての飛行船司令の名前を知っていた。…誰が最も優秀かという評価も含めて。ブットラーからボックホルトへの交代、そしてL 57の破壊も知っていた。彼は、船の拡張と、その目的を説明した。意外なことに、ブットラーがL 57の指揮を放棄した理由や、ボックホルトの一般的な評価も聞いていた」。この報告書は、捕虜交換で帰国した男の靴に隠されてドイツに持ち込まれ、シュトラッサーに届けられた。しかし、それは1918年4月25日のことで、当然ながら全てが終わった後だった。

1917年11月22日の夜、虎口に引き寄せられているとはつゆ知らず、L 59は南下を続けていた。船はモンスーン地帯へ足を踏み入れ、空気は蒸し暑く、高い湿度を帯びていた。気温は飛行高度ですら午後22時30分時点でセ氏20度に達し、午前3時になると25度にまで上昇する。このため、気嚢内の水素と外気との間に負の温度差（水素温度<外気温）が生じ、L 59は急速に浮力を失ったのだ。ボックホルトは動的浮力によってこれを補おうとし、エンジンをフル稼働させたが、それでも高度は940メートルから僅か400メートルへとみるみる低下した。一度などは山の頂にぶつかりそうになり、かろうじてこれを回避した程である。悪いことは重なるもので、高気温のためエンジンはオーバーヒートし、故障した。遂にL 59は2.8トンものバラスト水と弾薬の一部を投棄し、漸く彼女は上昇し始めたのであった。

その間、ボックホルトたちはナウエン通信局が発した帰還命令を受信していた。時に、11月23日午前0時45分であった。ドイツからの無電は、東アフリカの友軍が大きな損害を受け、主要な地点が占領されつつあると伝えていた。このとき、L 59の内部では議論が巻き起こったという。一部の乗員が、電信は英軍の謀略だと主張したのだ。しかし前述した通信機の不調のため本国への照会は不可能だった。午前2時30分、L 59は回頭し、北に向けて帰路に就いた。この時の位置はハルツーム(現スーダンの首都、同国の中央にある)から西に200キロ、目的地のマヘンゲまで2,500キロを残すばかりであった。直線距離で5,800キロに及ぶ過酷な行程の過半を、尋常ならざる努力と忍耐で乗り切ってきたクルーたちの心情はいかばかりであっただろうか。

L 59が任務を中断したのは「英国の謀略」によるものだという言説が、第一次大戦後広く流布された。殊にドイツでは、帰還を命じる無線が偽計であったとする書物が多く出版されている。英国でも、そのような主張をする者が現れた。ドイツ人にとっては、L 59の壮大な旅が未完に終わった責任を敵に転嫁したいと思うのは自然な心理であるし、英国人にしてみれば自らの計略が仇の意図を挫いたとする物語は魅力的であろう。しかし、現在では綿密な一次資料の分析によりかかる陰謀論は否定されている。ボックホルトが受け取った命令は、正真正銘ドイツ海軍が発信したものだったのだ。

その後L 59は再び砂漠を踏破して11月24日の午前3時30分にアフリカ大陸を離脱し、地中海上で再度嵐に遭遇したり、小アジアの山脈の真上で夜間の冷気により浮力を失いかけたりしながらも、ブルガリアのヤンボル基地に無事着陸を果たす。25日午前7時40分であった。ボックホルトと部下たち、そしてL 59は、過酷な天候や気候に耐え、95時間6,800キロの冒険飛行を、無着陸で成し遂げたのである。しかも艦内にはあと64時間飛べるだけの燃料が残されていた。この偉業は、飛行船の比類ない航続力と積載力を証明し、戦後の民間航空における成功を予感させるものであった。

L 59は帰還後、地中海東部を中心に活動したが、1918年4月7日、アドリア海とイオニア海の境界に位置する南イタリアのオトラント上空で爆発炎上する。ボックホルト艦長以下の搭乗員に生存者はなく、事故の原因は今日に至るまで不明である。一説には雷が直撃したとも云われる。

東アフリカの植民地部隊を指揮したパウル・フォン・レットウ=フォルベックは、敗戦まで粘り強く抵抗を継続した。L 59が反転した時点では、彼の部隊は猛攻を受けつつも依然として目的地周辺を保持していた。「謀略説」が生まれた理由の一端は、この事実に帰せられるかもしれない。戦後フォルベックは英雄として祖国へ戻るが、空中輸送が中止されたことについては、当時の情勢に鑑みてやむを得ないと考えていたという。

2022年現在の時点で、L 59が打ち立てた95時間に及ぶ無着陸飛行のレコードは、1世紀以上の時を経てなお、依然として軍事作戦上の飛行としては空前絶後のものである(実験飛行では、戦間期に英仏の飛行船がこれを超える記録を出している)。

「アフリカ号」は遂に戦局に寄与することは無かったが、航空史に燦然たる足跡を遺したのである。

アフリカ飛行から帰還した直後のL 59の搭乗員達。中央で制帽を被っているのがボックホルトである。(写真:Harry Redner)

終章

「それでも、飛行船は飛ぶ」

第1節　ドイツ飛行船団の滅亡

1918年11月、中央同盟国の盟主であったドイツ帝国が降伏。第一次世界大戦はその幕を閉じた。連合国、同盟国双方の戦死者の合計は、1,000万人とも、1,500万人とも言われる。凄まじい戦禍に戦慄した連合国は仇敵ドイツの復活を恐れ、恒久的な無力化を決意。苛烈なヴェルサイユ条約を突き付ける。

広く知られる通り、この条約によってドイツは1,320億マルクという天文学的な額の賠償金を課せられたのみならず、海外植民地の全てと本国領土の一割を失ったのである。軍備も厳しく制限され、総兵力は10万人以下に抑えられると共に、飛行機、戦車、毒ガス、弩級戦艦といった近代兵器は所持すら禁じられた。

攻撃兵器としての命脈が尽きていた硬式飛行船もその例外ではない。1919年の時点で残存していた16隻のツェッペリン型飛行船（うち3隻は終戦後に完成、DELAG社により民間船として運用されていた）は、悉く連合国に引き渡されることになる。これに憤ったドイツ海軍飛行船部隊の将兵は、最期の抵抗として7隻を自らの手で破壊する。かくて残った9隻のうち、各々2隻ずつが英国、フランス、イタリアへ、1隻ずつが日本とベルギーへ譲渡され、引き取り手の無かった1隻は解体。日本が手に入れたL 37は分解されて海路運ばれるが、再建されないまま廃棄されることになる。

なお、米国も1隻を受け取る予定であったが、該当の艦がドイツ兵に破壊されたため、後に代替艦が新造される。これこそはLZ 126「ロサンゼルス」に他ならない。

地上設備もその多くが解体される運命にあった。連合国はドイツ陸海軍の飛行船格納庫をすべて撤去するよう命じ、生産設備もほとんどが処分される。これらの施設の一部は連合国へ持ち去られるが、日本の霞ケ浦に移築されたユッターボルク（ベルリンの南方60キロに位置する地方都市）の格納庫を除き廃棄された。この格納庫は1929年に豪華客船LZ 127「グラーフ・ツェッペリン」が世界一周の途上で来日した際に活用されることになる。

補給艦「パトカ」に係留されたUSS「ロサンゼルス」

第2節　兵器としての飛行船の“成果”と限界

こうして、かつて世界を震撼させたドイツ軍空中艦隊は跡形もなく消滅したのである。その戦いは、悲惨の一言に尽きる。彼らの任務は、多岐に渡った。海軍は索敵や哨戒などの洋上任務、および英国に対する戦略爆撃に、陸軍は戦術爆撃や欧州各地の都市空襲に、飛行船を用いた。その結果、戦時中軍務に就いた艦は、硬式飛行船だけでも115隻に上る。硬式飛行船の建造費は、初期の小型のものは5万ポンド、末期の大型のものは15万ポンドと大きく変わるが、平均して約10万ポンドと推計される。そこから類推すれば、艦隊の建造費用だけで実に1,150万ポンドを要した計算となり、これはソッピース パップ（大戦中期の英軍主力戦闘機）6,700機分、あるいはオライオン級超弩級戦艦6隻分に相当する。空中艦隊の建設は、まさに国家を挙げた事業として推進されたのだ。

だが、艦隊は凄まじい失血に直面する。115隻のうち、撃墜されたもの17隻、天候不順等のアクシデントで喪われたもの26隻、着陸時に破壊されたもの19隻など、戦闘及び事故によるロスは84隻にも達した。一方、連合国による接収は9隻である。飛行船団は第一次大戦の容赦ない消耗戦を最後まで戦い抜き、戦後の解体を待つまでもなく、事実上潰滅したのだ。

搭乗員の死者は、陸軍が52名。海軍に至っては389名を数えるが、これは養成された人員の実に4割に相当する。飛行船の戦いは、世界初の総力戦となった第一次大戦の惨禍を如実に物語っていると言えよう。

では、これほどの犠牲に見合うだけの「戦果」はあったのだろうか。筆者としては到底首肯しがたい。確かに、飛行船によるブリテン空襲で英国が蒙ったダメージは、死者557名、負傷者1,358名、物質的損害150万ポンドに上る。二十数年後の第二次大戦下に行われた戦略爆撃の破滅的な結果に較べれば「微々たるもの」とは言え、「都市空襲」を初めて経験した当時の人々を震え上がらせるには充分であった。実際、英軍は国家の威信をかけてこれを阻止すべく、多大なリソーセスをつぎ込むことを余儀なくされた。本土防空隊の人員は1917年年初の時点で17,000名を数え、機材は18年後半に高射砲約400門、戦闘機約250機に達する。そのコストは、相当なものであったろう。

しかし、英国民の士気を阻喪させるには至らず、戦争経済の破砕も出来なかった時点で、戦略爆撃としては失敗に他ならないのである。加えて、英国上空でドイツ軍は17隻の飛行船を失い（戦闘機による撃墜8、高射砲による撃墜4、事故による喪失5)、搭乗員158名が死亡しているのだ。

すなわち、それら飛行船17隻分の建造額を約170万ポンド（上述のとおり1隻あたり約10万ポンド）と見積もると、それだけで英国の物質的損害額を優に上回り、訓練された搭乗員1名の命を老若男女取り交ぜた民間人3.5人のそれと交換したことになる。この非情な、そして人倫に悖（もと）る命の勘定は、ドイツ空中艦隊の爆撃作戦が、戦争に勝利する手段としては破綻を来していた明白な証拠となろう。

また、ドイツ海軍飛行船団にとって、英国本土攻撃と並ぶ重要な戦略任務であった洋上での哨戒および偵察は、損失こそ相対的に小さいものの、外洋艦隊の行動の自由を回復し、ロイヤルネイビーの「大艦隊」に一撃を与え、海上封鎖を解くという目標を達するには、遥かに至らなかった。ために、ドイツ帝国は食料及び工業資源の深刻な欠乏に直面し、その戦時体制は崩壊するのだ。ここでも、空中艦隊の建設に投じられた人員、資材、資金は結果としては無為に浪費されたといっても過言ではない。

彼らの蹉跌（さてつ）は極言すれば、自らの失態により難局を招き寄せた軍上層部が、場当たり的に飛行船へ救済者の役割を要求し、当時の彼女たちの力量を遥かに超える責務を背負わせたことに起因する。例えば、航空機運用に必須のインフラの数々——正確な航空気象情報や自己位置の標定装置——は未だ不完全であった。にも拘わらず、遠海や敵国内陸部まで長駆出動したがため、墜落したり、任務に失敗した飛行船の例が多数あることは、本書のいたるところで見つけられるだろう。

また、航空戦力の建設途上で戦争に突入したが故の、ドクトリンの不在も見逃せない。確かに、事情は他の列強も同様であったが、絶対的な戦力差はドイツ軍に飛行船の大規模な投入の強行を迫った。陸軍では、戦前にどのように使用するかがある程度想定されていたものの、現実を無視した運用は前線での手痛い失血により早々に破綻した。海軍では事態はより深刻で、効果的な戦術を研究する間もなく戦争が始まり、多大の犠牲を払い実戦を通じて試行錯誤していくしかなかった。

飛行船司令が着意すべき内容、状況判断の指針とすべき飛行船運用マニュアルを海軍飛行船隊が作成できたのは、漸く1918年だった。航空機械をシステムとして運用し、その能力を十分に発揮させ、戦略的任務に就かしめるためには、ソフト・ハード両面において、当時の技術は余りに未熟だったのである。繰り返すが、大戦中に喪われた84隻のうち、戦闘による撃墜は17隻である。彼女たちは、戦闘機や高射砲の餌食になったというよりは、運用上の無茶・無謀によって甚大な損害を被ったのである。

更に、戦中、大量の船を運用していく上で、飛行船そのものが抱える問題点も明らかになった。

ただしそれは、世に言われるような、「巨大で速度が遅く射撃の的」になりやすかった、というようなものではない。そのような問題は、戦前からある程度認識されており、エンジンの性能向上による速度増大、高高度性能の向上、新月に近い時期に出撃するなどの調整、そして、船体下部への黒色塗装等により、対処可能な部分が大きい。事実、飛行中の船が連合軍の攻撃により相次いで撃墜された事例は意外なほど少なく、開戦直後の西部戦線か、1916年秋の英国本土上空に限られる。これらはいずれも、一線級の機材が陳腐化しつつあった時期に発生しており、適切な装備の更新を行いさえすれば、飛行船が敵の迎撃に対し相応の生存性を確保できたことを示唆している。それよりも、飛行船そのものの性質に起因する、重要な問題点があったのである。

一つ目は、離発着に大量に人手を必要とする事である。空気より軽いがゆえに、横風に弱く、風にあおられて地面や格納庫と接触するだけで、一部を破損してしまう。これを防ぐためには多くの人員が必要で、人件費や、離発着のための時間など、飛行機よりもコストはかさむ。

二つ目は、兵站上必要な資源の増大だ。即ち、浮揚ガスである水素と、エンジンを動かすための燃料の二つを常時供給しなければならない。当然、後者のみを必要とする飛行機と比して、運用のための施設、輸送車両、人員は多くが必要になる。

三つ目は、より根源的な事項だ。即ち、搭載量や上昇限度などの性能の改善のためには、浮揚ガス追加が不可欠であり、必然的に体積は増大する。このため、飛行船の船体は恐竜のように肥大化を続けた。結果、空気抵抗は増し、地上での取り扱いは困難になり、必要人員の増大を招き、気象条件への配慮も複雑化の一途を辿る。一方、飛行機の性能はその多くがエンジンや操縦系統等のメカニズムに依存するため、機体体積の増加を抑制して進歩を続けられた。従って、飛行機が飛行船をコストパフォーマンスで凌駕するのは、はじめから時間の問題だったのだ。

およそ兵器とは、その目的をより効率的に達成するために、必要な性能・諸元を備えた、戦闘力発揮のための基盤に過ぎない。飛行船は、従来では不可能だった場所に火力を投射し、あるいは、常続的に正確な情報を獲得する手段として期待されていた。しかし、同じ目的を達成するために、より安価な手段が、より多く、より安易に投入できるならば、効率性が追求される戦場においてそちらが重宝されるのは自明の理である。

確かに、飛行船が最後まで保持した優位性――並外れた航続距離と積載量――は、第一次大戦後に至るまで揺らぐことは無く、戦間期の国際民間航空を支えはした。また、卓越した高空性能と夜間飛行能力により、一定の生存性を、戦争末期にいたるまで保ち続けた。だが、大戦中に急速に発達した飛行機との比較において認識された飛行船の諸々の不利点――速力、経済性、発展性の不足――は、攻撃兵器としての命脈を絶つであろう。

突飛な例えかもしれないが、飛行船と飛行機の関係は、ネアンデルタール人とクロマニヨン人のそれに近いのではないだろうか。かつては、ネアンデルタール人は知性の優れたクロマニヨン人に殺戮されて滅びたのだと考える向きもあった。しかし、今日では、テクノロジーの発展や食料確保の競争で後れを取り、徐々に生存領域を失っていったとするのが定説だ。飛行船も、撃墜されて滅びたのではなく、適者生存の法則により淘汰されていったのだ。そして、ドイツ軍は、彼らだけが使いこなせた飛行船の一時的優越を、明らかに過大評価していた。その代償は、高くついたのだ。

かくて、危急存亡の秋(とき)に臨み、ドイツ帝国は飛行船団に一縷(いちる)の希望を見出し、その整備に国力を傾けたが、複数の深刻な錯誤により、その努力が報いられることは遂に無かったのだ。古代中国の兵書、「孫子」は次のように説く。すなわち、「勝兵先勝而後求戦、敗兵先戦而後求勝」。平易にその大意を書き下すなら「勝者は勝利を得てから戦場へ赴くが、敗者は戦場へ赴いてから勝利を得ようとする」となろうか。ドイツは紛れもなく後者であった。地上では仏露の二大陸軍強国を相手に両面作戦を強いられ、洋上では海洋覇権国家たる英国を敵に回した彼らは、戦力はもちろん、国力・生産力の面でも、絶対的な不利に立たされていた。

かかる世界政策上の一大失態、換言すれば戦略的破綻を、開戦後に飛行船やUボートといった新兵器の投入で糊塗しようとしたことが、そもそもの誤りだったのである。それはまさに「戦場に赴いてから勝利を得ようとする」行為に他ならなかった。しかも、都市空襲や無制限潜水艦作戦は、悪逆非道な行為として世界に喧伝され、ドイツの国際的地位は悪化し、苛烈な戦後の処分へと繋がったのである。戦術的・技術的合理性にのみ捕らわれ、視野狭窄に陥った国家の末路という他ない。

二十世紀における二度の悲惨極まる大戦で、ドイツはその「技術的優越性」を活かして能(よ)く戦ったという言説が存在する。確かに、第一次大戦では飛行船やUボートが、第二次大戦では弾道ミサイルやジェット戦闘機、機甲部隊が、世界に先駆けて実戦投入され、あるいは新戦術の下で運用され、連合国を苦しめた。しかし、それは事実の一面に過ぎない。かかるドイツの「強さ」は同時に、戦略的に圧倒的な不利に立たされた者の足掻きであり、つまりは「弱さ」の顕れでもあるのだ。ハイトクライマーとV2ロケットは、ともに戦争の行方がほぼ決した時期に登場し、英国本土へ無慈悲な攻撃を行うも、戦局の趨勢には影響を及ぼすことが無かった点において、似通った存在であったと言えよう。V2ロケットを構成する一部の部品がツェッペリン飛行船会社の末裔によって生産されていたのは、哀しい皮肉ではあるが。

それでも、飛行船の戦いは、確かに新時代の戦争の扉を開いた。彼女らが生み出した様々な新戦術は、飛行機によって発展的に継承されるであろう。かくて第二次世界大戦は、空を制する者が勝利者となる一大航空戦として戦われる。そして戦争はますます無慈悲かつ凄惨なものになっていくのだ。

ドイツ軍が第二次世界大戦末期にイギリスに向けて発射した、世界初の弾道ミサイルであるV2ロケット

第3節　旅客飛行船黄金期

第一次大戦後まもなく、戦勝各国はこぞってドイツから接収した飛行船を運用し、あるいはこれを研究して独自の飛行船を建造、そのテクノロジーを我が物にしようと試みた。彼らにとって巨大な硬式飛行船は、依然として魅力的な存在だったのである。しかし、これらは悉く失敗に帰した。

フランスはX級3番艦L 72を取得し、第一次大戦の戦場にちなんで「ディクスミュード」と命名、再就役させる。同艦は1920年代初頭、地中海や北アフリカ周辺で長距離飛行実験を繰り返し、1923年9月には118時間の連続飛行記録を打ち立てた。このときの飛行距離は7,200キロにも及ぶ。フランス航空当局は本国と北アフリカ植民地を飛行船で結ぼうと企てており、1923年12月、「ディクスミュード」は乗員乗客50名を乗せて南仏のキュエール（Cuers）を出発、アルジェリア中部のイン・サラーを目指した。だが地中海のシチリア沖で爆発事故を引き起こし、乗っていた全員が死亡した。これは航空事故としては当時世界最悪のもので、以後フランスは飛行船から手を引く。

イギリスは1916年にブリテン本土で撃墜・鹵獲されたL 33（R級）の設計を取り入れ、独自の飛行船R 33とR 34を建造した。これら2隻は1919年3月に相次いで完成する。R 34は同年7月、偏西風に逆らって英国から米国へと飛んだ。ヨーロッパ側から出発して大西洋を無着陸で横断した航空機はR 34が初である。

その後イギリス政府は世界中の植民地と本国とを飛行船で連結しようと企図し、巨大な飛行船R 100とR 101を建造する。これらは1929年に完成し、1930年10月、R 101は航空大臣のトムソン卿以下54名を乗せ、インドへ向け出発した。そしてパリ近郊に墜落、48名が還らぬ人となったのである。この結果、英国もまた、硬式飛行船の運用を断念する。

アメリカもまた、茨の途を進んだ。海軍は1923年、第一次大戦中のドイツ飛行船の設計（特に1917年にフランスで鹵獲されたL 49）をベースに一番艦「シェナンドア」を完成させるが、これは1925年に事故で喪われた。その後、テストベッドとしてドイツで建造されたLZ 126「ロサンゼルス」の運用結果等をもとに、1931年、彼らは全長240メートルを誇る最新鋭の巨艦「アクロン」を就役させる。同艦は水素に替えてヘリウムで飛行し、5機の戦闘機を搭載、飛行中に発艦および着艦を行うことが可能であった。

「空中空母」とも称される「アクロン」であるが、その主任務は硬式飛行船の長大な航続力を生かし遠洋へ進出、艦載機によって哨戒を行うことであり、今日の早期警戒機に近い存在であった。1933年には姉妹艦「メイコン」も完成するが、彼女たちの生涯は極めて短かった。「アクロン」は1933年4月に、「メイコン」は1935年2月に、いずれも悪天候に起因する事故で喪われる。特に「アクロン」の墜落では73名が犠牲となり、これは飛行船事故としては史上最悪である。ここに至って、アメリカも硬式飛行船を放

フランスがL 72を入手して運用したDixmude（デュクスミュード）

イギリスが1929年に完成させた硬式飛行船R 101

世界最大級の巨大飛行船であったUSS「メイコン」。「アクロン」の同型艦

棄することを余儀なくされたのだ。

こうして、戦勝国は硬式飛行船の長大な航続力と飛びぬけた積載量に着目し、これを自国に導入しようと企てたが、全て挫折したのである。曲がりなりにも巨大飛行船を軍用および民間で運用し得たのは、ドイツ一国に限られた。このことは、国境を越えたテクノロジーの伝播を考えるうえで興味深い一例となろう。

一方、冬の時代を耐え抜いたドイツの飛行船産業は、1920年代に入ると復活の兆しを見せる。ヴェルサイユ条約で容積30,000㎥以上の船の建造を禁じられた（大戦前期の主力、P級ですら容積33,000㎥である）彼らは、細々と鍋や釜を作ることで糊口をしのいでいたが、米国から大型船の発注が舞い込んだのである。これこそは、1924年に完成したLZ 126（米国名「ロサンゼルス」）に他ならない。同船の容積は空前の70,000㎥におよび、降ってわいた特需にツェッペリン飛行船製造会社は俄かに活況を呈した。この船はドイツ人クルーの手によって大西洋を横断し、米国へ引き渡された。最新鋭の巨船を我が物とした米国民は歓喜したが、ドイツ人の感激はそれに勝るとも劣らないものだった。敗戦に打ちひしがれた彼らは、先端技術の結晶を自らの手で創造し、遥か米国まで届けたことを、大いに誇りとしたのである。

幸運は続いた。翌1925年、ロカルノ条約によって飛行船の大きさに関する制限が撤廃されたのだ。ドイツ国内では新しい飛行船を自分たちのために作ろうとする国民的運動が盛り上がり、300万マルクという巨額の義捐金に結実した。かくして建造されたのが容積100,000㎥、最高速度時速118キロ、航続距離10,000キロを誇る新造船LZ 127である。

1926年に着工された同船は、1928年に完成し、ツェッペリン伯爵の愛娘ヘラによって「グラーフ・ツェッペリン」と命名された。偉大な先駆者の名前を冠するこの飛行船は、乗員乗客60名を乗せて大陸間を飛行することが可能だった。乗客用個室は、その全てにベッドと机、クローゼットが備わり、窓から空を見ることも出来た。また、贅沢な食事を味わうことが出来る食堂や、シャワールームも設けられた。まさに、当時一流のオーシャンライナーさながらの快適さで空の旅を愉しむことが出来たのである。この船はその後1937年までに通算590回ものフライトを無事故で成功させ、大西洋を渡ること144回、13,000人もの乗客を運んだのである。1929年には世界一周を敢行し、その途上で日本にも立ち寄っている。この時、寄港地の霞ケ浦には30万人もの観衆が詰めかけたという。

その頃、世界は再び暗黒の時代に足を踏み入れつつあった。1929年、米国を震源とする世界恐慌が発生、相対的安定期にあったドイツ経済の脆弱な基盤は粉砕され、街には失業者が溢れる事態となる。そして1933年には遂にナチスが政権を握る。ツェッペリン伯爵から飛行船産業を託されたフーゴー・エッケナーは、リベラル寄りの人物であった。彼の信ずるところによれば、第一次大戦で兵器としての命脈を絶たれた飛行船が生き残る道は、平和時の民間事業にこそあったのである。

エッケナーは、武力によるドイツの「復権」を公言するナチスに対する批判的態度を隠そうともしなかった。1932年の大統領選ではヒトラーに対抗すべく、社会民主党から出馬を打診されたほどである。新聞は、「ヒトラーか、エッケナーか」と書き立てた。このときはヒンデンブルクが再度立候補・当選し、両者の対決は実現しなかったが、爾後ナチスはエッケナーを徹底的にマークする。ゲシュタポは彼を収容所送りのブラックリストに載せていたともいわれるが、国際的な知名度ゆえに、かろうじて自由の身を保つことは出来た。それでも、宣伝相のゲッベルスはエッケナーの動静を報じることをマスコミ各社に禁じ、彼は社会の表舞台から姿を消す。

1934年、ツェッペリンの飛行船旅客輸送会社（DELAG社）は、新設の国策企業「ドイツ・ツェッペリン航空会社」（DZR）に吸収される。DZRはゲーリングが大臣を務める航空省の管轄であり、ここにドイツの飛行船産業はナチスによって支配される。皮肉なことに、ツェッペリン伯爵が遺したコンツェルンがナチスの軍門に下ったことで、難航していた2隻目の巨大旅客飛行船の建造が実現する。1931年に起工した新造船は、全長245メートル、容積20万㎥（「グラーフ・ツェッペリン」の倍）という途轍もない大きさを誇り、最高速力は時速135キロ、航続距離は1万8,000キロに及んだ。しかし、折からの大恐慌で資金調達すらままならず、建造はほとんど頓挫していたのだ。　エッケナーとの会見でそれを聞いたゲッベルスは「簡単なことだ」と言い放ち、巨額の国家資金を投入した。計画はたちまち息を吹き返し、巨船はLZ 129として1936年に就役する。ナチ

1929年、世界一周からドイツに帰還したLZ 127「グラーフ・ツェッペリン」

スはこの新鋭飛行船を「ヒトラー号」と命名するよう圧力をかけるが、エッケナーはそれを退け、「ヒンデンブルク号」と名付ける。第一次世界大戦の英雄で、戦後はドイツの大統領を務めた人物の名だ。

その船尾には、エッケナーが忌み嫌うハーケンクロイツがひときわ大きく描かれていた。ナチスは「ヒンデンブルク」と「グラーフ・ツェッペリン」を度々プロパガンダに用いた。空を圧する彼女たちの巨躯は、見る者に強い印象を与えるばかりでなく、ツェッペリン伯爵が勇敢に実験飛行を繰り返し、民衆を熱狂させていた「古き良き」時代以来の、飛行船と国民との強く、ナショナルな紐帯を思い起こさせるものだったのだ。

1936年のラインラント進駐に際し、プロパガンダ飛行を命じられた「ヒンデンブルク」は悪天候の中無理を押して離陸し、船尾を損傷する。船長を務めていた第一次大戦のエース艦長、レーマンに対し、エッケナーはこう叱責する。「(悪天候は)世界一バカげた飛行を取りやめる十分な理由になったではないか」。この発言により、エッケナーの失脚は確実なものとなり、ナチスは御しやすいと見做したレーマンをDZRの社長に据えた。そして「ヒンデンブルク」は同年8月のベルリンオリンピックでドイツの科学力を誇示する見世物として、プロパガンダ飛行を強いられるのである。

その後、1936年のうちに「ヒンデンブルク」は南北アメリカ大陸とドイツとの間を17往復した。速力の優れた同船は二日前後で大西洋を渡ることが出来た。内装は「グラーフ・ツェッペリン」よりもモダンに設えられ、乗客区画は2階建てとなり、上層のAデッキには客室とラウンジ、レストラン、読書室があり、下層のBデッキにはバーと喫煙所、シャワー室、医務室などがあった。乗員乗客は100名に上り、当時世界最先端、最高峰の乗り物であった。

「ヒンデンブルク」と「グラーフ・ツェッペリン」の2隻体制となったDZRの旅客事業は活況を呈し、1936年だけで63回のフライトを行い、3,568人の乗客を乗せて延べ60万キロを飛行している。

飛行客船の黄金期は、しかし、じつにあっけない幕切れを迎えた。1937年5月6日、ニューヨーク郊外のレイクハースト空港に到着した「ヒンデンブルク」が、突如爆発・炎上したのだ。巨大な船体は僅か40秒で灰燼に帰し、乗員乗客97名中35名が死亡する大惨事となった。

この事故はタイタニック号の悲劇と双璧をなす交通災害として喧伝され、膨大な量の水素を背負って飛ぶ飛行船の信頼性は失墜する。実は、エッケナーはその危険性を認識し、当時唯一のヘリウム産出国であったアメリカからこれを輸入する交渉を進めていたし、「ヒンデンブルク」はヘリウムを用いて飛行するよう設計された。だが、ナチスを警戒する米国政府は遂に輸出を認めなかったのだ。

何にせよ、ナチスにとって飛行船は国威発揚の一手段に過ぎなかったため、この事故は飛行船を放棄する理由としては十分すぎるものであった。かくしてLZ 127「グラーフ・ツェッペリン」は引退を命じられ、起工を待つばかりだったLZ131は建造中止、ほぼ完成していたLZ 130「グラーフ・ツェッペリンII」は幾度かの試験飛行の後、LZ 127と共に廃棄された。

LZ 130とLZ 131はともにLZ 129「ヒンデンブルク」と同規模の巨大客船であり、もし彼女らが就役し、揃ってヘリウムで運用されていれば、近代航空史は今日の我々が知るものとは全く異なるものになっていただろう。

しかし、「ヒンデンブルク」の事故によって総ては夢と消えたのである。ツェッペリン伯爵が生み出した硬式飛行船は、蜃気楼のように跡形もなく姿を消した。第二次大戦中にはドイツ国内に残存していた生産・運用のための施設も戦略爆撃により悉く破壊される。戦争中、飛行機は格段の進歩を遂げ、戦後まもなく大西洋を横断可能な四発の旅客機が登場、さらに動力はピストンエンジンからジェットエンジンへと進化し、世界をつなぐ存在となる。

いまや、巨大飛行船は人々の郷愁や追憶の中に居場所を見出すより他なかったのだ。

1936年、米国のレイクハースト海軍基地で撮影されたLZ 129「ヒンデンブルク」

LZ 129の最期。1937年5月7日 ニュージャージー州レイクハースト

第4節　飛行船の未来

それでも、彼女たちは飛び続けた。第二次大戦中には米国が130隻を超える小型の軟式飛行船を建造し、対潜哨戒に投入している。これらの船はレーダーとソナー、磁器探知機を装備し、輸送船団を襲撃せんとするUボートの接近に目を光らせた。空中で静止可能で、かつ長時間飛行できる飛行船は、こうした任務に好適だったのだ。

皮肉なことに、一時代を築き上げたツェッペリン型などの硬式飛行船は、運用の複雑さ故に放棄され、より簡潔な造りで運用も容易な、そしてそれ故に、能力が劣るとしてドイツ陸海の飛行船から軽視されたパーセヴァル型に端を発する軟式飛行船が軍用として生き残り、飛行船の持つ特性を生かすことができたのであった。しかしその対潜哨戒任務も、戦後はヘリコプターに担われる。

現在では、飛行船の用途は主に商業的宣伝飛行や遊覧飛行に限られ、軟式や半硬式など中・小型の船が細々と活動を続けているに過ぎない。天翔ける船は今日、冬の時代を迎えているといっても過言ではなかろう。

では、その将来は暗いのだろうか？ 決してそんなことはない。効率性を極限まで追い求めた現在の航空旅客輸送こそ、その限界を露呈しているのだ。狭い座席に縛り付けられ、数時間、あるいは半日以上にわたって、ひたすら目的地に着くのを待ち続ける。ジェット機特有の騒音と振動を耐え忍び、小さな画面に映し出されるハリウッド映画で気分を紛らわす。そんな惨めなフライトのどこに、空の旅の愉しみがあるというのか。

乗客の苦痛を軽減するため、超音速機の開発も進められているが、本質的な解決には繋がらない上に、安全性・快適性・経済性・環境性などの課題が山積し、コンコルドの退役以来目に見える進歩は実現していない。

飛行船ならば、個室のベッドで眠り、サロンの広いテーブルで磁器の食器を使ってディナーを愉しむことが出来るというのに。読書室では、快適な椅子に深々と体を預け、目の前の雲海を眺めながら冒険小説に心を躍らせるのも良いだろう。これら全てが、80年以上も前に、実現されているのだ。

無論、飛行船は速度とコストの面でジェット旅客機には太刀打ちできない。今日の高速大量輸送の主力を担うことは無いだろう。しかし、かつて国際旅客輸送の花形であったオーシャンライナーが飛行機に敗れたのちも、クルーズ客船として活躍するように、レジャー性の高いフライトならば、ビジネスとして成功するチャンスがあるのではないか。それに飛行船は飛行機に較べて鈍足とは言え、優に時速100キロを超すスピードを出し、大西洋を2日で渡ることが出来る。ニューヨークからパリへ赴くとき、窮屈極まりない8時間の苦行よりも、優雅な空飛ぶホテルでの快適な2日間の滞在を選ぶ人間がいたとしても、何ら不思議ではない。あるいは、カリブ海や地中海を低空でゆっくりと巡るのはどうだろうか。

英国の航空機メーカー「ハイブリッド・エア・ビークルズ」社は、実際に「フライトを愉しむため」の大型飛行船の開発を進めている。2016年7月に公開された実証試験機「エアランダー10」は、全長92メートルの船体に最大19名の乗客を乗せて3日間の空の旅を行うことを想定し建造された。広々したベッドルームは全室が窓越しに外界を望むことが出来、床がガラス張りのレストランでは専属シェフの料理が出される。この他、バーやラウンジも備えられ、5つ星ホテルを超えるもてなしを提供するという。目下の予定では、2025年に就役する計画だ。

同船のもう一つの売りは環境性能だ。飛行船は、理屈上は浮いているだけならエネルギーを消費しない。とてもエコな乗り物なのだ。この利点にハイブリッド式の推進システムを組み合わせ、90人乗りに仕様変更した場合、従来のジェット旅客機に比し、乗客一人当たりのCO2排出量を最大で90%削減できるという。客室のイメージイラストを見る限り、90人乗り仕様でも座席はビ

第二次大戦時、アメリカ海軍が運用したK級軟式飛行船

ジネスクラスと同等かそれ以上に広々としている。このタイプは国内の都市間輸送（距離にして約300マイル＝500キロ前後）での活躍が期待されている。ちなみに最高速度は150キロで、新幹線に馴染んだ日本人からすると遅く感じられるが、海や大河、山岳を飛び越えて直線移動できることから、それらが入り組んでいる欧州では使い勝手が良いかもしれない。また、渋滞が頻発する大都市近郊でのコミューター機としての利用も考えられる。エアランダー10は垂直での離発着が可能で、狭い土地でも使えるのもポイントだ。

少々筆が滑ったが、「旅客輸送手段としての飛行船」という発想が、決して夢物語や懐古的妄想の類ではないという事実をご理解いただければ幸いである。

それに、技術的な進歩は、飛行機のみならず、飛行船に関しても数々の福音をもたらした。かつて畜牛の腸で造られた気嚢は、より気密性の高い合成繊維となり、カーボン・グラスファイバー素材は、ジュラルミンの骨組みと組み合わされて、船体強度を保つのに有効である。また、操縦系統の進歩は、地上要員の数を減らし、大戦時や戦間期に比較して少ない人員で、離着陸も自在に行えるようになった。

一方で、飛行船を再び安全保障に用いようとする動きも存在する。アメリカの国防総省は、弾道ミサイル防衛システムの一環として、成層圏で無人飛行船を運用する試験を開始した。これは、地表から離れたところに位置する人工衛星と、地表近くを飛ぶ飛行機の間に生ずるスキマを埋めるべく、その中間となる高高度に飛行船を配置し、情報収集（定点観測）を行うものである。一つの地点に長時間静止できるという飛行船の利点が、再評価されたのだ。これについては、高高度へと到達する間に、浮揚ガスが被る気温と気圧の影響を軽減する事ができれば、実用も夢ではないだろう。

また、中国人民解放軍も、巡航ミサイルなどを探知する警戒システムのプラットフォームとして、無人飛行船、または現代版の観測気球と言えるエアロスタット（これは、仏、イスラエル、米でも開発が進んでいる）を利用しようとしている。無人飛行船は実験段階だが、エアロスタットについては、すでに大連に基地が建設されており、ヒマラヤでの高度試験も実施されたようだ。

飛行船の防衛システムへの応用は、伯爵が作り上げた企業の技術的子孫ともいえるツェッペリン飛行船製造社（社名は同じく“Luftschiffbau Zeppelin GmbH”。第二次大戦後、ツェッペリンの会社は自動車部品製造に業種転換を図ってドイツの経済復興の一翼を担い、現在でも大型車両のベアリングの世界シェアを有している。現在のツェッペリン飛行船製造社は系列企業の一つである）も未だ諦めていない。　同社は、1997年に、現代の技術をふんだんに盛り込んだ新型の半硬式飛行船「Zeppelin NT」型を開発・製造したことで知られる（同船は現在でも、工廠のあるフリードリヒスハーフェンや、グッドイヤー社が有する飛行船部門の主力飛行船として、アメリカで飛行の実績を積んでいる）が、企業にとっての売り文句として真っ先に挙げられているのが、「Überwachungs und Aufklärungs plattform」、つまり「監視」と「偵察」用の空中プラットフォームとしての役割なのである。確かに、“他から見えても構わない状況下”において、“長時間にわたり滞空し続ける事”にかけては、飛行船の効率性は、現代においても飛行機やヘリに勝るのだ。

こうした動きをどう捉えるかは人によって意見が分かれるだろうが、飛行船が様々な種類のミサイルや敵機、あるいは、海上の不審船などから国土を防衛する手段の一環となるのであれば、我々日本人も無関心でいることは許されない。

事程左様に、飛行船は今日でも、民需・軍需の双方において底知れぬ潜在的可能性を秘めているのだ。

これまで幾多の困難をしぶとく乗り越えてきた彼女たちは、明日も飛び続けるであろう。
人類が、夢と業とを背負って空に挑戦し続ける限り。

現在も運用されているツェッペリンNT（Zeppelin NT）。現在までに7隻が生産されている。

参考文献

公式戦史・文書

Admiralty, Training and Staff Duties Division, Monographs (Historical), Home Waters, Vol 3-9, 1925-1939. Lowestoft Raid, 1927. https://www.navy.gov.au/media-room/publications/wwi-naval-staff-monographs

Corbett, Julian S., and Henry J. Newbolt, *History of the Great War Naval Operations, 5 vols* (Longmans, Green and Company, 1920-1931).

Groos, Otto (ed.), *Der Krieg zur See 1914-1918 Nordsee /Band 7* (Mittler & Sohn, 1920).

Jones, Henry A., *The War in the Air; Being the Story of The part played in the Great War by the Royal Air Force, Vol 3* (Oxford University Press, 1931).

Jones, Henry A., *The War in the Air; Being the Story of The part played in the Great War by the Royal Air Force, Vol 5* (Oxford University Press, 1935).

Marine Luftschiff Abteilung, *Airship Handling* (lulu.com, 2020, 英訳版 訳者 Alastair Reid, 原題 : *LUFTSCHIFFÜHRUNG*).

回顧録・エゴドキュメント等

Buttlar-Brandenfels, Freiherr Horst Treusch v., 'Luftschiff-Angriffe Auf England', *Meereskunde, 12(8)* (1918).

Buttlar-Brandenfels, Freiherr Horst Treusch v., *Zeppelins Over England* (G. G. Harrap & Company Limited, 1931, 英訳版訳者Huntley Paterson, 原題 : *Zeppelin gegen England*).

Colsman, Alfred, *Luftschiff voraus! Arbeit und Erleben am Werke Zeppelins* (Deutsche Verlagsanstalt, 1933).

Dürr, Ludwig, *Fünfundzwanzig Jahre Zeppelin-Luftschiffbau* (V.D.I.-Verlag, 1924).

Dürr, Ludwig, *25 years Zeppelin Airship Construction* (lulu.com, 2012, 英訳版 訳者 Alastair Reid, 原題 : *Fünfundzwanzig Jahre Zeppelin-Luftschiffbau*).

Goebel, J., and Walter Förster, *40,000 Kilometers of Zeppelin Combat Journeys* (G. Watson Publishing, 2015, 英訳版 訳者 Gentry Watson, 原題 : *Afrika zu unsern Füssen. 40000km Zeppelin-Kriegsfahrten; Lettow-Vorbeck entgegen*).

Klein, Pitt, *Bombs Away! Zeppelins at War* (lulu.com, 2016, 英訳版 訳者 Alastair Reid, 原題 : *Achtung! Bomben fallen! Zeppelinkriegsfahrten*).

Lampel, Martin, (Ersten Offizier eines Z-Luftschiffes), *Z 181 gegen Bucharest* (lulu.com, 2013, 英訳版 訳者 Alastair Reid).

Lehmann, Ernst A., *Pilot of the Hindenburg* (lulu.com, 2015, 英訳版 訳者 Alastair Reid, 原題 : *Auf Luftpatrouille und Weltfahrt*).

Lehmann, Ernst A., *Zeppelin The story of Lighter-than-Air Craft* (Fonthill Media Limited, 2015).

Marben, Rolf, *Zeppelin Adventures* (John Hamilton Ltd, 1934, 英訳版 訳者 Claud W. Skyes, 原題 : *Ritter der Luft, Zeppelinabenteuer im Weltkrieg, Berichte von Kriegsteilnehmern*).

Neumann, Georg P., *The German Air Force in the Great War* (Hodder & Stoughton,1920, 英訳版 訳者 J. E. Gurdon, 原題 : *Die deutschen Lufstreitkräfte im Weltkriege*).

Raeder, Erich, *Mein Leben, Bis zum Flottenabkommen mit England* (Verlag Fritz Schlichtenmayer, 1935).

Reid, Alastair (ed.), *Marine-Luftschiffer-Kameradschaft Newsletters 1980-1997* (lulu.com, 2021).

Schiller, Hans v., *Zeppelin, Wegbereiter des Weltluftverkehrs* (Kirschbaum Verlag, 1966).

Schiller, Hans v., *A Million Miles in a Zeppelin* (Airship International Press, 2004).

Schütte, Johann, *Schütte-Lanz Airship Design* (lulu.com, 2013, 英訳版 訳者 Alastair Reid, 原題 : *Luftschiffbau Scutte-Lanz 1909-1925*).

Stelling, August, *12,000 Kilometers in Parseval Airships* (lulu.com, 2014, 英訳版 訳者 Alastair Reid).

文書集

Churchill, Randolph (ed.), *The Churchill Documents, Volume 5: At the Admiralty, 1911-1914* (Hillsdale College Press, 1969).

Gilbert, Martin (ed.), *The Churchill Documents, Volume 6: At the Admiralty, July 1914-April 1915* (Hillsdale College Press, 1972).

Marder, Arthur J. (ed.), *Fear God and Dread Nought, Volume 2: Years of Power, 1904-1914* (Jonathan Cape, 1956).

Patterson, Alfred T. (ed.), *The Jellicoe Papers, Volume 1: 1893-1916* (Navy Records Society, 1966).

Seligmann, Matthew S. (ed.), *Naval intelligence from Germany: the reports the British naval attachés in Berlin* (Routledge for the Navy Records Society, 2007).

研究書、その他

Bauer, Manfred, *Airship Sheds In Friedrichshafen* (Zeppelin-Museum, 2001).

Behrends, Werner, *The Great Airships of Count Zeppelin* (lulu.com, 2015).

Bennett, Leon, *Churchill's war against the zeppelin 1914-1918 Men, Machines and Tactics* (Helion and Company, Illustrated edition, 2015).

Bird, Keith W.,*Erich Raeder Admiral of the Third Reich* (U.S. Naval Institute Press, 2006).

Brooks, Peter W., *Zeppelin: Rigid Airships 1893-1940* (Smithsonian Institution Press, 1992).

Bund der Deckoffiziere, *Deckoffiziere der Deutschen Marine: Ihre Geschichte 1848-1933* (Mittler & Sohn, 1933).

Carstens, Hein, *Schiffe am Himmel ; Nordholz - Geschichte eines Luftschiffhafen* (Männer vom Morgenstern, 1997).

Castle, Ian, *London 1914-17: The Zeppelin Menace* (Osprey Publishing, 2008).

Castle, Ian, *The First Blitz Bombing London in the First Word War* (Osprey Publishing, 2015).

Castle, Ian, *Zeppelin Onslaught: The Forgotten Blitze 1914-1915* (Frontline Books, 2018).

Cole, Christopher, and E. F. Cheesman, *The Air Defence of Britain 1914-1918* (Putnam, 1984).

Cross, Wilbur, *Zeppelin of World War 1* (Barnes & Noble Books, 1993).

Eckener, Hugo, *Count Zeppelin, The Man and His Work* (Massie Publishing Company, 1938).

Faulkner, Neil, and Nadia Durrani, *In Search of the Zeppelin War* (The History Press, 2008).

Gollin, Alfred, *The Impact of Air Power on the British People and Their Government, 1909-14* (Stanford Univ Press, 1989).

Guttey, T. E., *Zeppelin* (Shire Publication Ltd, 1973).

Guttman, Jon, *Zeppelin vs British Home Defence 1915-18* (Osprey Publishing, 2018).

Haslop, Dennis, *Early Naval Air Power: British and German Approaches* (Routledge, 2018).

Hedin, Robert, *The Zeppelin Reader* (University of Iowa Press, 1998).

Hobbs, David, *The Royal Navy's Air Service in the Great War* (Seaforth Publishing, 2017).

Horn, Andreas, and Alastair Reid, *German Army Airships* (lulu.com, 2022).

Jakobsen, Knud, *Das letzte Luftschiff des Kaisers* (Sea War Museum Jutland, 2018).

Jakobsen, Knud, *Die Seeschlacht vor dem Skagerrak; und der Erste Weltkrieg in der Nordsee* (Sea War Museum Jutland, 2018).

Kleinheins, Peter, *LZ 120 ""Bodensee"" und LZ 121 ""Nordstern""* (Zeppelin-Museum, 1994).

Koerver, Hans J., *Room 40: German Naval Warfare 1914-1918* (LIS Reinisch, 2009).

Lampel, Martin, *Army Zeppelins on the offensive* (lulu.com, 2016, 英訳版 訳者 Alastair Reid, 原題: *Heereszeppeline im Angriff*).

Lawson, Eric, and Jane Lawson, *The first air campaign, August 1914-November 1918* (Da Capo Press, 1996).

Lieser, Paul, *Bombardements durch deutsche Luftschiffe im Ersten Weltkrieg* (Akademische Verlagsgemeinschaft München, 2013).

Marder, Arthur J., *From the Dreadnought to Scapa frow, The Royal Navy in the Fisher Era, 1904-1919 Vol 1and 3* (Oxford University Press, 1961,1966).

Meighörner-Schardt, Wolfgang, *Wegbereiter des Weltluftverkehrs wider Willen Die Geschichte des Zeppelin-Luftschifftyps ""W""* (Zeppelin-Museum, 1992).

Meyer, Henry C., *Airshipmen, Businessmen, and politics, 1890-1940* (Smithsonian Institution Press, 1991).

Meyer, Henry C., *Count Zeppelin, A Psychological Portrait* (LTA Institute, 1998).

Meyer, Peter, *Luftschiffe. Die Geschichte der deutschen Zeppeline* (Bernard & Grafe Verlag, 1996).

Morris, Joseph, *German Air Raids on Britain 1914-1918* (Naval & Military Press, 1993).

Mower, Mark, *Zeppelin over Suffolk* (Pen & Sword Books Ltd, 2008).

Neudeck, Georg, und Heinrich Schröder, *Das kleine Buch von der Marine* (Lipsius & Tischer, 1911).

Noeske, Rolf, and Claus P. Stefanski, *Die deutschen Marinen 1818-1918 Organisation, Uniformierung, Bewaffnung und Ausriistung Band 2* (Militaria, 2011).

Parker, Nigel J., *Gott Strafe England* (Helion & Company, 2015).

Powis, Mick, *The Defeat of the Zeppelins* (Pen & Sword Books Ltd, 2018).

Provan, John, *The German Airship in World War 1, The Development, Use, and Effects of German Airships During World War One* (Luftschiff-Zeppelin Collection, 1992).

Redner, Harry C., *Die Luftschiffwaffe des Heeres Des Kaisers graureisige Geschwader Die Geschichte der deutschen Heeresluftschiffahrt* (lulu.com, 2014).

Reid, Alastair, *The Parseval Airships* (lulu.com, 2015).

Rimell, R. L., *Zeppelin! A Battle for Air Supremacy in World War I* (Canada's Wings Inc, 1984).

Rimell, R. L., *The Last Flight of the L 48* (Albatros Productions, 2006).

Rimell, R. L., *Zeppelin Volume two* (Albatros Productions, 2008).

Rimell, R. L., *Zeppelin at War! 1914-1915* (Albatros Productions, 2014).

Rimell, R. L., *The Last Flight of the L 31* (Albatros Productions, 2016).

Rimell, R. L., *The Last Flight of the L 32* (Albatros Productions, 2016).

Robinson, Douglas H., *Giants in the Sky* (University of Washington Press, 1973).

Robinson, Douglas H., *The Zeppelin in Combat* (University of Washington Press, 1980).

Robinson, Douglas H., *LZ 129 ""Hindenburg""* (McGraw-Hill Companies, 1982).

Roskill, Stephen, 'The Destruction of Zeppelin L53', *U.S. Naval Institute Proceedings, 86(8)* (1960), pp.71-18.

Roskill, Stephen, *Hankey, Man of Secrets, Volume 1, 1877-1918.* (Collins, 1970).

Schmalenbach, Paul, *Die deutschen Marine- Luftschiffe* (Koehlers Verlagsgesellschaft, 1985).

Schneevogt, Jürgen, *Seddin bei Stolp in Pommern. Marine-Luftschiffhafen und Luftschiffwerft* (Schneevogt, 2006).

Schneevogt, Jürgen, und Heinz Schulz, *Die militärische Nutzung der sächsischen Luftschiffhäfen Dresden und Leipzig 1912-1919* (Schneevogt, 2007).

Stephenson, *Charles, Zeppelins German Airships 1900-40* (Osprey Publishing, 2004).

Storey, Neil R., *Zeppelin Blitz* (The History Press, 2015).

Strahlmann, Fritz, *Zwei deutsche Luftschiffhäfen des Weltkrieges Ahlhorn und Wildeshausen* (Oldenburger Verlagshaus, 1926).

Sumner, Ian, *German Air Forces 1914-1918* (Osprey Publishing, 2005).

Syon, Guillaume de., *Zeppelin! Germany and the Airship, 1900-1939* (The Johns Hopkins University Press, 2002).

Urban, Heinz, *Zeppeline der kaiserlichen Marine, 1914-1918* (Masuren-Verlag, 2008).

Vissering, Harry, *Zeppelin; The Story of a Great Achievement* (Palala Press, 2016).

天沼春樹, 1995,『飛行船ものがたり』 NTT出版

井上孝司, 2020,『現代ミリタリーのゲームチェンジャー 戦いのルールを変える兵器と戦術』潮書房光人新社

アレグザンダー・スワンストン他, 2011,『アトラス世界航空戦史』石津朋之他訳, 原書房

関根伸一郎, 1993,『飛行船の時代』丸善ライブラリー

ウィンストン・チャーチル, 1937,『世界大戦』広瀬将他訳, 全9巻, 非凡閣

柘植久慶, 1998,『ツェッペリン飛行船』中公文庫

ダグラス・ボッティング, 1981,『マンモス飛行船の時代』筒井正明他訳, タイムライフブックス

牧野光雄, 2010,『飛行船の歴史と技術』成山堂書店

三宅正樹・石津朋之・新谷卓・中島浩貴, 2011,『ドイツ史と戦争:「軍事史」と「戦争史」』彩流社

柳橋海人, 2022,『第一次世界大戦大海戦史』ダイアプレス

謝辞

本書の執筆に当たり、懇切なご指導を賜りましたイカロス出版の浅井太輔様、編集部スタッフの皆様に感謝申し上げます。

また、次に記す海外在住の飛行船関係者・飛行船研究家の方々から、多大なご助力を頂きました。私が本書を書き上げられたのは、ひとえにこれらの方々の貴重なアドバイスと資料のご提供があってこそであり、心より御礼申し上げます。

Elisabeth Bliesener様
Knud Jakobsen様
Dr. Robert Metcalfe様
Dr. John Provan様
Harry C. Redner様
Alastair Reid様

2022年8月22日　本城宏樹

本城宏樹

1981年生まれ。2004年、一橋大学経済学部卒。同年国産自動車メーカーへ入社し現在に至る。2013年より社会経済史学会会員。2020年、処女作「ツェッペリン飛行船団の英国本土戦略爆撃」（日本橋出版）上梓。2021年、NHK BS ダークサイドミステリー「空のタイタニック・ヒンデンブルク号の悲劇」制作に協力、ゲストとしてスタジオ出演。

戦う飛行船
第一次世界大戦ドイツ軍用飛行船入門

2022年12月25日発行
2023年5月1日 第2刷発行

著……本城宏樹（ほんじょうひろき）
森田隆寛（もりたたかひろ）
會澤孝優（あいざわたかひろ）
イラスト……ジェントリ吉田
装丁／本文デザイン……くまくま団
編集……浅井太輔
発行人……山手章弘
発行所……イカロス出版株式会社
〒101-0051 東京都千代田区神田神保町1-105
[URL] http://www.ikaros.jp/
編集部 mc@ikaros.co.jp
出版営業部 sales@ikaros.co.jp
印刷所……図書印刷

Printed in Japan